高等学校能源与动力工程专业规划教材

工程流体力学

Engineering Fluid Mechanics

建伟伟　主编

赵　磊　贾冯睿　副主编

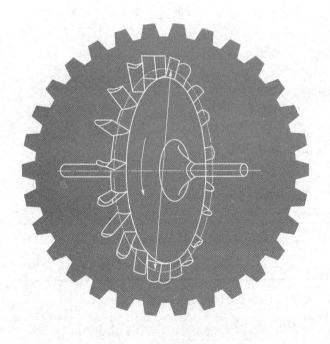

化学工业出版社

·北京·

本书共分 10 章，前三章为流体力学基础理论介绍，包括流体力学基本概念、研究方法、运动微分方程、动量方程和能量方程的推导，是流体力学知识体系的核心内容。第 4 章对理想流体的流动做了介绍，主要包括势函数、流函数的介绍，势流的叠加以及圆柱体的扰流流动。第 5 章和第 6 章针对实际流体的流动加以介绍，主要包括黏性流体运动微分方程、黏性流体运动的分类以及几种简单的流动分析、边界层理论。第 7 章介绍了管路流动的阻力损失以及减少损失的措施。第 8 章介绍了流动问题的分析方法。第 9 章对气体流动加以介绍，包括气体流动基本概念和基本方程。第 10 章介绍了流体力学对解决火力发电厂实际问题的应用。

本书适合高等学校能源动力类、石化类等相关专业的师生阅读参考。

图书在版编目（CIP）数据

工程流体力学/建伟伟主编. —北京：化学工业出版社，2019.8

高等学校能源与动力工程专业规划教材

ISBN 978-7-122-34533-2

Ⅰ. ①工… Ⅱ. ①建… Ⅲ. ①工程力学-流体力学-高等学校-教材 Ⅳ. ①TB126

中国版本图书馆 CIP 数据核字（2019）第 095841 号

责任编辑：郝英华　　　　　　　　　　　　　　　文字编辑：孙凤英
责任校对：边　涛　　　　　　　　　　　　　　　装帧设计：史利平

出版发行：化学工业出版社（北京市东城区青年湖南街 13 号　邮政编码 100011）
印　　装：三河市双峰印刷装订有限公司
787mm×1092mm　1/16　印张 18¾　字数 461 千字　2020 年 6 月北京第 1 版第 1 次印刷

购书咨询：010-64518888　　　　　　　　售后服务：010-64518899
网　　址：http://www.cip.com.cn
凡购买本书，如有缺损质量问题，本社销售中心负责调换。

定　　价：49.00 元

前 言

　　流体力学是研究流体平衡和运动规律，以及流体的机械运动与其他形式运动相互作用的一门学科，是在长期以来人们对流体运动规律的积累中逐渐形成的，在教学和实际工程应用中有着十分重要的地位。大禹治水、疏而不堵。李冰分流有道，都江堰至今都被世界所熟知，两千多年来润泽西部平原，造就天府之国。这些都表明，自古以来流体力学就在人们的生活和生产中有着重要的意义。

　　全书共分为10章，第1章为绪论，重点介绍流体力学的研究内容和方法、发展历程以及流体的概念、流体的物理性质；第2章着重讲述静止状态下流体的平衡条件及压强分布规律、静止流体与固体壁面的相互作用；第3章介绍流体力学基本方程，包括描述流体运动的方法、流体运动的基本概念，重点讲述连续方程、伯努利方程及动量方程；第4章重点介绍理想流体有旋和无旋运动，对流体微团运动进行分析，重点讲述速度势和流函数、理想流体运动方程、微分形式的运动方程、圆柱体的绕流等；第5章主要介绍黏性流体动力学，介绍了黏性流体的剪切运动与流态、运动微分方程、层流流动，分析了流动阻力和流动损失；第6章介绍边界层理论，介绍了边界层的基本概念、主要特征、边界层分离、边界层厚度及边界层理论的应用；第7章主要介绍气体的一元流动，包括气体的基本方程、在管道中的等温流动、绝热流动，并介绍了气体的两种状态、气体射流和喷射器；第8章主要介绍流动阻力和能量损失，着重介绍沿程阻力和局部阻力，讲述圆管内的层流和湍流流动，分析了阻力的影响因素；第9章介绍流体力学的实验研究方法——量纲分析与相似原理，以建立相似准则的方法和工程模型研究方法，为实际工程问题提供参考；第10章针对流体力学相关的现象，运用流体力学知识进行详细的分析介绍，加强学生对流体力学基础知识的理解和认识。

　　本书由辽宁石油化工大学建伟伟担任主编，副主编由辽宁石油化工大学赵磊、贾冯睿担任，沈阳工程学院关多娇、李振南及大连理工大学张毅参加编写。其中，张毅、李振南负责第1章（部分），贾冯睿负责第2章（部分），建伟伟负责第1~5章[第1章（部分）、第2章（部分）]、第10章，关多娇负责第6章（部分），赵磊负责第6~9章[第6章（部分）]。

　　由于书中涉及的内容广，在编写过程中参考和引用了大量相关文献，在此谨向各位作者及其单位表示衷心感谢。

　　由于编者水平所限，书中不妥之处，恳请读者批评指正！

编者
2019 年 5 月

目 录

第 3 章　流体力学基本方程　　45

第7章 气体的一元流动　179

第8章 流动阻力和能量损失   213

第 9 章　量纲分析与相似原理　　240

第 10 章　一些流动现象的分析　　260

附录   **287**

参考文献   **288**

第1章

绪论

1.1 流体力学的研究内容和研究方法

1.1.1 流体力学的研究内容

流体力学是力学的一个重要分支。它以流体为研究对象，是研究流体平衡和运动规律的科学。流体力学内容包括流体静力学、流体运动学、流体动力学。流体静力学研究在外力作用下流体平衡的条件及压强分布规律；流体运动学研究在给定条件下流体运动的特征和规律，但不涉及运动发生和变化的原因；流体动力学研究在外力作用下流体的运动规律，以及流体与固体间的相互作用。

1.1.2 流体力学的研究方法

流体力学的研究方法概括起来有三种：

① 理论分析方法。步骤一般为：分析影响实际流动的各种因素，抓住主要因素，建立流体力学模型，即建立描写该模型流动规律的封闭方程组以及与之相应的边界条件和初始条件；解析方程组；将所得答案与实际流动相比较，以确定解的精确度，或进行某些修正。该方法推导严谨、答案精确，但只局限于比较简单的理论模型，对于复杂的流动则无能为力。

② 实验研究方法。分析影响实际流动的各种因素，抓住主要因素，根据相似原理设计实验模型；通过实验测定有关相似准则数中的物理量；将实验数据整理成相似准则数，并通过对实验数据的拟合找出准则方程式，以便推广应用于相似的流动。该方法更加接近实际，实验结果可靠程度取决于实验模型符合实际的程度以及测量、拟合的精确度。影响实际流动的因素越多，模型实验越难实现。如果只能按主要影响因素设计实验模型，实验结果只是近似的。另外，像大气环流、碳酸岩油田的渗流等无法在实验室内进行实验研究，只能进行观察、实测。

③ 数值计算方法。按照理论分析方法的第一、二步确定数学模型；合理选用计算方法；编制计算程序，上机计算；分析计算结果，以确定是否符合精确度要求。该方法的优点是：过去许多用解析方法不能求解的问题，在电子计算机上用数值计算可以得到近似解。从一定意义上讲，它是理论分析方法的延伸和拓展。此外，在电子计算机上用数值计算方法还可模拟流体力学实验，并可对多个实验方案进行比较和优选，从而大大节省实验研究的时间和经费。特别对某些无法进行实验或实验耗资巨大的工程领域，数值计算更能显现其突出的优越

性。但数值计算方法也有它的局限性，它的数学模型的确立必须以理论分析和实验研究为基础，而且往往难以包括实际流动的所有影响因素。

由上述可知，三种方法各有利弊，相辅相成。理论指导实验研究和数值计算，使它们进行得富有成效，少出偏差；实验用来检验理论分析和数值计算结果的正确性，提供建立理论模型和研究流动规律的依据；数值计算可以弥补理论分析和实验研究的不足，对复杂的流体力学问题进行既快又省的计算分析。三种方法的结合应用，必将进一步促进流体力学的快速发展。

1.2 流体力学的起源与发展

何谓流体力学？流体力学是主要研究流体本身的静止状态和运动状态，以及流体和固体界壁间有相对运动时的相互作用和流动规律的一门力学的分支学科。1738 年伯努利著书《水动力学》，并提出了"水动力学"，1880 年前后出现了"空气动力学"，1935 年以后，人们概括了两方面知识，建立统一的体系，即为"流体力学"——主要研究水和空气。流体力学是一门实用性很强的学科，不论是航空、航海领域，还是医学以及工程应用等其他很多领域，都离不开流体力学。

（1）早期人类对流体力学的探索

春秋时期，"墨子为木鸢，三年而成，蜚一日而败""公输子削竹木以为鹊，成而飞之，三日不下。公输子以为至巧。子墨子谓公输子曰：'子之为鹊也，不若翟之为车辖，须臾刘三寸之木而任五十石之重。'"的说法，虽然其中所说的"木鸢"或者"木鹊"可能并非真实出现过，或者有夸大的成分，但至少这在几千年后的今天完全实现了。"木鸢"或者"木鹊"就是利用了流体力学，这可能是历史上最早有关空气方面力学的著作。我们熟知的"曹冲称象"亦是对流体的利用。

阿基米德是我们熟知的哲学家、数学家、物理学家，人们认为他是静态力学和流体静力学的奠基人。阿基米德是一个多才的科学家，在很多领域都颇有建树。他著了很多书，其中《论浮体》可以认为是最早有关流体力学的文献，其中记载有包括我们熟知的"阿基米德原理"等，该书阐述了很多关于液体（流体）的理论，这些理论为以后研究流体力学提供了很大的帮助。

文艺复兴时期的列奥纳多·达·芬奇是一个奇才，他在很多领域如艺术、医学、建筑、地质、文学等都颇有建树，也是一个多产的发明家。他对飞行现象非常着迷，做了鸟类飞行的详细研究，同时策划了数部飞行机器，包括以 4 个人力运作的直升机以及轻型滑翔翼。1496 年 1 月 3 日，他曾测试了一部自制飞行机器，但以失败告终。

（2）早期流体力学的研究

早期流体力学从牛顿开始，到用微分方程和试验测量进行流体运动定量研究，此阶段一般称为早期流体力学研究。18 世纪的克莱诺、欧拉、伯努利和达朗贝尔打下基础，欧拉方程和伯努利方程的建立，标志着流体力学作为一门分支学科的建立。从牛顿提出"牛顿黏性定律"开始，其他科学家运用数学公式研究流体，开启了流体力学的大门。

（3）19 世纪流体力学的发展

法国物理学家和工程师纳维建立了流体平衡和运动的基本方程，英国力学家、数学家斯托克斯建立了黏性流体运动的基本方程组，他们两人的方程叫作 N-S 方程。1858 年德国物理学家、生理学家亥姆霍兹提出了"亥姆霍兹涡量定理"，1869 年爱尔兰数学家、物理学家、工程师开尔文发现"开尔文环量定理"，即"开尔文-亥姆霍兹定理"，很多重要流体现象都可以用此定理来解释。

1883 年英国力学家、物理学家和工程师雷诺用实验证实了黏性流体的层流和紊流两种流态，并找到了雷诺数（实验研究黏性流体流动规律的相似准则数），同时提出雷诺平均 N-S 方程，该方程至今还是湍流计算中的主要数学模型。

19 世纪的科学家们对流体力学的研究，使流体力学得到了很好的发展。

（4）20 世纪流体力学的发展

德国哥廷根学派创立人、德国物理学家、哥廷根大学教授、近代力学奠基人之一的普朗特将"水力学"和"水动力学"结合起来进行研究，因此，普朗特也被称为"现代流体力学之父"。中国第一个空气动力学专业奠基人陆士嘉教授即是普朗特的学生。

冯·卡门的"卡门涡街"理论，建立了"湍流"概念以及"可压缩空气动力学理论体系"，超声速的到来，也归功于冯·卡门（中国著名科学家钱学森是他的学生）。

英国人泰勒对大气湍流进行了研究，同时对原子弹爆炸的自模拟理论进行了研究，发现了失稳条件，指出了液滴中的力的作用等。

通过 20 世纪科学家们的研究，流体力学得到了很大的应用。

（5）早期研究流体力学的科学家

① 牛顿。艾萨克·牛顿（1643 年 1 月 4 日—1727 年 3 月 31 日）爵士，英国皇家学会会员（后曾任会长），英国著名的全才科学家，著作有《自然哲学的数学原理》《光学》，万有引力和牛顿三大定律的提出者。

伍尔索普庄园，在英格兰林肯郡乡下的伍尔索普村，是牛顿 1643 年 1 月 4 日出生的地方。牛顿从小喜欢读书，也爱做一些小东西，比如风车、日晷等。牛顿在中学时代学习成绩很出众，爱好读书，对自然现象有好奇心，例如颜色、日影四季的移动，尤其是几何学、哥白尼的日心说等。他还分门别类地记读书笔记，又喜欢别出心裁地做些小工具、小技巧、小发明、小试验。大学时，牛顿最有影响力的研究——万有引力被他发现，同时，还有很多方面的研究。后来，牛顿接替胡克成为英国皇家学会会长，之后成为议员，开始从政。1696 年，牛顿通过当时的财政大臣查尔斯·孟塔古的提携，迁到了伦敦，做皇家铸币厂的监管，一直到去世。

牛顿是早期最早研究流体力学的科学家，他提出了"牛顿黏性定律"，即"牛顿内摩擦定律"。牛顿黏性定律是"对部分定常层流内摩擦力的定量计算式"。若流体满足该定律，则该流体称为牛顿流体。

液体内摩擦力又称黏性力，液体流动时呈现的这种性质称为黏性，度量黏性大小的物理量称为黏度。液体的黏性是组成液体分子的内聚力要阻止分子相对运动产生的内摩擦力，液体只有在流动或者有流动趋势时才会出现黏性。这种内摩擦力只能使液体流动减慢，不能阻止，这是与固体摩擦力不同的地方。牛顿黏性定律开启了早期流体力学研究的大门，流体力学开始了公式般的研究。

② 伯努利。丹尼尔·伯努利，数学家、物理学家、医学家，1700 年 2 月 8 日生于荷兰格罗宁根，1782 年 3 月 17 日卒于瑞士巴塞尔。他是伯努利家族最出色的一位，研究领域极为广泛，几乎涉及当时数学和物理学研究前沿的问题都有所研究，被推崇为数学物理方法的

奠基人。1726 年提出的伯努利方程对数学影响深远。

伯努利方程被认为是流体的机械能守恒定律，即"动能＋重力势能＋压力势能＝常数"，在航空、航海中利用广泛。

③ 欧拉。欧拉，瑞士数学家和物理学家，是第一个使用"函数"，把微积分应用于物理学的先驱者之一，在流体力学上，欧拉方程做出了不可替代的贡献。

欧拉方程至今仍应用于空气动力学和水波等理论，它是理想流体的基本方程。欧拉方程与伯努利方程的建立，是流体力学作为一门学科的标志。

④ 拉普拉斯。拉普拉斯是法国分析学家、概率论学家和物理学家、法国科学院院士。拉普拉斯还是一个和拿破仑有着密切关系的官员，他拥护拿破仑，任过拿破仑的老师。在流体力学上，拉普拉斯方程至今仍在广泛运用。

⑤ 达朗贝尔。达朗贝尔是法国物理学家、数学家和天文学家。数学是达朗贝尔研究的主要课题，他是数学分析的主要开拓者和奠基人。达朗贝尔认为力学应该是数学家的主要兴趣，所以他一生对力学也做了大量研究。达朗贝尔是 18 世纪为牛顿力学体系的建立作出卓越贡献的科学家之一。

达朗贝尔著有《动力学》一书，阐述了达朗贝尔原理（物体外力和动力的反作用力的合力为零），在没有约束时，与牛顿第二定律是一致的；但有约束时，一般都用达朗贝尔原理。

⑥ 克莱洛。克莱洛，法国数学家、天文学家和大地测量学家，1736 年参加了马保梯（P. L. M. Maupertuis）领导的弧度测量工作，在北欧拉普兰进行了历时两年（1736—1737）的考察。根据这次考察和对地球形状的研究，他编著了《根据流体静力学原理研究地球形状的理论》一书。此书奠定了经典大地测量学测定地球形状的基础。1738 年，克莱洛根据离心力加速度、赤道重力和两极重力推算出地球扁率的关系式，即"克莱洛定理"。此外，克莱洛在数学方面，对空间曲线、微分方程理论以及代数和几何学有较深的研究。在天文学方面，也有很大成就。由于他的成绩显著，因此担任法国科学院院士达 18 年之久。克莱洛的主要著作还有《世界坐标系研究》等，世界坐标系是航海专业必学内容，坐标系决定了地图，对于一条航行中的船舶来说，一旦坐标系有所偏差，带来的后果可能就是上亿的损失。我们现在使用的坐标系是 CGCS2000 坐标系，和美国 GPS 所使用的 WGS84 坐标系基本一致，这归功于克莱洛，没有他，航海上的精确海图将不知是什么样子。

1.3 流体力学在工程中的地位

流体力学在许多工业技术中有着广泛的应用。水利工程的建设、造船工业的发展是同水静力学的建立和水动力学的发展密切相关的。航空工业中各种飞机和飞行器的设计都要依据空气动力学和气体动力学的基本原理。在电力工业中，不论是水电站、火电站，还是核电站、地热电站，它们的工作介质都是流体，所有动力设备的设计都必须以流体力学基本规律为基础。机械工业中的润滑、冷却、液压传动、气力输送以及液压和气动控制问题的解决，都必须应用流体力学的理论。在冶金工业中，也会遇到像气体在炉内的流动、液态金属在炉内或铸模内的流动以及冷却、通风等流体力学问题。化学工业中的流体力学问题则更多，因为大部分化学工艺流程都是伴随有化学反应、传质、传热的流动过程。石油工业中也有大量的流体力学问题，例如油、水、气的渗流问题，油、气的自喷，抽吸和输送问题，以及原油中多种产品的提炼、分离，等等。土木建筑中的给水排水、采暖通风是流体力学问题，海洋中的波浪、环流、潮汐以及大气中的气旋、环流和季风等都是流体力学问题。人体的循环系统也是流体系统，因此像人工心脏、心肺机、助呼吸器等的设计都要依据流体力学的基本原理。因此，流体力学的确是许多工业技术部门必须应用和研究的一门重要学科。

1.4 流体的概念

所谓流体，一般指液体和气体，和流体对应的是固体。一般认为固体是指不容易变形的物质，而流体指容易变形的物质。然而，根据牛顿定律，物体不受力就不会运动，是否容易变形实际上取决于受力的情况。作为固体的尼龙绳的抗拉能力很强，但受压的时候则几乎完全没有抵抗力，用剪刀还可以轻易将其剪断。可见，需要一种更为严谨的定义来区分流体与固体。

固体、液体和气体的区别显然是由它们的微观结构决定的。图 1-1 显示了水在三种状态下的微观结构示意图，图中小球表示氧原子和氢原子。固态水的分子紧密地挤在一起，并努力保持固定的排列形式；液态水的分子也紧密地挤在一起，但没有意愿保持固定的排列形式；气态水的分子则既不挤在一起，也没有意愿保持固定的排列形式，分子之间基本没有作用力，各自独立地做着热运动，它们的力学关系是通过互相碰撞来建立的。因此，固体和液体的分子紧密地挤在一起，它们的体积基本是固定的，只要不受到巨大的压力就不会有明显的改变；气体则不同，受到外界压力后分子之间的间距会缩小，整体的体积也因此而改变。

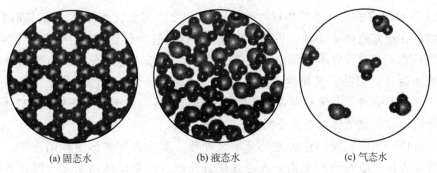

(a) 固态水　　　　　　　　(b) 液态水　　　　　　　　(c) 气态水

图 1-1　水在三种状态下的分子排列

液体和气体的共同特点是分子没有意愿要保持固定的排列形式，这种特点决定了它们易于流动的特性。对于液体，一个分子和哪些分子挨着都无所谓，只要挨着就行。这种特性使液体在宏观上虽然体积较为固定，但不会保持固定的形状。对于气体，分子基本上是完全自由的，和其他任何分子只有在相互碰撞时才发生作用。

如果一个刚体所受的合外力和力矩都为零，就会保持静止状态。对于实际的固体和流体来说，就不一定是这样了。任何固体材料都有一个强度极限，即使合外力和力矩都为零，它的内部也可能会存在着拉力、压力或者剪切力。当这些内应力超过了材料的强度极限时，固体就会被破坏，从而产生运动。微观上体现为断裂处的分子（或原子）之间的化学键被破坏，失去了相互的作用力，不再能保持原有结构形式。在材料的弹性变形范围内，固体可以在合外力和力矩为零的情况下，在一定的变形之后静止。

流体在这一点上与固体有本质不同。

流体的内部只存在压应力时，可以和固体一样产生变形并保持静止。当流体内部存在剪切力时，会产生剪切变形，但这种剪切变形完全产生不了相应的剪切力，于是在剪切力的作用下流体将不断地变形下去，只要剪切力存在，就不会停止。这种情况类似于固体受力远超过其强度的情况，只不过流体对于剪切力没有任何"强度"可言，任何小的剪切力都将使其不断变形下去。因此，流体与固体的本质区别是：流体仅仅依靠静止变形是无法在内部产生剪切应力的。

在微观上，流体的剪切变形不能产生剪切力可以这样理解：对于流体而言，分子之间没有保持任何固定结构的意愿，分子都是随遇而安的，只要它们能互相挨在一起就行，和谁挨着、以何种形式挨着都无所谓。剪切变形后分子虽然移动了，但它们之间的距离并没有改变，因此也就没有固体剪切变形所带来的弹性剪切力。

1.5 流体的连续介质模型假设

众所周知，任何流体都是由无数分子组成的，分子与分子间有空隙，这就是说，从微观角度看，流体并不是连续分布的物质。但是，流体力学并不研究微观的分子运动，而只研究流体的宏观机械运动。在研究流体的宏观运动中，所取的最小的流体微元是体积为无穷小的流体微团（或称流体质点）。流体微团虽小，但却包含着为数甚多的分子。在工程上，$1mm^3$ 是很小的体积，但它在标准状态（0℃，101325Pa）下所包含的气体分子的数目约有 2.7×10^{16} 个，而包含的水分子的数目约有 3.4×10^{19} 个。可见，流体分子及其间的空隙都是极其微小的。在研究流体运动时，只要所取的流体微团包含有足够多的分子，使各物理量的统计平均值有意义，就可以不去研究无数分子的瞬时状态（这是分子动力学的研究内容），而只研究流体运动的某些宏观属性（例如密度、速度、压强、温度、黏度、热力学能等）。这就是说，可以不去考虑分子间存在的空隙，而把流体视为由无数连续分布的流体微团所组成的连续介质，这就是流体的连续介质假设。

既然在流体力学中把流体作为连续介质来处理，那么表征流体属性的密度、速度、压强、温度等物理量一般在空间上也应该是连续分布的。如果流体内某点（即该点的流体微团）的属性发生了变化，则分子运动所产生的扩散作用或流体微团紊乱运动所进行的质量、动量和热量交换，必然引起周围流体的同一属性也发生变化，而这种变化在空间上和时间上必然是逐渐地连续地进行的。当然，也有例外，如超声速气流中出现激波时，激波前后的流体参数将发生突变，这将在可压缩流体的流动中加以讨论。由此可以认为：除个别情况外，对于流体的连续流动，表征流体属性的各种物理量应该是空间和时间的单值连续可微函数，这样就有可能利用微分方程等数学工具来研究流体的平衡和运动的规律。

另外，把流体作为连续介质来处理，对于大部分工程技术问题都是合理的，但对于某些特殊情况则是不适用的。例如，当分子的自由行程和所涉及的最小有效尺寸可以相比拟时（如火箭在高空非常稀薄的气体中飞行，以及高真空技术等），必须舍弃宏观的连续介质的研究方法，而代之以微观的分子动力学研究方法。

1.6 流体的物理性质

流体的很多性质是与固体中的定义相通的，比如密度、压力、温度等。但也有其独特的属性，其中最典型的就是区分流体和固体的力学特性——黏性。此外，液体具有表面张力，气体具有易压缩性，都是流体特有的属性。

1.6.1 流体的密度、重度和相对密度

（1）流体的密度

流体与固体同样具有质量和重量。单位体积流体所具有的质量称为流体的密度，用 ρ 表示，其单位为 kg/m^3。

对于均质流体，设其体积为 V，质量为 M，则密度为：

$$\rho = \frac{M}{V} \qquad (1\text{-}1)$$

对于非均质流体，因为各点处密度不同，则某一点处密度为：

$$\rho = \lim_{\Delta V \to 0} \frac{\Delta M}{\Delta V} = \frac{dM}{dV} \qquad (1\text{-}2)$$

在气体中，常用比体积这一物理量。流体的比体积是指单位质量流体的体积，所以它是密度的倒数，用 v 表示，其单位是 m^3/kg。

$$v = \frac{1}{\rho} \qquad (1\text{-}3)$$

流体温度和压强对密度影响较大。表 1-1 为在标准大气压下水、空气和水银不同温度时的密度。

表 1-1 在标准大气压下水、空气和水银不同温度时的密度

温度/℃	水的密度/(kg/m³)	空气的密度/(kg/m³)	水银的密度/(kg/m³)
0	999.87	1.293	13600
4	1000.00	—	—
5	999.99	1.273	—
10	999.73	1.248	13570
15	999.13	1.226	—
20	998.23	1.205	13500
25	997.00	1.185	—
30	995.70	1.165	—
40	992.24	1.128	13500
50	988.00	1.093	—
60	983.24	1.060	13450
70	977.80	1.029	—
80	971.80	1.000	13400
90	965.30	0.973	—
100	958.40	0.946	13500

（2）流体的重度

物体之间具有相互吸引的性质，这种吸引力称为万有引力。在流体运动中，如仅考虑地球对流体的引力，表征地球引力大小的物理量就是重力。流体在重力作用下显示出重量。单位体积流体所具有的重量称为流体的重度，用 γ 表示，其单位为 N/m^3。

对于均质流体，设其体积为 V，重量为 G，则重度为：

$$\gamma = \frac{G}{V} \tag{1-4}$$

对于非均质流体，因为各点处重度不同，则某一点处重度为：

$$\gamma = \lim_{\Delta V \to 0} \frac{\Delta G}{\Delta V} = \frac{dG}{dV} \tag{1-5}$$

质量和重量的关系为：

$$G = Mg$$

对此式两边同时除以体积后则得：

$$\gamma = \rho g \tag{1-6}$$

式中，g 为重力加速度，在国际和工程单位制中其数值约为 $9.80m/s^2$。

（3）流体的相对密度

在实际应用中，经常要用到相对密度这个概念。液体的相对密度是指液体的重量与同体积的温度为 4℃ 的蒸馏水重量之比。相对密度是一个比值，是个无量纲数，一般用 d 表示。就液体来说，它与重度或密度有以下关系：

$$d = \frac{\gamma}{\gamma_水} = \frac{\rho}{\rho_水} \tag{1-7}$$

表 1-2 为某些常见液体的相对密度。

表 1-2 某些常见液体的相对密度

液体	相对密度	温度/℃	液体	相对密度	温度/℃
蒸馏水	1.00	4	航空汽油	0.65	15
海水	1.02~1.03	4	轻柴油	0.83	15
重原油	0.92~1.03	15	润滑油	0.89~0.92	15
中原油	0.88~0.90	15	重油	0.89~0.94	15
轻原油	0.86~0.88	15	沥青	0.93~0.95	15
煤油	0.79~0.82	15	甘油	1.26	0
航空煤油	0.78	15	水银	13.6	0
普通汽油	0.70~0.75	15	酒精	0.79~0.80	15

气体的相对密度是指在同样压强和温度条件下，气体重度与空气重度之比。

1.6.2 流体的压缩性和膨胀性

（1）流体的压缩性

在一定温度下，作用在流体上的压强增高时流体的体积将减小，这种特性称为流体的压缩性。压缩性的大小用体积压缩系数 β_p 来表示，β_p 表示在温度不变时，每增加一个大气压，单位体积流体的体积变化量，其表达式为：

$$\beta_p = -\frac{1}{V} \times \frac{dV}{dp} \tag{1-8}$$

式中　β_p——体积压缩系数，m^2/N；

　　　V——流体的初始体积，m^3；

　　　dV——流体体积的改变量，m^3；

　　　dp——流体压强的改变量，N/m^2。

由于流体随着压强增加体积将减小，dV 与 dp 异号，故在式(1-8)右端加一负号，以使体积压缩系数 β_p 永为正值。由式(1-8)可以看出，β_p 值越大，流体的压缩性越大，越容易压缩；β_p 值越小，流体的压缩性越小，越不易压缩。水在 0℃ 时的体积压缩系数如表 1-3 所示。

表 1-3　水在 0℃ 时的体积压缩系数

压强/10^5Pa	4.9	9.8	19.6	29.2	78.4
$\beta_p/(m^2/N)$	5.18	5.16	5.11	5.03	4.95

在工程上，流体的压缩性也常用 β_p 的倒数即体积弹性模量来描述，即：

$$K = \frac{1}{\beta_p} \tag{1-9}$$

式中　K——体积弹性模量，N/m^2。

(2) 可压缩流动与不可压缩流动

流体的压缩性及相应的体积弹性模量是随流体的种类、温度和压力而变化的。当压缩性对所研究的流动影响不大，可以忽略不计时，这种流动称为不可压缩流动，反之称为可压缩流动。通常，液体的压缩性不大，所以工程上一般不考虑液体的压缩性，把液体当作不可压缩流体来处理。当然，研究一个具体流动问题时，是否考虑压缩性的影响，不仅取决于流体是气体还是液体，还要由具体条件来决定。例如，在标准大气压条件下，当空气的流速为 68m/s 时，不考虑压缩性所引起的相对误差约为 1%，这在工程计算中一般可以忽略不计，所以低速流动的气体可以认为是不可压缩流体。而气体在高速流动时，它的体积变化不能忽略不计，必须作为可压缩流体来处理。在研究高压锅炉或管道中水击等现象时，必须把水作为可压缩流体来处理。水的压缩性虽然小，但在这些情况下却不能忽视。

(3) 流体的膨胀性

在压强一定的条件下，随着流体温度升高，其体积增大的性质称为流体的膨胀性。膨胀性的大小用体积膨胀系数 β_t 来表示，它表示在压力不变条件下，单位温升引起流体体积的相对变化量，其表达式为：

$$\beta_t = \frac{1}{V} \times \frac{dV}{dt} \tag{1-10}$$

式中　β_t——体积膨胀系数，1/℃ 或 1/K；

　　　dt——流体温度的改变量，℃。

由式(1-10)可以看出，β_t 值大的流体，在相同温升情况下，其体积增大，膨胀性大；β_t 值小的流体，膨胀性小。水在不同温度、压强下的体积膨胀系数如表 1-4 所示。

表 1-4　水在不同温度、压强下的体积膨胀系数　　　　　　　　单位：1/℃

压强/10^5Pa	温度/℃				
	0~10	10~20	40~50	60~70	90~100
0.98	1.4×10^{-5}	1.50×10^{-4}	4.22×10^{-4}	5.56×10^{-4}	7.19×10^{-4}
98	4.3×10^{-5}	1.65×10^{-4}	4.22×10^{-4}	5.48×10^{-4}	7.04×10^{-4}
490	1.49×10^{-4}	2.36×10^{-4}	4.29×10^{-4}	5.23×10^{-4}	6.61×10^{-4}

从表 1-4 中可以看出，随着温度的改变，水的体积相对改变量很小，其他液体也有类似的性质，所以在一般工程计算中不考虑液体的膨胀性。

（4）气体状态方程

由热力学可知，气体的压强、密度和温度三者之间满足一定的关系，这种关系称为状态方程。如果气体分子本身的体积和分子之间的作用力可以忽略，这种气体就称为完全气体（又称理想气体），其状态可以用下式来表示，即：

$$p = \rho \frac{R_0}{M} T \tag{1-11}$$

式中，p 为压强；ρ 为密度；T 为温度；R_0 为理想气体常数，$R_0 = 8.314 \text{J/(mol·K)}$；$M$ 为气体的摩尔质量（需要用 kg 表示，以适应其他量的国际单位）。

多数气体在常见的压强和温度范围内的分子自由程都比较大，因此都是比较符合完全气体状态方程的，在流体力学中处理的气体主要是空气，其状态方程常简写为

$$p = \rho R T \tag{1-12}$$

式中，R 为气体常数，对于空气，$R = 287.06 \text{J/(kg·K)}$。

气体的密度、温度和压强都是气体的宏观性质，深入的讨论必然会涉及微观的分子运动论和统计物理。为了能简单明了地说明问题，这里主要从定性的角度进行讨论。

首先，气体密度的定义是单位体积气体的质量。由于气体是由相互距离较大的、处于热运动中的分子构成的，因此严格来说没有某一点的密度的说法。但流体力学是建立在连续介质假设的基础上的，某一点的密度其实是包围这一点的足够小的微团的平均密度。对于特定气体而言，密度代表了相同体积内分子数量的多少。

其次，温度的定义是气体分子平均动能的度量。对于特定气体而言，温度的高低代表了分子热运动平均速度的大小。如果将气体置于固定容积的空间内，则气体的密度是不变的，温度的增加显然会增加分子相互碰撞的概率，同时也增加了单位时间内分子与壁面碰撞的次数，这会体现在气体的压力增加上。

压强体现为一种使气体膨胀的趋势，也体现为气体对相邻的固体或液体界面的推力作用。气体分子之间几乎没有吸引力和排斥力，这种膨胀和推力的产生是分子之间以及分子与固体或液体界面之间碰撞的效果。根据动量定理，对于一个固体壁面来说，压强的大小取决于单位时间内气体分子传递给壁面的动量。这个动量的大小与两个因素相关，一个是单个分子传递的动量，另一个是参与传递的分子的数量。前一个因素由气体的温度决定，后一个因素由气体的密度和温度共同决定。一方面，温度越高，单个分子可传递的动量就越大，同时温度高导致的分子速度大，也加大了分子撞击壁面的次数；另一方面，密度越大则单位时间内撞击壁面的分子数量也会越大。因此，压强与密度和温度都是正相关的，体现在数学上就是公式(1-12)的关系。

　　另外，对于液体的状态方程，不同于气体，没有一个统一的理想模型存在。一般的液体密度随温度升高而降低，变化率各有不同，是由很多因素决定的，很难用统一的理论描述，一般用实验确定。水是一种比较特殊的液体，在4℃时密度最大，低于或高于这个温度时密度都会减小。液体的压强则基本上与温度和密度无关，主要取决于所受的外力。流体力学中一般把液体当作不可压缩流体对待，即液体的密度不随压强而改变，而压强和温度分别由动量方程和能量方程决定。

1.6.3　流体的黏性

（1）流体的黏性

　　当流体运动时，流体微团间发生相对滑移运动，在流体内部会产生切向阻力，也叫内摩擦力，内摩擦力具有抵抗流体剪切变形的特性，流体的这种性质称为黏性。为了能更好地理解黏性，先观察一个流动现象。

　　如图1-2所示，取两块宽度和长度都足够大的平板，其间充满某种液体。下板固定不动，当以力 F 拉动上板以 u_0 的速度平行于下板运动时，黏附在上板下面的流层以 u_0 的速度运动，且速度大的流层带动速度小的流层运动，越往下速度越小，直到附在固定板上的流层的速度为零。两板间流体沿 y 方向的速度呈线性分布。

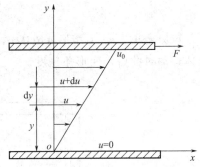

图1-2　平板间速度分布规律

　　上面的现象说明，当流体中发生了层与层之间的相对运动时，速度快的流层对速度慢的流层产生了一个拉力使它加速，而速度慢的流层对速度快的流层有一个阻止它向前运动的阻力，拉力和阻力是大小相等、方向相反的一对力，分别作用在两个流层的接触面上，这就是流体黏性的表现，这种力称为内摩擦力或黏性力。

　　由于黏性的存在，流体在运动中为克服内摩擦力必然要做功，所以黏性也是流体发生机械能量损失的主要原因。黏性是流体的固有属性，在流体处于静止或各部分之间的相对速度为零时不表现出来。

（2）牛顿内摩擦定律

　　流体不同，在相同运动状态下其内摩擦力也不同。牛顿经过大量实验研究，在1686年提出了一个确定流体内摩擦力的内摩擦定律：对于给定的流体，作用于速度为 u 和 $u+\mathrm{d}u$ 的相邻两流层上的内摩擦力 T 的大小与流体的性质有关，并与两流层的接触面积 A 和速度梯度 $\mathrm{d}u/\mathrm{d}y$ 成正比，而与接触面上的压力无关，即

$$T = \pm \mu A \frac{\mathrm{d}u}{\mathrm{d}y} \tag{1-13}$$

　　式中，μ 是反映流体黏性大小的物理量，它与流体的种类、温度有关，称为动力黏性系数或动力黏度。

　　设 τ 代表单位面积上的内摩擦力，即黏性切应力，则

$$\tau = \pm \mu \frac{\mathrm{d}u}{\mathrm{d}y} \tag{1-14}$$

　　式（1-13）和式（1-14）中的"±"号是为 T、τ 永为正值而设的，即 $\mathrm{d}u/\mathrm{d}y>0$ 时取正号，$\mathrm{d}u/\mathrm{d}y<0$ 时取负号。可以看出，当 $\mathrm{d}u/\mathrm{d}y=0$ 时，$T=\tau=0$，这说明流体质点间没有

相对运动时，流体内没有摩擦力，流体的黏性这一固有属性不表现出来。

（3）速度梯度

速度梯度对流动内摩擦力影响很大，下面对其进行讨论。

如图 1-3 所示，在运动流体中取一微小矩形 $ABCD$，AB 层速度为 u，CD 层速度为 $u+$ $\mathrm{d}u$，两层间垂直距离为 $\mathrm{d}y$，经过时间 $\mathrm{d}t$ 后，A、B、C、D 点分别运动至 A'、B'、C'、D' 点，则有

$$ED' = DD' - AA' = (u + \mathrm{d}u)\mathrm{d}t - u\,\mathrm{d}t = \mathrm{d}u\,\mathrm{d}t$$

由上式可得

$$\mathrm{d}u = \frac{ED'}{\mathrm{d}t}$$

因此可得速度梯度

$$\frac{\mathrm{d}u}{\mathrm{d}y} = \frac{ED'}{\mathrm{d}y\,\mathrm{d}t} = \frac{\tan\theta}{\mathrm{d}t} = \frac{\mathrm{d}\theta}{\mathrm{d}t}$$

可以看出，$\mathrm{d}\theta$ 为矩形 $ABCD$ 在时间 $\mathrm{d}t$ 后的剪切变形角度，这表明速度梯度实际上就是流体运动时的剪切变形角速度。

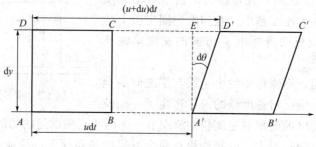

图 1-3　速度梯度

（4）黏性的表示方法

由式(1-14) 知，黏性系数在数值上等于速度梯度为 1 时单位面积上内摩擦力的大小。对相同速度梯度的流体，μ 大则 τ 大，μ 小则 τ 小，亦即 μ 表征流体黏性的大小。

在国际单位制中 τ 的单位是 $\mathrm{N/m^2}$，$\mathrm{d}u/\mathrm{d}y$ 的单位是 $1/\mathrm{s}$，则 μ 的单位为 $\mathrm{Pa \cdot s}$，称为"帕斯卡·秒"，简称"帕·秒"。而在过去广泛应用的 c·g·s 的单位制中，μ 的单位为 dyn ·$\mathrm{s/cm^2}$，称为"泊"，用"P"表示，"P"与"$\mathrm{Pa \cdot s}$"的关系为

$$1\mathrm{P} = 0.1\mathrm{Pa \cdot s}$$

因为"泊"有时太大，常用泊的百分之一来表示黏度，也叫"厘泊"，用 cP 表示。

在流体力学的分析和计算中，动力黏度 μ 与流体密度 ρ 经常结合在一起以 μ/ρ 的形式出现，为简化起见，人们常以 υ 表示，即

$$\upsilon = \frac{\mu}{\rho} \tag{1-15}$$

υ 的量纲为 $\mathrm{L^2 T^{-1}}$，即仅有运动学要素长度和时间，而没有力的量纲，故 υ 称为运动黏性系数或运动黏度。在国际单位制中 υ 的单位为 $\mathrm{m^2/s}$；在 c·g·s 单位制中，υ 的单位为 $\mathrm{cm^2/s}$，称为"斯"，用"St"，表示。St 与 $\mathrm{m^2/s}$ 之间的关系为

$$1\mathrm{St} = 10^{-4}\,\mathrm{m^2/s}$$

工程实际中常用斯的百分之一作计量单位，称为"厘斯"。

（5）温度对黏性的影响

流体的黏性主要与流体的种类及温度有关。在通常压强范围内，压强对流体的黏性影响很小，可忽略不计。温度对黏性的影响比较显著，液体的 μ 值随温度升高而降低；而气体的 μ 值随温度升高而加大。这是由液体和气体的微观分子结构不同所造成的。流体的黏性主要是由分子间引力和分子热运动引起的。液体的分子间距离较小，相互间的引力起主要作用，当温度升高时，间距增大，引力减小，因而黏性减小；气体分子间距离较大，引力影响很小，根据分子运动理论，分子之间因自由碰撞而产生的动量交换随温度升高而加剧，其宏观表现则是黏性增大。水和空气在不同温度下的黏性系数见附录 1 和附录 2。

（6）牛顿流体与非牛顿流体

在式(1-14)的基础上介绍了流体的黏滞性，但需指出的是，式(1-14)是建立在流体作层流运动（即流体是分层运动的，层与层之间只作相对的滑动而彼此互不掺混）的条件上的；如果流体不是层流运动，则式(1-14)不能直接应用。即使在层流条件下，也并非所有流体都遵从这个规律，于是通常把满足式(1-14)的流体称为牛顿流体，把不满足该式的流体称为非牛顿流体。实验证明：自然界中大部分的流体，如空气、水、许多润滑油以及低碳氢化合物均属于牛顿流体，它们的共性是当温度一致时，μ 为常数，黏性切应力 τ 和速度梯度 du/dy 呈线性关系；而另有一些液体，如泥浆、有机胶体、油漆、纸浆液、高分子溶液等则属于非牛顿流体，它们的特性是 τ 和 du/dy 的关系是非线性的，而且有的非牛顿流体在恒定速度梯度 du/dy 下，其 τ 随时间而变化。

（7）实际流体与理想流体

实际流体都具有黏性，因此在流体流动时都产生黏性力。考虑黏性来研究流体运动是很复杂的。当研究某些流动问题时，黏性力与其他力（压力、惯性力、重力等）相比很小，可以忽略，此时假设 $\mu=0$，即流体没有黏性，这种忽略黏性或假定没有黏性的流体称为理想流体。对多数工程流动问题，特别是管道流动，可以先研究简化了的理想流体，得出结果后，再考虑实际流体的黏性，对所得理论结果进行相应的修正。

1.6.4　表面张力

大量观察表明，液体与气体接触的自由表面上液体分子都有向内部收缩的趋势，如空气中的自由液滴总是趋于球形。液体表面有收缩的趋势表明，液体表面各部分间存在着相互作用的拉力，从而使液面处于张紧状态，这种使液体表面收缩的力叫作液体的表面张力。

在静止的流体中，每一个流体分子都受到周围分子吸引力的作用。在液体内部的任意一点，周围分子对它的吸引力是相互抵消的，该点处于分子引力平衡状态。但是对于液体表面附近的分子，受分子引力的情况就不同了。如图 1-4 所示，A 为距液面为 a 的一个分子，若以 A 为中心，以引力作用半径 r 为半径作一球面，可见在平面 MN 和 $M'N'$ 之

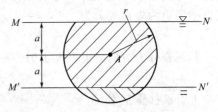

图 1-4　分子引力作用半径

间的全部流体分子对 A 质点的吸引力相互抵消，而平面 $M'N'$ 以下的流体分子对 A 的吸引力无法平衡。因此，A 受到一个向下的拉力。显然，只有当 A 点离液面的距离 $a \geqslant r$ 时，周围分子对它的吸引力才能互相平衡，而在 $a < r$ 的表面层内的分子都受到大小不同、方向向下的拉力作用。表面张力就是液体表面层内的分子互相吸引力不平衡的表现，它把液体表面

层的分子紧紧地拉向液体内部。

如果在液面上任意作一长为 l 的线段，由于液体自由表面有表面张力存在，所以线段两边的液面将以一定的拉力相互作用，拉力的方向垂直于线段且与液面相切，其大小与线段长度 l 成正比，即

$$f = \sigma l \tag{1-16}$$

式中，σ 为液体的表面张力系数，N/m。

例如，将一滴水放在无油脂的玻璃板上，水将沿板面展开，附着于板上；而在玻璃板上放一滴水银，它将近似收缩成球形，且极易在板面上滚动而不附着其上。前者称为润湿现象（水润湿玻璃），后者称为不润湿现象（水银不润湿玻璃）。同一种液体能润湿某些固体的表面，而不能润湿另一些固体的表面。例如水能润湿玻璃而不能润湿石蜡，水银不能润湿玻璃但能润湿干净的锌块。能否润湿是由所涉及的液体与固体分子间的相互引力（附着力）是大于或小于液体分子之间的相互引力（内聚力）来决定的。

由于液面与固体表面的润湿效应，将引起液面的弯曲，在毛细管中正是弯曲面存在表面张力才引起管内液面的上升或下降。因此在用某些玻璃管制成的水力仪表中，必须注意表面张力的影响。当玻璃管插入水中时，由于水的内聚力小于水同玻璃间的附着力，水将润湿玻璃管的内外壁面，水的表面张力使水面向上弯曲并升高 [图 1-5(a)]；当玻璃管插入水银中时，由于水银的内聚力大于水银同玻璃的附着力，水银不能润湿玻璃，水银面向下弯曲，表面张力将使管内的液柱下降 [图 1-5(b)]。

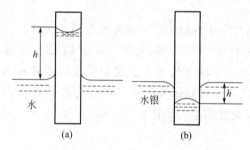

图 1-5　表面张力的影响

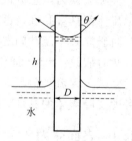

图 1-6　液柱受力平衡

下面以水为例，推导毛细管中液面上升高度和表面张力系数的关系。如图 1-6 所示，表面张力拉液面向上，直到表面张力在垂直方向的分力与升高液柱的重量相等时，液柱受力平衡静止。假设 D 为管径，θ 为液体与毛细管的接触角，γ 为液体重度，h 为液柱上升高度，则管壁周边的表面张力为

$$F = \pi D \sigma$$

其垂直分力方向向上，大小为

$$f = F\cos\theta = \pi D \sigma \cos\theta$$

上升液柱重量为

$$G = \gamma \times \frac{\pi}{4} D^2 h$$

表面张力的垂直分力 f 将与上升液柱的重量 G 相平衡，即有

$$\pi D \sigma \cos\theta = \gamma \times \frac{\pi}{4} D^2 h$$

因此可解得上升的液柱高为

$$h = \frac{4\sigma\cos\theta}{\gamma D} \tag{1-17}$$

从式(1-17) 可以看出，液柱上升高度与管径成反比，并与液体种类及毛细管材料有关。例如，在 20℃时，水与玻璃的接触角 $\theta = 8° \sim 9°$，水银与玻璃的接触角 $\theta = 139°$。考虑了水与水银的 σ 及 γ 值后，即可得出 20℃时水在玻璃毛细管中上升的高度为 $h = 29.8/D$，水银在玻璃毛细管中下降的高度为 $h = 10.15/D$，其中 D 的单位为 mm。

1.7 作用在流体上的力——表面力和质量力

为了研究流体的宏观运动，可先分析作用在处于运动状态的流体上的力。这些力分为两类：表面力和质量力。

1.7.1 表面力

表面力即作用在所取流体分离体表面上的力。这种力通常指的是分离体以外的流体通过接触面作用在分离体上的力。如果在流动的流体中任取体积为 V、表面积为 A 的流体作为分离体 c，则分离体以外的流体通过接触面必定对分离体以内的流体有作用力。如图 1-7 所示，在分离体表面的 b 点取微小面积 δA，作用在它上面的表面力为 $\delta\boldsymbol{F}$。一般情况下，$\delta\boldsymbol{F}$ 可以分解为沿法线方向 $\boldsymbol{n}$ 的法向力 $\delta\boldsymbol{F}_n$ 和沿切线方向 $\boldsymbol{\tau}$ 的切向力 $\delta\boldsymbol{F}_\tau$。以微小面积 δA 除表面力并取极限，便可求得作用在 b 点单位面积上的表面力

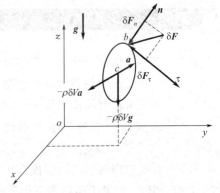

$$\boldsymbol{p}_n = \lim_{\delta A \to 0} \frac{\delta\boldsymbol{F}_n}{\delta A} \tag{1-18}$$

图 1-7 作用在流体上的表面力和质量力

$\boldsymbol{p}_n$ 称为应力，单位为 Pa。通常 $\boldsymbol{p}_n$ 与 $\boldsymbol{n}$ 的方向不一致，它的大小不仅与 b 点的位置有关，而且还与作用面的方位和时间 t 有关，即 $\boldsymbol{p}_n = f(x, y, z, \boldsymbol{n}, t)$。作用在 b 点单位面积上的法向力和切向力分别为

$$\boldsymbol{p}_{nn} = \lim_{\delta A \to 0} \frac{\delta\boldsymbol{F}_n}{\delta A} = \frac{\mathrm{d}\boldsymbol{F}_n}{\mathrm{d}A} \tag{1-19}$$

$$\boldsymbol{p}_{n\tau} = \lim_{\delta A \to 0} \frac{\delta\boldsymbol{F}_\tau}{\delta A} = \frac{\mathrm{d}\boldsymbol{F}_\tau}{\mathrm{d}A} \tag{1-20}$$

$\boldsymbol{p}_{nn}$、$\boldsymbol{p}_{n\tau}$ 分别称为法向应力和切向应力，它们是研究流体流动时经常遇到的两种应力。

在液体与异相物质接触的自由表面上还有表面张力，它是一种特殊类型的表面力，主要是由液体内的分子对处于表面层分子的吸引而产生的。

1.7.2 质量力（体积力）

质量力即某种力场作用在流体的全部质点（全部体积）上的力，是和流体的质量成正比的力。例如，重力场中地球对流体全部质点的引力作用所产生的重力，磁力场和电力场对磁性物质和带电物质所产生的磁力和电动力等，如图 1-7 所示，在分离体的 c 点，取一微小体

积 δV，如微小体积的平均密度用 ρ 表示，则重力场作用在它上面的质量力可表示为 $\rho \delta V \boldsymbol{g}$，对所有其他微小体积均可这样表示。

当应用达朗伯（J. Le. R. D'Alembert）原理去研究流体的加速运动时，虚加在流体质点上的惯性力也属于质量力。这种力，在直线加速运动中只有沿直线的惯性力；在一般曲线运动中则有切向惯性力和离心惯性力；在相对运动中，当牵连运动为转动时，还可能有哥氏惯性力。如图 1-7 所示，若微小体积的平均绝对加速度为 $\boldsymbol{a}$ 时，则虚加在微小体积上的惯性力可表示为 $-\rho \delta V \boldsymbol{a}$。对所有其他微小体积均可这样表示。

如果用 $\boldsymbol{f}$ 表示作用在单位质量流体上的质量力矢量，用 f_x、f_y、f_z 表示它沿直角坐标轴的分力，用 $\boldsymbol{l}$、$\boldsymbol{j}$、$\boldsymbol{k}$ 表示直角坐标轴上的单位矢量，则

$$\boldsymbol{f} = f_x \boldsymbol{l} + f_y \boldsymbol{j} + f_z \boldsymbol{k}$$

以上分析可知，流体受表面力和质量力两类力的作用。在一般运动中，这些力都存在，但是在一些特例中只存在其中的某几个。正确分析作用在流体上的力，是研究流体平衡和运动规律的基础。

 习题

1.1 流体的概念是什么，流体有什么特征？

1.2 什么是流体的连续介质模型，引入该模型有什么意义？

1.3 已知某种物质的密度 $\rho = 2.94 \mathrm{g/cm^3}$，试求它的相对密度 d？

1.4 已知某厂 1 号炉水平烟道中烟气组成为 $a_{\mathrm{CO_2}} = 13.5\%$，$a_{\mathrm{SO_2}} = 0.3\%$，$a_{\mathrm{O_2}} = 5.2\%$，$a_{\mathrm{N_2}} = 76\%$，$a_{\mathrm{H_2O}} = 5\%$，试求烟气的密度。

1.5 上题中烟气的实测温度 $T = 170℃$，实测静计示压强 $p_e = 1432 \mathrm{Pa}$，当地大气压强 $p_2 = 100858 \mathrm{Pa}$。试求工作状态下烟气的密度和运动黏度。

1.6 当压强增量为 50000Pa 时，某种液体的密度增加 0.02%。试求该液体的体积模量。

1.7 绝对压强为 $3.923 \times 10^5 \mathrm{Pa}$ 的空气的等温体积模量和等熵体积模量各等于多少？

1.8 充满石油的油槽内的压强为 $4.9033 \times 10^5 \mathrm{Pa}$，今由槽中排出石油 40kg，使槽内压强降到 $9.8067 \times 10^4 \mathrm{Pa}$。设石油的体积模量 $K = 1.32 \times 10^9 \mathrm{Pa}$，试求油槽的体积。

1.9 流量为 $50 \mathrm{m^3/h}$、温度为 $70℃$ 的水流入热水锅炉，经加热后水温升到 $90℃$，而水的体积膨胀系数 $a_y = 0.000641/℃$，从锅炉中每小时流出多少立方米的水？

1.10 汽车上路时，轮胎内空气的温度为 $20℃$，绝对压强为 395kPa，行驶后，轮胎内空气温度上升到 $50℃$，试求此时的压强。

1.11 动力黏度为 $2.9 \times 10^4 \mathrm{Pa \cdot s}$、密度为 $678 \mathrm{kg/m^3}$ 的油，其运动黏度等于多少？

1.12 设空气在 $0℃$ 时的运动黏度 $\nu_0 = 13.2 \times 10^{-6} \mathrm{m^2/s}$，密度 $\rho_0 = 1.29 \mathrm{kg/m^3}$。试求在 $150℃$ 时空气的动力黏度。

1.13 在相距 1mm 的两平行平板之间充有某种黏性液体，当其中一板以 1.2m/s 的速度相对于另一板作等速移动时，作用于板上的切应力为 3500Pa。试求该液体的黏度。

1.14 一平板距离另一固定平板 0.5mm，两板间充满流体，上板在每平方米有 2N 的

力作用下以 0.25m/s 的速度移动,求该流体的黏度。

1.15 已知动力滑动轴承的轴直径 $d=0.2$m,转速 $n=2830$r/min,轴承内径 $D=0.2016$m,宽度 $l=0.3$m,润滑油的动力黏度 $\mu=0.245$Pa·s,试求克服摩擦阻力所消耗的功。

1.16 一重 500N 的飞轮的回转半径为 30cm,由于轴套间流体黏性的影响,当飞轮以 600r/min 旋转时,它的角减速度为 0.02rad/s²。已知轴套的长度为 5cm,轴的直径为 2cm,它们之间的间隙为 0.05mm。试求流体的黏度。

1.17 内径为 10mm 的开口玻璃管插入温度为 20℃的水中,已知水与玻璃的接触角 $\theta=10°$。试求水在管中上升的高度。

第2章
流体静力学

▶▶

静止是一个相对概念，根据流体对所选择的参考坐标系有无相对运动确定。当流体相对于非惯性参考系没有相对运动时，而相对于惯性参考坐标系有相对运动，称流体处于相对静止（平衡）状态。流体处于静止或相对静止状态时，流层间没有相对运动，切向应力为零，流体不体现黏性，作用在流体上的表面力只有静压强。本章的内容对理想流体和黏性流体均适用。

本章主要讨论静止状态下压强的特征及表示方法，建立流体静力学基本方程——流体平衡微分方程，分析重力作用及相对平衡状态下流体内部的压强分布规律，以及流体与固体壁面间的相互作用力。

2.1 流体静压强特征及表示方法

当流体处于静止或相对静止状态时，作用在流体上的应力中，切向应力等于零，只有法向应力，即应力处与其作用面垂直，流体静压强就是负的法向应力，即

$$p_{nn} = \frac{\mathrm{d}\boldsymbol{F}_n}{\mathrm{d}A} = -p_n \tag{2-1}$$

静压强的单位为 Pa。

2.1.1 流体静压强的特征

流体静压强有两个重要特征。

特性一：流体静压强的方向沿作用面的内法线方向。

这一特性可直接由流体的性质加以说明。流体具有流动性，流体受任何微小剪切力作用都将连续变形。这就是说，若有剪切力作用，流体便要变形（流动）；流体要保持静止状态，就不能有剪切力作用。一般情况下流体在拉力作用下也将产生流动；流体要保持静止状态，就不能有拉力作用（液体表面层除外）。因此，流体处于静止或相对静止状态时，既不能有剪切力作用，又不能有拉力作用（液体表面层除外），唯一的作用便是沿作用面内法线方向的压强作用。

根据这一特性可知，静止流体对固体壁面的压强恒垂直和指向壁面。图 2-1(a) 为槽形容器壁上的静压强，图 2-1(b) 为圆形容器壁所受的内压强和外压强。

特性二：静止流体中任一点流体静压强的大小与其作用面在空间的方位无关，只是该点

坐标的连续函数，也就是说，静止流体中任一点上不论来自何方的静压强均相等。

为了证明这一特性，在静止的流体中任取一点 A，以 A 为直角坐标系的原点，取边长各为 δx、δy 和 δz 的微小四面体 $ABCD$，如图 2-2 所示。假设作用在 $\triangle ABD$、$\triangle ABC$、$\triangle ACD$ 和 $\triangle BCD$ 四个平面上的平均流体静压强分别为 p_x、p_y、p_z 和 p_n，它们的方向分别为各自作用面的内法线方向，则作用在各面上的流体总静压力应等于各面上的平均静压强与该作用面面积的乘积，即 $p_x \delta x \delta z /2$、$p_y \delta z \delta x /2$、$p_z \delta x \delta y /2$ 及 $p_n \triangle BCD$。假设用 ρ 代表微小四面体的平均密度，用 f_x、f_y、f_z 代表作用在微小四面体单位质量流体上的质量力的分力，而微小四面体的体积为 $\delta x \delta y \delta z /6$，则微小四面体的质量力在 x、y、z 方向的分力分别为 $f_x \delta x \delta y \delta z /6$、$f_y \delta x \delta y \delta z /6$、$f_z \delta x \delta y \delta z /6$。若微小四面体在表面力和质量力作用下处于平衡状态，则 x 方向的平衡方程式为

$$p_x \times \frac{1}{2} \delta y \delta z - p_n \times \triangle BCD \cos(\widehat{p_n,x}) + f_x \rho \times \frac{1}{6} \delta x \delta y \delta z = 0 \qquad (2\text{-}2)$$

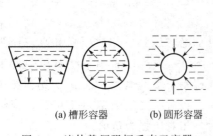

(a) 槽形容器　(b) 圆形容器

图 2-1　流体静压强恒垂直于容器

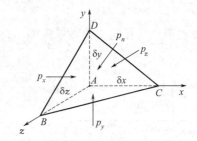

图 2-2　微小四面体

由于 $\triangle BCD \cos(\widehat{p_n,x})$ 是 $\triangle BCD$ 在垂直面 Ayz 上的投影，并等于 $\delta y \delta z /2$，故上式可化简为

$$p_x - p_n + f_x \rho \times \frac{1}{3} \delta x = 0$$

取 δx、δy、δz 趋近于零时的极限，并略去无穷小项，得 A 点处流体的

$$p_x = p_n$$

同理可证
$$p_y = p_n,\ p_z = p_n$$

即
$$p_x = p_y = p_z = p_n$$

这就证明了，静止流体中任一点流体静压强的大小与其作用面在空间的方位无关。但是，不同空间点的静压强可以是不相等的，即流体静压强是空间坐标的连续函数：

$$p = f(x,y,z)$$

2.1.2　压强的表示方法

（1）压强的表示方法

根据压强的计量基准和使用范围不同，流体的压强可分为绝对压强、相对压强（表压）和真空压强（真空度）。

① 绝对压强。绝对压强是指以绝对真空为基准来计量的压强，常用符号 $p_{绝}$ 来表示。

② 相对压强（表压）。以大气压为基准计量的压强称为相对压强，相对压强和绝对压强

的关系为

$$p_表 = p_绝 - p_a$$

式中　p_a——大气压强，Pa。

在许多工程设备所受的压强中，大气压部分都是相互抵消不起作用的，所以在大多数压力仪表中压强都是以大气压为起点计量的。因此，在开口容器及不可压缩流体静压强计算题中，一般都用表压来表示压强。

③ 真空压强（真空度）。当绝对压强小于大气压强时，该处的相对压强就为负值，称该处存在着真空压强或真空度。真空压强是指流体的绝对压强小于大气压强而产生真空度的程度，用当地大气压 p_a 减去绝对压强来表示

$$p_真 = p_a - p_绝$$

以液柱高度表示真空压强称为真空高度，则有

$$h_真 = \frac{p_真}{\rho g} = \frac{p_a - p_绝}{\rho g}$$

可以看出，这样定义的真空压强总是正的。

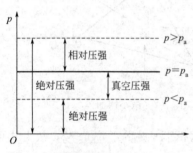

图 2-3　绝对压强、相对压强和
真空压强的关系

图 2-3 表示绝对压强、相对压强和真空压强之间的相互关系。从图 2-3 中可以看出，绝对压强的基准和相对压强的基准相差一个当地大气压 p_a。绝对压强永为正值，最小为零。相对压强的数值可正可负，当绝对压强小于大气压时，相对压强为负值。

（2）压强的度量

压强的度量有应力、大气压和液柱高度三种单位。

① 应力单位。应力单位是指用单位面积承受的力表示压强，在国际单位制中是 N/m² （Pa），在工程单位制中用 kgf/cm²。

② 大气压单位。大气压单位是指用大气压表示压强大小。1 个标准大气压（atm）＝ $1.013×10^5$ N/m²＝760mmHg。在工程计算中，为方便起见，常取 1kgf/cm² 作为一个工程大气压（at），相当于 $9.8×10^4$ N/m²。

③ 液柱高度单位。液柱高度单位是指用液柱的高度表示压强大小。由于

$$p_表 = \rho g h$$

则有

$$h = \frac{p_表}{\rho g}$$

可以看出，一定的压强 $p_表$ 就相当于一定的液柱高度。如果取不同密度 ρ 的液体，则 h 值不同，即一定的压强可以用不同的液柱高度来表示，1at 相应的液柱高度为

$$h = \frac{9.8×10^4}{13.6×9800} = 0.735 \text{（mHg）}$$

$$h = \frac{9.8×10^4}{9800} = 10 \text{（mH}_2\text{O）}$$

流体静压强的计量单位有许多种。为了便于换算，将常遇到的几种压强单位及其换算系数列于表 2-1 中。

表 2-1　压强单位及其换算系数

帕斯卡(Pa)	工程大气压(kgf/cm²)	标准大气压(atm)	巴(bar)	米水柱(mH₂O)	毫米汞柱(mmHg)
1	1.01972×10^{-5}	9.86923×10^{-6}	10^{-5}	1.01972×10^{-4}	7.50064×10^{-3}
9.80665×10^{5}	1	9.67841×10^{-1}	9.80665×10^{-1}	10	7.35561×10^{2}
1.01325×10^{5}	1.03323	1	1.0325	1.03323×10	7.60×10^{2}
10^{5}	1.01972	9.86923×10^{-1}	1	1.01972×10	7.50064×10^{2}
9.80665×10^{3}	10^{-1}	9.67841×10^{-2}	9.80665×10^{-2}	1	7.35561×10
1.3322×10^{2}	1.3595×10^{-3}	1.31579×10^{-3}	$1.33322 \times 10^{+3}$	1.35951×10^{-2}	1

2.2 流体平衡微分方程

2.2.1　流体平衡微分方程的建立

作用在流体上的力有表面力和质量力，下面分析平衡状态下这些力应满足的关系，建立流体平衡条件下的微分方程。

如图 2-4 所示，在静止流体中取一个微小六面体形状的流体微团作为分析对象，流体微团中心为 $M(x，y，z)$，其边长为 dx、dy、dz，分别平行于 x、y、z 轴。

（1）作用于流体微团上的表面力

所取流体微团处于静平衡状态，在流体微团的六个侧面上一定作用有表面力，根据静压强特性，此表面力的作用方向一定垂直于流体微团的各个侧面。

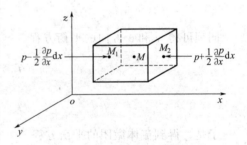

图 2-4　微元六面体上所受力

首先分析流体微团所受的沿 x 轴方向的表面力。设在流体微团中心位置上的压强为 $p(x，y，z)$，把作用在流体微团左侧面中心从 $M_1\left(x - \dfrac{1}{2}dx，y，z\right)$ 点的压强 p_1 用泰勒（Taylor）级数展开

$$p_1 = p\left(x - \frac{1}{2}dx, y, z\right)$$

$$= p(x,y,z) + \frac{\partial p}{\partial x}\left(-\frac{1}{2}dx\right) + \frac{1}{2}\frac{\partial^2 p}{\partial x^2}\left(-\frac{1}{2}dx\right)^2 + \cdots + \frac{1}{n!} \times \frac{\partial^n p}{\partial x^n}\left(-\frac{1}{2}dx\right)^n$$

略去级数中二阶以上无穷小量得

$$p_1 = p - \frac{1}{2}\frac{\partial p}{\partial x}dx \tag{2-3}$$

式中　$\dfrac{\partial p}{\partial x}$——压强沿 x 方向的变化率，称为压强梯度；

$\dfrac{1}{2}\dfrac{\partial p}{\partial x}\mathrm{d}x$ —— x 方向的位置变化引起的压强差。

同理可得流体微团右侧面中心 M_2 点处的压强

$$p_2 = p + \frac{1}{2}\frac{\partial p}{\partial x}\mathrm{d}x \tag{2-4}$$

由于流体微团是无限小的，所以可以用中心点的压强代表该面上的平均压强。因此作用在流体微团左右两个微元面积上的总压力分别为 $\left(p - \dfrac{1}{2}\dfrac{\partial p}{\partial x}\mathrm{d}x\right)\mathrm{d}y\mathrm{d}z$ 和 $\left(p + \dfrac{1}{2}\dfrac{\partial p}{\partial x}\mathrm{d}x\right)\mathrm{d}y\mathrm{d}z$。

同理，可以写出作用于相应表面上 y、z 轴方向上的表面力表达式。

（2）作用于流体微团上的质量力

流体微团内部受到质量力作用。设作用于单位质量流体上的质量力在 x 方向的分量为 f_x，则作用于流体微团上的质量力在 x 方向的分力为 $f_x\rho\mathrm{d}x\mathrm{d}y\mathrm{d}z$，其中 $\mathrm{d}x\mathrm{d}y\mathrm{d}z$ 为六面体的体积。同理可得出沿 y 和 z 方向质量力的分力分别为 $f_y\rho\mathrm{d}x\mathrm{d}y\mathrm{d}z$ 和 $f_z\rho\mathrm{d}x\mathrm{d}y\mathrm{d}z$。

（3）方程的建立

微元六面体处于静止状态，故所取流体微团上各个方向作用力之和均应为零，即 x 方向力平衡关系应为

$$\left(p - \frac{1}{2}\frac{\partial p}{\partial x}\mathrm{d}x\right)\mathrm{d}y\mathrm{d}z - \left(p + \frac{1}{2}\frac{\partial p}{\partial x}\mathrm{d}x\right)\mathrm{d}y\mathrm{d}z + f_x\rho\mathrm{d}x\mathrm{d}y\mathrm{d}z = 0$$

用 $\rho\mathrm{d}x\mathrm{d}y\mathrm{d}z$ 除上式，化简后得

$$f_x - \frac{1}{\rho}\times\frac{\partial p}{\partial x} = 0 \tag{2-5}$$

同理可得 y 和 z 方向的平衡方程

$$f_y - \frac{1}{\rho}\times\frac{\partial p}{\partial y} = 0 \tag{2-6}$$

$$f_z - \frac{1}{\rho}\times\frac{\partial p}{\partial z} = 0 \tag{2-7}$$

于是，得到流体微团的平衡方程

$$\left.\begin{aligned} f_x - \frac{1}{\rho}\times\frac{\partial p}{\partial x} &= 0 \\ f_y - \frac{1}{\rho}\times\frac{\partial p}{\partial y} &= 0 \\ f_z - \frac{1}{\rho}\times\frac{\partial p}{\partial z} &= 0 \end{aligned}\right\} \tag{2-8}$$

式（2-8）就是流体静力学平衡微分方程式，是在 1755 年由欧拉（Euder）首先推导出来的，所以又称欧拉平衡微分方程。它反映了流体处在静止状态时所受作用力的平衡规律。根据这个方程可以解决流体静力学中许多基本问题，它在流体静力学中具有重要地位。因为推导公式时考虑的质量力是空间的任何方向的，所以它既适用于绝对静止状态，又适用于相对静止状态。同时，推导中也没有考虑整个空间密度 ρ 是否变化以及如何变化，所以它不但适用于不可压缩流体，而且也适用于可压缩流体。

知识点补充说明：泰勒展开式的意义。

在数学中学习泰勒级数时，知道它是一种可以把复杂函数表达成多项式函数的方法，并且用它可以根据空间一点处的信息来得出相邻点处的信息。现在我们来看看这是如何做

到的。

图 2-5 表示了某物理量 y 随空间距离 x 的变化规律。当 y 相对 x 连续可微时，使用泰勒展开完全可以根据 o 点处的信息来估计相邻点 A 的数值。例如，仅仅使用 o 点处的值 y_o 和斜率 $(\mathrm{d}y/\mathrm{d}x)_o$，就可以估计出 A 点的数值为

$$y_A \approx y_o + \left(\frac{\mathrm{d}y}{\mathrm{d}x}\right)_o \Delta x \tag{2-9}$$

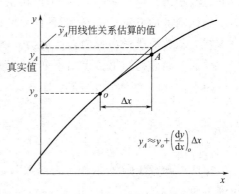

很显然这种估计只有当 y 随 x 呈线性变化时才是精确的，所以泰勒展开还有无穷多的高次项，用二次、三次和更高次的项来模拟曲线从 o 点到 A 点的走势。因此，即使物理量的变化规律不是线性，只要两点距离足够近，泰勒展开也是足够精确的。当距离 oA 趋向于无穷小时，只用线性来表示就足够了。力学中推导微分方程时都是针对微元体进行的，一般都采用线性关系式，忽略二阶以上的小量。个别情况处理有限小的尺度时，会用到二次及以上的项。图 2-5 为泰勒展开说明图。

图 2-5 泰勒展开说明图

2.2.2 压强差公式

为了求得在质量力的作用下静止流体内压强 p 的分布规律，把式(2-8)中 3 个分量式分别乘以 $\mathrm{d}x$，$\mathrm{d}y$，$\mathrm{d}z$ 并相加得

$$\frac{\partial p}{\partial x}\mathrm{d}x + \frac{\partial p}{\partial y}\mathrm{d}y + \frac{\partial p}{\partial z}\mathrm{d}z = \rho(f_x\mathrm{d}x + f_y\mathrm{d}y + f_z\mathrm{d}z) \tag{2-10}$$

因为 p 是一个空间位置的函数，即 $p=p(x,y,z)$，所以式(2-10)左边是静止流体中压强 p 的全微分

$$\mathrm{d}p = \frac{\partial p}{\partial x}\mathrm{d}x + \frac{\partial p}{\partial y}\mathrm{d}y + \frac{\partial p}{\partial z}\mathrm{d}z \tag{2-11}$$

把式(2-10)代入式(2-11)得

$$\mathrm{d}p = \rho(f_x\mathrm{d}x + f_y\mathrm{d}y + f_z\mathrm{d}z) \tag{2-12}$$

此式称为压强差公式。它表明当点的坐标增量为 $\mathrm{d}x$、$\mathrm{d}y$、$\mathrm{d}z$ 时，相应的流体静压强增加 $\mathrm{d}p$，压强的增量取决于质量力。

2.2.3 势函数

如果流体的密度 ρ 是个常数，从数学角度来分析，式(2-12)右边括号内三项总和可看作是某一函数 $U(x,y,z)$ 的全微分，即

$$\mathrm{d}U = f_x\mathrm{d}x + f_y\mathrm{d}y + f_z\mathrm{d}z \tag{2-13}$$

而

$$\mathrm{d}U = \frac{\partial U}{\partial x}\mathrm{d}x + \frac{\partial U}{\partial y}\mathrm{d}y + \frac{\partial U}{\partial z}\mathrm{d}z \tag{2-14}$$

由此得

$$
\left.
\begin{aligned}
f_x - \frac{\partial U}{\partial x} &= 0 \\
f_y - \frac{\partial U}{\partial y} &= 0 \\
f_z - \frac{\partial U}{\partial z} &= 0
\end{aligned}
\right\} \tag{2-15}
$$

可以看出，函数 $U(x, y, z)$ 在 x, y, z 轴方向的偏导数正好等于单位质量力分别在各个坐标轴上的投影。满足式（2-15）的函数 $U(x, y, z)$ 称为力函数（或势函数），而具有这样力函数的质量力称为有势的力。例如重力和惯性力都是有势的力。

根据上面分析结果可得出下列结论：只有在有势的力作用下的流体才能保持平衡。

把式（2-14）代入式（2-12）得

$$
\mathrm{d}p = \rho \mathrm{d}U \tag{2-16}
$$

积分得

$$
p = \rho U + C \tag{2-17}
$$

由此可知，压强 p 依赖于力函数 U，给定了力函数 U 的分布，即可得到静止流体中的压强分布。

式（2-17）中 C 为积分常数。如果已知液体表面或内部任意点处的力函数 U_0 和压强 p_0，则由式（2-17）可得 $C = p_0 - \rho U_0$，从而得

$$
p = p_0 + \rho(U - U_0) \tag{2-18}
$$

这就是在具有力函数 U 的某一质量力作用下，静止流体内任一点压强 p 的表达式。

2. 2. 4　等压面

在流场中，压强相等的各点组成的面称为等压面，在等压面上 $\mathrm{d}p = 0$，由式（2-12）得

$$
f_x \mathrm{d}x + f_y \mathrm{d}y + f_z \mathrm{d}z = 0 \tag{2-19}
$$

它的矢量形式为

$$
\boldsymbol{f} \mathrm{d}\boldsymbol{r} = 0 \tag{2-20}
$$

这是等压面的微分方程式。该式说明，作用于静止流体中任一点的质量力必垂直于通过该点的等压面。

等压面具有以下三个性质：

① 等压面就是等势面。在等压面上 p 为常数，即 $\mathrm{d}p = 0$，由式（2-16）得 $\mathrm{d}p = \rho \mathrm{d}U = 0$，因 $\rho \neq 0$，所以 $\mathrm{d}U = 0$，即 U 为常数。所以在静止流体中，等压面就是等势面。

② 作用在静止流体中任一点的质量力与通过该点的等压面垂直。

由式（2-12）得等压面微分方程式

$$
\mathrm{d}p = \rho(f_x \mathrm{d}x + f_y \mathrm{d}y + f_z \mathrm{d}z) = 0
$$

即

$$
f_x \mathrm{d}x + f_y \mathrm{d}y + f_z \mathrm{d}z = 0 \tag{2-21}
$$

式中，$\mathrm{d}x$、$\mathrm{d}y$、$\mathrm{d}z$ 可设想为流体质点在等压面上任意微小位移 $\mathrm{d}s$ 在相应坐标轴上的投影，当流体质点沿等压面移动 $\mathrm{d}s$ 距离时，单位质量力所做的功为 $f_x \mathrm{d}x + f_y \mathrm{d}y + f_z \mathrm{d}z$。从式（2-21）可以看出，质量力所做的功为零，因为质量力与 $\mathrm{d}s$ 都不为零，所以等压面与质量力必定互相垂直。因此可知：作用在静止流体中任一点的质量力与通过该点的等压面垂直。

③ 互不相混的流体处于平衡状态时它们的分界面是等压面。对两种互不相混的静止液

体，设分界面上侧流体密度为 ρ_1，分界面下侧流体密度为 ρ_2，如图 2-6 所示，图中 AB 线表示两种液体的分界面，设压强 p 和质量力 f 在分界面上下连续，在分界面上任取一微元段 ds，微元段上的压强增量为 dp。因为这两点都属于所研究的两种流体的任意一种的点，那么根据式(2-16) 可以写出两个压强差表达式

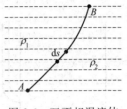

$$\left.\begin{array}{l} dp = \rho_1 dU \\ dp = \rho_2 dU \end{array}\right\} \qquad (2\text{-}22)$$

图 2-6 互不相混流体的等势面

因为 $\rho_1 \neq \rho_2$，而且都不等于零，因此只有 $dp = 0$ 和 $dU = 0$ 时才能满足式(2-22)。由此可知，两种互不相混的流体的分界面一定是等压面或等势面。

2.3 重力作用下的流体平衡

2.3.1 静力学基本方程

如图 2-7 所示，容器内盛有在重力作用下静止的均匀液体，液体密度为 ρ_0，将直角坐标系的原点选在自由表面上，z 轴垂直向上，液面上压强为 p_0。此时，在重力场中静止流体所受的单位质量力在各坐标方向的分量为

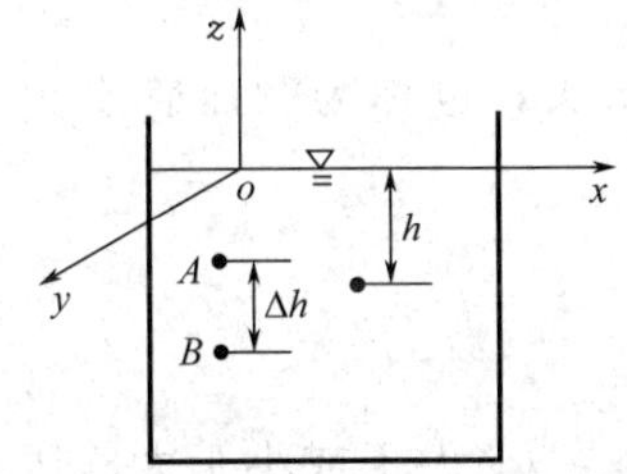

$$f_x = 0, f_y = 0, f_z = -g$$

则有

$$dp = \rho(f_x dx + f_y dy + f_z dz) = -\rho g\, dz \qquad (2\text{-}23)$$

积分得

$$p = -\rho g z + C \qquad (2\text{-}24)$$

或

$$\frac{p}{\rho g} + z = C' \qquad (2\text{-}25)$$

图 2-7 重力作用下的静止液体

式(2-24) 和式(2-25) 为重力作用下均匀静止液体中的压强分布公式。重力场是有势力场，相比式(2-13) 可知，重力的力函数 $U = -gz$。式(2-24) 和式(2-25) 中积分常数 C 和 C' 应由具体静止流体的边界条件确定。在图 2-7 所示的静止流体中，自由液面上压强为 p_0，即 $z = 0$ 时，流体压强为 p_0，所以式(2-24) 中的常数 $C = p_0$。那么在图 2-7 所示的静止流体中任意点的压强大小可由下式确定

$$p = p_0 - \rho g z \qquad (2\text{-}26)$$

对流体中任意两点 A、B，根据式(2-25) 可得

$$\frac{p_A}{\rho g} + z_A = \frac{p_B}{\rho g} + z_B \qquad (2\text{-}27)$$

在实际应用中，对于流体中各点来说，一般用该点在液面以下的深度 h 代替 $-z$ 更为方便，将 $h = -z$ 代入式(2-26) 得

$$p = p_0 + \rho g h \qquad (2\text{-}28)$$

式(2-28) 为重力作用下流体内部的压强分布公式，也就是静力学基本方程。由静力学基本方程可得出以下几点结论：

① 重力作用下的静止液体中，静压强随深度按线性规律变化。

② 在重力作用下的静止流体中，任意一点的压强 p 等于表面压强 p_0 与从该点到流体自由表面的单位面积上的液柱重量 $\rho g h$ 之和。

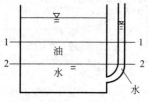

③ 在重力作用下的静止流体中，相连通的同一种流体内深度相同的各点处静压强相等，也就是在重力作用下的同一种连续静止流体的水平面是等压面。此结论成立的条件有两个：第一必是同一种流体；第二这种流体相连通。如果不满足这两个条件中的任何一个，此结论都不成立。例如，图 2-8 所示的装有两种流体的容器中，1—1 面虽是同一水平面，但由于此平面通过两种流体，因而 1—1 面不是等压面，只有 2—2 面以下的水平面才是等压面。

图 2-8　装两种流体的容器

2.3.2　静力学基本方程的物理意义和几何意义

（1）几何意义

如图 2-9 所示，在一个容器侧壁上打一小孔，接上与大气相通的玻璃管，这样就形成一根测压管。如果容器中装的是静止液体，液面为大气压，则测压管内液面与容器内液面是平齐的。如设基准面为 o—o，则测压管液面到基准面高度由 z 和 $\dfrac{p}{\rho g}$ 两部分组成，z 表示该点位置到基准面的高度，$\dfrac{p}{\rho g}$ 表示该点压强的液柱高度。在流体力学中常用水头代表液柱高度，所以 z 称为位置水头，$\dfrac{p}{\rho g}$ 称为压强水头，$\left(z + \dfrac{p}{\rho g}\right)$ 称为总水头，也称为测压管水头。从图 2-9 中可以看出

$$z_1 + \frac{p_1}{\rho g} = z_2 + \frac{p_2}{\rho g}$$

也就是静止流体中各点测压管水头是一常数。如果容器内液面压强 p_0 大于或小于大气压，则测压管液面会高于或低于容器液面，但不同点的测压管水头仍是常数，如图 2-10 中的点 1 和点 2 所示。

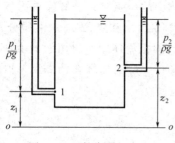

图 2-9　开敞容器的水头

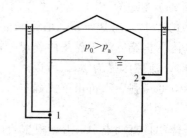

图 2-10　封闭容器的水头

（2）物理意义

位置水头 z 表示单位重量流体从某一基准面算起所具有的位置势能，简称比位能。把重量为 G 的物体从基准面移到高度 z 后，该物体所具有的位能是 Gz。对于单位重量来说，比位能就是 $\dfrac{Gz}{G} = z$，它具有长度单位。基准面不同，z 值也不同。

压强水头 $\dfrac{p}{\rho g}$ 表示单位重量流体从压强为大气压算起所具有的压强势能，简称比压能。

如果流体中某点的压强为 p，在该处接一测压管后，在压强作用下液面会上升高度 $\dfrac{p}{\rho g}$，也就是把压强势能变为位置势能。对于重量为 G、压强为 p 的流体在测压管内高度上升 $\dfrac{p}{\rho g}$ 后，位置势能的增量 $\dfrac{Gp}{\rho g}$ 就是原来的流体具有的压强势能。所以对单位重量来说，比压能就是 $\dfrac{Gp}{\rho g G}=\dfrac{p}{\rho g}$。

从物理学角度上讲，静力学基本方程中的各项均代表了能量。位置水头 z 代表位置势能，压强水头 $\dfrac{p}{\rho g}$ 代表压强势能，而测压管水头 $z+\dfrac{p}{\rho g}$ 就代表了总势能。所以在静止流体中，单位重量流体的总势能是恒等的。这也就是静止流体中的能量分布规律。

【**例 2-1**】 试计算图示装置中 A、B 两点间的压强差。已知 $h_1=500\text{mm}$，$h_2=200\text{mm}$，$h_3=150\text{mm}$，$h_4=250\text{mm}$，$h_5=400\text{mm}$，酒精 $\gamma_1=7848\text{N/m}^3$，水银 $\gamma_2=133400\text{N/m}^3$，水 $\gamma_3=9810\text{N/m}^3$。

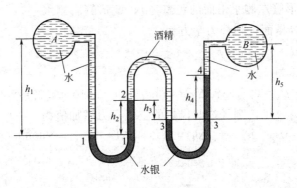

例 2-1 图

解： 由于
$$p_A+\gamma_3 h_1=p_2+\gamma_2 h_2$$
而
$$p_3=p_2+\gamma_1 h_3=p_B+\gamma_3(h_5-h_4)+\gamma_2 h_4$$
因此
$$p_2=p_B+\gamma_3(h_5-h_4)+\gamma_2 h_4-\gamma_1 h_3$$
即
$$p_A-p_B=\gamma_2 h_2+\gamma_3(h_5-h_4)+\gamma_2 h_4-\gamma_1 h_3-\gamma_3 h_1$$
$$=133400\times 0.2+9810\times(0.4-0.25)+133400\times 0.25-7848\times 0.15-9810\times 0.5$$
$$=55419.3(\text{Pa})=55.419(\text{kPa})$$

【**例 2-2**】 封闭容器中水面的绝对压力为 $p_1=105\text{kPa}$，当地大气压力为 $p_a=98.1\text{kPa}$，A 点在水面下 6m，试求：（1）A 点的相对压力；（2）测压管中水面与容器中水面的高差。

解： 已知 $p_1=105\text{kPa}$，$p_a=98.1\text{kPa}$，$h_1=6\text{m}$。

（1）依据题意列静力学方程，得 A 点的相对压力为
$$p_{mA}=p_1-p_a+\gamma h_1$$
$$=(105-98.1)\times 10^3+9810\times 6=65760\ (\text{Pa})$$

（2）测压管中水面与容器中水面的高差为
$$h=\frac{p_1-p_a}{\gamma}=\frac{(105-98.1)\times 10^3}{9810}=0.7\ (\text{m})$$

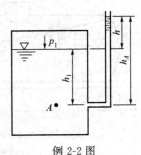

例 2-2 图

【例 2-3】 有一半封闭容器，左边三格为水，右边一格为油（相对密度为 0.9），其他尺寸见附图。试求 A、B、C、D 四点的相对压力。

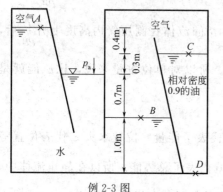

例 2-3 图

解：已知油的相对密度为 0.9。

根据附图中的数据，得

$$p_{mA} = -(0.3+0.4)\gamma_{水} = -0.7 \times 9810$$
$$= -6867 \text{（Pa）}$$

$$p_{mB} = 0.7\gamma_{水} = 0.7 \times 9810 = 6867 \text{（Pa）}$$

$$p_{mC} = p_{mB} = 6867 \text{（Pa）}$$

$$p_{mD} = p_{mB} + (0.3+0.7+1.0)\gamma_{油}$$
$$= 6867 + 2.0 \times 0.9 \times 9810 = 24525 \text{（Pa）}$$

【例 2-4】 水泵的吸入管与压出管的管径相同，今在其间连接一水银压差计，测得 $\Delta h = 720\text{mm}$，问经水泵后水增压多少？若将水泵改为风机，则经过此风机的空气压力增加了多少？

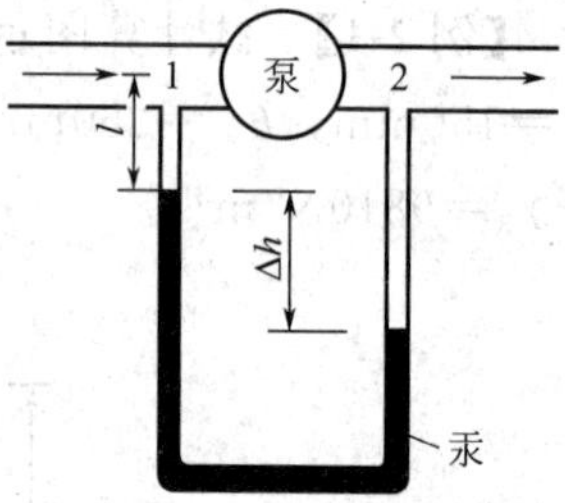

解：已知 $\Delta h = 720\text{mm}$，$d_1 = d_2$。汞的相对密度为 13.6。

（1）设点 1 至 U 形管左侧水银面的距离为 l，U 形管右侧水银面所在的水平面为等压面，列静力学方程

$$p_1 + \gamma l + \gamma_{汞}\Delta h = p_2 + \gamma(l+\Delta h)$$

则经水泵后水增压为

$$\Delta p = p_2 - p_1 = (\gamma_{汞}-\gamma)\Delta h = (13.6-1) \times 9810 \times 0.72 = 88996 \text{（Pa）}$$

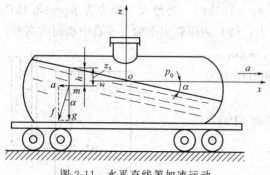

例 2-4 图

（2）若将水泵改为风机，则经过此风机的空气压力增加值为

$$\Delta p = p_2 - p_1 = \gamma_{汞}\Delta h = 13.6 \times 9810 \times 0.72 = 96060 \text{（Pa）}$$

2.4 相对平衡状态下流体内部压强分布

在前几节中讨论了作用在流体上的质量力只有重力时流体的平衡。下面分别讨论水平直线等加速运动容器中和等角速旋转容器中液体在相对平衡状态下内部压强分布规律。

2.4.1 水平等加速直线运动在液体的相对平衡

图 2-11 为装着液体、在水平轨道上以等加速度 a 自左向右运动的罐车，液面上气体的压强为 p_0。罐车的等加速运动必然带动其中的液体也做等加速运动，液体与罐车达到相对平衡后，液面与水平面便形成倾斜角 α。把参考坐标系选在罐车上，坐标原点取在液面不变化的中心点 o，z 轴铅直向上，x 轴沿水平加速度方向。当应用达朗伯原理分析液体对非惯性参考坐标系 oxz 的相对平衡时，作用在液体某质点 m 上的质量力，除了铅直向下的重力外，还要虚加上一个大小等于液体质点的质量乘加速

图 2-11 水平直线等加速运动容器中液体的相对平衡

度、方向与加速度方向相反的惯性力，所以作用在单位质量液体上的质量力为

$$f_x = -a, \quad f_y = 0, \quad f_z = -g$$

（1）流体静压强分布规律

将单位质量力的分力代入压强差公式(2-12)，得

$$dp = \rho(-a\,dx - g\,dz)$$

积分上式，得
$$p = -\rho(ax + gz) + C$$

根据边界条件：当 $x=0$、$z=0$ 时，$p=p_0$，代入上式，得 $C=p_0$，于是

$$p = p_0 - \rho(ax + gz) \tag{2-29}$$

这就是水平直线等加速运动容器中液体的静压强分布。公式表明，压强 p 不仅随质点的铅直坐标 z 变化，而且还随坐标 x 变化。

（2）等压面方程

将单位质量力的分力代入等压面微分方程式(2-19)，得

$$a\,dx + g\,dz = 0$$

积分上式，得

$$ax + gz = C \tag{2-30}$$

这就是等压面方程。水平直线等加速运动容器中液体的等压面是斜平面。不同的常数 C 代表不同的等压面，故等压面是一簇平行的斜面。由式(2-30) 可得等压面对 x 方向的倾斜角为

$$\alpha = -\arctan(a/g) \tag{2-31}$$

可见，等压面与质量力的合力相互垂直。

在自由液面上，当 $x=0$、$z=0$ 时，积分常数 $C=0$；如果令自由液面上某点的铅直坐标为 z_s，则自由液面方程为

$$ax + gz_s = 0 \tag{2-32}$$

或

$$z_s = -ax/g \tag{2-33}$$

将式(2-32) 代入流体静压强分布公式(2-29)，得

$$p = p_0 + \rho g(z_s - z) = p_0 + \rho g h \tag{2-34}$$

可以看出，水平直线等加速运动容器中液体的静压强公式 (2-34) 与静止流体中的静压强公式(2-28) 完全相同，即液体内任一点的静压强等于自由液面上的压强加上深度为 h、密度为 ρ 的液体所产生的压强。

2.4.2 等角速旋转容器中液体的相对平衡

如图 2-12 所示，盛有液体的容器绕铅直轴 z 以等角速度 ω 旋转。由于液体有黏性，液体便被容器带动而随着容器旋转。当旋转稳定后，液面呈现如图 2-12 所示的曲面。此后液体就如同刚体样保持原状随同容器一起旋转，形成液体对容器（即非惯性参考坐标系 $oxyz$）的相对平衡。根据达朗伯原理，作用在液体质点上的质量力，除了铅直向下的重力外，还要虚加上一个大小等于液体质点的质量乘以向心加速度、方向与向心加速

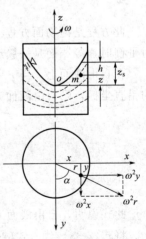

图 2-12 等角速旋转容器中
液体的相对平衡

度相反的离心惯性力。

在液体中任取某质点 m，m 点到旋转轴的半径为 r，高度为 z。从图 2-12 中可知：$x = r\cos\alpha$；$y = r\sin\alpha$，则作用在单位质量液体上的质量力为：

$$f_x = \omega^2 r\cos\alpha = \omega^2 x$$

$$f_y = \omega^2 r\cos\alpha = \omega^2 y$$

$$f_z = -g$$

（1）流体静压强分布规律

将单位质量力的分力代入压强差公式(2-12)，得

$$\mathrm{d}p = \rho(\omega^2 x\,\mathrm{d}x + \omega^2 y\,\mathrm{d}y - g\,\mathrm{d}z)$$

积分上式，得

$$p = \rho\left(\frac{\omega^2 x^2}{2} + \frac{\omega^2 y^2}{2} - gz\right) + C$$

或

$$p = \rho g\left(\frac{\omega^2 r^2}{2g} - z\right) + C \tag{2-35}$$

根据边界条件：当 $r=0$、$z=0$ 时，$p=p_0$，可得 $C=p_0$，故

$$p = p_0 + \rho g\left(\frac{\omega^2 r^2}{2g} - z\right) \tag{2-36}$$

这就是等角速旋转运动容器中液体的静压强分布。公式表明，在同一高度上，液体因旋转而产生的压强与旋转角速度的平方和质点所在半径的平方成正比。

（2）等压面方程

将单位质量力的分力代入等压面微分方程式(2-19)，得

$$\omega^2 x\,\mathrm{d}x + \omega^2 y\,\mathrm{d}y - g\,\mathrm{d}z = 0$$

积分上式，得

$$\frac{\omega^2 x^2}{2} + \frac{\omega^2 y^2}{2} - gz = C$$

或

$$\frac{\omega^2 r^2}{2} - gz = C \tag{2-37}$$

此方程是抛物面方程。不同的常数 C 代表不同的等压面，故等角速旋转容器中液体相对平衡时，等压面是一簇绕 z 轴的旋转抛物面。

在自由液面上，当 $r=0$、$z=0$ 时，可得积分常数 $C=0$，如果令 z_s 为自由液面上某点的铅直坐标，则自由液面方程为

$$\frac{\omega^2 r^2}{2} - gz_s = 0$$

或

$$z_s = \frac{\omega^2 r^2}{2} \tag{2-38}$$

此式说明，自由液面上某点的铅直坐标与旋转角速度的平方和质点所在半径的平方成正比。将式(2-38)代入式(2-36)，可得

$$p = p_0 + \rho g(z_s - z) = p_0 + \rho gh \tag{2-39}$$

可以看出，绕铅直轴等角速旋转容器中液体的静压强公式(2-39)与静止流体中静压强公式(2-28)完全相同，即液体中任一点的静压强等于自由液面上的压强加上深度为 h、密度为 ρ 的液体所产生的压强。

下面分析两个实例：

① 如图 2-13 所示，半径为 R、中心开口并通大气的圆筒内装满液体。当圆筒绕铅直轴 z 以等角速度 ω 旋转时，液体虽借离心惯性向外甩，但由于受容器顶盖的限制，液面并不能形成旋转抛物面。此时因边界条件同推导式(2-36)时一样，故液体内各点的静压强分布仍为：

$$p = p_0 + \rho g \left(\frac{\omega^2 R^2}{2g} - z \right)$$

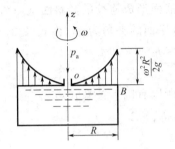 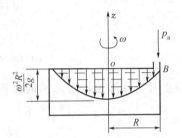

图 2-13　顶盖中心开口的容器　　　图 2-14　顶盖边缘开口的容器

作用在顶盖上各点的计示压强仍按抛物面规律分布，如图 2-13 中箭头所示。顶盖中心点 o 处的流体静压强 $p = p_a$，顶盖边缘点 B 处的流体静压强 $p = p_a + \rho \dfrac{\omega^2 R^2}{2}$。可见，边缘点 B 处的流体静压强最大。旋转角速度 ω 越高，边缘处的流体静压强越大。离心铸造机和其他离心机械就是根据这一原理设计的。

② 如图 2-14 所示，半径为 R、边缘开口并通大气的圆筒内装满液体。当圆筒绕铅直轴 z 以等角速度 ω 旋转时，液体虽借离心惯性向外甩，但由于在容器内部产生真空面把液体吸住，以致液体跑不出去。此时边界条件为：当 $r = R$、$z = 0$ 时，$p = p_a$，由式(2-35)得积分常数 $C = p_a - \rho \omega^2 R^2 / 2$，代入式(2-35)，得

$$p = p_a - \rho g \left[\frac{\omega^2 (R^2 - r^2)}{2g} + z \right]$$

可见，尽管液面没有形成旋转抛物面，但作用在顶盖上各点的流体静压强仍按抛物面规律分布。顶盖边缘 B 点的流体静压强 $p = p_a$，顶盖中心点 o 的流体静压强为

$$p = p_a - \rho \frac{\omega^2 R^2}{2}$$

顶盖中心点 o 处的真空为

$$p_v = p_a - p = \rho \frac{\omega^2 R^2}{2}$$

可见，旋转角速度 ω 越高，中心处的真空越大。离心水泵和离心风机都是利用中心处形成的真空把水或空气吸入壳体，再借助叶轮旋转所产生的离心惯性增大能量后，由出口输出。

还应指出，实际上许多工程设备是绕水平轴做等角速旋转的。但是，在转速相当高的情

况下，由于离心惯性力远远大于重力，用上述绕铅直轴旋转的理论去解决绕水平轴旋转的问题，还是足够精确的。只有在转速比较低时，才需要将绕水平轴与绕铅直轴旋转的问题区别开来。至于绕水平轴做等角速旋转时流体静压强的计算公式，由于其推导过程与上述类似，不再赘述。

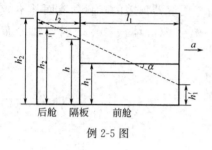

【例 2-5】 油轮的前、后舱装有相同的油，液位分别为 h_1 和 h_2，前舱长 l_1，后舱长 l_2，前、后舱的宽度均为 b，如图所示。试问在前、后舱隔板上的总压力等于零，即隔板前、后油的深度相同时，油轮的等加速度 a 应该是多少？

例 2-5 图

解： 油轮不动时，由于 $h_2>h_1$，船舱的隔板受到的总压力方向是朝前的。如果油轮以加速度 a 前进，恰使前、后舱的液面形成连续的倾斜面（如图中虚线所示），倾斜面与水平面的夹角为 α，由式(2-31) 有

$$\tan\alpha = \frac{h-h_1'}{l_1} = \frac{h_2'-h}{l_2} \tag{a}$$

因为静止时与等加速运动时油的体积是不变的，所以有以下关系式：

$$l_1 b(h_1-h_1') = l_1 b(h-h_1')/2$$
$$或 \quad h_1' = 2h_1 - h \tag{b}$$
$$l_2 b(h_2-h) = l_2 b(h_2'-h)/2$$
$$或 \quad h_2' = 2h_2 - h \tag{c}$$

将式(b) 和式(c) 代入式(a)，可求出隔板处的液位为

$$h = \frac{h_2 l_1 + h_1 l_2}{l_1 + l_2} \tag{d}$$

联解式(a)、式(b) 和式(d)，即可求得所需加速度

$$a = 2g\left[\frac{h_2 l_1 + h_1 l_2}{l_1(l_1+l_2)} - \frac{h_1}{l_1}\right]$$

【例 2-6】 如图所示，液体转速计由直径为 d_1 的中心圆筒和重力为 W 的活塞及与其连通的两根直径为 d_2 的细管组成，内装水银。细管中心线距圆筒中心轴的距离为 R。当转速计的转速变化时，活塞带动指针上、下移动。试推导活塞位移 h 与转速 n 之间的关系式。

解：（1）转速计静止不动时，细管与圆筒中的液位差 a 是由于活塞的重力所致，即

$$W = \rho g \frac{\pi}{4} d_1^2 a$$

$$a = \frac{W}{\rho g \pi d_1^2/4} \tag{a}$$

（2）当转速计以角速度 ω 旋转时，活塞带动指针下降 h，两细管液面上升 b，根据圆筒中下降的体积与两细管中上升的体积相等，得

$$\frac{\pi}{4} d_2^2 \times 2b = \frac{\pi}{4} d_1^2 h$$

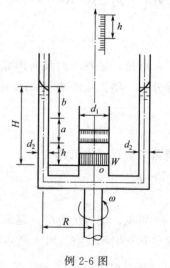

例 2-6 图

$$b = \frac{d_1^2}{2d_2^2}h \tag{b}$$

（3）取活塞底面中心为坐标原点，z 轴向上。根据等角速旋转容器中压强分布公式(2-35)，当 $r=R$、$z=H$ 时，$p_e = 0$（计示压强），$C = \rho g[H - \omega^2 R^2/(2g)]$，故有

$$p_e = \rho g \left[\frac{\omega^2(r^2 - R^2)}{2g} + H - z \right]$$

这时，活塞的重力应与水银作用在活塞底面上的压强的合力相等，故有

$$W = \int_0^{d_1/2} p_e \times 2\pi r \, dr = 2\pi\rho g \int_0^{d_1/2} \left[\frac{\omega^2(r^2 - R^2)}{2g} + H \right] r \, dr$$

$$= \frac{\pi}{4}d_1^2\rho g \left[\frac{\omega^2}{2g}\left(\frac{d_1^2}{8} - R^2 \right) + H \right]$$

或

$$\frac{W}{\frac{\pi}{4}d_1^2\rho g} = \frac{\omega^2}{2g}\left(\frac{d_1^2}{8} - R^2 \right) + H = \frac{\omega^2}{2g}\left(\frac{d_1^2}{8} - R^2 \right) + a + b + h$$

将式(a)、式(b)代入上式，得

$$h = \frac{1}{2g} \times \frac{R^2 - d_1^2/8}{1 + d_1^2/(2d_2^2)}\omega^2$$

而 $\omega = \pi n/30$，故有

$$n = \frac{30}{\pi}\left\{ \frac{2gh[1 + d_1^2/(2d_2^2)]}{R^2 - d_1^2/8} \right\}^{1/2}$$

2.5 静止流体与固体壁面的相互作用

以上几节讨论了静止或相对静止液体中流体静压强的分布规律。在工程技术中，例如水油柜、水闸、闸阀、挡水墙等的设计，都会遇到静止液体作用在固体壁面上总压力的计算问题。本节先讨论静止液体作用在水平壁面上的总压力。如果容器的底面面积为 A，所盛液体的密度为 ρ，液深为 h，液面上和容器外均为大气压强 p_a，则仅由液体产生的作用在底面上的总压力为

$$F_p = p_a A = \rho g h A$$

可见，仅由液体产生的作用在水平平面上的总压力只与液体的密度、平面面积和液深有关。图 2-15 所示为形状不同而底面面积均为 A 的四个容器。若装入同一种液体其液深亦相同，自由液面上均作用着大气压强，则液体作用在底面上的总压力必然相等，而与容器的形

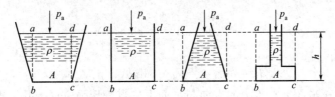

图 2-15 底面相同而形状不同的几种容器

状无关。这就是说，液体作用在容器上的总压力不应与容器所盛液体的重力相混淆。

注意，倘若自由液面上的压强与容器外环境的大气压强不相等，则必须计入自由液面上计示压强对容器壁的作用。以后讨论的有关总压力的计算都要注意这一点。

2.5.1 静止流体作用在平面上的总压力

（1）总压力的大小和方向

如图 2-16 所示，在静止流体中有一块任意形状的平面，其面积为 A，与自由液面的夹角为 α。为了研究静止流体作用在此平面上的总压力，坐标原点 o 取在平面延伸面与自由液面的交点上，x 轴和 y 轴取在平面上，z 轴垂直于平面。为了讨论方便，将平面绕 oy 轴旋转 $90°$，这样就可以在图上看到该平面的正视图。下面讨论作用在这个平面上的总压力。

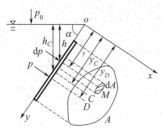

图 2-16　作用在平面上的总压力

先在平面上 M 点附近取一微元面积 $\mathrm{d}A$，M 点距液面深度为 h，液面上压强为 p_0，则作用在 M 点上的静压强为

$$p = p_0 + \rho g h \tag{2-40}$$

因为所取的面积 $\mathrm{d}A$ 非常小，可认为作用其上的压强是不变的，因此作用在微元面积 $\mathrm{d}A$ 上的总压力为

$$\mathrm{d}P = p\,\mathrm{d}A = (p_0 + \rho g h)\mathrm{d}A \tag{2-41}$$

由于作用在平面上的压力都是平行的（都垂直于平面壁），因此，对式（2-41）沿整个面积积分，便得到总压力

$$P = \int_A \mathrm{d}P = \int_A (p_0 + \rho g h)\mathrm{d}A \tag{2-42}$$

根据三角关系得到 $h = y\sin\alpha$，因此式（2-42）可写为

$$P = \int_A p_0\,\mathrm{d}A + \int_A \rho g y \sin\alpha\,\mathrm{d}A = p_0 A + \rho g \sin\alpha \int_A y\,\mathrm{d}A \tag{2-43}$$

式中 $\int_A y\,\mathrm{d}A$ 是面积 A 对 ox 轴的面积矩，它等于面积 A 与其形心坐标 y_C 的乘积，则可得

$$P = p_0 A + \rho g \sin\alpha y_C A = (p_0 + \rho g h_C)A = p_C A \tag{2-44}$$

式中　p_C——形心 C 处的绝对压强。

式（2-44）表明，静止流体作用在任意形状平面上的总压力大小等于平面形心处的压强乘以该平面的面积。

如果仅仅需要求出相对压强 $\rho g h$ 作用在面积 A 上的总压力，可令式（2-41）中 $p_0 = 0$，则有

$$\mathrm{d}P = \rho g h\,\mathrm{d}A = \rho g y \sin\alpha\,\mathrm{d}A \tag{2-45}$$

积分上式得

$$P = \rho g h_C A = \rho g y_C \sin\alpha A = p_C A \tag{2-46}$$

静止流体作用在平面上总压力的方向与平面上各点静压强方向一致，即沿作用面内法线方向。

（2）总压力的作用点

总压力就是平面上各微小面积上压力的合力，总压力的作用点称为压力中心。

总压力的作用点可根据力矩平衡原理确定。由力矩平衡原理可知，合力对某轴的力矩等于各分力对该轴力矩的代数和。

设合力的作用点为 D，则

$$Py_D = \int_A y \, \mathrm{d}P \tag{2-47}$$

将式（2-45）和式（2-46）分别代入上式的两边得

$$y_D = \frac{\int_A \rho g \sin\alpha y^2 \mathrm{d}A}{\rho g y_C \sin\alpha A} = \frac{\int_A y^2 \mathrm{d}A}{y_C} = \frac{J_x}{y_C A} \tag{2-48}$$

式中 J_x——面积 A 对 ox 轴的惯性矩。

根据惯性矩的平行移轴定理，可将面积 A 对 ox 轴的惯性矩 J_x 换算如下

$$J_x = J_C + y_C^2 A \tag{2-49}$$

式中 J_C——面积 A 对通过形心 C 而且平行 ox 轴的轴线的惯性矩。

因此可以得到

$$y_D = \frac{J_C + y_C^2 A}{y_C A} = y_C + \frac{J_C}{y_C A} \tag{2-50}$$

因为 $\dfrac{J_C}{y_C A}$ 恒为正值，故 $y_D > y_C$，也就是说压力中心 D 永远在形心位置的下方。

表 2-2 列出了几种常见的规则平面图形的面积（A）、形心位置（y_C）和通过形心轴的惯性矩（J_C）。

表 2-2 几种常见的规则平面图形的几何性质

图 形	A	y_C	J_C
正方形 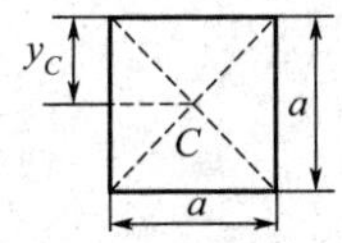	a^2	$\dfrac{a}{2}$	$\dfrac{a^4}{12}$
矩形 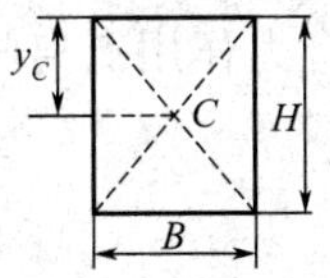	BH	$\dfrac{H}{2}$	$\dfrac{BH^3}{12}$
等腰三角形 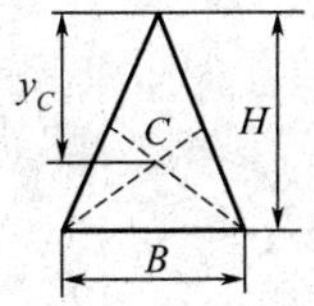	$\dfrac{BH}{2}$	$\dfrac{2}{3}H$	$\dfrac{BH^3}{36}$
正梯形 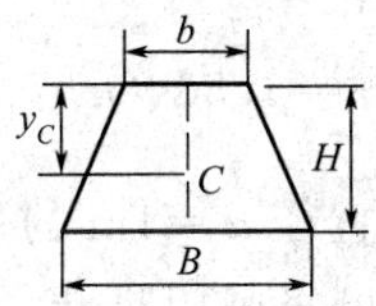	$\dfrac{H}{2}(B+b)$	$\dfrac{H(2B+b)}{3(B+b)}$	$\dfrac{H^3(B^2+4Bb+b^2)}{36(B+b)}$

图　形	A	y_C	J_C
圆形 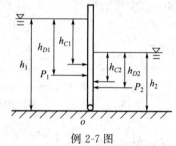	$\dfrac{\pi D^2}{4}$	$\dfrac{D}{2}$	$\dfrac{\pi D^4}{64}$
椭圆形	πab	a	$\dfrac{\pi a^3 b}{4}$

【例 2-7】 有一宽度 $b=1\text{m}$ 的闸门将水分为两部分，如图所示，两边水深分别为 $h_1=4\text{m}$，$h_2=2\text{m}$，试求流体作用在闸门上的总压力及作用点位置。已知水的密度为 1000kg/m^3。

解： 作用在闸门上的总压力大小等于左右两边液体总压力之差，即

$$P=P_1-P_2$$

$$h_{C1}=\frac{h_1}{2},\quad A_1=bh_1$$

$$h_{C2}=\frac{h_2}{2},\quad A_2=bh_2$$

例 2-7 图

所以

$$
\begin{aligned}
P &= P_1-P_2=\rho g h_{C1}A_1-\rho g h_{C2}A_2 \\
&= \rho g(h_{C1}A_1-h_{C2}A_2) \\
&= 1000\times9.8\times\left(\frac{4}{2}\times1\times4-\frac{2}{2}\times1\times2\right)=5.88\times10^4\ (\text{N})
\end{aligned}
$$

矩形平面压力中心坐标

$$y_D=y_C+\frac{J_C}{y_C A}=\frac{h}{2}+\frac{\frac{1}{12}h^3 b}{\frac{1}{2}bh^2}=\frac{2}{3}h$$

故总压力 P_1、P_2 的作用点离闸门下端的距离 $h_1/3$ 和 $h_2/3$，设合力作用点离闸门下端的距离为 l，根据合力矩定理，对通过 o 点垂直于图面的轴取力矩得

$$Pl=P_1\frac{h_1}{3}-P_2\frac{h_2}{3}$$

所以

$$
\begin{aligned}
l &= \frac{P_1 h_1-P_2 h_2}{3p}=\frac{\rho g h_{C1}A_1 h_1-\rho g h_{C2}A_2 h_2}{3\times5.88\times10^4} \\
&= \frac{1000\times9.8\times\frac{4}{2}\times4\times4-1000\times9.8\times\frac{2}{2}\times2\times1\times2}{3\times5.88\times10^4}=1.56\ (\text{m})
\end{aligned}
$$

【例 2-8】 在倾角 $\alpha=60°$ 的堤坡上有一圆形泄水孔，孔口装一直径 $d=1\text{m}$ 的平板闸门，闸门中心位于水深 $h=3\text{m}$ 处，闸门 a 端有一铰链，b 端有一钢索可将闸门打开。若不计闸

门及钢索的自重,求开启闸门所需的力 F。

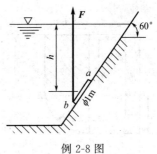

例 2-8 图

解:已知 $d=1\text{m}$,$h_C=3\text{m}$,$\alpha=60^\circ$。

(1)闸门所受的总压力为

$$P=\gamma h_C A=9810\times 3\times \frac{1}{4}\times 3.14\times 1^2$$
$$=2.31\times 10^4(\text{N})=23.1(\text{kN})$$

(2)压力中心到闸门中心的距离为

$$e=y_D-y_C=\frac{I_{xC}}{y_C A}=\frac{\frac{\pi}{64}d^4}{\frac{h_C}{\sin\alpha}\times\frac{\pi}{4}d^2}=\frac{d^2\sin\alpha}{16h_C}=\frac{1^2\times\sin 60^\circ}{16\times 3}=0.018(\text{m})$$

(3)对闸门上端 a 点取矩,得 $Fd\cos\alpha=p\left(\dfrac{d}{2}+e\right)$

则开启闸门所需要的力为

$$F=\frac{P\left(\dfrac{d}{2}+e\right)}{d\cos\alpha}=\frac{2.31\times 10^4\times\left(\dfrac{1}{2}+0.018\right)}{1\times\cos 60^\circ}=23.91(\text{kN})$$

【**例 2-9**】 倾斜的矩形平板闸门,长为 AB,宽 $b=2\text{m}$,设水深 $h=8\text{m}$,试求作用在闸门上的静水总压力及其对端点 A 的力矩。

解:已知 $b=2\text{m}$,$h=8\text{m}$,$h_0=BE=4\text{m}$,$l_0=AE=3\text{m}$。

依据图意知 $\overline{AB}=\sqrt{3^2+4^2}=5$(m);

闸门面积为 $A=\overline{AB}b=5\times 2=10$(m²)。

闸门所受的总压力为

$$P=p_C A=\left(h-\frac{1}{2}h_0\right)\gamma A=\left(8-\frac{1}{2}\times 4\right)\times 9810\times 10$$
$$=588.6(\text{kN})$$

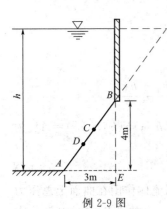

例 2-9 图

压力中心 D 距形心 C 的距离为

$$e=y_D-y_C=\frac{I_{xC}}{y_C A}=\frac{\frac{1}{12}b\,\overline{AB}^3}{\left(h-\frac{1}{2}h_0\right)\dfrac{\overline{AB}}{h_0}A}=\frac{\frac{1}{12}\times 2\times 5^3}{\left(8-\frac{1}{2}\times 4\right)\times\dfrac{5}{4}\times 10}=0.278(\text{m})$$

压力中心 D 距 A 点的距离为 $\overline{AD}=\overline{AC}-e=2.5-0.278=2.222$(m)

静水总压力对端点 A 的力矩为

$$M=P\,\overline{AD}=588.6\times 2.222=1308\text{(kN·m)}$$

2.5.2 静止流体作用在曲面上的总压力

在工程上常常要求计算静止流体作用在曲面上的总压力,如圆柱形油罐壁面上受到的力,圆弧形闸门曲壁上的受力等。作用在曲面上各点的流体静压力都垂直于器壁,这就形成了复杂的空间力系,求各压力就是求空间力系的合力。在工程上用得最多的是柱形曲面,下面就研究静止流体作用在柱形曲面上的总压力。

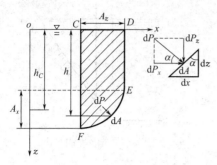

图 2-17 静止流体和曲面的
相互作用分析

（1）总压力的大小和方向

如图 2-17 所示，在静止流体中有一水平母线长度为 b 的柱形曲面 EF，E 端与 F 端在自由液面下的深度为 h_1 和 h_2，曲面面积为 A。为了研究静止流体作用在曲面上的总压力，取坐标系如图 2-17 所示，坐标原点和 x 轴在自由液面上，z 轴与自由液面垂直方向向下，y 轴与柱形曲面的母线平行。在 EF 上取一微小长度 $\mathrm{d}l$，$\mathrm{d}l$ 深度为 h。$b\mathrm{d}l$ 为曲面上所取微元的面积 $\mathrm{d}A$，则流体作用在微元面积 $\mathrm{d}A$ 的总压力为

$$\mathrm{d}P = \rho g h \,\mathrm{d}A$$

可以将 $\mathrm{d}P$ 分解为水平与垂直两个方向的分力。

设 α 为微元面积 $\mathrm{d}A$ 的法线与 x 轴的夹角，则 $\mathrm{d}P$ 在 x 轴方向的分力应为

$$\mathrm{d}p_x = \mathrm{d}P\cos\alpha = \rho g h b \,\mathrm{d}l\cos\alpha$$

因为

$$\mathrm{d}l\cos\alpha = \mathrm{d}h$$

所以有

$$\mathrm{d}P_x = \rho g h b \,\mathrm{d}h$$

EF 曲面所受合力在 x 方向的分量 P_x 为

$$P_x = \int_{h_1}^{h_2} \rho g h b \,\mathrm{d}h = \rho g b\,\frac{h_2^2 - h_1^2}{2} = b(h_2 - h_1)\rho g\,\frac{h_2 + h_1}{2}$$

式中，$(h_2 + h_1)/2$ 为 A_x 面的几何中心在自由液面下的深度 h_C；$b(h_2 - h_1) = A_x$ 为 EF 曲面在 yoz 面上的投影，则

$$P_x = \rho g h_C A_x \tag{2-51}$$

这就是作用在曲面上的总压力的水平分力的计算公式。它表明流体作用在曲面上总压力的水平分力等于流体作用在该曲面对垂直坐标面 yoz 的投影面 A_x 上的总压力。水平分力 P_x 作用线通过 A_x 的压力中心。

下面再分析 $\mathrm{d}P$ 的垂直分量

$$\mathrm{d}P_z = \mathrm{d}P\sin\alpha = \rho g h b \,\mathrm{d}l\sin\alpha$$

因为

$$\mathrm{d}l\sin\alpha = \mathrm{d}x$$

所以有

$$\mathrm{d}P_z = \rho g h b \,\mathrm{d}x$$

则垂直分力 P_z 为

$$P_z = \int_{x_2}^{x_1} \rho g h b \,\mathrm{d}x = b\rho g \int_{x_2}^{x_1} h \,\mathrm{d}x$$

式中，$b\int_{x_2}^{x_1} h \,\mathrm{d}x = V$，它相当于从曲面向上至液面的所有微小柱体体积的总和 $EFCD$，称为压力体，故上式变为

$$P_z = \rho g V \tag{2-52}$$

式(2-52)表明作用在曲面上总压力的垂直分力大小等于压力体内流体的重量,它的作用线通过压力体的重心。

流体作用在曲面上的总压力大小为

$$P = \sqrt{P_x^2 + P_z^2} \tag{2-53}$$

合力的方向可由 $\tan\theta = P_x/P_z$ 来确定,其中 θ 为合力 P 与自由液面的夹角。

(2)总压力的作用点

由于总压力的垂直分力作用线通过压力体的重心而指向受压面,水平分力的作用线通过曲面的水平投影面上的压力中心,则总压力 P 的作用线必须通过这两分力作用线的交点并与垂线成 θ 角。如图 2-18 所示,这条总压力的作用线与曲面的交点即总压力的作用点,总压力的方向总是指向曲面壁。

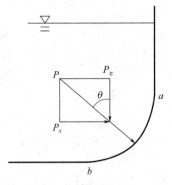

图 2-18 作用于曲面上的
总压力方向分析

2.5.3 压力体及其组成

曲面所受总压力在垂直方向的分量和压力体有关,可能向上(虚压力体)也可能向下(实压力体)。压力体是个纯数学概念,与体内有无液体无关。压力体体积主要由三部分组成:

① 受压曲面本身;

② 通过曲面周围边缘所作的铅垂线;

③ 自由液面或自由液面的延长线。

下面对图 2-19 所示的三种情况进行分析。

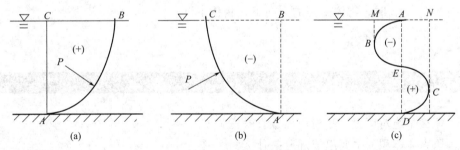

图 2-19 不同压力体示意图

在图 2-19(a)所示的情况下,相对压力对曲面产生的作用力 P 是倾斜向下的,P_z 垂直向下,其数值等于充满 ABC 压力体的流体的重量。此时压力体中充满着流体,称为实压力体,用(+)表示。

在图 2-19(b)所示的情况下,P 是倾斜向上的,P_z 垂直向上,其数值等于充满 ABC 压力体中流体的重量。此时压力体中实际上没有流体,称为虚压力体,用(-)表示。

图 2-19(c)是一种比较复杂的情况。其中 MAB 和 $ADCN$ 为实压力体,而 $MBEA$ 和 $AECN$ 为虚压力体。整个曲面所受的垂直方向的总压力为上述四部分的代数和。

通过以上分析可知,压力体是由液体的自由表面(或其延伸面)、承受压力的曲面和由该曲面的边线向上垂直引伸到自由液面(或其延伸面)的各个表面所围成的体积。

【例 2-10】 如图所示,一任意形状的物体 $ADBC$ 浸没在液体中处于平衡状态,物体的

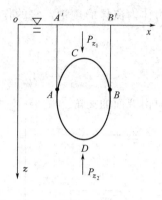

例 2-10 图

体积为 V，液体的密度为 ρ。求物体的密度为多少？当物体密度为多少时上浮，物体密度为多少时下沉？

解： 设液体作用于物体的表面力为 P，则

$$P=\sqrt{P_x^2+P_y^2+P_z^2}$$

式中，P_x、P_y、P_z 为总表面力在各坐标轴方向的分量。

因为物体两侧表面上的点均处于液体内部相等深度的位置，而且压力又总是沿着受压面各点的内法线方向，所以作用在物体两侧表面上液体的总水平分力大小相等、方向相反、互相抵消。作用在物体表面的力只有垂直方向的力，即 $P=P_z$。

从上面作用于物体上的压力

$$P_{z_1}=\rho g V_{ACBB'A'A}$$

从下面作用于物体上的压力

$$P_{z_2}=\rho g V_{ADBB'A'A}$$

因此物体受到垂直方向的表面力方向向上，大小为

$$P=\rho g V_{ADBCA}=\rho g V$$

如果物体在液体中处于平衡状态，那么物体受到的力平衡。由于物体受到重力和表面力作用，因此

$$G=P$$

设物体密度为 ρ'，则有 $G=\rho' g V$，可得

$$\rho'=\rho$$

当物体密度与液体密度相等时，物体处于平衡状态；当 $\rho'<\rho$ 时，物体受到的力向上，物体上浮；当 $\rho'>\rho$ 时，物体受到的力向下，物体下沉。

习题

2.1 什么是绝对压强、相对压强、真空压强？

2.2 压力体体积的主要组成部分是什么？

2.3 试绘出图中四种情况侧壁上的压强分布图。

2.4 在盛有空气的球形密封容器上连有两根玻璃管，一根与水杯相通，另一根装有水银，测得 $h_1=0.5\text{m}$，求 h_2。

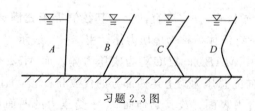

习题 2.3 图

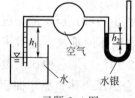

习题 2.4 图

2.5 试对下列两种情况求 A 液体中 M 点处的压强（见图）：（1）A 液体是水，B 液体是水银，$y=60\text{cm}$，$z=30\text{cm}$；（2）A 液体是相对密度为 0.8 的油，B 液体是相对密度为

1.25 的氯化钙溶液，$y=80\text{cm}$，$z=20\text{cm}$。

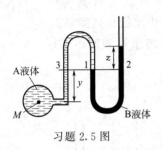

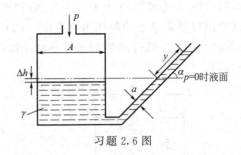

习题 2.5 图　　　　　　　　　　　习题 2.6 图

2.6　在斜管微压计中，加压后无水酒精（相对密度为 0.793）的液面较未加压时的液面变化为 $y=12\text{cm}$。试求所加的压强 p 为多大。设容器及斜管的断面分别为 A 和 a，$\dfrac{a}{A}=\dfrac{1}{100}$，$\sin\alpha=\dfrac{1}{8}$。

2.7　封闭容器的形状如图所示，若测压计中的汞柱读数 $\Delta h=100\text{mm}$，求水面下深度 $H=2.5\text{m}$ 处的压力表读数。

2.8　封闭水箱的测压管及箱中水面高程分别为 $\Delta_1=100\text{cm}$ 和 $\Delta_4=80\text{cm}$，水银压差计右端高程为 $\Delta_2=20\text{cm}$，问左端水银面高程 Δ_3 为多少？

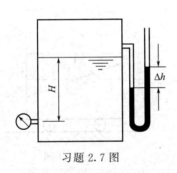

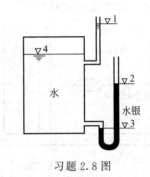

习题 2.7 图　　　　　　　　　　　习题 2.8 图

2.9　两高度差 $z=20\text{cm}$ 的水管，与一倒 U 形管压差计相连，压差计内的水面高差 $h=10\text{cm}$，试求下列两种情况 A、B 两点的压力差：（1）γ_1 为空气；（2）γ_1 为重度 9kN/m^3 的油。

2.10　两个充满空气的封闭容器互相隔开，左边压力表 M 的读数为 100kPa，右边真空

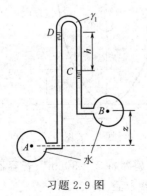

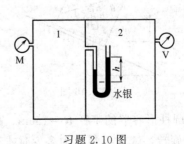

习题 2.9 图　　　　　　　　　　　习题 2.10 图

计 V 的读数为 $3.5 \text{mH}_2\text{O}$，试求连接两容器的水银压差计中 h 的读值。

2.11 图示封闭容器中有空气、油和水三种流体，压力表 A 读数为 -1.47N/cm^2。(1) 试绘出容器侧壁上的静压力分布图；(2) 求水银测压计中水银柱高度差。

2.12 已知 U 形管水平段长 $l = 30\text{cm}$，当它沿水平方向做等加速运动时，$h = 10\text{cm}$，试求它的加速度 a。

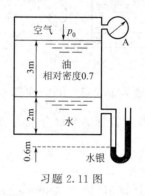

习题 2.11 图

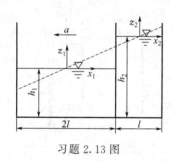

习题 2.12 图

2.13 图示容器中 l、h_1、h_2 为已知，当容器以等加速度 a 向左运动时，试求中间隔板不受力时 a 的表达式。若 $l = 1\text{m}$，$h_1 = 1\text{m}$，$h_2 = 2\text{m}$，a 值应为多少？

2.14 一矩形水箱长为 $l = 2.0\text{m}$，箱中静水面比箱顶低 $h = 0.4\text{m}$，问水箱运动的直线加速度多大时，水将溢出水箱？

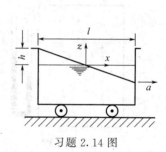

习题 2.13 图

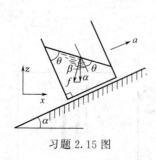

习题 2.14 图

2.15 一盛水的矩形敞口容器，沿 $\alpha = 30°$ 的斜面向上做加速度运动，加速度 $a = 2\text{m/s}^2$，求液面与壁面的夹角 θ。

2.16 图示为一圆筒形容器，半径 $R = 150\text{mm}$，高 $H = 500\text{mm}$，盛水深 $h = 250\text{mm}$。今以角速度 ω 绕 z 轴旋转，试求容器底开始露出时的转速。

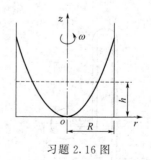

习题 2.15 图

习题 2.16 图

2.17 圆柱形容器的半径 $R = 15\text{cm}$，高 $H = 50\text{cm}$，盛水深 $h = 30\text{cm}$。若容器以等角速度 ω 绕 z 轴旋转，试求 ω 最大为多少时才不致使水从容器中溢出？

2.18　已知矩形闸门高 $h=3\mathrm{m}$，宽 $b=2\mathrm{m}$，上游水深 $h_1=6\mathrm{m}$，下游水深 $h_2=4.5\mathrm{m}$，求：（1）作用在闸门上的总静水压力；（2）压力中心的位置。

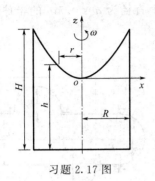

习题 2.17 图

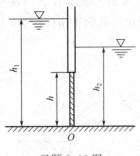

习题 2.18 图

2.19　在倾角 $\alpha=60°$ 的堤坡上有一圆形泄水孔，孔口装一直径 $d=1\mathrm{m}$ 的平板闸门，闸门中心位于水深 $h=3\mathrm{m}$ 处，闸门 a 端有一铰链，b 端有一钢索可将闸门打开。若不计闸门及钢索的自重，求开启闸门所需的力 F。

2.20　倾斜的矩形平板闸门，长为 AB，宽 $b=2\mathrm{m}$，设水深 $h=8\mathrm{m}$，试求作用在闸门上的静水总压力及其对端点 A 的力矩。

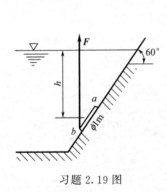

习题 2.19 图

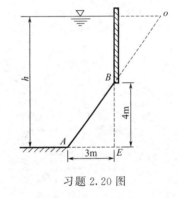

习题 2.20 图

2.21　一圆柱形闸门，长 $l=10\mathrm{m}$，直径 $D=4\mathrm{m}$，上游水深 $h_1=4\mathrm{m}$，下游水深 $h_2=2\mathrm{m}$，求作用在该闸门上的静水总压力的大小与方向。

2.22　图示为一封闭容器，宽 $b=2\mathrm{m}$，AB 为一 1/4 圆弧闸门。容器内 BC 线以上为油，以下为水。U 形测压计中液柱高差 $R=1\mathrm{m}$，闸门 A 处设一铰链，求 B 点处力 F 为多少时才能把闸门关住。

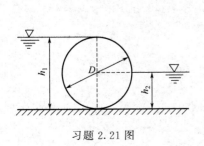

习题 2.21 图

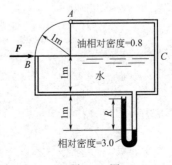

习题 2.22 图

2.23　用一圆柱形圆木挡住左边的油，油层浮在水面上，设圆木正处于平衡状态，试求：（1）单位长圆木对岸的推力；（2）单位长圆木的重量；（3）圆木的相对密度。

2.24　如图所示一储水容器，容器壁上装有 3 个直径为 $d=0.5\text{m}$ 的半球形盖，设 $h=2.0\text{m}$，$H=2.5\text{m}$，试求作用在每个球盖上的静水压力。

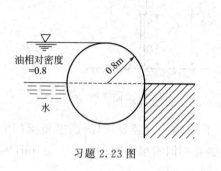

习题 2.23 图

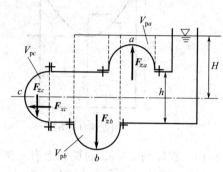

习题 2.24 图

第**3**章

流体力学基本方程　▶▶

　　上一章学习了流体静力学，主要研究了流体在外力作用下的平衡条件和压强分布规律。本章主要学习流体运动学和流体动力学，学习在给定条件下流体运动特征和规律，分析外力作用下流体与固体间的相互作用。

　　本章主要阐述研究流体力学的方法，介绍流体运动的基本概念，对流体微团运动进行分析，重点掌握流体流动的连续方程、伯努利方程及动量方程，并熟悉上述基本方程在实际工程中的应用。

3.1　描述流体运动的方法

　　根据流体的连续介质模型可知，流体是由连续分布的流体质点组成的连续介质，研究流体的运动就是研究这无数流体质点的运动，将流体质点运动的全部空间称为流场。流体运动主要通过流体运动的物理量来描述，如速度、压强、密度等。描述流体运动的方法通常有两种：拉格朗日法（Lagrange）和欧拉法（Euler）。

3.1.1　拉格朗日法

　　拉格朗日法的研究对象为流体质点本身，着眼于流场中每个流体质点运动参数随时间的变化。通过建立流体质点的运动方程来描述所有流体质点的运动规律，如流体质点的运动轨迹、速度和加速度等，因此该方法又称为轨迹法。

　　为了区分组成流体的不同流体质点，拉格朗日法以初始时刻（$t=t_0$）每个流体质点的空间坐标作为标记，不同流体质点在初始时刻只有唯一确定的空间坐标(a,b,c)，流体质点的位置坐标(x,y,z)将随时间t变化。用拉格朗日法研究流体的运动问题，就是求流体质点的位置坐标和流动参量如何随时间t变化，(a,b,c,t)称为拉格朗日变数。任一流体质点在某一时刻的位置坐标可以表示为

$$\left.\begin{array}{l} x=x(a,b,c,t)\\ y=y(a,b,c,t)\\ z=z(a,b,c,t) \end{array}\right\} \tag{3-1}$$

　　这就是流体质点的运动方程，它表示了流体质点的运动规律。当a,b,c为已知时，式(3-1)代表了流体质点的运动轨迹；当t确定时，式(3-1)代表了t时刻流体质点所处的空间位置。坐标随时间的变化率表示它的速度，因此，流体质点的速度可表述为

$$u_x(a,b,c,t) = \frac{\partial x(a,b,c,t)}{\partial t}$$

$$u_y(a,b,c,t) = \frac{\partial y(a,b,c,t)}{\partial t}$$

$$u_z(a,b,c,t) = \frac{\partial z(a,b,c,t)}{\partial t} \qquad (3-2)$$

速度随时间的变化率是它的加速度,因此,流体质点的加速度可表述为

$$a_x(a,b,c,t) = \frac{\partial^2 x(a,b,c,t)}{\partial t^2}$$

$$a_y(a,b,c,t) = \frac{\partial^2 y(a,b,c,t)}{\partial t^2}$$

$$a_z(a,b,c,t) = \frac{\partial^2 z(a,b,c,t)}{\partial t^2} \qquad (3-3)$$

同样,流体质点的压强、密度和温度等也是拉格朗日变数 (a, b, c, t) 的函数

$$p = p(a,b,c,t)$$
$$\rho = \rho(a,b,c,t)$$
$$T = T(a,b,c,t) \qquad (3-4)$$

用拉格朗日法研究流体的运动,需要跟踪大量流体质点,而流体又是由无数个流体质点组成,因而建立方程及数学求解比较困难和复杂,除个别问题,一般不采用这种方法。

3.1.2 欧拉法

欧拉法是应用比较广泛的方法。不同于拉格朗日法着眼于质点本身,欧拉法着眼于流场中某一固定点,研究某一固定点上流动参数随时间的变化,又称站岗法。一般来说,流场中流经各点的流体质点的速度是不同的,而且在同一空间点上的流体质点的速度又是随时间变化的,所以速度分量 u_x、u_y、u_z,压强 p 和密度 ρ 等可表示为空间点坐标和时间 t 的函数,即

$$u_x = u_x(x,y,z,t)$$
$$u_y = u_y(x,y,z,t)$$
$$u_z = u_z(x,y,z,t)$$
$$p = p(x,y,z,t)$$
$$\rho = \rho(x,y,z,t) \qquad (3-5)$$

欧拉法是流体力学中研究流体运动规律常用的方法。这是因为在流体力学中经常要求解通过断面的流量和流体对物体的作用力等,因此,用欧拉法很方便。

在欧拉法中,未给出流体质点的运动轨迹,但给出了每个空间点的速度分布,因为流体质点在流场中是连续的,所以加速度可以通过速度对时间求导得到

$$\frac{\mathrm{d}u_x}{\mathrm{d}t} = \frac{\partial u_x}{\partial t} + \frac{\partial u_x}{\partial x} \times \frac{\mathrm{d}x}{\mathrm{d}t} + \frac{\partial u_x}{\partial y} \times \frac{\mathrm{d}y}{\mathrm{d}t} + \frac{\partial u_x}{\partial z} \times \frac{\mathrm{d}z}{\mathrm{d}t}$$

而

$$\frac{\mathrm{d}x}{\mathrm{d}t} = u_x, \quad \frac{\mathrm{d}y}{\mathrm{d}t} = u_y, \quad \frac{\mathrm{d}z}{\mathrm{d}t} = u_z$$

代入前式得

$$\frac{\mathrm{d}u_x}{\mathrm{d}t} = \frac{\partial u_x}{\partial t} + u_x \frac{\partial u_x}{\partial x} + u_y \frac{\partial u_x}{\partial y} + u_z \frac{\partial u_x}{\partial z}$$

同理，通过速度对时间求导可得到 y、z 方向的加速度表达式，它们一起组成下列方程组

$$\frac{\mathrm{d}u_x}{\mathrm{d}t} = \frac{\partial u_x}{\partial t} + u_x \frac{\partial u_x}{\partial x} + u_y \frac{\partial u_x}{\partial y} + u_z \frac{\partial u_x}{\partial z}$$

$$\frac{\mathrm{d}u_y}{\mathrm{d}t} = \frac{\partial u_y}{\partial t} + u_x \frac{\partial u_y}{\partial x} + u_y \frac{\partial u_y}{\partial y} + u_z \frac{\partial u_y}{\partial z} \qquad (3\text{-}6)$$

$$\frac{\mathrm{d}u_z}{\mathrm{d}t} = \frac{\partial u_z}{\partial t} + u_x \frac{\partial u_z}{\partial x} + u_y \frac{\partial u_z}{\partial y} + u_z \frac{\partial u_z}{\partial z}$$

式(3-6)中等号右边第一项表示流体质点在某点（x，y，z）的速度随时间的变化率，称为当地加速度。后三项之和则表示流体运动到相邻点时的速度变化率，称为迁移加速度。$\mathrm{d}u/\mathrm{d}t$ 表示流体质点的加速度，称为全加速度。

3.2 流体流动的分类

3.2.1 定常流动和非定常流动

流体的流动受很多因素影响，尤其在工程实际应用中，分析流体的流动是非常复杂的问题。但是，为了便于研究，需要抓住主要影响因素，在精度允许的范围内忽略次要因素，对流动进行分类，进而分析不同类型的流体的流动规律。流体质点的速度一般是空间坐标和时间的连续函数，即随时间和空间位置变化而变化。为了讨论问题方便，下面对流动从时间和空间角度加以分类。

按流场中各空间点的流动参量是否随时间变化可将流动分为定常流动（或稳定流动）和非定常流动（或非稳定流动）。

流场中任意固定点的流动参量不随时间变化的流动，称为定常流动。定常流动的数学表达式为

$$\frac{\partial u_x}{\partial t} = \frac{\partial u_y}{\partial t} = \frac{\partial u_z}{\partial t} = 0, \frac{\partial p}{\partial t} = 0, \frac{\partial \rho}{\partial t} = 0$$

流场中任意固定点的流动参量随时间的变化而变化的流动，称为非定常流动。

如图 3-1(a) 所示，水箱中的水从管嘴流出，假如水箱中水位保持不变，则泄水管中 A 点流速在任何时候都是相同的，不随时间的改变而改变，这就是定常流动；如图 3-1(b) 所示，水箱中的水从管嘴流出，假如水箱中水位是变化的，即水位逐渐下降，则 A 点流速也就随时间改变，这就是非定常流动。

如果流动参量非常缓慢地随时间变化，那么在较短的时间间隔内，可以近似地把这种流动作为定常流动来处理。仍以上述水箱为例，设容器的直径很大，出流小孔很小，

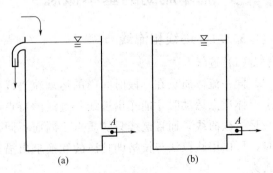

图 3-1 定常和非定常流动

则液面下降十分缓慢，泄流轨迹变化也很慢。在较短时间间隔内研究这种流动时，可近似地视它为定常流动，称为准定常流动。

定常流动或非定常流动的确定与参考坐标系的选择有关。例如，船在静止的水中等速直线行驶，岸上的人（参考坐标系固连在岸上）看来，船两侧的水流是非定常的；船上的人（参照坐标系固连在船上）看来，船两侧的水流是定常的，即相当于船不动，水流从远处以与船同样大小的速度向船流过来。

3.2.2 一维、二维和三维流动

按照流动参量与空间坐标变量个数的关系，可将流动分为一维流动、二维流动和三维流动，也称为一元流动、二元流动和三元流动。

流场中的流动参量仅与一个空间变量有关，这种流动称为一维流动。例如，流动只是一个坐标 x 的函数，即

$$\left.\begin{array}{l} u=u(x) \\ p=p(x) \\ \rho=\rho(x) \end{array}\right\} \tag{3-7}$$

这是稳定一维流动。如果同时流动参量又与时间 t 有关，即

$$\left.\begin{array}{l} u=u(x,t) \\ p=p(x,t) \\ \rho=\rho(x,t) \end{array}\right\} \tag{3-8}$$

这是非稳定一维流动。

再如，有一束流体，如图 3-2 所示，取流束中心轴线为自然坐标，如果在 s 处横断面上各点速度都一样，则流速就只是 s 的函数，这也是一维流动。如果在横断面上各点速度不一样，则可以采用横断面上速度平均值，对平均速度来说，仍然是一维流动。

流动参量与两个空间变量有关，称为二维流动，如平面流动就是二维流动。

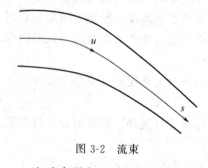

图 3-2 流束

流动参量与三个空间变量有关，称为三维流动。

3.3 流体流动的基本概念

3.3.1 迹线和流线

（1）迹线

同一流体质点在一段时间内的运动轨迹线称为迹线。一般情况下，只有以拉格朗日法表示流体质点运动时才能作出迹线。迹线的特点是对于每一个质点都有一个运动轨迹，所以迹线是一簇曲线，而且迹线只随质点不同而不同，与时间无关。在以欧拉法表示流体运动特性时，可以用欧拉法与拉格朗日法的互换求出描写迹线的方程式。例如，一个流场的欧拉表达式为

$$u_x = u_x(x,y,z,t)$$
$$u_y = u_y(x,y,z,t)$$
$$u_z = u_z(x,y,z,t)$$

又

$$u_x = \frac{\mathrm{d}x}{\mathrm{d}t}, \quad u_y = \frac{\mathrm{d}y}{\mathrm{d}t}, \quad u_z = \frac{\mathrm{d}z}{\mathrm{d}t}$$

则有

$$\frac{\mathrm{d}x}{u_x} = \frac{\mathrm{d}y}{u_y} = \frac{\mathrm{d}z}{u_z} = \mathrm{d}t \tag{3-9}$$

这就是质点的迹线微分方程式，其中 t 为独立变量。

（2）流线

某一瞬时，在流场中画出由不同流体质点组成的空间曲线，该曲线上任一点的切线方向与流体在该点的速度方向一致，这条曲线即为流线。可以用简单的实验来显示出流场中的流线。例如，在油槽中流体带着油沫一起运动，可以认为流体的运动和油沫的运动是一致的，用照相机便可拍得流线分布的图形。因为在很短的曝光时间内，油沫的位移很小，在照片上留下的是很小的线段，它们的方向可以代表这一瞬时油沫运动速度的方向。因此，这些小线段前后相接所形成的曲线就是流线。例如，在某一固定时刻 t，从某点 1 出发，顺着这一点的速度指向取一邻点 2，在同一时刻画出邻点 2 的速度指向，再顺着邻点 2 的速度指向取一邻点 3，画出邻点 3 的速度指向，依此类推，一直画下去，便得到一条曲线，它就是流线，如图 3-3 所示。

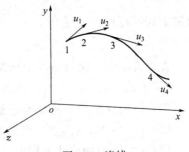

图 3-3　流线

在流线上过任意点取微元有向线段 $\mathrm{d}l = \mathrm{d}xi + \mathrm{d}yj + \mathrm{d}zk$，位于该点的流体质点的速度为 $u = u_xi + u_yj + u_zk$，根据流线的定义可知，$\mathrm{d}l$ 与 u 方向相同，故这两个矢量的矢量积应为零，即

$$u \times \mathrm{d}l = \begin{vmatrix} i & j & k \\ u_x & u_y & u_z \\ \mathrm{d}x & \mathrm{d}y & \mathrm{d}z \end{vmatrix} = 0$$

计算行列式，得

$$\frac{\mathrm{d}x}{u_x} = \frac{\mathrm{d}y}{u_y} = \frac{\mathrm{d}z}{u_z} \tag{3-10}$$

这便是流线微分方程式。对流线微分方程进行积分，可得流线表达式。

流线是同一瞬时连续的不同质点的方向线，而迹线则是在流动过程中同一质点的运动轨迹线。两者有不同的性质，但从曲线的形状上进行比较，可得出流线的一些性质：

① 在稳定流动时，流线与迹线重合。这是因为当质点在流线上到达其前一个质点位置时，由于流动是稳定的，它有和前一个质点相同的速度，因而走着前一质点所走过的相同路径。而在非稳定流动中，流线与迹线一般是不重合的。流线与迹线在非稳定流动时也有重合情况，例如速度随时间变化的直线运动。

② 任意两条流线不能相交。这一点可用反证法进行证明：假如两条流线可以相交，则交点必定有两个速度，根据流线的定义，这是不可能的。只有在流场内速度为零或为无穷大的那些点，流线可以相交，因为在这些点上不会出现不同流动方向的问题。速度为零的点称为驻点，速度为无穷大的点称为奇点。

③ 流线密集的地方，表示该处的流速较大；流线稀疏的地方，表示该处流速较小。

【例 3-1】 有一流场，其流速分布规律为 $u_x = -ky$，$u_y = kx$，$u_z = 0$，试求其流线方程。

解： 由于 $u_z = 0$，所以流动是二维流动，二维流动的流线微分方程为

$$\frac{\mathrm{d}x}{u_x} = \frac{\mathrm{d}y}{u_y}$$

将两个分速度代入流线微分方程，可得

$$\frac{\mathrm{d}x}{-ky} = \frac{\mathrm{d}y}{kx}$$

即

$$x\,\mathrm{d}x + y\,\mathrm{d}y = 0$$

求解上式，可得

$$x^2 + y^2 = C$$

在该流场中，流线是以坐标原点为圆心的同心圆簇。

【例 3-2】 已知二维流场的速度分布为 $\boldsymbol{u} = (4y - 6x)\tau\boldsymbol{i} + (6y - 9x)\tau\boldsymbol{j}$（m/s）。问：

(1) 该流动是稳定流动还是非稳定流动？是均匀流动还是非均匀流动？

(2) $\tau = 1$s 时，（2，4）点的加速度为多少？

(3) $\tau = 1$s 时的流线方程？

解： 已知 $u_x = (4y - 6x)\tau$，$u_y = (6y - 9x)\tau$

(1) 因为速度与时间有关，所以该流动是非稳定流动；由下述计算得迁移加速度为零，流线为平行直线，所以该流动是均匀流动。

(2) 加速度的计算式为

$$a_x = \frac{\partial u_x}{\partial \tau} + u_x \frac{\partial u_x}{\partial x} + u_y \frac{\partial u_x}{\partial y} + u_z \frac{\partial u_x}{\partial z}$$

$$= (4y - 6x) + (4y - 6x)\tau \times (-6\tau) + (6y - 9x)\tau \times 4\tau = 2(2y - 3x)$$

$$a_y = \frac{\partial u_y}{\partial \tau} + u_x \frac{\partial u_y}{\partial x} + u_y \frac{\partial u_y}{\partial y} + u_z \frac{\partial u_y}{\partial z}$$

$$= (6y - 9x) + (4y - 6x)\tau \times (-9\tau) + (6y - 9x)\tau \times (6\tau) = 3(2y - 3x)$$

则 $\tau = 1$s、位于（2，4）点的加速度为

$$a_x = 4\text{m/s}^2, \quad a_y = 6\text{m/s}^2; \quad a = \sqrt{a_x^2 + a_y^2} = 7.21\text{m/s}^2$$

(3) 将速度分量代入流线微分方程，得

$$(6y - 9x)\tau\,\mathrm{d}x - (4y - 6x)\tau\,\mathrm{d}y = 0$$

分离变量，积分得 $(9x^2 + 4y^2 - 12xy)\tau = C$

或写成 $(3x - 2y)^2\tau = C$

简化上式，得 $\tau = 1$s 时的流线方程为 $3x - 2y = C'$

【例 3-3】 已知速度场为 $u_x = 2y\tau + \tau^3$，$u_y = 2x\tau$，$u_z = 0$。求 $\tau = 1$ 时，过（0，2）点的流线方程。

解： 已知 $u_x = 2y\tau + \tau^3$，$u_y = 2x\tau$，$u_z = 0$

将速度分量代入流线微分方程，得

$$\left.\begin{array}{l} 2x\tau \mathrm{d}x - (2y\tau + \tau^3)\mathrm{d}y = 0 \\ \mathrm{d}z = 0 \end{array}\right\}$$

积分上式，得

$$\left.\begin{array}{l} (x^2 - y^2)\tau - y\tau^3 = C_1 \\ z = C_2 \end{array}\right\}$$

则 $\tau = 1\mathrm{s}$ 时，过（0，2）点的流线方程为

$$\left.\begin{array}{l} x^2 - y^2 - y + 6 = 0 \\ z = C \end{array}\right\}$$

3.3.2 流管和流束

（1）流管

如图 3-4 所示，在流场中任取一条不是流线的封闭曲线 l，过曲线 l 上的各点作流线，由这些流线围成的一个管状曲面，称为流管。流管的形状与某瞬时流场的流动特性有关，也与构成流管的封闭曲线形状有关。在稳定流动时，流管不随时间而变化，而在非稳定流动时，流管随时间而变化。

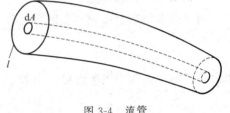

图 3-4 流管

因为流管是由流线围成的，所以从流线性质不难看出流管有下列特点：

① 流体不能穿越流管表面，只能在流管内部流动或在其外部流动。

② 流管就像刚体管壁一样，把流体的运动局限在流管之内或流管之外。

③ 流管在流场内不能突然中断。这是因为根据流体的连续性，在流管内部的流动不能突然消失。

（2）流束

流管内部全部流体的总合，称为流束。

断面为无限小的流束，称为微元流束。

表示流束几何外形的是流管。当微元流束断面趋近于零时，它就变成了流线。

流束是由无穷多微元流束组成的，通常又称它为总流。日常见到的管道、渠道中流动的流体都是总流。总流横截面各点的流速不一定相等，也不一定都垂直于截面。处处与流线相垂直的流束截面称为有效截面。

研究流体运动规律时，常常先找出微元流束上的运动规律，然后通过积分求出流束（或总流）的运动规律。

3.3.3 缓变流和急变流

流束内流线间的夹角很小、流线曲率半径很大的近乎平行直线的流动称为缓变流，不符合上述条件的流动称为急变流。如图 3-5 所示，流体在直管道中的流动为缓变流，而经过弯

管、阀门等管件的流动为急变流。

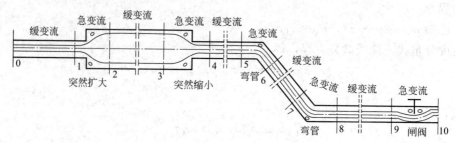

图 3-5　缓变流与急变流示意图

3.3.4　水力半径

（1）有效断面

在流束或总流中，与所有流线相互垂直的断面称为有效断面，一般用 A 表示。流线相互平行时，有效断面为平面；流线不平行时，有效断面为曲面。

（2）湿周

在有效断面上，流体与固体边界接触部分的周长称为湿周，一般用 X 表示。

（3）水力半径和当量直径

流束的有效断面面积与湿周之比称为水力半径，一般用 R 表示，即

$$R = \frac{A}{X}$$

水力半径的 4 倍称为当量直径，一般用 d_e 表示，即

$$d_e = \frac{4A}{X}$$

下面介绍几种典型非圆形截面管道的当量直径，如图 3-6 所示。

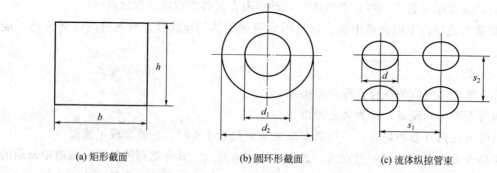

(a) 矩形截面　　　　(b) 圆环形截面　　　　(c) 流体纵掠管束

图 3-6　非圆形管道截面

① 充满流体的矩形截面管道。它的当量直径为：

$$d_e = \frac{4A}{X} = \frac{4bh}{2(b+h)} = \frac{2bh}{b+h} \tag{3-11}$$

② 充满流体的圆环形截面管道。它的当量直径为

$$d_e = \frac{4A}{X} = \frac{4\left(\frac{\pi}{4}d_2^2 - \frac{\pi}{4}d_1^2\right)}{\pi d_1 + \pi d_2} = d_2 - d_1 \tag{3-12}$$

③ 管外流体垂直纸面方向流场，即与管束轴线平行、纵向掠过管束。此时的当量直径为

$$d_e = \frac{4A}{X} = \frac{4\left(s_1 s_2 - \frac{\pi}{4}d^2\right)}{\pi d} = \frac{4 s_1 s_2}{\pi d} - d \tag{3-13}$$

3.3.5　流量和平均流速

（1）流量

单位时间内通过流束有效断面的流体量称为流量。

如果流体量以体积来度量，称为体积流量（简称流量），常用 Q 表示，其相应的国际单位为 m^3/s；如果流体量以质量（或重量）来度量，则称为质量（或重量）流量，常用 Q_m（或 G）表示，其相应的国际单位为 kg/s（或 N/s）。如图 3-4 所示，在流管内取一微小面积 dA，通过 dA 的每一根流线都与 dA 正交，这时 dA 称为有效微元断面。设该微元断面上的流速为 u，则通过该微元面积的流量为

$$dQ = u\,dA$$

将上式积分，可得流量

$$Q = \int_A u\,dA \tag{3-14}$$

式中，A 为流束有效断面面积。

（2）平均流速

在研究管道中的流动时，可以把管道中的流体看作流束（或总流），在工程中往往不需要知道有效断面上的速度分布，而更注重于通过某一断面上速度的平均值，即平均流速。平均流速可通过流经有效断面的流量除以有效断面面积求得，即

$$\bar{u} = \frac{1}{A}\int_A u\,dA = \frac{Q}{A} \tag{3-15}$$

平均流速 $\bar{u}$ 是一个假想的流速，在断面上每一点的实际流速，有大于也有小于平均流速的。在工程上进行管道计算时，广泛采用平均流速计算的方法，因此引入平均流速的概念具有十分重要的意义。

【例 3-4】　20℃的空气在大气压下流过 0.5m 直径的管道，截面平均流速为 30m/s。求其体积流量、质量流量和重量流量。

解：已知在大气压下 20℃空气的密度为 1.205kg/m³，管道直径为 0.5m，截面平均流速为 30m/s。

（1）体积流量为 $Q = \bar{u}A = \frac{1}{4}\pi d^2 \bar{u} = \frac{1}{4}\pi \times 0.5^2 \times 30 = 5.89$（$m^3/s$）

（2）质量流量为 $Q_m = \rho \bar{u} A = \frac{1}{4}\pi d^2 \rho \bar{u} = \frac{1}{4}\pi \times 0.5^2 \times 1.205 \times 30 = 7.09$（$kg/s$）

（3）重量流量为

$$G = \rho g \bar{u} A = \frac{1}{4}\pi d^2 \rho g \bar{u} = \frac{1}{4}\pi \times 0.5^2 \times 1.205 \times 9.81 \times 30 = 69.60 \text{（N/s）}$$

【例 3-5】　流体在两平行平板间流动的速度分布为 $u = u_{max}\left[1 - \left(\frac{y}{b}\right)^2\right]$，式中 u_{max} 为两板中心线 $y = 0$ 处的最大速度，b 为平板距中心线的距离，均为常数。求通过两平板间单位

宽度的体积流量。

解：已知速度分布为 $u = u_{\max}\left[1 - \left(\dfrac{y}{b}\right)^2\right]$

由体积流量计算式，得

$$Q = \int_A u\,\mathrm{d}y = 2\int_0^b u_{\max}\left[1 - \left(\frac{y}{b}\right)^2\right]\mathrm{d}y = \frac{4}{3}bu_{\max}$$

3.4 连续方程

在工程实际中，经常会遇到流体的速度、密度和通道有效截面之间的计算问题，这就要用到连续方程。流体为连续介质，在流场内流体质点连续地充满整个空间，在流动过程中流体质点互相衔接、没有空隙。这样，便可应用质量守恒定律导出流体的连续方程。

3.4.1 一维流动连续方程

在工程实际中的流动有很多为一维流动，例如在管道内的流动。这种流动的连续方程比较简单。

图 3-7 为稳定流动总流，取 1—1 和 2—2 两个有效断面间的一段总流进行分析，两有效断面面积分别为 A_1 和 A_2。在该段总流中任取一微元流束，微元流束的两个有效断面面积分别为 $\mathrm{d}A_1$ 和 $\mathrm{d}A_2$，相应的流速分别为 u_1 和 u_2，密度分别为 ρ_1 和 ρ_2。

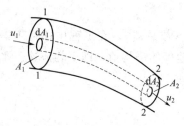

图 3-7 稳定流动总流

（1）微元流束的连续方程

对于稳定流动，微元流束的形状、体积和流束内任意点的参数（如密度等）均不随时间变化，同时流体又被认为是无间隙的连续介质。所以，微元流束两断面间包围的流体质量不随时间变化。根据质量守恒原理，在时间 $\mathrm{d}t$ 内，通过 1—1 断面流入的质量必等于通过 2—2 断面流出的质量，即

$$\rho_1 u_1 \mathrm{d}A_1 \mathrm{d}t = \rho_2 u_2 \mathrm{d}A_2 \mathrm{d}t$$

上式可简化为

$$\rho_1 u_1 \mathrm{d}A_1 = \rho_2 u_2 \mathrm{d}A_2 \tag{3-16}$$

式(3-16) 为可压缩流体稳定流动时微元流束的连续方程。

对于不可压缩流体，密度为常数，则有

$$u_1 \mathrm{d}A_1 = u_2 \mathrm{d}A_2$$

上式为不可压缩流体稳定流动时微元流束的连续方程。

（2）总流的连续方程

总流是由微元流束组成的，因此总流的连续方程可由微元流束的连续方程（3-16）通过积分得到

$$\int_{A_1} \rho_1 u_1 \mathrm{d}A_1 = \int_{A_2} \rho_2 u_2 \mathrm{d}A_2 \tag{3-17}$$

设 $\overline{u}$ 是该断面 A 上的平均速度，则式(3-17) 可写成

$$\rho_1 A_1 \overline{u}_1 = \rho_2 A_2 \overline{u}_2 \tag{3-18}$$

式（3-18）为可压缩流体稳定流动总流的连续方程。该式表明，可压缩流体作稳定流动时，在总流的任意两个有效断面上的质量流量相同。

对于不可压缩流体，密度为常数，式（3-18）可变为

$$A_1 \bar{u}_1 = A_2 \bar{u}_2 \tag{3-19}$$

式（3-19）为不可压缩流体稳定流动总流的连续方程。该式表明，在研究流体运动时，对于流过的流体量的处理必须遵守质量守恒定律。在流体力学中，反映质量守恒定律的数学关系叫作连续方程。

3.4.2 空间运动微分形式的连续方程

如图 3-8 所示，在理想流体三维空间流场中任取一微小六面体，其边长分别为 $\mathrm{d}x$、$\mathrm{d}y$、$\mathrm{d}z$，并分别平行于 x、y、z 轴。

由质量守恒定律可知，单位时间内流出与流入六面体的质量差等于六面体内流体质量的减少量。

在 x 方向上，由左侧流入六面体的流体质量为 $\rho u_x \mathrm{d}y \mathrm{d}z$，同时从右侧流出六面体的流体质量为 $\left[\rho u_x + \dfrac{\partial(\rho u_x)}{\partial x}\mathrm{d}x\right]\mathrm{d}y\mathrm{d}z$，因此单位时间内流出与流入的流体质量差为 $\dfrac{\partial(\rho u_x)}{\partial x}\mathrm{d}x\mathrm{d}y\mathrm{d}z$。

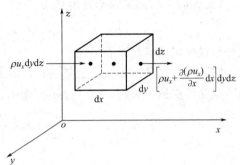

图 3-8 微元体流动

同理可得，在 y 方向和 z 方向上流出与流入的流体质量差分别为 $\dfrac{\partial(\rho u_y)}{\partial y}\mathrm{d}x\mathrm{d}y\mathrm{d}z$ 和 $\dfrac{\partial(\rho u_z)}{\partial z}\mathrm{d}x\mathrm{d}y\mathrm{d}z$，三者之和为

$$\left[\frac{\partial(\rho u_x)}{\partial x} + \frac{\partial(\rho u_y)}{\partial y} + \frac{\partial(\rho u_z)}{\partial z}\right]\mathrm{d}x\mathrm{d}y\mathrm{d}z$$

另外，流体密度随时间的变化也会引起六面体内流体质量的变化。设在 t 时刻流体密度为 ρ，$(t+\mathrm{d}t)$ 时刻密度为 $\left(\rho + \dfrac{\partial\rho}{\partial t}\mathrm{d}t\right)$，则单位时间内由于密度变化而引起的六面体内流体质量的减少量为

$$-\frac{\partial\rho}{\partial t}\mathrm{d}x\mathrm{d}y\mathrm{d}z$$

根据质量守恒原理，这部分质量减少量应等于流出与流入六面体的流体质量差，即

$$-\frac{\partial\rho}{\partial t}\mathrm{d}x\mathrm{d}y\mathrm{d}z = \left[\frac{\partial(\rho u_x)}{\partial x} + \frac{\partial(\rho u_y)}{\partial y} + \frac{\partial(\rho u_z)}{\partial z}\right]\mathrm{d}x\mathrm{d}y\mathrm{d}z$$

或

$$\frac{\partial\rho}{\partial t} + \frac{\partial(\rho u_x)}{\partial x} + \frac{\partial(\rho u_y)}{\partial y} + \frac{\partial(\rho u_z)}{\partial z} = 0 \tag{3-20}$$

上式是可压缩流体非稳定流动的连续方程。

对于可压缩稳定流动，$\partial\rho / \partial t = 0$，则有

$$\frac{\partial(\rho u_x)}{\partial x} + \frac{\partial(\rho u_y)}{\partial y} + \frac{\partial(\rho u_z)}{\partial z} = 0 \tag{3-21}$$

对于不可压缩流体，ρ 为常数，则连续方程变为

$$\frac{\partial u_x}{\partial x}+\frac{\partial u_y}{\partial y}+\frac{\partial u_z}{\partial z}=0 \tag{3-22}$$

连续方程在圆柱坐标系中的表达式为

$$\frac{\partial \rho}{\partial t}+\frac{\rho u_r}{r}+\frac{\partial(\rho u_r)}{\partial r}+\frac{1}{r}\frac{\partial(\rho u_\theta)}{\partial \theta}+\frac{\partial(\rho u_z)}{\partial z}=0 \tag{3-23}$$

对于不可压缩流体，上式可写成

$$\frac{u_r}{r}+\frac{\partial u_r}{\partial r}+\frac{1}{r}\times\frac{\partial u_\theta}{\partial \theta}+\frac{\partial u_z}{\partial z}=0 \tag{3-24}$$

【例 3-6】 已知某流动速度场为

$$u_x=8(x+y^2),\ u_y=6y+z^2,\ u_z=x+y-14z$$

试分析这种流动状况是否可能？

解： 判别一种流动是否能够进行，要看流动本身是否满足连续方程。若满足连续方程，则流动是可能的，否则，流动是不可能的。

因

$$\frac{\partial u_x}{\partial x}=8,\ \frac{\partial u_y}{\partial y}=6,\ \frac{\partial u_z}{\partial z}=-14$$

所以

$$\frac{\partial u_x}{\partial x}+\frac{\partial u_y}{\partial y}+\frac{\partial u_z}{\partial z}=0$$

说明这种流动是可以进行的。

【例 3-7】 下列各组方程中哪些可用来描述不可压缩流体二维流动？

(1) $u_x=2x^2+y^2,\ u_y=x^3-x(y^2-2y)$

(2) $u_x=2xy-x^2+y,\ u_y=2xy-y^2+x^2$

(3) $u_x=x\tau+2y,\ u_y=x\tau^2-y\tau$

(4) $u_x=(x+2y)x\tau,\ u_y=(2x-y)y\tau$

解： 已知速度分布方程。将以上各速度分量分别代入不可压缩流体的连续性方程：

(1) $\frac{\partial u_x}{\partial x}+\frac{\partial u_y}{\partial y}=4x-2xy+2x\neq0$，不可用来描述不可压缩流体二维流动；

(2) $\frac{\partial u_x}{\partial x}+\frac{\partial u_y}{\partial y}=2y-2x+2x-2y=0$，可以用来描述不可压缩流体二维流动；

(3) $\frac{\partial u_x}{\partial x}+\frac{\partial u_y}{\partial y}=\tau-\tau=0$，可以用来描述不可压缩流体二维流动；

(4) $\frac{\partial u_x}{\partial x}+\frac{\partial u_y}{\partial y}=2x\tau+2y\tau+2x\tau-2y\tau=4x\tau\neq0$，不可用来描述不可压缩流体二维流动。

【例 3-8】 下列两组方程中哪个可以用来描述不可压缩流体空间流动？

(1) $u_x=xyz\tau,\ u_y=-xyz\tau^2,\ u_z=\frac{1}{2}(x\tau^2-y\tau)z^2$

(2) $u_x=y^2+2xz,\ u_y=x^2yz-2yz,\ u_z=\frac{1}{2}x^2z^2+x^3y^4$

解：已知速度分布方程。将以上各速度分量分别代入不可压缩流体的连续性方程：

（1）$\dfrac{\partial u_x}{\partial x}+\dfrac{\partial u_y}{\partial y}+\dfrac{\partial u_z}{\partial z}=yz\tau-xz\tau^2+(x\tau^2-y\tau)z=0$，可以用来描述不可压缩流体空间流动；

（2）$\dfrac{\partial u_x}{\partial x}+\dfrac{\partial u_y}{\partial y}+\dfrac{\partial u_z}{\partial z}=2z+x^2z-2z+x^2z=2x^2z\neq0$，不可用来描述不可压缩流体空间流动。

3.5 理想流体运动微分方程

　　理想流体运动微分方程是在理想流体假设的前提下，以牛顿第二定律为基础得到的，它描述了流体在运动中所受的力和流动参量之间的关系，是研究理想流体运动的基本微分方程。如图3-9所示，在理想流体流场中取一微小六面体流体微团，其边长分别为 $\mathrm{d}x$、$\mathrm{d}y$、$\mathrm{d}z$，分别平行于 x、y、z 轴。在某瞬时 t，六面体中心 $M(x,y,z)$ 的压强为 $p(x,y,z,t)$，速度为 $u_x(x,y,z,t)$，$u_y(x,y,z,t)$，$u_z(x,y,z,t)$。作用在微小六面体上的力有表面力和质量力。

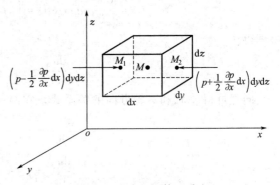

图3-9　微小六面体上受力

　　（1）表面力

　　由于研究的是理想流体，因此作用在六面体表面上的力只有法向力，其方向为内法线方向。首先分析流体微团所受的沿 x 轴方向的表面力。流体微团只有左、右两个面上所受的表面力在 x 方向有分力，其余各个面上的表面力在 x 方向没有分力。这里把作用在流体微团左侧面中心 $M_1\left(x-\dfrac{1}{2}\mathrm{d}x,\ y,\ z\right)$ 的压强 p_1 用泰勒级数展开，并略去级数中二阶以上的无穷小量，得

$$p_1=p-\frac{1}{2}\frac{\partial p}{\partial x}\mathrm{d}x$$

同理可得流体微团右侧面中心 $M_2\left(x+\dfrac{1}{2}\mathrm{d}x,\ y,\ z\right)$ 处的压强

$$p_2=p+\frac{1}{2}\frac{\partial p}{\partial x}\mathrm{d}x$$

　　由于流体微团是无限小的，所以可以用中心点的压强代表该面上的平均压强。因此作用在流体微团左侧面和右侧面的总压力分别为

$$P_1=\left(p-\frac{1}{2}\frac{\partial p}{\partial x}\mathrm{d}x\right)\mathrm{d}y\mathrm{d}z$$

$$P_2=\left(p+\frac{1}{2}\frac{\partial p}{\partial x}\mathrm{d}x\right)\mathrm{d}y\mathrm{d}z$$

　　同理，可以写出作用于相应表面上 y 轴、x 轴方向的表面力的表达式。

（2）质量力

流体微团内部受到质量力作用，设作用于单位质量流体上的质量力在 x 方向的分量为 f_x，则作用于流体微团上的质量力在 x 方向的分力为 $f_x\rho\,\mathrm{d}x\,\mathrm{d}y\,\mathrm{d}z$。同理可得出沿 y 轴和 z 轴方向质量力的分力分别为 $f_y\rho\,\mathrm{d}x\,\mathrm{d}y\,\mathrm{d}z$ 和 $f_z\rho\,\mathrm{d}x\,\mathrm{d}y\,\mathrm{d}z$。

（3）方程的建立

流体微团在 x 轴方向所受的总力为

$$\rho f_x\,\mathrm{d}x\,\mathrm{d}y\,\mathrm{d}z + P_1 - P_2 = \left(\rho f_x - \frac{\partial p}{\partial x}\right)\mathrm{d}x\,\mathrm{d}y\,\mathrm{d}z$$

在 x 轴方向流体微团产生加速度的惯性力为

$$\frac{\mathrm{d}u_x}{\mathrm{d}t}\rho\,\mathrm{d}x\,\mathrm{d}y\,\mathrm{d}z$$

根据牛顿第二定律，二者必然相等，即

$$\frac{\mathrm{d}u_x}{\mathrm{d}t}\rho\,\mathrm{d}x\,\mathrm{d}y\,\mathrm{d}z = \left(\rho f_x - \frac{\partial p}{\partial x}\right)\mathrm{d}x\,\mathrm{d}y\,\mathrm{d}z$$

整理得

$$\frac{\mathrm{d}u_x}{\mathrm{d}t} = f_x - \frac{1}{\rho}\times\frac{\partial p}{\partial x} \tag{3-25}$$

同理可得 y 轴和 z 轴方向的关系式，它们一起组成下列方程组

$$\left.\begin{aligned}
\frac{\mathrm{d}u_x}{\mathrm{d}t} &= f_x - \frac{1}{\rho}\times\frac{\partial p}{\partial x}\\[4pt]
\frac{\mathrm{d}u_y}{\mathrm{d}t} &= f_y - \frac{1}{\rho}\times\frac{\partial p}{\partial y}\\[4pt]
\frac{\mathrm{d}u_z}{\mathrm{d}t} &= f_z - \frac{1}{\rho}\times\frac{\partial p}{\partial z}
\end{aligned}\right\} \tag{3-26}$$

这就是理想流体运动微分方程，是欧拉（Euler）1775 年提出的，所以又称为欧拉运动微分方程。它给出了理想流体运动的压力、质量力与加速度之间的关系。

对于不可压缩流体，未知数为 u_x，u_y，u_z 和 p，共四个，由方程组（3-26）中的三个方程再加上连续方程（3-22），从理论来说方程封闭，是可解的（解方程组还要加上一组初始条件和边界条件），但是这组方程式是非线性的，因此直接求解非常困难。

3.6 伯努利方程及其应用

3.6.1 理想流体的伯努利方程

（1）伯努利方程

欧拉运动微分方程是描述理想流体运动的基本方程，用来解决工程实际流动问题时，还需要对其进行积分。从欧拉运动微分方程出发，在一些特殊条件下，沿着流线积分，可得到压强和速度之间的简单关系式，这就是伯努利方程。

将式(3-26)第一式左边加速度项展开得

$$\frac{\partial u_x}{\partial t} + u_x\frac{\partial u_x}{\partial x} + u_y\frac{\partial u_x}{\partial y} + u_z\frac{\partial u_x}{\partial z} = f_x - \frac{1}{\rho}\times\frac{\partial p}{\partial x}$$

将问题限定在沿一条流线的流动中，根据流线方程可知

$$u_y \, dx = u_x \, dy, \ u_z \, dx = u_x \, dz, \ u_y \, dz = u_z \, dy$$

代入前式，可得到

$$\frac{\partial u_x}{\partial t} + u_x \frac{\partial u_x}{\partial x} + u_x \frac{\partial u_x}{\partial y} \times \frac{dy}{dx} + u_x \frac{\partial u_x}{\partial z} \times \frac{dz}{dx} = f_x - \frac{1}{\rho} \times \frac{\partial p}{\partial x}$$

上式两端同乘以 dx 得

$$f_x \, dx - \frac{1}{\rho} \times \frac{\partial p}{\partial x} dx = \frac{\partial u_x}{\partial t} dx + u_x \frac{\partial u_x}{\partial x} dx + u_x \frac{\partial u_x}{\partial y} dy + u_x \frac{\partial u_x}{\partial z} dz$$

对于稳定流动，有

$$\frac{\partial u_x}{\partial t} = 0$$

代入前式，整理得

$$f_x \, dx - \frac{1}{\rho} \times \frac{\partial p}{\partial x} dx = u_x \left(\frac{\partial u_x}{\partial x} dx + \frac{\partial u_x}{\partial y} dy + \frac{\partial u_x}{\partial z} dz \right) = u_x \, du_x = d \left(\frac{u_x^2}{2} \right)$$

同理可得 y 轴和 z 轴方向的关系式

$$f_y \, dy - \frac{1}{\rho} \times \frac{\partial p}{\partial y} dy = d \left(\frac{u_y^2}{2} \right)$$

$$f_z \, dz - \frac{1}{\rho} \times \frac{\partial p}{\partial z} dz = d \left(\frac{u_z^2}{2} \right)$$

将上三式相加得

$$f_x \, dx + f_y \, dy + f_z \, dz - \frac{1}{\rho} \left(\frac{\partial p}{\partial x} dx + \frac{\partial p}{\partial y} dy + \frac{\partial p}{\partial z} dz \right)$$

$$= d \left(\frac{u_x^2}{2} + \frac{u_y^2}{2} + \frac{u_z^2}{2} \right) = d \left(\frac{u^2}{2} \right)$$

整理得

$$f_x \, dx + f_y \, dy + f_z \, dz - \frac{1}{\rho} dp = d \left(\frac{u^2}{2} \right) \tag{3-27}$$

工程实际问题中经常遇到质量力场只有重力场的情况，即 $f_x = 0$，$f_y = 0$，$f_z = -g$，g 是重力加速度，因 z 轴取向上方向为正，重力场是向下的，所以在 g 前面加负号。此时，式（3-27）变为

$$g \, dz + \frac{dp}{\rho} + d \left(\frac{u^2}{2} \right) = 0 \tag{3-28}$$

式（3-28）表示理想流体在稳定流动情况下，质量力只有重力时，沿流线的欧拉运动微分方程。如果流体密度为常数，对式（3-28）积分可得到

$$z + \frac{p}{\rho g} + \frac{u^2}{2g} = C \tag{3-29}$$

式（3-29）是质量力只有重力作用时，稳定流动、理想不可压缩流体沿流线的运动方程的积分形式，称为伯努利方程。此式说明在上述限定条件下，沿同一条流线任意 $\left(z + \frac{p}{\rho g} + \frac{u^2}{2g} \right)$ 值为常量。

（2）伯努利方程的几何意义和物理意义

① 几何意义。伯努利方程（3-29）中，前两项的几何意义在静力学中已有阐述，z 称为位置水头，$\frac{p}{\rho g}$ 称为压强水头，$\frac{u^2}{2g}$ 也具有长度的量纲，该项大小与流动速度有关，因此称为速度水头，三项之和称为总水头。伯努利方程的几何意义可表述为：理想不可压缩流体在重力作用下稳定流动时，沿同一流线上各点的总水头保持不变，即总水头线是平行于基准面的水平线。

② 物理意义。伯努利方程（3-29）中，前两项的物理意义在静力学中也已阐述，z 表示单位重量流体所具有的位能（势能），$\frac{p}{\rho g}$ 表示单位重量流体所具有的压能。对 $\frac{u^2}{2g}$ 可理解如下：由物理学可知，质量为 m 的物体以速度 u 运动时所具有的动能为 $mg\frac{u^2}{2g}$，故 $\frac{u^2}{2g}$ 代表 $mg=1$ 即单位重量流体所具有的动能。位能、压能和动能之和称为机械能。因此，伯努利方程的物理意义可表述为：理想不可压缩流体在重力作用下稳定流动时，沿同一流线上各点的单位重量流体所具有的机械能保持不变，即机械能为一常数。位能、压能和动能三种能量之间可以相互转换，所以伯努利方程是能量守恒定律在流体力学中的表现形式。

3.6.2 黏性流体总流的伯努利方程

工程实际管路或渠道中的流动，都是有限断面的总流。如果把理想流体伯努利方程应用于实际流体流动中，还需对方程进行必要的修正。

式（3-29）只适用于理想流体而不适用于实际流体，它只适用于微元流束而不适用于总流。实际流体流动过程中，由于流体内部的摩擦和流体与固体壁面之间的摩擦，会产生阻力，流体因克服摩擦阻力会损失部分机械能，这部分机械能将变成热而散失。所以，单位重量流体从某一位置流动到另一位置时，不但各项机械能有变化，而且沿流动方向总机械能会逐渐减小。因此，实际流体微元流束上的伯努利方程应为

$$z_1+\frac{p_1}{\rho g}+\frac{u_1^2}{2g}=z_2+\frac{p_2}{\rho g}+\frac{u_2^2}{2g}+h_f \tag{3-30}$$

式中，h_f 为流体在流动过程中因克服摩擦阻力所损失的水头。

式（3-30）为实际流体微元流束上的伯努利方程。方程左端各项之和与方程右端各项之和分别代表微元流束上位置 1 和位置 2 处有效断面上单位重量流体所具有的机械能。这就要求微元流束非常细，以保证在微元流束某处的同一断面上各点的相同流动参量（如速度、压强、密度等）具有相同的值。在实际流体总流中，任一断面上各点的流动参量一般是不相等的，因此不能用式（3-30）来反映总流的流动参量的变化关系。总流是由无数微元流束组成的，可以通过把微元流束的伯努利方程对总流断面进行积分而得到总流的伯努利方程。

总流的任一微元流束上某点处的流体质点所具有的单位重量能量为

$$e=z+\frac{p}{\rho g}+\frac{u^2}{2g} \tag{3-31}$$

单位时间内流过微元流束有效断面的流量 $\mathrm{d}q=u\mathrm{d}A$，则在单位时间内流过微元流束有效断面的总能量为

$$\mathrm{d}E=\left(z+\frac{p}{\rho g}+\frac{u^2}{2g}\right)\rho g u\,\mathrm{d}A$$

对上式在总流有效断面上进行积分，得到单位时间内通过总流有效断面的总能量为

$$E = \int_A dE = \int \left(z + \frac{p}{\rho g} + \frac{u^2}{2g}\right)\rho g u \, dA \tag{3-32}$$

一般情况下式(3-32)中的 z、p、u 在总流的有效断面上是变化的，所以计算出式中各项积分很困难。为了计算出上式中的各项积分，使其达到实用的程度，可将式(3-32)中的积分项分成两部分，即

$$\int_A \left(z + \frac{p}{\rho g} + \frac{u^2}{2g}\right)\rho g u \, dA = \int_A \left(z + \frac{p}{\rho g}\right)\rho g u \, dA + \int_A \left(\frac{\rho u^3}{2}\right) dA \tag{3-33}$$

$\int_A \left(z + \frac{p}{\rho g}\right)\rho g u \, dA$ 表示单位时间内通过总流有效断面的流体的势能和压能之和。在一般情况下，$\left(z + \frac{p}{\rho g}\right)$ 在有效断面上分布很复杂，所以这一积分仍不易算出。当流体作缓变流动时有效断面上流体压强近似地按静压强规律分布，可认为在流动的某一有效断面上各点 $\left(z + \frac{p}{\rho g}\right)$ 都相等，即 $z + \frac{p}{\rho g} = C$。于是，在所取的有效断面为缓变流动的条件下，可得

$$\int_A \left(z + \frac{p}{\rho g}\right)\rho g u \, dA = \left(z + \frac{p}{\rho g}\right)\rho g Q \tag{3-34}$$

式中，Q 为流体通过总流有效断面的流量。

下面分析式(3-33)中右端第二项 $\int_A \left(\frac{\rho u^3}{2}\right) dA$，它表示单位时间内通过有效断面的流体的动能。用有效断面上的平均流速 $\bar{u}$ 计算单位时间内通过有效断面的流体动能得

$$\int_A \left(\frac{\rho u^3}{2}\right) dA = \frac{\alpha \bar{u}^2}{2}\rho Q \tag{3-35}$$

式中，$\alpha = \dfrac{\int_A u^3 \, dA}{\bar{u}^3 A}$，称为动能修正系数，它代表单位时间内通过总流有效断面的动能与按平均流速计算出的动能的比值。可以看出 α 与有效断面流速分布有关，有效断面上速度分布越不均匀，α 值越大。在一般工程管道中，多数情况下流速都比较均匀，α 值在 $1.05 \sim 1.10$ 之间，在工程计算中，可近似取 $\alpha = 1$。

把式(3-34)和式(3-35)代入式(3-33)可得单位时间通过总流有效断面的总能量为

$$E = \left(z + \frac{p}{\rho g} + \frac{\alpha \bar{u}^2}{2g}\right)\rho g Q$$

上式两边同时除以 $\rho g Q$ 得总流缓变流动断面上单位重量流体的能量为

$$e = z + \frac{p}{\rho g} + \frac{\alpha \bar{u}^2}{2g}$$

对总流的任意两个缓变流动断面 1—1 和 2—2，假设 h_{w1-2} 代表单位重量流体由 1—1 断面流到 2—2 断面的能量损失，则总流 1—1、2—2 两个缓变流动断面的伯努利方程为

$$z_1 + \frac{p_1}{\rho g} + \frac{\alpha_1 \bar{u}_1^2}{2g} = z_2 + \frac{p_2}{\rho g} + \frac{\alpha_2 \bar{u}_2^2}{2g} + h_{w1-2} \tag{3-36}$$

沿总流两断面之间装有水泵、风机或液轮机等装置时，流体会获得这些装置提供的能量或为装置提供能量。当流体流经水泵或风机时会获得能量，当流体流经液轮机时会失去能量。设流体获得或失去的能量为 H，则伯努利方程表示为

$$z_1 + \frac{p_1}{\rho g} + \frac{\alpha_1 \overline{u}_1^2}{2g} \pm H = z_2 + \frac{p_2}{\rho g} + \frac{\alpha_2 \overline{u}_2^2}{2g} + h_{w1-2} \qquad (3\text{-}37)$$

式中，H 前面为正号表示流体获得能量；负号表示流体失去能量。如果断面之间的装置为水泵，H 表示水泵的扬程。

【例 3-9】 离心水泵的体积流量 $q_V = 20\text{m}^3/\text{h}$，安装高度 $h_s = 5.5\text{m}$，吸水管内径 $d_2 = 100\text{mm}$，吸水管的总损失 $h_w = 0.25\text{m}$（H_2O），水池的面积足够大，求水泵进水口 2—2 处的真空。

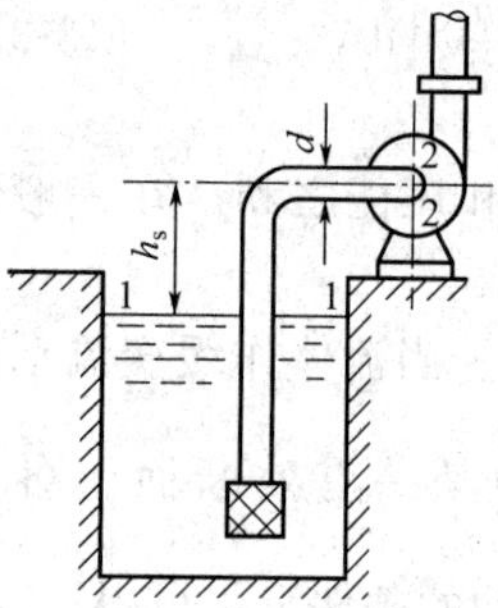

解： 选择池面 1—1、进水口 2—2 为两缓变流截面。假设池面就是坐标 z 的基准面，则 $z_1 = 0$；1—1 面的绝对压强为大气压，即 $p_1 = p_a$；由于池面足够大，可视 $v_1 = 0$。假设进水口 2—2 处的真空度为 p_v，则该处的绝对压强为 $p_2 = p_a - p_v$。

进水管内水流速度为

例 3-9 图

$$v_2 = \frac{q_V}{\pi d_2^2/4} = \frac{20 \times 4}{3600 \times \pi \times 0.1^2} = 0.71 \text{ (m/s)}$$

进水口的坐标 $z_2 = h_s = 5.5\text{m}$，水的密度 $\rho = 1000\text{kg/m}^3$，取 $\alpha = 1$，将已知数据代入式（3-36），得

$$\frac{p_a}{9807} = 5.5 + \frac{p_a - p_v}{9807} + \frac{(0.71)^2}{19.6} + 0.25$$

$$p_v = 9807 \times (5.5 + 0.0267 + 0.25) = 56642 \text{ (Pa)}$$

3.6.3 伯努利方程在工程中的应用

实际流体总流的伯努利方程是流体力学的基本方程之一，它在工程实际中应用很广。使用时，要注意它的使用条件：

① 适用于稳定流动、不可压缩流体；

② 作用在流体上的质量力只有重力；

③ 列伯努利方程时，有效断面上的流动必须是缓变流动，而在两个断面间的流动并不要求必须是缓变流动；

④ 在流动过程中不能有相变。

下面通过一些实例来说明伯努利方程的重要作用。

（1）一般水力计算

【例 3-10】 图为一水泵抽水系统，管道断面直径为 0.05m，压力表的读数为 0.2MPa，泵前管路总水头损失为 1.0m，泵后管路总水头损失为 13.8m，泵的效率为 75%。试求管内平均流速、泵的排量、泵的扬程和泵的功率。

解： 设压力表处为 A，取 A、2—2 两断面，列伯努利方程

$$z_A + \frac{p_A}{\rho g} + \frac{\overline{u}_A^2}{2g} = z_2 + \frac{p_2}{\rho g} + \frac{\overline{u}_2^2}{2g} + h_{wA-2}$$

因 2—2 断面通大气，故 $p_2 = 0$，因水箱断面面积比管道断面面积大得多，可近似取 $\overline{u}_2 = 0$，

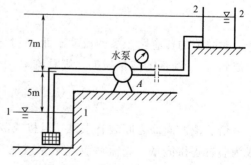

例 3-10 图

取水的密度为 $1000 \mathrm{kg/m^3}$。将已知数据代入伯努利方程得

$$5 + \frac{0.2 \times 10^6}{1000 \times 9.8} + \frac{\overline{u}_A^2}{2 \times 9.8} = 12 + 0 + 0 + 13.8$$

解得

$$\overline{u}_A = 2.77 \ (\mathrm{m/s})$$

泵的排量，即管内流量为

$$Q = \overline{u}_A A = 2.77 \times \pi \times \frac{(0.05)^2}{4} = 0.00544 \ (\mathrm{m^3/s})$$

为了计算泵的扬程，取 1—1 和 2—2 两断面，列伯努利方程

$$z_1 + \frac{p_1}{\rho g} + \frac{\alpha_1 \overline{u}_1^2}{2g} + H = z_2 + \frac{p_2}{\rho g} + \frac{\alpha_2 \overline{u}_2^2}{2g} + h_{w1-2}$$

取 $p_1 = 0$、$\overline{u}_1 = 0$，将已知数据代入上式得

$$0 + H = 12 + 0 + 0 + 14.8$$

解得

$$H = 26.8 \ (\mathrm{m})$$

因泵的效率为 75%，可得到泵的功率为

$$P = \frac{\rho g Q H}{0.75} = \frac{1000 \times 9.8 \times 0.00544 \times 26.8}{0.75} = 1905(\mathrm{W}) = 1.905 \ (\mathrm{kW})$$

（2）孔口和管嘴泄流

完全靠自然位差获得能量来输送或排泄液体的管道称为自流管路。在生产和生活中常见的储水塔、储油罐等很多装置的管路都是自流管路，既能节省动力又便于操作。

下面分析孔口这种自流泄流装置的泄流原理。

在一个圆柱形容器的壁面或底面打孔，向外引流液体，统称为孔口泄流。如图 3-10 所示，容器断面面积为 A，容器下部有一距液面为 H、内径为 d_0 的小孔，液面保持恒定，液体在重力作用下由小孔泄出。容器中的液体由液面流向器壁小孔，流动方向从沿容器轴向沿小孔方向，由于惯性的作用，这种转折不能在到达孔口时立即完成，所以流体在泄出时先向内部有一定程度的收缩。在距出口约 $d_0/2$ 处收缩为最小。假设最小断面 C—C 的直径为 d_C，则其断面的比值为

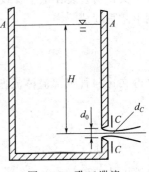

图 3-10　孔口泄流

$$\frac{A_C}{A_0} = \left(\frac{d_C}{d_0}\right)^2 = \varepsilon \tag{3-38}$$

ε 称为收缩系数，一般情况下 $\varepsilon \approx 0.62 \sim 0.64$。

在收缩断面处符合缓变流动条件。暂不考虑孔口的阻力，在容器液面 A—A 和孔口收缩断面 C—C 之间列伯努利方程

$$H + \frac{p_a}{\rho g} + \frac{\overline{u}_A^2}{2g} = \frac{p_a}{\rho g} + \frac{\overline{u}_C^2}{2g}$$

根据连续方程有 $A\overline{u}_A = A_C\overline{u}_C$，一般情况下 $A_A \gg A_C$，因此 $\overline{u}_A \ll \overline{u}_C$，则与 $\overline{u}_C^2/(2g)$ 相比，$\overline{u}_A^2/(2g)$ 项可以忽略，所以可得

$$\overline{u}_C = \sqrt{2gH} \tag{3-39}$$

在推导上式时，没有考虑孔口处的阻力损失，实际上孔口泄流是有阻力损失的，因此孔口实际流速比按式(3-39)算的值要小。需要引进流速系数进行修正，则得到下式

$$\bar{u}_C = \varphi \sqrt{2gH} \tag{3-40}$$

φ 值通常为 $0.96 \sim 0.99$。孔口泄流的实际流量计算公式为

$$Q = \bar{u}_C A_C = \varphi \sqrt{2gH} \varepsilon A_0 = \mu A_0 \sqrt{2gH} \tag{3-41}$$

式中，$\mu = \varepsilon \varphi$，称为流量系数，一般情况下 $\mu \approx 0.60 \sim 0.62$。

管嘴泄流的计算与孔口泄流计算类似。

（3）节流式流量计（文丘利管流量计）

工业上常用节流式流量计测量流量，这类流量计的测量原理是当管路中液体流经节流装置时，液流断面收缩，在断面收缩处流速增大，压强降低，使节流装置前后产生压差。对一定的节流装置，随着流量的不同，压差也不同，因而通过测量压差的大小就可以计量流量。

常用的节流式流量计有圆锥式（文丘利管）、孔板、喷嘴三类。

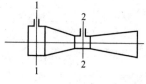

图 3-11　文丘利管流量计

下面以文丘利管为例来介绍节流式流量计的测量原理。如图 3-11 所示，文丘利管由渐缩段、喉部和渐扩段组成。1—1 断面为收缩前的通流断面；2—2 断面为收缩后的最小通流断面，也称为喉部断面。流体从 1—1 断面流向 2—2 断面，1—1 断面和 2—2 断面处的流动都属于缓变流动。不考虑流体流动阻力损失，列 1—1 到 2—2 断面间的伯努利方程

$$z_1 + \frac{p_1}{\rho g} + \frac{\alpha_1 \bar{u}_1^2}{2g} = z_2 + \frac{p_2}{\rho g} + \frac{\alpha_2 \bar{u}_2^2}{2g}$$

文丘利管装在水平管线上，所以 $z_1 = z_2$，取 $\alpha_1 = \alpha_2 = 1$，由连续方程可得 $\bar{u}_1 = \bar{u}_2 A_2 / A_1$，则上式可写成

$$\frac{p_1 - p_2}{\rho g} = \frac{\bar{u}_2^2}{2g} \left[1 - \left(\frac{A_2}{A_1} \right)^2 \right]$$

解得文丘利管喉部流体流速为

$$\bar{u}_2 = \frac{1}{\sqrt{1 - \left(\dfrac{A_2}{A_1} \right)^2}} \sqrt{\frac{2(p_1 - p_2)}{\rho}} \tag{3-42}$$

通过该处的流量为

$$Q = A_2 \bar{u}_2 = \frac{A_2}{\sqrt{1 - \left(\dfrac{A_2}{A_1} \right)^2}} \sqrt{\frac{2(p_1 - p_2)}{\rho}} \tag{3-43}$$

令

$$\mu = \frac{1}{\sqrt{1 - \left(\dfrac{A_2}{A_1} \right)^2}}$$

则有

$$Q = \mu A_2 \sqrt{\frac{2(p_1 - p_2)}{\rho}} \tag{3-44}$$

文丘利管 1—1、2—2 断面处的面积是一定的，如果用测压计测出 1—1、2—2 断面处的压差（p_1-p_2），就可以求得管道中流体的流速、流量。

实际上，流体通过流量计是有能量损失的，这种损失随节流装置形式、尺寸的不同而不同；严格说来，两个断面处的动能修正系数也不等于 1。因此，实际流量比理论流量要小，计算流量时，还应对式(3-44)进行修正。一般用系数 α 代替式(3-44)中的 μ，于是实际流量为

$$Q=\alpha A_2\sqrt{\frac{2(p_1-p_2)}{\rho}} \tag{3-45}$$

式中，α 称为文丘利流量系数，其大小由实验确定。

(4) 皮托管

皮托管一般有两种，一种称为单孔测速管，如图 3-12 所示，在管道内沿流线装设一个迎着流动方向开口的细管，细管开口位置在轴线上的 A 处，在管壁上另开一个小孔，孔口对着点 A，在小孔上接一个测压管，把管 1、管 2 接上压差计测出两管的压差，就可以算出点 A 处的流速。迎着流体的皮托管端部对流动的流体有滞止作用，此处流体流速为零。管 1 测出的是静压强 p_0，管 2 测出的是 A 点的总压强 p_A，根据伯努利方程有

$$\frac{p_A-p_0}{\rho g}=\frac{u_A^2}{2g}$$

因而得到 A 点的流速为

$$u_A=\sqrt{\frac{2(p_A-p_0)}{\rho}} \tag{3-46}$$

实际上由于测速管在液体中会引起微小阻力，使得测出的压强差不能真正反映实际结果，实际应用时常要对式(3-46)进行修正

$$u_A=c\sqrt{\frac{2(p_A-p_0)}{\rho}} \tag{3-47}$$

式中，c 称为流速修正系数，其大小一般由实验确定，约为 $0.95\sim1.0$。

另一种皮托管是把测静压强管和测总压强管合在一起制造成的测速管，亦称皮托-普朗特管。如图 3-13 所示，端面管口 A 测得总压强 p_A，通过侧面与流速平行的孔口 B 测得静压强 p_0，通过 1—2 接头，接到一压差计上，可以直接测出总压强与静压强的差值，此差值为动压 2，因此可得出流速为

$$u=\sqrt{\frac{2(p_A-p_0)}{\rho}} \tag{3-48}$$

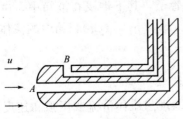

图 3-12　单孔测速管

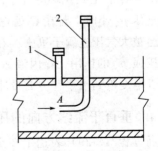

图 3-13　皮托-普朗特管

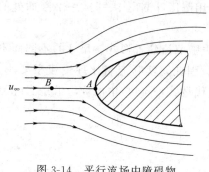

图 3-14 平行流场中障碍物

（5）驻压强

如图 3-14 所示，在一均匀的流速为 u_∞ 的平行流场中放置一个障碍物，紧靠障碍物前缘的流体将受到阻碍而向各个方向分散并绕过流体，在受阻区域的中心点 A，流体被滞止，该处的速度等于零，此点称为驻点。假定流动是平面流动，现在在驻点上任选一点 B（此点与 A 点在同一流线上）。列 B 点到 A 点的伯努利方程得

$$\frac{p_0}{\rho g} + \frac{u_\infty^2}{2g} = \frac{p_A}{\rho g}$$

整理得

$$p_A = p_0 + \frac{\rho u_\infty^2}{2} \tag{3-49}$$

可以看出，驻点的压强比未受扰动点的压强增高 $\rho u_\infty^2 / 2$，增高的压强称为驻压强（或滞止压强），它就是未被扰动时流体的比动能。测得流场某处的驻压强，就可以计算流体在该处的流速。皮托管测速就是根据这个原理。

（6）流动流体的吸力

当水流速度增加时流体的压强会降低，这样可以对外界产生吸力。图 3-15 为根据这一原理制造的喷射泵，它是利用喷射高速水流造成低压，将液箱内的液体吸入泵内，与水混合排出。下面分析喷射泵的工作原理。先想象拿掉图中接到液箱中去的管子，暂不考虑能量损失，取水流进喷嘴前的 A 断面和水流出喷嘴时的 C 断面列伯努利方程

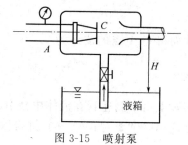

图 3-15 喷射泵

$$\frac{p_A}{\rho g} + \frac{u_A^2}{2g} = \frac{p_C}{\rho g} + \frac{u_C^2}{2g} \tag{a}$$

由连续方程可得

$$u_C = u_A \left(\frac{A_A}{A_C} \right) \tag{b}$$

将式（b）代入式（a）得

$$\frac{p_A - p_C}{\rho g} = \frac{u_A^2}{2g} \left[\left(\frac{A_A}{A_C} \right)^2 - 1 \right] \tag{3-50}$$

因 $A_A > A_C$，上式左端应为正值，即 $p_C < p_A$，而 A_C 值越小则 p_C 值越低。当 p_C 值比当地大气压 p_a 小时，若在 C 处把管壁钻一小洞，管内液体并不会因此流出来，而外面的空气反而会被大气压进管子里去。在 C 处接上一根管子，其下端浸在液箱中，由于箱内液面受大气压强 p_a 的作用，箱内液体上升，只要 $H < (p_a - p_C)/(\rho g)$，箱内的液体就会被 C 处存在的真空度吸到水平管中夹带冲走。

3.6.4 垂直于流线方向的压强和速度变化

伯努利方程（3-29）表达了在重力场中不可压缩理想流体沿流线压强和速度的变化规律。现在讨论垂直于流线方向的压强和速度变化。参看图 3-16，在流线 BB' 的 M 点上取

一柱形微小流体质团,柱轴与流线上 M 点的主法线重合,柱体的两个端面与柱轴相垂直,端面面积为 δA,柱体长为 δr,M 点的曲率半径为 r。柱体在流线主法线方向所受的力是:端面压力 $-p\delta A$ 与 $(p+\delta p)\delta A$,重力在主法线方向的分量 $\delta W\cos\theta$。柱体侧面的表面力在主法线方向无分量。柱体在 M 点法线方向的加速度为 v^2/r。根据牛顿第二定律

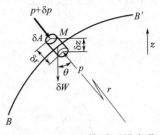

图 3-16 微小流体质团沿弯曲
流线主法线方向的受力分析

$$\rho\delta r\delta A\,\frac{v^2}{r}=(p+\delta p)\delta A-p\delta A+\delta W\cos\theta$$

由于 $\cos\theta=\dfrac{\partial z}{\partial r}$,$\delta W=\rho g\delta r\delta A$,代入上式,并取 $\delta A\to 0$、$\delta r\to 0$ 时的极限,得 M 点的流动参数关系:

$$\frac{v^2}{gr}=\frac{\partial}{\partial r}\left(z+\frac{p}{\rho g}\right) \tag{a}$$

式中之所以能将 ρ 移入导数式内,是因为不可压缩流体的密度等于常数。另一方面,在伯努利常数对所有流线具有同一值的条件下,伯努利常数沿 r 方向不变,因此它对 r 的导数等于零,即

$$\frac{\partial}{\partial r}\left(z+\frac{p}{\rho g}+\frac{v^2}{2g}\right)=0$$

或

$$\frac{\partial}{\partial r}\left(z+\frac{p}{\rho g}\right)=-\frac{v}{g}\times\frac{\partial v}{\partial r} \tag{b}$$

由式(a)、式(b) 得

$$\frac{\partial v}{\partial r}+\frac{v}{r}=0$$

积分后得

$$v=\frac{C}{r} \tag{3-51}$$

式中,C 是沿径向的积分常数,一般来讲它是沿流线方向不同位置 S 的函数。由此可见,在弯曲流线主法线方向上,速度随距曲率中心距离的减小而增加,所以在弯曲管道中,内侧的速度高,外侧的速度低(见图3-17)。

对于水平面内的流动,若重力势变化的影响可以忽略不计,则沿流线主法线方向的压强梯度可由式(a) 给出:

$$\frac{1}{\rho}\times\frac{\partial p}{\partial r}=\frac{v^2}{r} \tag{c}$$

将式(3-51) 代入式(c) 并积分,得出

$$p=C_1-\rho\,\frac{C}{2r^2} \tag{3-52}$$

式中,C_1 是沿径向的积分常数。由此可见,在弯曲流线主法线方向上压强随距曲率中心的距离的增加而增加,所以在弯曲管道中的流动,内侧的压强低,外侧的压强高(图3-17)。

对于直线流动,即 $r\to\infty$,由式(a) 得

$$\frac{\partial}{\partial r}\left(z+\frac{p}{\rho g}\right)=0$$

设点 1 和点 2 是流线的某一垂直线上的任意两点（图 3-18），由静力学基本方程得

$$z_1 + \frac{p_1}{\rho g} = z_2 + \frac{p_2}{\rho g}$$

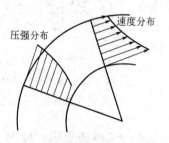

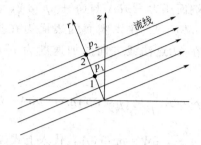

图 3-17　弯曲管道中压强和速度　　　　图 3-18　直线流动中垂直于流线方向上
　　　　　分布示意图　　　　　　　　　　　　　　的压强分布示意图

它表明，直线流动时沿垂直于流线方向的压强分布服从静力学基本方程式。

对于不计重力影响的直线流动，在式（c）中令 $r \to \infty$，得

$$\frac{\partial p}{\partial r} = 0 \tag{3-53}$$

它表明，不计重力影响的直线流动，沿流线法向的压强梯度为零，即没有压强差。

3.7　定常流动的动量方程和动量矩方程

前面介绍了流体运动微分方程和伯努利方程，这些方程描述了流场中压强和流速的分布情况。在很多情况下人们关心的是流体和外界的相互作用，而不必知道流体内部压强和流速分布的详细情况，此时可将刚体力学中的动量定理和动量矩定理应用于流体运动中，得到流体流动的动量方程和动量矩方程，由流体的动量方程和动量矩方程可以得出流体和外界的相互作用关系。

（1）动量方程的建立

稳定流动的动量方程是应用动量定理导出的。动量定理可以表述为：物体运动时动量的变化率等于作用在该物体上所有外力的矢量和。动量定理的数学表达式为

$$\frac{\mathrm{d}K}{\mathrm{d}t} = \sum F \tag{3-54}$$

式中，K 为物体的动量；$\sum F$ 为作用在该物体上外力的矢量和。

在刚体力学中，动量方程是针对固定质量的刚体或一个固定体系应用牛顿第二定律导出

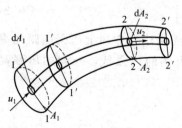

图 3-19　控制体

的。对于流体，则可针对流场中连续流动流体的某一固定区域来推导，这个区域叫作"控制体"。包围控制体的面称为控制面，控制面是一个封闭表面。下面，以总流的一段管段为例进行分析，如图 3-19 所示，取断面 1—1 和断面 2—2 及其间管子表面所组成的封闭曲面为控制面。假设流动为稳定流动，在时刻 t 占据 1—2 间的流体所具有的动量为

$$K_{(1-2)} = K_{(1-1')} + K_{(1'-2)}$$

经过时间 dt，开始占据在 1—2 间的流体运动到 1′—2′间，此时这段流体所具有的动量为

$$K_{(1'-2')} = K_{(1'-2)} + K_{(2-2')}$$

由于流动是稳定的，动量与时间 t 无关，所以上两式中的 $K_{(1'-2)}$ 相等，因此时间 dt 内动量的增量为

$$dK = K_{(1'-2')} - K_{(1-2)} = K_{(2-2')} - K_{(1-1')} \tag{3-55}$$

式中，$K_{(2-2')}$ 和 $K_{(1-1')}$ 分别为时间 dt 内流出和流入控制体的动量。

设总流中微小流束在断面 1—1 处的面积为 dA_1，断面 2—2 处为 dA_2，通过 dA_1 和 dA_2 的流体速度和密度分别为 u_1、u_2 和 ρ_1、ρ_2，则时间 dt 内流入控制体的动量为

$$K_{(1-1')} = \int_{A_1} \rho_1 u_1 \boldsymbol{u}_1 \, dA_1 \, dt$$

式中，u_1 在断面上是变化的，因此，用上式计算动量不太方便。实际工程计算中，往往采用断面平均速度 $\boldsymbol{u}$ 计算动量，亦即

$$K_{(1-1')} = \int_{A_1} \rho_1 u_1 \boldsymbol{u}_1 \, dA_1 \, dt = \beta_1 \rho_1 Q_1 \bar{\boldsymbol{u}}_1 \, dt$$

式中，β_1 为动量修正系数，用断面平均速度代替实际速度计算动量时会引起误差，应利用动量修正系数进行修正。对于圆管，层流时动量修正系数 $\beta_1 = 1.33$，湍流时 $\beta_1 = 1.005 \sim 1.05$；对于一般工业管道，动量修正系数取 $1.02 \sim 1.05$；若计算中要求计算精度不高，为计算方便，常取 $\beta_1 = 1$。

同样可得到时间 dt 内从控制体流出的动量

$$K_{(2-2')} = \int_{A_2} \rho_2 u_2 \boldsymbol{u}_2 \, dA_2 \, dt = \beta_2 \rho_2 Q_2 \bar{\boldsymbol{u}}_2 \, dt$$

将上两式代入式（3-55）后，再由式（3-54）得

$$\sum F = \frac{dK}{dt} = \beta_2 \rho_2 Q_2 \bar{\boldsymbol{u}}_2 - \beta_1 \rho_1 Q_1 \bar{\boldsymbol{u}}_1 \tag{3-56}$$

把连续方程

$$\rho_1 Q_1 = \rho_2 Q_2 = Q_m$$

代入式（3-56），得

$$\sum F = Q_m (\bar{\boldsymbol{u}}_2 - \bar{\boldsymbol{u}}_1) \tag{3-57}$$

在实际应用中，上式往往采用在 x，y，z 三个坐标上的投影形式

$$\left. \begin{array}{l} \sum F_x = Q_m (\bar{u}_{2x} - \bar{u}_{1x}) \\ \sum F_y = Q_m (\bar{u}_{2y} - \bar{u}_{1y}) \\ \sum F_z = Q_m (\bar{u}_{2z} - \bar{u}_{1z}) \end{array} \right\} \tag{3-58}$$

式（3-58）为流体流动的动量方程，其表明控制体内流体所受外力矢量和在某方向的分量等于单位时间在该方向流出与流入控制体的动量差。以上推导动量方程时，控制面是采用了总流的一段封闭曲面。由于控制体是任意选取的，因此控制面并无限制。但如果控制面选

取得恰当,选在速度和压强分布较均匀的地方,则计算比较简单,例如上述总流中选取两个缓变流动断面和管段侧表面组成控制面,计算就较简便。

在推导动量方程时,没有对流体种类加以限制,因此,式(3-58)可以适用于理想流体,也可适用于实际流体,对于可压缩流体亦可适用。

(2)动量方程的应用

动量方程是一个矢量方程,因此,动量方程的求解比伯努利方程要复杂,应用动量方程要注意以下几点:

① 应首先选择一个固定的空间体积作为分析对象,即控制体,要包括对所求作用力有影响的所有流体。控制体表面一般由流管表面、流体与固体接触面和有效断面组成,其有效断面应取在缓变流动中。

② 合理建立坐标系,使方程尽可能简化。例如,把流动方向作为坐标轴方向时,则流速在该坐标轴上的投影就是它本身。

③ 动量方程是一个矢量方程,其中的力和速度均具有方向性。当力和速度在坐标轴上的分量与坐标方向一致时为正,相反时为负。不知道力的方向时可先假设一个方向,计算结果为正时,说明假设方向与实际方向相同;如果计算结果为负,说明假设方向与实际方向相反。

④ 动量方程中的外力指的是外界作用于控制体内流体上的力,实际中常要求出流体作用于固体上的力,解题时要注意研究对象。

下面举几个例子,以说明动量方程在流体力学中的应用。

① 射流对平板的冲击作用力。图3-20为平均流速为$\overline{u}_0$、流量为Q_0的一股射流冲击到

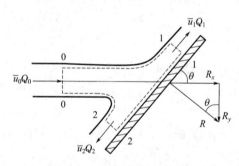

图 3-20　射流对平板的冲击

一平板上,射流与平板的倾斜角为θ,试求射流对平板的冲击力和射流冲击平板后1—1断面及2—2断面上的流量Q_1、Q_2。

设平板的面积较射流断面积大得多,射流在冲击平板后沿壁面流去。略去质量力的影响以及液体的摩擦和由于改变方向而发生的能量损失,取图3-20中虚线包围的部分为控制体,射流对平板的作用力为R,平板对控制体内流体的作用力为F,这两个力的方向都与平板垂直,是一对大小相等、方向相反的作用力。流体不能穿过平板,因此在垂直于平板方向没有动量流出,于是在垂直于平板方向应用动量定理得

$$-R = 0 - \rho Q_0 \overline{u}_0 \sin\theta$$

整理得

$$R = \rho Q_0 \overline{u}_0 \sin\theta \tag{3-59}$$

冲击作用力R在射流方向(x轴方向)上的分力为

$$R_x = \rho Q_0 \overline{u}_0^2 \sin^2\theta \tag{3-60}$$

取1—1断面和2—2断面上流速分别为$\overline{u}_1$和$\overline{u}_2$,则根据伯努利方程可知$\overline{u}_0 = \overline{u}_1 = \overline{u}_2$(因取0—0、1—1、2—2断面都通大气,所以有$p_0 = p_1 = p_2 = p_a$)。

与平板平行的方向上平板对流体的作用力为零,因此控制体内流体在此方向上不受外界

的作用力，在与平板平行的方向上应用动量定理得

$$\rho Q_1 \bar{u}_1 - \rho Q_2 \bar{u}_2 - \rho Q_0 \bar{u}_0 \cos\theta = 0$$

因为 $\bar{u}_0 = \bar{u}_1 = \bar{u}_2$，则可得到

$$Q_0 \cos\theta = Q_1 - Q_2$$

由连续方程可得

$$Q_0 = Q_1 + Q_2$$

由上两个方程可求得

$$\left. \begin{array}{l} Q_1 = \dfrac{Q_0}{2}(1 + \cos\theta) \\[3mm] Q_2 = \dfrac{Q_0}{2}(1 - \cos\theta) \end{array} \right\} \tag{3-61}$$

② 射流对曲面板的冲击作用力。如图 3-21 所示，一股断面积为 A 的射流冲击到固定曲面板上，冲击前射流的方向与 x 轴一致，冲击后沿曲面板流出，其方向与 x 轴的角度为 θ。略去质量力及摩擦力，应用动量方程（3-58）可求出射流对曲面板的冲击力 R（$=-F$）在 x 方向和 y 方向的分力 R_x 和 R_y，即

$$R_x = \rho Q(\bar{u} - \bar{u}\cos\theta) = \rho A \bar{u}^2 (1 - \cos\theta) \tag{3-62}$$

$$R_y = \rho Q(0 - \bar{u}\cos\theta) = -\rho A \bar{u}^2 \sin\theta \tag{3-63}$$

由式（3-62）可知，当 $\theta = 180°$ 时，$\cos\theta = -1$，此时 R_x 可得最大值。

若曲面板以 u_e 的速度做等速直线运动，如图 3-22 所示，则采用固定在移动曲面板上的动坐标系 xoy，在此动坐标系中流动是稳定的。由于曲面板做等速直线运动，所以 xoy 是一个惯性坐标系，因此仍可应用动量定理求解。只要用相对速度 $\bar{u}_r = \bar{u} - u_e$ 代替式（3-62）和式（3-63）中的 $\bar{u}$ 即可，于是得

$$R_x = \rho A \bar{u}_r^2 (1 - \cos\theta) = \rho A (\bar{u} - u_e)^2 (1 - \cos\theta) \tag{3-64}$$

$$R_y = -\rho A \bar{u}_r^2 \sin\theta = -\rho A (\bar{u} - u_e)^2 \sin\theta \tag{3-65}$$

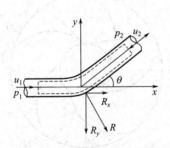

图 3-21 射流对曲面板的冲击

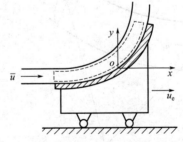

图 3-22 水平弯管受力

③ 流体作用于弯管上的力。图 3-22 表示一水平转弯的管路。由于液流在弯管处改变了流动方向，也就改变了动量，于是就会对管壁产生一个作用力。略去质量力和流体与管壁之间的摩擦力，则沿 x 轴方向的动量变化为

$$\rho Q(\bar{u}\cos\theta - \bar{u})$$

沿 x 轴方向的作用力总和为

$$p_1 A - p_2 A \cos\theta - R_x$$

由动量定理得

$$p_1 A - p_2 A \cos\theta - R_x = \rho Q(\overline{u}\cos\theta - \overline{u})$$

$$R_x = p_1 A - p_2 A \cos\theta - \rho Q(\overline{u}\cos\theta - \overline{u})$$

同理，对 y 轴方向有

$$R_y = \rho Q \overline{u} \sin\theta + p_2 A \sin\theta$$

流体对管壁的作用力

$$R = \sqrt{R_x^2 + R_y^2}$$

对于压强 p_1 和 p_2，可根据具体情况结合伯努利方程得出。

（3）动量矩方程

把动量矩定理应用到运动流体总流上来，就可以得出流体流动的动量矩方程。流体流动的动量矩方程可表述为：对某一参考点而言，单位时间内从控制体流出的动量矩与流入的动量矩之差等于作用于控制体内流体的合力矩。对如图 3-23 所示的流动，动量矩方程可表示为

$$T = \sum F \times r = Q_m(\overline{u}_2 \times r_2 - \overline{u}_1 \times r_1) \tag{3-66}$$

将动量矩方程应用于叶轮机械的叶轮上，可得出流体与叶轮相互作用的力矩及其功率的表达式。

图 3-24 为离心泵叶轮，流体从叶轮的内圈入口流入，经叶轮通道后于外圈出口流出。在入口处参数下标用"1"表示，出口处参数下标用"2"表示。取进出叶轮的圆柱面与叶轮上叶片之间的通道为控制体；流体质点进入叶轮时的绝对速度为 u_1，它是入口处的牵连速度 u_{1e} 与相对速度 u_{1r} 的合速度；流体质点从外圈出口流出的绝对速度为 u_2，它是牵连速度 u_{2e} 与相对速度 u_{2r} 的合速度；α_1 和 α_2 分别表示进出口绝对速度与叶轮旋转运动方向之间的夹角。

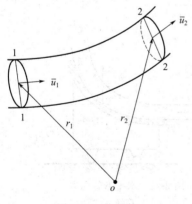

图 3-23　控制体

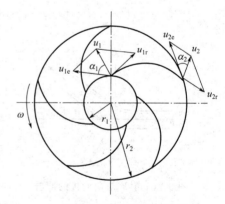

图 3-24　离心泵叶轮

假设叶轮中叶片为无限多个，此时运动可认为是稳定的。因此可应用稳定流动的动量矩方程来求叶轮对流体作用的力矩。假设是理想流体，进出口处（圆柱面）速度分布均匀，则叶轮作用在流体上的合力矩为

$$M = \rho Q(u_2 r_2 \cos\alpha_2 - u_1 r_1 \cos\alpha_1) \tag{3-67}$$

设叶轮的旋转角速度为 ω，则叶轮作用于流体上的功率 N 等于合力矩 M 与 ω 的乘积

$$N = M\omega = \rho Q(\omega r_2 u_2 \cos\alpha_2 - \omega r_1 u_1 \cos\alpha_1)$$
$$= \rho Q(u_{2e} u_2 \cos\alpha_2 - u_{1e} u_1 \cos\alpha_1) \tag{3-68}$$

单位重量流体获得的能量为

$$H = \frac{N}{\rho g Q} = \frac{1}{g}(u_{2e} u_2 \cos\alpha_2 - u_{1e} u_1 \cos\alpha_1) \tag{3-69}$$

这就是叶轮机械的基本方程式。

对于叶轮在流体推动下转动的透平机械，其运动方向与水泵运动方向相反，流体从叶轮的外圈入口流入，经叶轮通道后于内圈出口流出。取流体质点进入叶轮时的绝对速度为 u_1，它是入口处的牵连速度 u_{1e} 与相对速度 u_{1r} 的合速度；流体质点从内圈出口流出的绝对速度为 u_2，它是牵连速度 u_{2e} 和相对速度 u_{2r} 的合速度，则流体作用在叶轮上的合力矩为

$$M = \rho Q(u_1 r_1 \cos\alpha_1 - u_2 r_2 \cos\alpha_2) \tag{3-70}$$

设叶轮的旋转角速度为 ω，则流体作用于叶轮上的功率 N 等于合力矩 M 与 ω 的乘积

$$N = M\omega = \rho Q(\omega r_1 u_1 \cos\alpha_1 - \omega r_2 u_2 \cos\alpha_2)$$
$$= \rho Q(u_{1e} u_1 \cos\alpha_1 - u_{2e} u_2 \cos\alpha_2) \tag{3-71}$$

单位重量流体作用在叶轮上的能量为

$$H = \frac{N}{\rho g Q} = \frac{1}{g}(u_{1e} u_1 \cos\alpha_1 - u_{2e} u_2 \cos\alpha_2) \tag{3-72}$$

这就是透平机械的基本方程式。

 习题

3.1 描述流体运动的两种方法分别是什么，有什么区别？

3.2 什么是定常流动和非定常流动？

3.3 伯努利方程应用的适用范围有哪些？

3.4 以下方程中，哪个表示可能的三维不可压缩流动？

(1) $u_x = -x + y + z^2$，$u_y = x + y + z$，$u_z = 2xy + y^2 + 4$；

(2) $u_x = x^2 yzt$，$u_y = -xy^2 zt$，$u_z = z^2(xt^2 - yt)$。

3.5 有两个不可压缩流体连续流场：(1) $u_x = ax^2 + by$；(2) $u_x = e^{-x}\cos by$。求 u_y。

3.6 已知流场中的速度分布为

$$\left.\begin{array}{l} u = yz + t \\ v = xz - t \\ w = xy \end{array}\right\}$$

(1) 试问此流动是否恒定。(2) 求流体质点在通过场中 (1，1，1) 点时的加速度。

3.7 假设不可压缩流体通过喷嘴时的流动如图所示。喷嘴面积为 $A = A_0(1 - 0.1x)$，入口速度为 $u_0 = 10(1 + 2t)$，该流动可假设为一维流动，求 $t = 0.05\text{s}$ 时，在 $x = L/2$ 处的流体质点的加速度。

3.8 一流动的速度场为

$$\boldsymbol{v} = (x+1)t^2\boldsymbol{i} + (y+2)t^2\boldsymbol{j}$$

试确定在 $t = 1\text{s}$ 时通过 (2，1) 点的迹线方程和流线方程。

3.9 已知不可压缩理想流体的速度分量为 $u_x=ay$，$u_y=bx$，$u_z=0$，不计质量力，求等压面方程。

3.10 若在150mm直径管道内的截面平均流速为在200mm直径管道内的一半，问流过该两管道的流量之比为多少？

3.11 如图所示，大管直径 $D_1=0.04m$，小管直径 $D_2=0.02m$，已知大管中过流断面上的速度分布为 $u=4-10000r^2$，r 表示半径，单位为 m，u 的单位为 m/s，试求管中流量及小管中的平均流速。

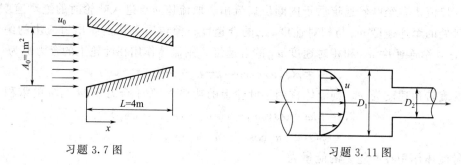

习题 3.7 图　　　　　　习题 3.11 图

3.12 蒸气管道的干管直径 $d_1=50mm$，截面平均流速 $u_1=25m/s$，密度 $\rho_1=2.62kg/m^3$，蒸气分别由两支管流出，支管直径 $d_2=45mm$，$d_3=40mm$，出口处蒸气密度分别为 $\rho_2=2.24kg/m^3$，$\rho_3=2.30kg/m^3$，求保证两支管质量流量相等的出口流速 u_2 和 u_3。

3.13 水箱下部开孔面积为 A_0，水箱中恒定水位高度为 h，水箱面积甚大，其中流速可以忽略，如图所示，不计阻力，试求由孔口流出的水流断面 A 与其位置 x 的关系。

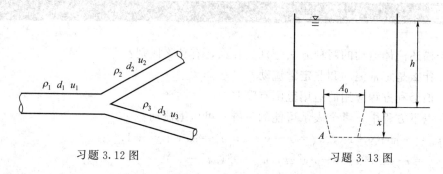

习题 3.12 图　　　　　　习题 3.13 图

3.14 管道末端装一喷嘴，管道和喷嘴直径分别为 $D=100mm$ 和 $d=30mm$，如通过的流量为 $0.02m^3/s$，不计水流过喷嘴的阻力，求截面1处的压力。

3.15 液体自水箱沿变截面圆管流入大气，已知 $d_1=0.06m$，$d_2=0.04m$，$d_3=0.03m$，忽略损失，求流量 $Q=1.5\times10^{-3}m^3/s$ 时所必需的水头 H 及 M 点的压强。

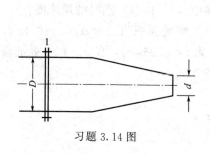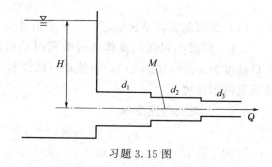

习题 3.14 图　　　　　　习题 3.15 图

3.16　用实验方法测得从直径 $d=10\text{mm}$ 的圆孔出流时，流出 0.01m^3 水所需时间为 30s，容器液面到孔口轴线的距离为 2.1m，收缩断面直径 $d_C=8\text{mm}$，试求收缩系数、流速系数、流量系数。

3.17　为了测量石油管道的流量，安装文丘利流量计，管道直径 $d_1=0.2\text{m}$，流量计喉管直径 $d_2=0.1\text{m}$，石油密度 $\rho=850\text{kg/m}^3$，流量计流量系数 $\alpha=0.95$。现测得水银压差计读数 $h_p=150\text{mm}$，试求此时管中流量 Q 是多少？

3.18　水箱中的水从一扩散短管流到大气中。直径 $d_1=100\text{mm}$，该处绝对压强 $p_1=0.5\text{atm}$，直径 $d_2=150\text{mm}$。不计水头损失，求 h_0。

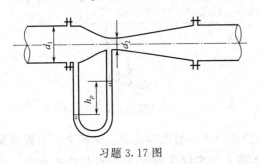

习题 3.17 图

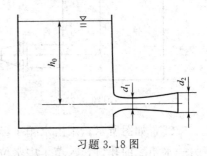

习题 3.18 图

3.19　图示一变截面管道，在截面 $A-A$ 处接一引水管，截面 $B-B$ 通大气，两截面的截面积分别为 A_1 和 A_2，当管内流过密度为 ρ、流量为 Q 的不可压缩流体时，把密度为 ρ' 的流体吸入管道，试求管道内能吸入密度为 ρ' 流体的最大吸入高度 h。

3.20　图为一水平放置的抽吸设备，M 点压强为 0.01MPa，求开始能够抽吸时的流量。抽吸和被抽吸介质相同，均视为理想流体。设备尺寸为：$A_1=3.2\text{cm}^2$；$A_2=4A_1$；$h=1\text{m}$，$a=0.6\text{m}$。

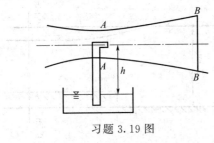

习题 3.19 图

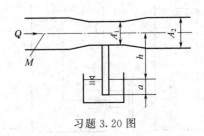

习题 3.20 图

3.21　水流经过 60° 渐细弯头。已知 A 处管径 $D_A=0.35\text{m}$，B 处的管径 $D_B=0.12\text{m}$，通过的流量为 $0.08\text{m}^3/\text{s}$，B 处的压强 $p_B=1.8\text{atm}$。设弯头在同一水平面上，不计摩擦力，求弯头所受推力为多少？

3.22　嵌入支座的一段输水管，如图所示，其直径由 $d_1=1.2\text{m}$ 变化到 $d_2=0.8\text{m}$，支座前压强 $p_1=4\text{atm}$，流量 $Q=1.8\text{m}^3/\text{s}$，试确定渐缩段支座所承受的轴向力？

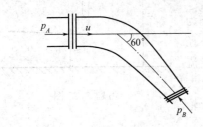

习题 3.21 图

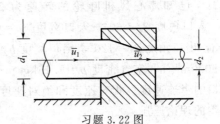

习题 3.22 图

3.23 如图所示，油从高压油罐经一喷嘴流出，喷嘴用法兰盘与管路连接，并用螺栓固定。已知：$p_0=2\times10^5\text{Pa}$，$h=3\text{m}$，管道直径 $d_1=50\text{mm}$，喷嘴出口直径 $d_2=20\text{mm}$，油的密度 $\rho=850\text{kg/m}^3$，求螺栓所受拉力 F。

3.24 水平方向射流，流量 $Q=36\text{L/s}$，流速 $u=30\text{m/s}$，受垂直于射流轴线方向的平板的阻挡，截去流量 $Q=12\text{L/s}$，并引起射流其余部分偏转，不计射流在平板上的阻力，试求射流的偏转角 θ 及对平板的作用力。

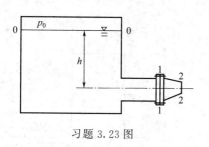

习题 3.23 图

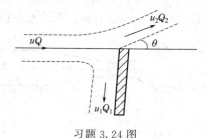

习题 3.24 图

3.25 如图所示，水由水箱 1 经圆滑无阻力的孔口水平射出冲击到一平板上，平板封盖着另一水箱 2 的孔口，水箱 1 中水位高为 h_1，水箱 2 中水位高为 h_2，两孔口中心重合，而 $d_1=\frac{1}{2}d_2$，h_1 已知时，求 h_2 高度。

3.26 矩形断面的平底渠道，其宽度 $B=2.7\text{m}$，渠底在某断面处抬高 0.5m，抬高前的水深为 2m，抬高后的水面降低 0.15m，如忽略边壁和底部阻力。试求：

（1）渠道的流量；（2）水流对底坎的推力 R。

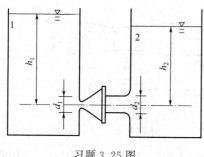

习题 3.25 图

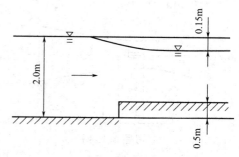

习题 3.26 图

3.27 如图所示，平板闸门下出流，平板闸门宽 $b=2\text{m}$，闸前水深 $h_1=4\text{m}$，闸后水深 $h_2=0.5\text{m}$，出流量 $Q=8\text{m}^3/\text{s}$，不计摩擦阻力。试求水流对闸门的作用力，并与按静水压强分布计算的结果相比较。

3.28 已知离心风机叶轮的转速为 25r/s，内径为 0.48m，入口角度 $\beta_1=60°$，入口宽度 $b_1=0.105\text{m}$；外径为 0.6m，出口角度 $\beta_2=120°$，出口宽度 $b_2=0.084\text{m}$；流量 $Q=9000\text{m}^3/\text{h}$，空气密度 $\rho=1.15\text{kg/m}^3$。试求叶轮入口和出口的牵连速度、相对速度和绝对速度，并计算叶轮所能产生的理论压强。

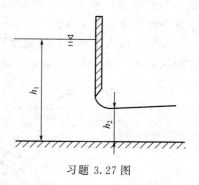

习题 3.27 图

3.29 直径为 $d_1=700$mm 的管道在支承水平面上分支为 $d_2=500$mm 的两支管，$A—A$ 截面压力为 70kN/m²，管道中水的体积流量为 $Q=0.6$m³/s，两支管流量相等。(1) 不计压头损失，求支墩受水平推力；(2) 压头损失为支管流速压头的 5 倍，求支墩受水平推力。不考虑螺栓连接的作用。

3.30 水流经 180°弯管自喷嘴流出，如管径 $D=100$mm，喷嘴直径 $d=25$mm，管道前端测压表读数 $M=196.5$kN/m²，求法兰盘接头 A 处上、下螺栓的受力情况。假定螺栓上下前后共安装四个，上下螺栓中心距离为 175mm，弯管喷嘴和水重为 150N，作用位置如图所示。

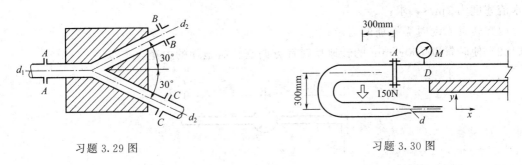

习题 3.29 图　　　　　　　　习题 3.30 图

3.31 图示为一矩形容器，水由①、②两管流入，由③管流出，①、②、③管的直径分别为 20cm、20cm 和 25cm，①、②两管的流量同为 0.2m³/s，管口相对压力皆为 32kN/m²，③管出口为大气压，倾角 θ 为 30°。三根短管都位于同一水平面上，如容器仅由 A 点支撑，求 xoy 平面上作用于 A 点的力和力矩。

3.32 如图所示的盛水容器，已知 $H=6$m，喷口直径 $d=100$mm，不计阻力，求：

(1) 容器不动时，水流作用在容器上的推力；

(2) 容器以 2m/s 的速度向左运动，水流作用在容器上的推力。

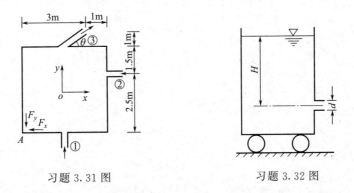

习题 3.31 图　　　　　　　习题 3.32 图

3.33 有一向后喷射水流作为动力的机动船逆水航行，河水流速为 1.5m/s，相对于河岸的船速为 9m/s，船尾喷口处相对于船体的流速为 18m/s，流量为 0.15m³/s，求射流对船体的推力。

3.34 装在小车上的水箱侧壁有一流线型喷嘴，直径为 20mm，已知 $h_1=1$m，$h_2=2$m，射流恰好平顺地沿小坎转向水平方向离开小车。求：(1) 射流对水箱的水平推力；(2) 射流对小车的水平推力；(3) 射流对小坎的水平推力。

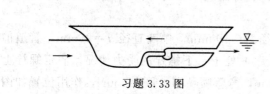

习题 3.33 图

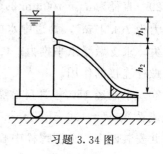

习题 3.34 图

3.35　臂长皆为 10cm 的双臂喷水装置，喷水口直径为 1cm，在 3cm 直径的中心供水管内水流速度为 7m/s，求：

（1）转臂不动时需施加的力矩；

（2）使转臂以 150r/min 的转速反时针方向旋转需施加的力矩。

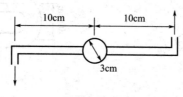

习题 3.35 图

第4章

理想流体有旋和无旋运动　▶▶

在许多工程实际问题中，流动参数不仅在流动方向上发生变化，而且在垂直于流动方向的横截面上也要发生变化。要研究此类问题，就要用多维流的分析方法。本章主要讨论理想流体多维流动的基本规律，包括流体微团运动分析、理想流体微分形式基本方程、有旋流动基本定理、势函数和流函数等内容。通过采用理想流体模型简化流体力学问题，获得流体运动基本规律，然后结合实际条件进行适当修正，为解决工程实际中类似的问题提供理论依据，也为进一步研究黏性流体多维流动奠定必要的基础。

4.1　流体微团运动分析

刚体的一般运动可以分解为平移运动和旋转运动。流体运动要比刚体运动复杂，其运动方式除和刚体运动相同的平移运动和旋转运动外，还有形状变化。流体微团的形状变化叫变形运动。流体微团的这几种运动都可以通过对运动速度的分析表达出来。

4.1.1　流体微团的速度分解式

在某瞬时 t，考虑任一流体微团上的任意两质点 $M_0(x,\ y,\ z)$ 和 $M(x+\mathrm{d}x,\ y+\mathrm{d}y,\ z+\mathrm{d}z)$，设质点 M_0 的速度分量为 u_x、u_y、u_z，质点 M 的速度分量为 u'_x、u'_y、u'_z，质点 M 的速度可以用泰勒（Taylor）级数展开，略去二阶以上无穷小量为

$$\left.\begin{aligned}
u'_x &= u_x + \frac{\partial u_x}{\partial x}\mathrm{d}x + \frac{\partial u_x}{\partial y}\mathrm{d}y + \frac{\partial u_x}{\partial z}\mathrm{d}z \\
u'_y &= u_y + \frac{\partial u_y}{\partial x}\mathrm{d}x + \frac{\partial u_y}{\partial y}\mathrm{d}y + \frac{\partial u_y}{\partial z}\mathrm{d}z \\
u'_z &= u_z + \frac{\partial u_z}{\partial x}\mathrm{d}x + \frac{\partial u_z}{\partial y}\mathrm{d}y + \frac{\partial u_z}{\partial z}\mathrm{d}z
\end{aligned}\right\} \tag{4-1}$$

为了把流体微团的速度进行分解，并以数学形式表达出来，对式(4-1)第一个式子右边加下面的量

$$\pm\frac{1}{2}\left(\frac{\partial u_y}{\partial x}\right)\mathrm{d}y,\ \pm\frac{1}{2}\left(\frac{\partial u_z}{\partial x}\right)\mathrm{d}z$$

整理得

$$u'_x = u_x + \frac{\partial u_x}{\partial x}\mathrm{d}x + \frac{1}{2}\left(\frac{\partial u_x}{\partial y} + \frac{\partial u_y}{\partial x}\right)\mathrm{d}y + \frac{1}{2}\left(\frac{\partial u_x}{\partial z} + \frac{\partial u_z}{\partial x}\right)\mathrm{d}z$$

$$-\frac{1}{2}\left(\frac{\partial u_y}{\partial x}-\frac{\partial u_x}{\partial y}\right)dy+\frac{1}{2}\left(\frac{\partial u_x}{\partial z}-\frac{\partial u_z}{\partial x}\right)dz$$

式（4-1）第二个式子右边加下面的量

$$\pm\frac{1}{2}\frac{\partial u_x}{\partial y}dx,\quad\pm\frac{1}{2}\left(\frac{\partial u_z}{\partial y}\right)dz$$

式（4-1）第三个式子右边加下面的量

$$\pm\frac{1}{2}\frac{\partial u_x}{\partial z}dx,\quad\pm\frac{1}{2}\left(\frac{\partial u_y}{\partial z}\right)dy$$

同样可得

$$u'_y=u_y+\frac{\partial u_y}{\partial y}dy+\frac{1}{2}\left(\frac{\partial u_y}{\partial z}+\frac{\partial u_z}{\partial y}\right)dz+\frac{1}{2}\left(\frac{\partial u_y}{\partial x}+\frac{\partial u_x}{\partial y}\right)dx$$

$$-\frac{1}{2}\left(\frac{\partial u_z}{\partial y}-\frac{\partial u_y}{\partial z}\right)dz+\frac{1}{2}\left(\frac{\partial u_y}{\partial x}-\frac{\partial u_x}{\partial y}\right)dx$$

$$u'_z=u_z+\frac{\partial u_z}{\partial z}dz+\frac{1}{2}\left(\frac{\partial u_z}{\partial x}+\frac{\partial u_x}{\partial z}\right)dx+\frac{1}{2}\left(\frac{\partial u_z}{\partial y}+\frac{\partial u_y}{\partial z}\right)dy$$

$$-\frac{1}{2}\left(\frac{\partial u_x}{\partial z}-\frac{\partial u_z}{\partial x}\right)dx+\frac{1}{2}\left(\frac{\partial u_z}{\partial y}-\frac{\partial u_y}{\partial z}\right)dz$$

引入变量

$$\varepsilon_{xx}=\frac{\partial u_x}{\partial x},\varepsilon_{xy}=\varepsilon_{yx}=\frac{1}{2}\left(\frac{\partial u_y}{\partial x}+\frac{\partial u_x}{\partial y}\right),\omega_x=\frac{1}{2}\left(\frac{\partial u_z}{\partial y}-\frac{\partial u_y}{\partial z}\right)$$

$$\varepsilon_{yy}=\frac{\partial u_y}{\partial y},\varepsilon_{yz}=\varepsilon_{zy}=\frac{1}{2}\left(\frac{\partial u_z}{\partial y}+\frac{\partial u_y}{\partial z}\right),\omega_y=\frac{1}{2}\left(\frac{\partial u_x}{\partial z}-\frac{\partial u_z}{\partial x}\right)$$

$$\varepsilon_{zz}=\frac{\partial u_z}{\partial z},\varepsilon_{zx}=\varepsilon_{xz}=\frac{1}{2}\left(\frac{\partial u_x}{\partial z}+\frac{\partial u_z}{\partial x}\right),\omega_z=\frac{1}{2}\left(\frac{\partial u_y}{\partial x}-\frac{\partial u_x}{\partial y}\right)$$

则可得到

$$\left.\begin{array}{l}u'_x=u_x+(\varepsilon_{xx}dx+\varepsilon_{xy}dy+\varepsilon_{xz}dz)+(\omega_y dz-\omega_z dy)\\u'_y=u_y+(\varepsilon_{yx}dx+\varepsilon_{yy}dy+\varepsilon_{yz}dz)+(\omega_z dx-\omega_x dz)\\u'_z=u_z+(\varepsilon_{zx}dx+\varepsilon_{zy}dy+\varepsilon_{zz}dz)+(\omega_x dy-\omega_y dx)\end{array}\right\}\qquad(4-2)$$

式（4-2）表明，任意点 M 的速度（u'_x，u'_y，u'_z），可由三部分组成，第一部分表示整体的平移运动，第二部分表示流体的变形（剪切变形和膨胀变形），第三部分表示流体的旋转运动。下面就它们的物理意义作进一步分析。

4.1.2 速度分解的物理意义

如图 4-1 所示，用在 xoy 面上的微小正方形 $ABCD$ 的运动情况来分析 ε_{xx}，ε_{yy}，ε_{zz} 等的物理意义。

设质点 $A(x，y)$ 的速度为（u_x，u_y），以 ds 为边长的微小正方形 $ABCD$ 的顶点 A、B、C、D 的速度，按泰勒级数展开，并略去二阶以上无穷小量得

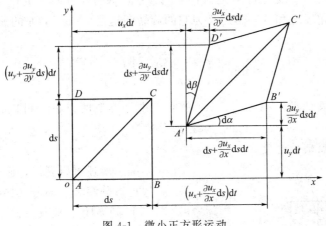

图 4-1　微小正方形运动

$$u_{xB} = u_x + \frac{\partial u_x}{\partial x}\mathrm{d}s \, , \, u_{yB} = u_y + \frac{\partial u_y}{\partial x}\mathrm{d}s$$

$$u_{xC} = u_x + \frac{\partial u_x}{\partial x}\mathrm{d}s + \frac{\partial u_x}{\partial y}\mathrm{d}s \, , \, u_{yC} = u_y + \frac{\partial u_y}{\partial x}\mathrm{d}s + \frac{\partial u_y}{\partial y}\mathrm{d}s$$

$$u_{xD} = u_x + \frac{\partial u_x}{\partial y}\mathrm{d}s \, , \, u_{yD} = u_y + \frac{\partial u_y}{\partial y}\mathrm{d}s$$

（1）平移运动、线变形运动

经过时间 $\mathrm{d}t$ 后质点 A 移动到 $A'(x + u_x\mathrm{d}t，y + u_y\mathrm{d}t)$，而 B、C、D 分别移动到 B'、C'、D'，其移动的距离是 B、C、D 点的速度乘以时间 $\mathrm{d}t$，这样，正方形 $ABCD$ 就变成为四边形 $A'B'C'D'$。于是，线段 AB 经过时间 $\mathrm{d}t$ 后在 x 方向的伸长率为

$$\frac{\mathrm{d}s + \left(\frac{\partial u_x}{\partial x}\mathrm{d}s\,\mathrm{d}t - \mathrm{d}s\right)}{\mathrm{d}s} = \frac{\partial u_x}{\partial x}\mathrm{d}t = \varepsilon_{xx}\mathrm{d}t$$

由上式可知，ε_{xx} 表示在 x 方向单位时间的伸长率，即由伸缩产生的变形速度，称为 x 方向的膨胀（或收缩）速度，又叫线变形速度。

（2）角变形运动

剪切变形可用角度变化量来表示，即用 $\angle BAD - \angle B'A'D' = \mathrm{d}\alpha + \mathrm{d}\beta$ 表示。通常把微小正方形的角变形速度的一半定义为剪切（角）变形速度，用 ε_{xy} 表示。由图 4-1 可以看出

$$\mathrm{d}\alpha \approx \frac{\partial u_y}{\partial x}\mathrm{d}t \bigg/ \left(1 + \frac{\partial u_x}{\partial x}\mathrm{d}t\right)$$

$$\mathrm{d}\beta \approx \frac{\partial u_x}{\partial y}\mathrm{d}t \bigg/ \left(1 + \frac{\partial u_y}{\partial y}\mathrm{d}t\right)$$

则有

$$\varepsilon_{xy} = \lim \frac{1}{2}\left(\frac{\mathrm{d}\alpha + \mathrm{d}\beta}{\mathrm{d}t}\right) = \frac{1}{2}\left(\frac{\partial u_y}{\partial x} + \frac{\partial u_x}{\partial y}\right) \qquad (4\text{-}3)$$

（3）旋转运动

微小正方形的旋转可用正方形的两条互相垂直的边的旋转角度来表示。AB 边旋转的角

度为 $d\alpha$，AD 边旋转的角度为 $d\beta$（逆时针方向为正，顺时针方向为负）。通常把正方形两条互相垂直边的旋转角度之和的一半定义为它的旋转角速度，xoy 平面的旋转角速度用 ω_z 表示，即

$$\omega_z = \lim \frac{1}{2}\left(\frac{d\alpha - d\beta}{dt}\right) = \frac{1}{2}\left(\frac{\partial u_y}{\partial x} - \frac{\partial u_x}{\partial y}\right) \tag{4-4}$$

式（4-2）中的其他量，在 yoz，zox 平面上进行类似的讨论，可以得出和上述类似的结论。所以可知，（ε_{xx}，ε_{yy}，ε_{zz}）为线变形速度，（ε_{xy}，ε_{yz}，ε_{zx}）为剪切变形速度，（ω_x，ω_y，ω_z）为旋转角速度。

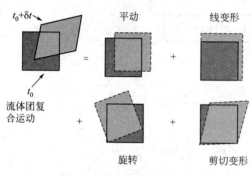

图 4-2　流体微团速度分解

综上所述可以看出，微小流体质团的运动一般可以分解为三部分（如图 4-2 所示）：

① 随质团中某点（基点）一起前进的平移运动；

② 绕该点的旋转运动；

③ 含有线变形和角变形的变形运动。这便是亥姆霍兹的运动分解定理。微小流体质团的维长趋于零的极限是流体微团，这也是流体微团的运动分解定理。

4.1.3　有旋运动和无旋运动

根据流体微团是否旋转可将流体的流动分为两大类：有旋流动和无旋流动。流体微团的旋转角速度不等于零的流动称为有旋流动；流体微团的旋转角速度等于零的流动称为无旋流动。在无旋流动中，流体微团的旋转角速度 $\omega = 0$ 或 $\omega_x = \omega_y = \omega_z = 0$，即

$$\left.\begin{array}{l}\omega_x = \dfrac{1}{2}\left(\dfrac{\partial u_z}{\partial y} - \dfrac{\partial u_y}{\partial z}\right) = 0 \text{ 或 } \dfrac{\partial u_z}{\partial y} = \dfrac{\partial u_y}{\partial z} \\[3mm] \omega_y = \dfrac{1}{2}\left(\dfrac{\partial u_x}{\partial z} - \dfrac{\partial u_z}{\partial x}\right) = 0 \text{ 或 } \dfrac{\partial u_x}{\partial z} = \dfrac{\partial u_z}{\partial x} \\[3mm] \omega_z = \dfrac{1}{2}\left(\dfrac{\partial u_y}{\partial x} - \dfrac{\partial u_x}{\partial y}\right) = 0 \text{ 或 } \dfrac{\partial u_y}{\partial x} = \dfrac{\partial u_x}{\partial y}\end{array}\right\} \tag{4-5}$$

应该注意，有旋流动和无旋流动仅由流体微团本身是否旋转来确定，与它的运动轨迹无关，如图 4-3 所示。

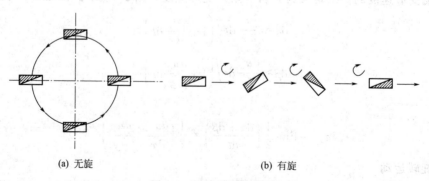

(a) 无旋　　　　　　　　　　　　　　(b) 有旋

图 4-3　无旋和有旋流动

【**例 4-1**】 下列两个流动哪个有旋？哪个无旋？哪个有角变形？哪个无角变形？式中 a、c 为常数。

（1） $u_x = -ay$，$u_y = ax$，$u_z = 0$

（2） $u_x = -\dfrac{cy}{x^2+y^2}$，$u_y = \dfrac{cx}{x^2+y^2}$，$u_z = 0$

解：（1） $\omega_z = \dfrac{1}{2}\left(\dfrac{\partial u_y}{\partial x} - \dfrac{\partial u_x}{\partial y}\right) = \dfrac{1}{2}(a+a) = a$，该流动有旋；

$\theta_z = \dfrac{1}{2}\left(\dfrac{\partial u_y}{\partial x} + \dfrac{\partial u_x}{\partial y}\right) = \dfrac{1}{2}(a-a) = 0$，该流动无角变形。

（2） $\omega_z = \dfrac{1}{2}\left(\dfrac{\partial u_y}{\partial x} - \dfrac{\partial u_x}{\partial y}\right) = \dfrac{1}{2}\left[\dfrac{c(y^2-x^2)}{(x^2+y^2)^2} + \dfrac{c(x^2-y^2)}{(x^2+y^2)^2}\right] = 0$，该流动无旋；

$\theta_z = \dfrac{1}{2}\left(\dfrac{\partial u_y}{\partial x} + \dfrac{\partial u_x}{\partial y}\right) = \dfrac{1}{2}\left[\dfrac{c(y^2-x^2)}{(x^2+y^2)^2} - \dfrac{c(x^2-y^2)}{(x^2+y^2)^2}\right] = -\dfrac{c(x^2-y^2)}{(x^2+y^2)^2}$，该流动有角变形。

4.2 速度势和流函数

4.2.1 速度势函数

在无旋流动中任意流体微团的旋转角速度都为零，见公式（4-5）。

由数学分析知道，式（4-5）是使 $u_x \mathrm{d}x + u_y \mathrm{d}y + u_z \mathrm{d}z$ 为某一数 $\varphi(x, y, z)$ 的全微分的充分必要条件，即

$$u_x \mathrm{d}x + u_y \mathrm{d}y + u_z \mathrm{d}z = \mathrm{d}\varphi$$

函数 $\varphi(x, y, z)$ 的全微分为

$$\mathrm{d}\varphi = \dfrac{\partial \varphi}{\partial x}\mathrm{d}x + \dfrac{\partial \varphi}{\partial y}\mathrm{d}y + \dfrac{\partial \varphi}{\partial z}\mathrm{d}z$$

比较前两式得

$$u_x = \dfrac{\partial \varphi}{\partial x}, u_y = \dfrac{\partial \varphi}{\partial y}, u_z = \dfrac{\partial \varphi}{\partial z} \tag{4-6}$$

函数 φ 称为势函数或速度势，其在流体力学中起着重要作用。可以看出，存在势函数的流动一定是无旋流动。式（4-6）说明，速度在三个坐标轴方向的分量，等于势函数对于相应坐标轴方向的偏导数。由此可知，当流动有势时，流体力学问题将会得到很大简化。不必求解三个未知函数 u_x、u_y、u_z，只要求一个未知函数 φ，由势函数 φ 就可以求出流场的速度分布。

对于二维平面势流，式（4-6）只有前两项，即

$$u_x = \dfrac{\partial \varphi}{\partial x}, u_y = \dfrac{\partial \varphi}{\partial y} \tag{4-7}$$

将式（4-7）代入平面流动的连续方程得

$$\dfrac{\partial^2 \varphi}{\partial x^2} + \dfrac{\partial^2 \varphi}{\partial y^2} = 0 \tag{4-8}$$

式（4-8）为拉普拉斯（Laplace）方程，可见势函数满足拉普拉斯方程。在数学分析上，凡是满足拉普拉斯方程的函数称为调和函数，即不可压缩流体中的势函数是调和函数。对于不

可压缩流体无旋流动，求解速度场（矢量场）的问题，可以转化成求解满足拉普拉斯方程的势函数（标量场）的问题。拉普拉斯方程在数理方程中研究得比较透彻，其解具有可叠加性，若干个满足拉普拉斯方程的函数相加后所得的函数仍然满足拉普拉斯方程。利用这一性质，分析研究一些简单的势流，然后叠加可得到比较复杂的势流。

【例 4-2】 有一速度大小为 $u_x = 5\mathrm{m/s}$，$u_y = 0$ 的平面流动，求此流动的速度势。

解： 首先判断流动是否有势

$$\omega_x = \frac{1}{2}\left(\frac{\partial u_z}{\partial y} - \frac{\partial u_y}{\partial z}\right) = 0$$

$$\omega_y = \frac{1}{2}\left(\frac{\partial u_x}{\partial z} - \frac{\partial u_z}{\partial x}\right) = 0$$

$$\omega_z = \frac{1}{2}\left(\frac{\partial u_y}{\partial x} - \frac{\partial u_x}{\partial y}\right) = 0$$

可以看出，流动无旋，故为有势流动。由式(4-7) 可知

$$\frac{\partial \varphi}{\partial x} = 5, \frac{\partial \varphi}{\partial y} = 0 \tag{a}$$

对式(a) 第一式积分可得

$$\varphi = 5x + f(y)$$

式中，$f(y)$ 为积分函数。

对式(a) 第二式积分可得

$$f(y) = C$$

式中，C 为积分常数。

则由上可得到

$$\varphi = 5x + C$$

因常数 C 对所代表的流场 φ 无影响，故可令 $C = 0$，而取 $\varphi = 5x$。

4.2.2 流函数

在平面流动中还存在流函数，它比势函数具有更明确直观的物理意义和几何意义。

平面流动中，不可压缩流体的连续方程为

$$\frac{\partial u_x}{\partial x} + \frac{\partial u_y}{\partial y} = 0 \tag{4-9}$$

或

$$\frac{\partial u_x}{\partial x} = \frac{\partial(-u_y)}{\partial y} \tag{4-10}$$

由数学分析知道，式(4-10) 是使 $-u_y \mathrm{d}x + u_x \mathrm{d}y$ 为某一函数 $\psi(x, y)$ 的全微分的充分必要条件，即

$$-u_y \mathrm{d}x + u_x \mathrm{d}y = \mathrm{d}\psi$$

函数 $\psi(x, y)$ 的全微分为

$$\mathrm{d}\psi = \frac{\partial \psi}{\partial x} \mathrm{d}x + \frac{\partial \psi}{\partial y} \mathrm{d}y \tag{4-11}$$

比较前两式得

$$u_x = \frac{\partial \psi}{\partial y}, u_y = -\frac{\partial \psi}{\partial x} \tag{4-12}$$

函数 ψ 称为流函数。由此可见，只要流体作平面运动，若满足连续条件，就必然存在流函数。因此，流函数也可在黏性流体平面有旋运动情形下存在。

流函数的存在，使得对流体平面运动问题的求解在数学上得到简化。因为由式(4-12)知，当已知流函数 ψ 时，速度分量 u_x 和 u_y 就可求出。

流函数具有以下性质：

① 等流函数线为流线。

平面流动的流线微分方程式为

$$\frac{\mathrm{d}x}{u_x} = \frac{\mathrm{d}y}{u_y} \tag{4-13}$$

或

$$-u_y \mathrm{d}x + u_x \mathrm{d}y = 0 \tag{4-14}$$

将式(4-14)代入式(4-11)得

$$\mathrm{d}\psi = \frac{\partial \psi}{\partial x}\mathrm{d}x + \frac{\partial \psi}{\partial y}\mathrm{d}y = -u_y \mathrm{d}x + u_x \mathrm{d}y = 0 \tag{4-15}$$

由式(4-15)可明显看出，沿着流线流函数不变，即同一流线上的流函数 ψ 为常数。不同的常数值，代表不同的流线。这是流函数的一个特性，也是它具有的物理意义。

当得到流函数后，不但可以知道流场中各点的速度，还可以画出等流函数线（即流线），可更加直观地描述一个流场。

② 平面流动中任意两条流线间的流函数差值等于两条流线间的单宽流量。

图 4-4 表示一平面流动中的几条流线，每条流线都有各自的 ψ 值。在任意两条流线 ψ 和 $(\psi + \mathrm{d}\psi)$ 之间有一固定流量 $\mathrm{d}q$。由于是平面流动问题，在 z 轴方向可取单位长度，故 $\mathrm{d}q$ 称为单宽流量。取 ab 为两条流线间的有效断面，设 a 点坐标为 $(x，y)$，则由图 4-4 看出，b 点坐标为 $(x - \mathrm{d}x，y + \mathrm{d}y)$。设

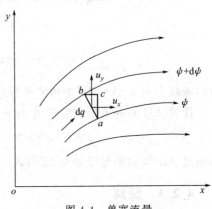

图 4-4　单宽流量

ab 断面的水平和铅垂投影为 cb 和 ac，其中 $ac = \mathrm{d}y$，$cb = -\mathrm{d}x$，则

$$\mathrm{d}q = u_x ac + u_y cb = u_x \mathrm{d}y - u_y \mathrm{d}x$$

将式(4-12)代入上式，得

$$\mathrm{d}q = \frac{\partial \psi}{\partial x}\mathrm{d}x + \frac{\partial \psi}{\partial y}\mathrm{d}y = \mathrm{d}\psi$$

积分后

$$q = \int_{\psi_1}^{\psi_2} \mathrm{d}\psi = \psi_2 - \psi_1 \tag{4-16}$$

即上述得证。

在平面势流中，质点的旋转角速度为零。即

$$\omega_z = \frac{1}{2}\left(\frac{\partial u_y}{\partial x} - \frac{\partial u_x}{\partial y}\right) = 0$$

或

$$\frac{\partial u_y}{\partial x} - \frac{\partial u_x}{\partial y} = 0$$

将式(4-12)代入上式，得

$$\frac{\partial^2 \psi}{\partial x^2} + \frac{\partial^2 \psi}{\partial y^2} = 0 \tag{4-17}$$

由式(4-17)可知，在不可压缩流体平面势流中，流函数 ψ 亦满足拉普拉斯方程，也是一个调合函数。

【例 4-3】 设某一不可压缩流体平面流动的流函数为

$$\psi(x,y) = -\sqrt{2}\,x + \sqrt{2}\,y$$

试求该流动的速度分量，并求通过点 $A(1,2)$ 和点 $B(2,1)$ 间连接线的流量（坐标单位为 m）。

解： 由式(4-12)可得

$$u_x = \frac{\partial \psi}{\partial y} = \frac{\partial}{\partial y}(-\sqrt{2}\,x + \sqrt{2}\,y) = \sqrt{2}\ \text{（m/s）}$$

$$u_y = -\frac{\partial \psi}{\partial x} = -\frac{\partial \psi}{\partial x}(-\sqrt{2}\,x + \sqrt{2}\,y) = \sqrt{2}\ \text{（m/s）}$$

即流场中各点处的流速大小相等、方向相同。

$$u = \sqrt{u_x^2 + u_y^2} = \sqrt{2+2} = 2\ \text{（m/s）}$$

$$\alpha = \arctan\left(\frac{u_y}{u_x}\right) = \arctan\frac{\sqrt{2}}{\sqrt{2}} = 45°$$

所以流线为与 x 轴呈 45°夹角的平行线。

通过 AB 间的流量应等于 A 与 B 两点处流函数的差值，即

$$q_{AB} = \psi_B - \psi_A = (-\sqrt{2}\times 2 + \sqrt{2}\times 1) - (-\sqrt{2}\times 1 + \sqrt{2}\times 2) = -2\sqrt{2}\ \text{（m}^2\text{/s）}$$

即通过 AB 间的单宽流量为 $2\sqrt{2}\ \text{m}^2/\text{s}$。

4.2.3 流网

由式(4-7)和式(4-12)可得

$$\left.\begin{array}{l} u_x = \dfrac{\partial \varphi}{\partial x} = \dfrac{\partial \psi}{\partial y} \\[2mm] u_y = \dfrac{\partial \varphi}{\partial y} = -\dfrac{\partial \psi}{\partial x} \end{array}\right\} \tag{4-18}$$

式(4-18)表示了势函数与流函数之间的关系，即柯西-黎曼条件。上两式交叉相乘，得

$$\frac{\partial \varphi}{\partial x} \times \frac{\partial \psi}{\partial x} + \frac{\partial \varphi}{\partial y} \times \frac{\partial \psi}{\partial y} = 0 \tag{4-19}$$

式(4-19)是等势线簇 $\varphi(x,y) = C$ 和等流函数线（流线）簇 $\psi(x,y) = C$ 互相正交的条件。亦即在平面势流中，等势线簇和等流线簇构成相互正交的网格，这种网格称为流网，如图 4-5 所示。

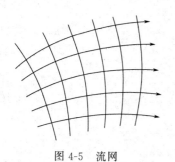

图 4-5 流网

【例 4-4】 已知不可压缩流体平面流动的势函数为 $\varphi = x^2 - y^2 + x$，求流函数。

解： 由式（4-18）可得

$$u_x = \frac{\partial \varphi}{\partial x} = 2x + 1 = \frac{\partial \psi}{\partial y}$$

对 $\frac{\partial \psi}{\partial y} = 2x + 1$ 求积分，得

$$\psi = 2xy + y + C(x)$$

再由

$$\frac{\partial \psi}{\partial x} = 2y + C'(x) = -\frac{\partial \varphi}{\partial y} = 2y$$

可得

$$C'(x) = 0, C(x) = C$$

得流函数

$$\psi = 2xy + y + C$$

一般情况下，可令 $C = 0$，则

$$\psi = 2xy + y$$

【例 4-5】 已知平面势流的速度势函数 $\varphi = 4(x^2 - y^2)$，试求速度与流函数的表示式。

解： 由式（4-7）得速度分量

$$v_x = \frac{\partial \varphi}{\partial x} = 8x, v_y = \frac{\partial \varphi}{\partial y} = -8y$$

合速度及其与 x 轴的夹角为

$$v = (v_x^2 + v_y^2)^{1/2} = 8(x^2 + y^2)^{1/2}, \theta = \arctan(v_y/v_x) = \arctan(-y/x)$$

由式（4-12）知

$$v_x = 8x = \frac{\partial \psi}{\partial y}$$

积分后得

$$\psi = 8xy + f(x)$$

由于 $\frac{\partial \psi}{\partial x} = 8y + f'(x) = -v_y = 8y$ 即 $f'(x) = 0, f(x) = C$。又由于取 $C = 0$，并不影响流动的流谱，最后得代表一簇双曲线流线的流函数。

$$\psi = 8xy$$

【例 4-6】 已知流场的滞止压强为 101000Pa，流体的密度为 1.19kg/m^3，平面势流的速度势函数 $\varphi = (x^2 - y^2)(\text{m}^2/\text{s})$，试求点（2，1.5）处的速度与压强。

解： 由式（4-7）和已知数据得

$$v_x = \frac{\partial \varphi}{\partial x} = 2x = 2 \times 2 = 4 \text{ (m/s)}, v_y = \frac{\partial \varphi}{\partial y} = -2y = -2 \times 1.5 = -3 \text{ (m/s)}$$

合速度为

$$v = (v_x^2 + v_y^2)^{1/2} = [4^2 + (-3)^2]^{1/2} = 5 \text{ (m/s)}$$

由伯努利方程得

$$p = p_{\mathrm{T}} - \rho v^2 / 2 = 101000 - 1.19 \times 5^2 / 2 = 100985 \ (\mathrm{Pa})$$

4.3 微分形式的连续方程

如图 4-6 所示，在流场中任取一边长 δx、δy、δz 的平行六面体微小流体质团。在 t 瞬时，它的形心坐标为 x、y、z，经过形心的流体质点速度分量为 v_x、v_y、v_z，密度为 ρ。微团六个平面中心的速度分量和密度已经分别按泰勒级数展开并略去高于一阶的微量后得到，示于图 4-6，并视它们为各自平面的平均值。现以该平行六面体为控制体，并将连续方程应用于该控制体，沿 x 方向从左面单位时间流入控制体的流体质量为

$$\left(\rho - \frac{\partial \rho}{\partial x} \times \frac{\delta x}{2}\right)\left(v_x - \frac{\partial v_x}{\partial x} \times \frac{\delta x}{2}\right)\delta y \delta z$$

从右面单位时间流出控制体的流体质量为

$$\left(\rho + \frac{\partial \rho}{\partial x} \times \frac{\delta x}{2}\right)\left(v_x + \frac{\partial v_x}{\partial x} \times \frac{\delta x}{2}\right)\delta y \delta z$$

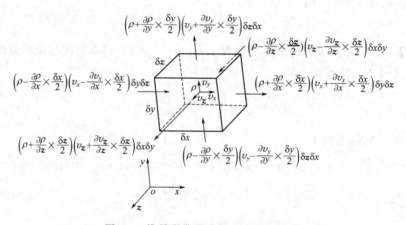

图 4-6　推导微分形式的连续方程用图

于是，沿 x 方向单位时间流出与流入控制体的流体质量之差为

$$\left(\rho \frac{\partial v_x}{\partial x} \delta x + v_x \frac{\partial \rho}{\partial x} \delta x\right)\delta y \delta z = \frac{\partial}{\partial x}(\rho v_x) \delta x \delta y \delta z$$

同理可得，沿 y 方向和沿 z 方向单位时间流出与流入控制体的流体质量之差分别为

$$\frac{\partial}{\partial y}(\rho v_y) \delta x \delta y \delta z, \quad \frac{\partial}{\partial z}(\rho v_z) \delta x \delta y \delta z$$

故流过控制面的流体质量净通量为

$$\iint\limits_{CS} \rho v_n \, \mathrm{d}A = \left[\frac{\partial}{\partial x}(\rho v_x) + \frac{\partial}{\partial y}(\rho v_y) + \frac{\partial}{\partial z}(\rho v_z)\right]\delta x \delta y \delta z \tag{a}$$

与其对应的单位时间控制体内流体质量的变化为

$$\frac{\partial}{\partial t}\iiint_{CV}\rho \mathrm{d}V = \frac{\partial \rho}{\partial t}\delta x \delta y \delta z \qquad \text{(b)}$$

将式（a）、式（b）代入下式（积分形式的连续方程）

$$\frac{\partial}{\partial t}\iiint_{CV}\rho \mathrm{d}V + \iint_{CS}\rho v_n \mathrm{d}A = 0 \qquad (4\text{-}20)$$

同除以平行六面体的体积 $\delta x \delta y \delta z$，并取 $\delta x \rightarrow 0$、$\delta y \rightarrow 0$、$\delta z \rightarrow 0$ 时的极限，得

$$\frac{\partial \rho}{\partial t} + \frac{\partial}{\partial x}(\rho v_x) + \frac{\partial}{\partial y}(\rho v_y) + \frac{\partial}{\partial z}(\rho v_z) = 0 \qquad (4\text{-}21)$$

它的矢量形式为

$$\frac{\partial \rho}{\partial t} + \nabla \cdot (\rho \boldsymbol{v}) = \frac{\partial \rho}{\partial t} + div(\rho \boldsymbol{v}) = 0 \qquad (4\text{-}22)$$

这就是可压缩流体三维非定常流动微分形式的连续方程。它表明，流场内某点单位体积流体质量的时间变化率与经过该点单位体积流体质量的净通量之和等于零。它与式(4-20) 的物理意义类同，区别在于式(4-20) 是对有限控制体的流体，这里是对微元控制体的流体，即微元质团——流体质点。由于微元质团是在流场中任意选取的，故它适用于整个流场。

对于可压缩流体的定常流动，$\partial \rho / \partial t = 0$，式(4-21)、式(4-22) 简化为：

$$\frac{\partial}{\partial x}(\rho v_x) + \frac{\partial}{\partial y}(\rho v_y) + \frac{\partial}{\partial z}(\rho v_z) = 0 \qquad (4\text{-}23)$$

或

$$\nabla \cdot (\rho \boldsymbol{v}) = div(\rho \boldsymbol{v}) = 0 \qquad (4\text{-}24)$$

对于不可压缩流体的定常流动与非定常流动，由于 $\rho = $ 常数，式(4-21)、式(4-22) 简化为

$$\frac{\partial v_x}{\partial x} + \frac{\partial v_y}{\partial y} + \frac{\partial v_z}{\partial z} = 0 \qquad (4\text{-}25)$$

或

$$\nabla \cdot \boldsymbol{v} = div\boldsymbol{v} = 0 \qquad (4\text{-}26)$$

对于可压缩流体和不可压缩流体的二维（平面）定常流动，式(4-23)、式(4-25) 简化为

$$\frac{\partial}{\partial x}(\rho v_x) + \frac{\partial}{\partial y}(\rho v_y) = 0 \qquad (4\text{-}27)$$

$$\frac{\partial v_x}{\partial x} + \frac{\partial v_y}{\partial y} = 0 \qquad (4\text{-}28)$$

4.4 理想流体运动方程

4.4.1 理想流体运动方程推导

如图 4-7 所示，在流场中任取一边长 δx、δy、δz 的平行六面体微小流体质团。在 t 瞬时，它的形心坐标为 x、y、z，经过形心的流体质点速度分量为 v_x、v_y、v_z，密度为 ρ，

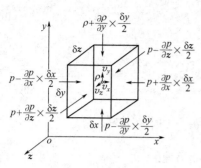

图 4-7　推导理想流体运动
微分方程用图

压强为 p，作用在单位质量流体上的质量力分量为 f_x、f_y、f_z。现以该平行六面体为控制体，并将积分形式的动量方程应用于该控制体。

$$\frac{\partial}{\partial t}\iiint_{CV}\rho\boldsymbol{v}\,\mathrm{d}V+\iint_{CS}\rho v_n\boldsymbol{v}\,\mathrm{d}A=\iiint_{CV}\rho\boldsymbol{f}\,\mathrm{d}V+\iint_{CS}\boldsymbol{p}_n\,\mathrm{d}A$$

沿 x 方向从左面单位时间流入控制体的流体动量为

$$\left(\rho v_x\overline{v}-\frac{\partial(\rho v_x\overline{v})}{\partial x}\frac{\delta x}{2}\right)\delta y\delta z$$

从右面单位时间流出控制体的流体动量为

$$\left(\rho v_x\overline{v}+\frac{\partial(\rho v_x\overline{v})}{\partial x}\times\frac{\delta x}{2}\right)\delta y\delta z$$

沿 x 方向单位时间流出与流入控制体的流体动量之差为

$$\left(\rho v_x\overline{v}+\frac{\partial(\rho v_x\overline{v})}{\partial x}\times\frac{\delta x}{2}\right)\delta y\delta z-\left(\rho v_x\overline{v}-\frac{\partial(\rho v_x\overline{v})}{\partial x}\times\frac{\delta x}{2}\right)\delta y\delta z=\frac{\partial}{\partial x}(\rho v_x\overline{v})\delta x\delta y\delta z$$

同理可得沿 y 方向和沿 z 方向单位时间流出与流入控制体的流体动量之差分别为

$$\frac{\partial}{\partial y}(\rho v_y\overline{v})\delta x\delta y\delta z,\frac{\partial}{\partial z}(\rho v_z\overline{v})\delta x\delta y\delta z$$

因此，经过控制面流体动量的净通量为

$$\iint_{CS}\rho v_n\overline{v}\,\mathrm{d}A=\left[\frac{\partial}{\partial x}(\rho v_x\overline{v})+\frac{\partial}{\partial y}(\rho v_y\overline{v})+\frac{\partial}{\partial z}(\rho v_z\overline{v})\right]\delta x\delta y\delta z \tag{a}$$

与其对应的控制体内单位时间流体质量的变化为

$$\frac{\partial}{\partial t}\iiint_{CV}\rho\overline{v}\,\mathrm{d}V=\frac{\partial}{\partial t}(\rho\overline{v})\delta x\delta y\delta z \tag{b}$$

如果以形心处的密度 ρ 作为平行六面体内流体的平均密度，则作用在控制体内流体上的质量力为

$$\iint_{CV}\rho\overline{f}\,\mathrm{d}V=\rho(f_x\overline{i}+f_y\overline{j}+f_z\overline{k})\delta x\delta y\delta z=\rho\overline{f}\delta x\delta y\delta z \tag{c}$$

对于理想流体，$\boldsymbol{p}_n=-p_n$。于是，由图 4-7 可得沿 x 方向压强的合力为

$$\left(p-\frac{\partial p}{\partial x}\times\frac{\delta x}{2}\right)\delta y\delta z-\left(p+\frac{\partial p}{\partial x}\times\frac{\delta x}{2}\right)\delta y\delta z=-\frac{\partial p}{\partial x}\delta x\delta y\delta z$$

同理可得沿 y 方向和沿 z 方向压强的合力分别为

$$-\frac{\partial p}{\partial y}\delta x\delta y\delta z,-\frac{\partial p}{\partial z}\delta x\delta y\delta z$$

因此，作用在控制面上压强的合力为

$$\iint_{cs}\boldsymbol{p}_n\,\mathrm{d}A=-\iint_{cs}-p_n\,\mathrm{d}A=-\left(\frac{\partial p}{\partial x}\boldsymbol{i}+\frac{\partial p}{\partial y}\boldsymbol{j}+\frac{\partial p}{\partial z}\boldsymbol{k}\right)\delta x\delta y\delta z=-\nabla p\delta x\delta y\delta z \tag{d}$$

将式(a)、式(b)、式(c)、式(d) 代入式

$$\frac{\partial}{\partial t}\iiint_{CV}\rho\boldsymbol{v}\,\mathrm{d}V+\iint_{CS}\rho v_n\boldsymbol{v}\,\mathrm{d}A=\iiint_{CV}\boldsymbol{f}\,\mathrm{d}V+\iint_{CS}\boldsymbol{p_n}\,\mathrm{d}A$$

同除以平行六面体的体积 $\delta x\delta y\delta z$，并取 $\delta x\to 0$、$\delta y\to 0$、$\delta z\to 0$ 时的极限，得

$$\frac{\partial}{\partial t}(\rho\boldsymbol{v})+\left[\frac{\partial}{\partial x}(\rho v_x\boldsymbol{v})+\frac{\partial}{\partial y}(\rho v_y\boldsymbol{v})+\frac{\partial}{\partial z}(\rho v_z\boldsymbol{v})\right]=\rho(f_x\boldsymbol{i}+f_y\boldsymbol{j}+f_z\boldsymbol{k})-\left(\frac{\partial p}{\partial x}\boldsymbol{i}+\frac{\partial p}{\partial y}\boldsymbol{j}+\frac{\partial p}{\partial z}\boldsymbol{k}\right)$$

将等式左端展开，并引用式(4-21)，上式成为

$$\left.\begin{aligned}&\frac{\partial\boldsymbol{v}}{\partial t}+v_x\frac{\partial\boldsymbol{v}}{\partial x}+v_y\frac{\partial\boldsymbol{v}}{\partial y}+v_z\frac{\partial\boldsymbol{v}}{\partial z}=(f_x\boldsymbol{i}+f_y\boldsymbol{j}+f_z\boldsymbol{k})-\frac{1}{\rho}\left(\frac{\partial p}{\partial x}\boldsymbol{i}+\frac{\partial p}{\partial y}\boldsymbol{j}+\frac{\partial p}{\partial z}\boldsymbol{k}\right)\\&\text{或}\\&\frac{\mathrm{d}\boldsymbol{v}}{\mathrm{d}t}+(\boldsymbol{v}\cdot\nabla)\boldsymbol{v}=\boldsymbol{f}-\frac{1}{\rho}\nabla\cdot p\end{aligned}\right\}\quad(4\text{-}29)$$

这就是理想流体微分形式的运动方程，又称流体运动的欧拉方程。它表明，流场内某点单位质量流体的当地加速度与迁移加速度之和等于作用在它上面的重力与压力之和。由于推导过程中对流体的密度没有任何限制，它对不可压缩流体和可压缩流体均适用。显然，若 $v_x=v_y=v_z=0$，则流体运动的欧拉方程转变为流体平衡的欧拉方程。

式(4-29) 在笛卡儿坐标系中的投影式为

$$\left.\begin{aligned}&\frac{\partial v_x}{\partial t}+v_x\frac{\partial v_x}{\partial x}+v_y\frac{\partial v_x}{\partial y}+v_z\frac{\partial v_x}{\partial z}=f_x-\frac{1}{\rho}\times\frac{\partial p}{\partial x}\\&\frac{\partial v_y}{\partial t}+v_x\frac{\partial v_y}{\partial x}+v_y\frac{\partial v_y}{\partial y}+v_z\frac{\partial v_y}{\partial z}=f_y-\frac{1}{\rho}\times\frac{\partial p}{\partial y}\\&\frac{\partial v_z}{\partial t}+v_x\frac{\partial v_z}{\partial x}+v_y\frac{\partial v_z}{\partial y}+v_z\frac{\partial v_z}{\partial z}=f_z-\frac{1}{\rho}\times\frac{\partial p}{\partial z}\end{aligned}\right\}\quad(4\text{-}30)$$

为了能从运动微分方程中直观地判定流动是有旋还是无旋，在式(4-30)的第一式左端同时加减 $v_y\partial v_y/\partial x$、$v_z\partial v_z/\partial x$，得

$$\frac{\partial v_x}{\partial t}+\left(v_x\frac{\partial v_x}{\partial x}+v_y\frac{\partial v_y}{\partial x}+v_z\frac{\partial v_z}{\partial x}\right)+v_y\left(\frac{\partial v_x}{\partial y}-\frac{\partial v_y}{\partial x}\right)+v_z\left(\frac{\partial v_x}{\partial z}-\frac{\partial v_z}{\partial x}\right)=f_x-\frac{1}{\rho}\times\frac{\partial p}{\partial x}$$

引用旋转角速度公式(4-5) 得

$$\left.\begin{aligned}&\frac{\partial v_x}{\partial t}+\frac{\partial}{\partial x}\left(\frac{v^2}{2}\right)+2(\omega_y v_z-\omega_z v_y)=f_x-\frac{1}{\rho}\times\frac{\partial p}{\partial x}\\&\text{同理得}\\&\frac{\partial v_y}{\partial t}+\frac{\partial}{\partial y}\left(\frac{v^2}{2}\right)+2(\omega_z v_x-\omega_x v_z)=f_y-\frac{1}{\rho}\times\frac{\partial p}{\partial y}\\&\frac{\partial v_z}{\partial t}+\frac{\partial}{\partial z}\left(\frac{v^2}{2}\right)+2(\omega_x v_y-\omega_y v_x)=f_z-\frac{1}{\rho}\times\frac{\partial p}{\partial z}\end{aligned}\right\}\quad(4\text{-}31)$$

它的矢量形式为 $\quad\dfrac{\partial\boldsymbol{v}}{\partial t}+\nabla\left(\dfrac{v^2}{2}\right)+2(\boldsymbol{\omega}\times\boldsymbol{v})=\boldsymbol{f}-\dfrac{1}{\rho}\nabla p$

称为兰姆（H. Lamb）方程。它是理想流体微分形式运动方程的另一表示式。倘若方程中的 $\omega_x = \omega_y = \omega_z = 0$，流动是无旋的；否则，便是有旋的。

如果作用在流体上的质量力有势，流场又是正压的，可以定义一个压强函数

$$p_F = \int \mathrm{d}p/\rho \tag{4-32}$$

它对坐标的偏导数为 $\dfrac{\partial p_F}{\partial x} = \dfrac{1}{\rho} \times \dfrac{\partial p}{\partial x}, \dfrac{\partial p_F}{\partial y} = \dfrac{1}{\rho} \times \dfrac{\partial p}{\partial y}, \dfrac{\partial p_F}{\partial z} = \dfrac{1}{\rho} \times \dfrac{\partial p}{\partial z}$

将它们代入式(4-31)，得

$$\left.\begin{aligned}
\frac{\partial v_x}{\partial t} + 2(\omega_y v_z - \omega_z v_y) &= -\frac{\partial}{\partial x}\left(\pi + p_F + \frac{v^2}{2}\right) \\
\frac{\partial v_y}{\partial t} + 2(\omega_z v_x - \omega_x v_z) &= -\frac{\partial}{\partial y}\left(\pi + p_F + \frac{v^2}{2}\right) \\
\frac{\partial v_z}{\partial t} + 2(\omega_x v_y - \omega_y v_x) &= -\frac{\partial}{\partial z}\left(\pi + p_F + \frac{v^2}{2}\right)
\end{aligned}\right\} \tag{4-33}$$

它的矢量形式为

$$\frac{\partial \boldsymbol{v}}{\partial t} + 2(\boldsymbol{\omega} \times \boldsymbol{v}) = -\nabla\left(\pi + p_F + \frac{v^2}{2}\right) \tag{4-34}$$

这是理想正压流体在有势的质量力作用下的兰姆方程。

4.4.2 定解条件

理想流体的任何运动必须满足连续方程式(4-21)和运动方程式(4-30)。在这四个方程中，通常质量力是已知量，未知量为 v_x、v_y、v_z、p、ρ 五个，还需补充一个方程，方程组才封闭，才能求解。对于不可压缩流体，密度等于常数，可以补充 $\rho=$ 常数；对于可压缩流体中的正压流体，密度仅随压强变化，可以补充 $\rho = \rho(p)$；对于可压缩流体中的非正压流体，密度随压强和温度变化，又多了一个变量 T，除需补充物态方程外，还要有能量方程。但满足基本方程组的解有无穷多，要得到给定流动的确定解，必须给出它的定解条件，包括起始条件和边界条件。

（1）起始条件

起始条件是指在起始瞬时（$t=0$）方程组的解应当满足的条件，即起始瞬时流场中的流动参数分布：

$$v_x = v_x(x,y,z), v_y = v_y(x,y,z), v_z = v_z(x,y,z)$$
$$p = p(x,y,z), \rho = \rho(x,y,z), T = T(x,y,z)$$

它们是研究非定常流动必不可少的定解条件；对于定常流动，由于流场中的流动参数分布不变，则不必给出。

（2）边界条件

边界条件是指方程组的解在流场边界上应当满足的条件。边界可以是固体的，也可以是流体的；条件可以是运动学的、动力学的，也可以是热力学的。形式多种多样，需按实际问题具体分析。现举常见的几种。

① 固体壁面。理想流体沿固体壁面流动时，既不能穿过它，也不能脱离它，壁面上流体质点的法向速度 v_{ln} 应等于对应点上壁面的法向速度 v_{bn}，即

$$v_{ln} = v_{bn}$$

壁面静止不动
$$v_{ln} = 0$$

流体与固体壁面的相互作用力也必沿壁面的法线方向。

② 流体交界面。两种流体应当互不渗透。在它们交界面的同一点上，法向速度应当相等，两侧的温度通常也是连续的，即

$$v_{1n} = v_{2n}, T_1 = T_2$$

对于曲面交界面，曲面两侧的压强应当满足以下条件，即

$$p_1 - p_2 = \sigma\left(\frac{1}{R_1} + \frac{1}{R_2}\right)$$

对于平面交界面，$R_1 = R_2 \to \infty$　　$p_1 = p_2$

对于自由表面　　　　　　　　$p = p_{\text{amb}}$

对于接触大气的自由表面　　　$p = p_{\text{a}}$

③ 无穷远处。一般给定该处流体的流速 v_∞、压强 p_∞ 和密度 ρ_∞。

④ 流道进、出口处。此处的条件需视具体情况而定，一般给出该处截面上的速度分布。

4.4.3　正压流体

正压流体指的是压力只是密度的函数的流体，在这种流体中，等压力面和等密度面是平行的。与之对应的，如果流体的压力不仅是密度的函数，还和温度以及组成成分等有关，则称为斜压流体。在斜压流体中，等压力面和等密度面是可以相交的。广义地说，正压流体是其力学特性与热学特性无关的流体。

我们日常所见到的流体其实都是斜压流体，比如海水的密度与盐分相关，空气的密度与温度和湿度都相关。因此，正压流体跟理想气体或者不可压缩流动一样，是一个理想化的模型。

理想气体的状态方程是 $p = \rho RT$，在一些特定情况下，状态方程可以简化为 $p = f(\rho)$ 的形式，例如：

① 等密度流体：$\rho = C$，压力只与外力有关。

② 等温流动：$p = C\rho$。

③ 等熵流动：$p = C\rho^k$。

成分均匀的液体在温度变化不大时，就近似于等密度流体。液体与气体的绝能无摩擦的流动都属于等熵流动，所以正压流体的概念应用还是比较广泛的。

4.5　理想流体运动方程的积分

4.5.1　欧拉积分

若理想正压流体在有势的质量力作用下做定常无旋流动，式(4-33)的左端等于零；该方程组得

$$\frac{\partial}{\partial x}\left(\pi + p_F + \frac{v^2}{2}\right)\mathrm{d}x + \frac{\partial}{\partial y}\left(\pi + p_F + \frac{v^2}{2}\right)\mathrm{d}y + \frac{\partial}{\partial z}\left(\pi + p_F + \frac{v^2}{2}\right)\mathrm{d}z = 0$$

即

$$d\left(\pi + p_F + \frac{v^2}{2}\right) = 0$$

积分后得

$$\pi + p_F + \frac{v^2}{2} = C$$

称为欧拉积分。该式说明，理想正压流体在有势的质量力作用下做定常无旋流动时，单位质量流体的质量力位势能 π、压强势能 p_F、动能 $v^2/2$ 之和在流场中保持不变，它们可以互相转换。

4.5.2　伯努利积分

若理想正压流体在有势的质量力作用下做定常有旋流动，式(4-33)左端第一项等于零，由于定常流动的流线与迹线重合，在流场中沿流线所取有向微元线段 $\mathrm{d}l$ 的三个投影可以表示为 $\mathrm{d}x = v_x\mathrm{d}t$，$\mathrm{d}y = v_y\mathrm{d}t$，$\mathrm{d}z = v_z\mathrm{d}t$。依次用它们的右、左端分别乘上述方程组三式的左、右端，得

$$2(\omega_y v_z - \omega_z v_y)v_x\mathrm{d}t = -\frac{\partial}{\partial x}\left(\pi + p_F + \frac{v^2}{2}\right)\mathrm{d}x$$

$$2(\omega_z v_x - \omega_x v_z)v_y\mathrm{d}t = -\frac{\partial}{\partial y}\left(\pi + p_F + \frac{v^2}{2}\right)\mathrm{d}y$$

$$2(\omega_x v_y - \omega_y v_x)v_z\mathrm{d}t = -\frac{\partial}{\partial z}\left(\pi + p_F + \frac{v^2}{2}\right)\mathrm{d}z$$

三式相加后得

$$d\left(\pi + p_F + \frac{v^2}{2}\right) = 0$$

积分后得

$$\pi + p_F + \frac{v^2}{2} = C \tag{4-35}$$

称为伯努利积分。该式说明，理想正压流体在有势的质量力作用下做定常有旋流动时，单位质量流体的质量力位势能 π、压强势能 p_F、动能 $\frac{v^2}{2}$ 之和沿同一流线保持不变，它们可以互相转换。一般情况下，沿不同流线积分常数值不一样。

对于理想不可压缩重力流体，若取坐标轴 z 铅直向上，则有 $\pi = gz$，$p_F = p/\rho$，代入式(4-34)、式(4-35)，便得到已经导出的伯努利方程式。如果流动无旋，单位质量流体的位势能、压强势能、动能之和在流场中保持不变；如果流动有旋，这三项之和沿同一流线保持不变。对于完全气体的绝热流动，质量力的作用可忽略不计，由等熵过程关系式 $\rho = C'p^{1/\gamma}$，可得

$$p_F = \int\frac{\mathrm{d}p}{C'p^{1/\gamma}} = \frac{1}{C'}\times\frac{p^{1-1/\gamma}}{1-1/\gamma} = \frac{\gamma}{1-\gamma}\times\frac{p}{\rho}$$

代入式(4-34)、式(4-35)，得

$$\frac{\gamma}{\gamma-1}\times\frac{p}{\rho} + \frac{v^2}{2} = C \tag{4-36}$$

这是非黏性完全气体一维定常绝热流动的能量方程。如果流动无旋，单位质量气体的压强势能、动能之和在流场中保持不变；如果流动有旋，这两项之和沿同一流线保持不变。

4.6　漩涡理论基础

4.6.1　基本概念

在有旋流动流场的全部或局部区域中连续地充满着绕自身轴线旋转的流体微团，形成了用角速度 $\boldsymbol{\omega}(x, y, z, t)$ 表示的涡量场（或称角速度场）。如同在速度场中引进流线、流管、流束和流量一样，在涡量场中引进涡线、涡管、涡束和涡通量。

（1）涡线、涡管、涡束

涡线是这样一条曲线：在给定瞬时，涡线上每个点的流体角速度矢量都与它相切；涡线就是该线上诸流体微团的瞬时转动轴线，如图4-8所示。在非定常流动中，涡线的形状和位置随时变化；只有在定常流动中，涡线的形状和位置才保持不变。涡线的微分方程为

$$\frac{\mathrm{d}x}{\omega_x(x,y,z,t)} = \frac{\mathrm{d}y}{\omega_y(x,y,z,t)} = \frac{\mathrm{d}z}{\omega_z(x,y,z,t)} \tag{4-37}$$

式中，t 为参变量。

在给定瞬时，在涡量场中任取一不是涡线的封闭曲线，通过封闭曲线上每一点作涡线，这些涡线形成一个管状表面，称为涡管，如图4-9所示。涡管中充满旋转运动的流体，称为涡束。

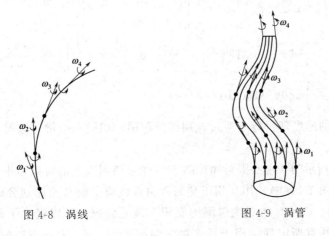

图4-8　涡线　　　　　　图4-9　涡管

（2）涡通量

旋转角速度的值 ω 与垂直于角速度方向的微元涡管横截面积 $\mathrm{d}A$ 的乘积的两倍称为微元涡管的涡通量（也称涡管强度）$\mathrm{d}J$，即

$$\mathrm{d}J = 2\omega\mathrm{d}A \tag{4-38}$$

有限截面涡管的涡通量（涡管强度）可表示为沿涡管横截面的如下积分：

$$J = 2\iint\limits_A \omega_n \mathrm{d}A \tag{4-39}$$

式中，ω_n 是微元涡管的旋转角速度沿涡管横截面法线方向的分量。

4.6.2　速度环量、斯托克斯定理

（1）速度环量

流体的流量和流体质点的速度可利用伯努利方程通过测量压强差来计算，但涡通量和流

体微团的角速度不能直接测得。根据实际观察发现，在有旋流动中流体环绕某一核心旋转涡通量越大，旋转速度越快，旋转范围越大。因此可以推测，涡通量与环绕核心的流体速度分布有密切关系。为了解决这个问题，引进速度环量的概念；它定义为：速度在某一封闭周线切线上的分量沿该封闭周线的线积分，即

$$\Gamma = \oint \boldsymbol{v}\,\mathrm{d}\boldsymbol{s} = \oint (v_x\,\mathrm{d}x + v_y\,\mathrm{d}y + v_z\,\mathrm{d}z) \tag{4-40}$$

速度环量是标量，它的正负号不仅与速度的方向有关，而且与线积分的绕行方向有关。为统一起见，特规定沿封闭周线绕行的正方向为逆时针方向，即封闭周线所包围的面积总在前进方向的左侧；被包围面积的法线的正方向应与绕行的正方向形成右手螺旋系统。

（2）斯托克斯定理

在涡量场中，沿任意封闭周线的速度环量等于通过该周线所包围面积的涡通量，即

$$\Gamma_K = \oint_K \boldsymbol{v}\,\mathrm{d}\boldsymbol{s} = 2\iint_A \omega_x\,\mathrm{d}A \tag{4-41}$$

为了证明斯托克斯（G. G. Stokes）定理，先在坐标面 xoy 上取一边长为 $\mathrm{d}x$、$\mathrm{d}y$ 的微元矩形周线 $ABCDA$，各角点的速度如图 4-10 所示。由于可按平均速度计算各微元线段上的速度环量，故沿封闭周线 $ABCDA$ 的速度环量为

$$\mathrm{d}\Gamma = \frac{1}{2}\left[v_x + \left(v_x + \frac{\partial v_x}{\partial x}\mathrm{d}x\right)\right]\mathrm{d}x + \frac{1}{2}\left[\left(v_y + \frac{\partial v_y}{\partial x}\mathrm{d}x\right) + \left(v_y + \frac{\partial v_y}{\partial x}\mathrm{d}x + \frac{\partial v_y}{\partial y}\mathrm{d}y\right)\right]\mathrm{d}y -$$

$$\frac{1}{2}\left[\left(v_x + \frac{\partial v_x}{\partial x}\mathrm{d}x + \frac{\partial v_x}{\partial y}\mathrm{d}y\right) + \left(v_x + \frac{\partial v_x}{\partial y}\mathrm{d}y\right)\right]\mathrm{d}x - \frac{1}{2}\left[\left(v_y + \frac{\partial v_y}{\partial y}\mathrm{d}y\right) + v_y\right]\mathrm{d}y$$

$$= \left(\frac{\partial v_y}{\partial x} - \frac{\partial v_x}{\partial y}\right)\mathrm{d}x\,\mathrm{d}y = 2\omega_z\,\mathrm{d}A = \mathrm{d}J$$

即沿微元封闭周线的速度环量等于通过该周线所包围面积的涡通量。这就证明了微元封闭周线的斯托克斯定理。

推广到图 4-10 所示的任意有限封闭周线 K，张于该周线上的可以是平面，见图 4-11(a)；也可以是曲面，见图 4-11(b)。用互相正交的两组直线将平面和曲面划分成无数个微元封闭周线如图 4-11 所示。微元封闭周线包围的面积为微元面积，可以视为平面。这样，便可将微元封闭周线的斯托克斯定理应用于每个微元封闭周线，有 $\mathrm{d}\Gamma_i = \mathrm{d}J_i(i=1,2,3,\cdots)$；综合所有微元封闭周线，得 $\sum\mathrm{d}\Gamma_i = \sum\mathrm{d}J_i(i=1,2,3,\cdots)$。由于周线 K 内各微元线段速度

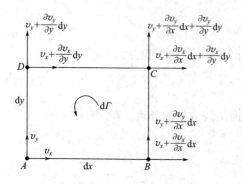

图 4-10 证明微元封闭周线斯托克斯定理用图

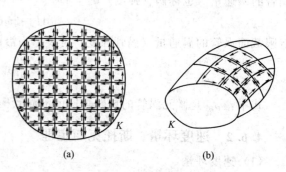

(a)　　　　(b)

图 4-11 证明有限封闭周线斯托克斯定理用图

的线积分都要计算两次，而绕行方向相反，它们线积分之和为零，故有 $\sum \mathrm{d}\Gamma_i = \Gamma_K = \oint_K \boldsymbol{v}\,\mathrm{d}\boldsymbol{s}$ ，而 $\sum \mathrm{d}J_i = 2\iint_A \omega_n \mathrm{d}A$ ，所以 $\Gamma_K = \oint_K \boldsymbol{v}\,\mathrm{d}\boldsymbol{s} = 2\iint_A \omega_n \mathrm{d}A$ ，即沿有限封闭周线的速度环量等于通过此周线所张曲面的涡通量。这就证明了有限封闭周线的斯托克斯定理。

必须注意，斯托克斯定理应用区域的限制条件：区域内任意封闭周线都能连续地收缩成一点而不越出流体的边界。这种区域称为单连通区域，上述有限封闭周线便是。不符合上述限制条件的区域，称为多连通区域。例如图 4-12 的封闭周线 K 内有一翼形剖面，便是双连通区域；封闭周线内有多个固体剖面，便是多连通区域。在多连通区域，由于被积函数（包括它的导数）有不连续或无定义的区域（固体剖面），便不能直接应用斯托克斯定理。

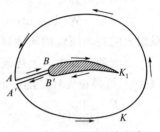

图 4-12 双连通区域变成单连通区域

如果在图 4-12 中用无限靠近的线段 AB 和 $A'B'$ 将外、内周线 K、K_1 隔断，重新组成封闭周线 $ABK_1B'A'KA$，它包围的区域就变成了单连通区域。沿此周线的速度环量为

$$\Gamma_{ABK_1B'A'KA} = \Gamma_{AB} + \Gamma_{BK_1B'} + \Gamma_{B'A'} + \Gamma_{A'KA}$$

由于沿线段 AB 与 AB 的切线速度线积分大小相等，方向相反，即 $\Gamma_{AB} + \Gamma_{A'B'} = 0$，而沿内封闭周线的速度环量 $\Gamma_{BK_1B'} = -\Gamma_{K_1}$，沿外封闭周线的速度环量 $\Gamma_{A'KA} = \Gamma_K$，故得双连通区域的斯托克斯定理：

$$\Gamma_K - \Gamma_{K_1} = 2\iint_A \omega_n \mathrm{d}A \tag{4-42}$$

倘若在外封闭周线之内有 n 个固体剖面，则式(4-42)扩展成

$$\Gamma_K - \sum_{i=1}^{n} \Gamma_{K_i} = 2\iint_A \omega_n \mathrm{d}A \tag{4-43}$$

即沿外封闭周线的速度环量与沿内封闭周线速度环量总和之差等于通过多连通区域的涡通量。

【例 4-7】 已知理想流体定常流动的速度分布为 $v_x = a(y^2 + z^2)^{1/2}$，$v_y = v_z = 0$，试求涡线方程与沿封闭周线 $x^2 + y^2 = b^2(z = 0)$ 的速度环量，a、b 为常数。

解：按已知速度得旋转角速度的分量为

$$\omega_x = \frac{1}{2}\left(\frac{\partial v_z}{\partial y} - \frac{\partial v_y}{\partial z}\right) = 0$$

$$\omega_y = \frac{1}{2}\left(\frac{\partial v_x}{\partial z} - \frac{\partial v_z}{\partial x}\right) = \frac{az}{2(y^2 + z^2)^{1/2}}, \quad \omega_z = \frac{1}{2}\left(\frac{\partial v_y}{\partial x} - \frac{\partial v_x}{\partial y}\right) = -\frac{ay}{2(y^2 + z^2)^{1/2}}$$

代入涡线微分方程式(4-37)，整理得

$$\frac{\mathrm{d}x}{0} = \frac{\mathrm{d}y}{z} = -\frac{\mathrm{d}z}{y}$$

积分后得涡线方程为

$$x = C_1, \quad y^2 + z^2 = C_2$$

由于封闭周线所在平面流体微团的涡量为 $\omega_x = \omega_y = 0$，$\omega_z = -a/2$，故由斯托克斯定理得速度环量

$$\Gamma = 2\iint\limits_{A}\omega_n\,\mathrm{d}A = 2\omega_z A = -\pi ab^2$$

4.6.3 汤姆孙定理、亥姆霍兹三定理

（1）汤姆孙定理

汤姆孙（W. Thomson）提出：理想正压流体在有势的质量力作用下，沿任何由流体质点组成的封闭周线的速度环量不随时间变化。

在流动过程中，上述流体质点线可以移动、变形，但组成该线的流体质点不变。故由式（4-40）可得速度环量随时间的变化率为

$$\frac{\mathrm{d}\Gamma}{\mathrm{d}t} = \frac{\mathrm{d}}{\mathrm{d}t}\oint(v_x\,\mathrm{d}x + v_y\,\mathrm{d}y + v_z\,\mathrm{d}z)$$

$$= \oint\left[v_x\frac{\mathrm{d}}{\mathrm{d}t}(\mathrm{d}x) + v_y\frac{\mathrm{d}}{\mathrm{d}t}(\mathrm{d}y) + v_z\frac{\mathrm{d}}{\mathrm{d}t}(\mathrm{d}z)\right] + \oint\left(\frac{\mathrm{d}v_x}{\mathrm{d}t}\mathrm{d}x + \frac{\mathrm{d}v_y}{\mathrm{d}t}\mathrm{d}y + \frac{\mathrm{d}v_z}{\mathrm{d}t}\mathrm{d}z\right) \quad\text{(a)}$$

式（a）等号右端第一项转变为

$$\oint\left[v_x\frac{\mathrm{d}}{\mathrm{d}t}(\mathrm{d}x) + v_y\frac{\mathrm{d}}{\mathrm{d}t}(\mathrm{d}y) + v_z\frac{\mathrm{d}}{\mathrm{d}t}(\mathrm{d}z)\right] = \oint(v_x\,\mathrm{d}v_x + v_y\,\mathrm{d}v_y + v_z\,\mathrm{d}v_z)$$

$$= \oint\left[\mathrm{d}\left(\frac{v_x^2}{2}\right) + \mathrm{d}\left(\frac{v_y^2}{2}\right) + \mathrm{d}\left(\frac{v_z^2}{2}\right)\right] = \oint\mathrm{d}\left(\frac{v^2}{2}\right) \quad\text{(b)}$$

引用式（3-6）、式（4-30）、式（2-15）、式（4-32），式（a）等号右端第二项转变为

$$\oint\left(\frac{\mathrm{d}v_x}{\mathrm{d}t}\mathrm{d}x + \frac{\mathrm{d}v_y}{\mathrm{d}t}\mathrm{d}y + \frac{\mathrm{d}v_z}{\mathrm{d}t}\mathrm{d}z\right)$$

$$= \oint\left[\left(f_x - \frac{1}{\rho}\times\frac{\partial p}{\partial x}\right)\mathrm{d}x + \left(f_y - \frac{1}{\rho}\times\frac{\partial p}{\partial y}\right)\mathrm{d}y + \left(f_z - \frac{1}{\rho}\times\frac{\partial p}{\partial z}\right)\mathrm{d}z\right]$$

$$= \oint\left[(f_x\,\mathrm{d}x + f_y\,\mathrm{d}y + f_z\,\mathrm{d}z) - \frac{1}{\rho}\left(\frac{\partial p}{\partial x}\mathrm{d}x + \frac{\partial p}{\partial y}\mathrm{d}y + \frac{\partial p}{\partial z}\mathrm{d}z\right)\right] = \oint(-\mathrm{d}\pi - \mathrm{d}p_F) \quad\text{(c)}$$

将式（b）、式（c）代入式（a）得

$$\frac{\mathrm{d}\Gamma}{\mathrm{d}t} = \oint\left[\mathrm{d}\left(\frac{v^2}{2}\right) - \mathrm{d}\pi - \mathrm{d}p_F\right] = \oint\mathrm{d}\left(\frac{v^2}{2} - \pi - p_F\right) = 0 \tag{4-44}$$

这是因为前已假定 v，π 和 p_F 都是 x、y、z 和 t 的单值连续函数，所以沿封闭周线的积分等于零，即速度环量不随时间变化，这就证明了汤姆孙定理。

汤姆孙定理和斯托克斯定理说明：理想正压流体在有势的质量力作用下，速度环量和旋涡都是不能自行产生或自行消失的。这是由于理想流体没有黏性，不存在切向应力，不能传递旋转运动，既不能使不旋转的流体微团产生旋转，也不能使已旋转的流体微团停止旋转。由此可知，流场中原来有漩涡和速度环量的，永远有漩涡和保持原有的环量；原来没有漩涡和速度环量的，就永远没有漩涡和环量。例如，理想流体从静止状态开始运动，由于在静止时流场中每一条封闭周线的速度环量都等于零，而且没有漩涡，所以在流动中环量仍然等于零，没有漩涡。如果从静止开始流动后，由于某种原因某瞬间流场中产生了漩涡，有了速度环量，根据汤姆孙定理，在同一瞬间必然会产生一个与此环量大小相等而方向相反的漩涡以保持流场的总环量等于零。

（2）亥姆霍兹三定理

亥姆霍兹（H. L. Fvon Helmholtz）提出了关于理想流体有旋流动的三个漩涡定理，这

些定理说明了漩涡的基本性质。

亥姆霍兹第一定理：在同一瞬间涡管各截面上的涡通量都相同。

如图 4-13 所示，在涡管上任取两个截面 A 和 B，在它们之间的涡管表面上取两条无限邻近的线 AB 和 $A'B'$。由于在封闭周线 $ABB'A'A$ 所包围的涡管表面内没有涡线穿过，所以根据斯托克斯定理，沿这条封闭周线的速度环量等于零：沿 AB 和 $B'A'$ 两条线的切向速度线积分大小相等，方向相反，互相抵消，故有

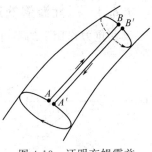

图 4-13　证明亥姆霍兹
第一定理用图

$$\Gamma_{ABB'A'A} = \Gamma_{AB} + \Gamma_{BB'} + \Gamma_{B'A'} + \Gamma_{A'A} = \Gamma_{BB'} + \Gamma_{A'A} = 0$$

即
$$-\Gamma_{A'A} = \Gamma_{BB'}; \Gamma_{AA'} = \Gamma_{BB'}$$

意即沿包围涡管任一截面封闭周线的速度环量都相等。根据斯托克斯定理，这些速度环量都等于穿过封闭周线所包截面的涡通量，故在涡管各截面上的涡通量都相等，即

$$2\iint \omega_n \mathrm{d}A = 常数$$

该定理说明涡管不可能在流体中终止，因为如果涡管的截面缩小到零，则角速度将趋于无穷大，这是不可能的。所以涡管在流体中既不能开始，也不能终止，只能是自成封闭的涡圈或在边界（即容器壁面或自由表面）上开始、终止，如图 4-14 所示。例如，吸烟者吐出的圆形烟环、水中的漩涡和龙卷风等都是该定理所表述的自然现象。但是，实际流体有黏性，涡管的强度随时间会有变化，如吐出的烟环和水中形成的漩涡经过不长的时间便会消失。

亥姆霍兹第二定理（涡管守恒定理）：理想正压流体在有势的质量力作用下，涡管永远保持为由相同流体质点组成的涡管。

在涡管的表面上任意取由流体质点组成的封闭周线 K，如图 4-15 所示。由于开始时没有涡线穿过周线 K 所包围的面积，所以由斯托克斯定理可知，沿周线 K 的速度环量等于零；根据汤姆孙定理，速度环量不能自生自灭，所以沿周线 K 的速度环量永远为零。因此涡管表面上任何封闭周线所包围的面积中永远没有涡线通过，也就是说，在某一时刻构成涡管的流体质点永远在涡管上，即涡管永远为涡管，但涡管的形状随时间可能有变化。

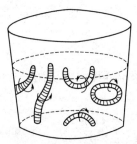

图 4-14　涡管在流体中
存在的形状

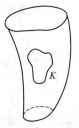

图 4-15　证明亥姆霍兹
第二定理用图

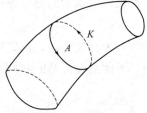

图 4-16　证明亥姆霍兹
第三定理用图

亥姆霍兹第三定理（涡管强度守恒定理）：在有势质量力作用下的理想正压流体中，任何涡管的强度都不随时间变化，永远保持定值。

如图 4-16 所示，围绕涡管的截面 A 取一封闭的流体质点周线 K。根据亥姆霍兹第二定理，涡管始终由相同的流体质点组成；根据汤姆孙定理，沿涡管表面周线 K 的速度环量保

持不变；再根据斯托克斯定理，通过涡管的涡通量也保持不变，即涡管强度不随时间变化。

4.6.4 二元漩涡的速度和压强分布

设在重力作用下的不可压缩理想流体中，有一无限长、涡通量为 J 的铅直涡束，它像

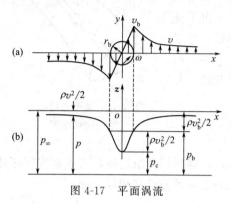

刚体一样地以等角速度绕自身轴旋转。涡束周围的流体受涡束的诱导，将绕涡束轴作对应的等速圆周运动。由于直线涡束无限长，与涡束轴垂直的所有平面上的流动情况都一样，故可只研究其中一个平面的流动，如图 4-17(a) 所示。该流动可分为：涡束内的流动，称为涡核区，为有旋流动，其半径为 r；涡束外的流动，称为环流区，为无旋流动，这是由于速度环量和漩涡都不能自行产生环流区。根据斯托克斯定理，沿任何圆周流线的速度环量为

图 4-17　平面涡流

$$\Gamma = 2\pi r v_\theta = J \quad (r \geqslant r_b)$$

故环流区的速度分布为

$$v_r = 0, \quad v_\theta = v = \Gamma/(2\pi r) \quad (r \geqslant r_b) \tag{4-45}$$

在该区水平平面内，对半径 r 处和无穷远处列伯努利方程

$$p + \rho v^2/2 = p_\infty \tag{a}$$

将式(4-45) 代入式(a)，得环流区的压强分布为

$$p = p_\infty - \frac{\rho v^2}{2} = p_\infty - \frac{\rho \Gamma^2}{8\pi^2 r^2} \tag{4-46}$$

可见，在环流区随着半径的减小，流速升高而压强降低，见图 4-17(b)；在与涡核交界处，流速达该区的最高值，而压强则是该区的最低值，即

$$v_b = \Gamma/(2\pi r_b)$$

$$p_b = p_\infty - \frac{\rho v_b^2}{2} = p_\infty - \frac{\rho \Gamma^2}{8\pi^2 r_b^2} \tag{b}$$

由式(4-46) 可知，平面涡流确实存在像刚体一样以等角速度绕自身轴旋转的涡核；因为假设环流区可以延伸到中心，则 $p = -\infty$，实际上这是不可能的。

涡核区：涡束的速度分布为

$$v_r = 0, \quad v_\theta = v = r\omega \quad (r \leqslant r_b) \tag{4-47}$$

由于该区为有旋流动，伯努利方程的积分常数随流线而变，故由欧拉方程推求压强分布更为方便。平面定常流动的欧拉方程为

$$v_x \frac{\partial v_x}{\partial x} + v_y \frac{\partial v_x}{\partial y} = -\frac{1}{\rho} \times \frac{\partial p}{\partial x}, \quad v_x \frac{\partial v_y}{\partial x} + v_y \frac{\partial v_y}{\partial y} = -\frac{1}{\rho} \times \frac{\partial p}{\partial y}$$

将区内任一点的速度 $v_x = -\omega y$，$v_y = \omega x$ 代入上式，得

$$\omega^2 x = -\frac{1}{\rho} \times \frac{\partial p}{\partial x}, \quad \omega^2 y = -\frac{1}{\rho} \times \frac{\partial p}{\partial y}$$

用 dx 和 dy 分别乘以上二式，相加后得

$$\omega^2 (x\,dx + y\,dy) = -\frac{1}{\rho}\left(\frac{\partial p}{\partial x}dx + \frac{\partial p}{\partial y}dy\right)$$

或
$$\mathrm{d}p = \rho\omega^2 \mathrm{d}(x^2 + y^2)/2$$

积分得
$$p = \frac{1}{2}\rho\omega^2(x^2 + y^2) + C = \frac{1}{2}\rho\omega^2 r^2 + C = \frac{1}{2}\rho v^2 + C$$

与环流区交界处，$r = r_b$，$p = p_b$，$v = v_b = r_b\omega$，代入上式，得积分常数

$$C = p_b - \frac{1}{2}\rho v_b^2 = p_\infty - \rho v_b^2$$

将积分常数代回原式，得涡核区的压强分布为

$$p = p_\infty + \frac{1}{2}\rho v^2 - \rho v_b^2 = p_\infty + \frac{1}{2}\rho\omega^2 r^2 - \rho\omega^2 r_b^2 \tag{4-48}$$

涡核中心的流速为零，压强最低，涡核中心的压强

$$p_c = p_\infty - \rho v_b^2 \tag{c}$$

由式(b)、式(c) 可得涡核区边缘至涡核中心的压强降

$$p_b - p_c = \frac{1}{2}\rho v_b^2 = p_\infty - p_b$$

可见，涡核区和环流区的压强降相等，都等于以它们交界处的速度计算的动压头。由于涡核区的压强比环流区的低，而涡核区又很小，径向压强梯度很大，故有向涡核中心的抽吸作用；涡旋越强，这种作用越大。龙卷风是极强的涡旋，所以有很大的破坏力。在工程实际中，也有许多与涡流有关的装置，如锅炉中的旋风燃烧室、离心式除尘器、离心式喷油嘴、离心式超声波发生器、离心式泵和风机等。

4.7　简单的平面势流及叠加

4.7.1　几种简单的平面势流

拉普拉斯方程在复杂边界条件下不易求解，但对一些简单的平面势流，其势函数和流函数不难解出。由于平面势流的势函数、流函数满足线性的拉普拉斯方程，所以其解可以叠加。这些简单的平面势流经过适当的叠加，往往能描述比较复杂的流动。

（1）平行直线等速流动

当深度极大的流体由平面上流过时，除平面附近的一薄层流体外，流体做等速直线运动，流场中各点速度的大小相等、方向相同，这种流动称为平行直线等速流动，如图 4-18 所示。

设平行直线等速流动速度 u，流动方向与 x 轴方向所成的角度为 α，则 x 轴、y 轴方向的速度分量为

$$u_x = u\cos\alpha = a$$
$$u_y = u\sin\alpha = b$$

式中，a、b 均为定值。

下面求出这一流动的势函数与流函数。

将前两式代入旋转角速度公式得

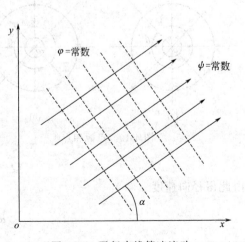

图 4-18　平行直线等速流动

$$\omega_z = \frac{1}{2}\left(\frac{\partial u_y}{\partial x} - \frac{\partial u_x}{\partial y}\right) = 0$$

故知平行直线等速流动是无旋流动，即有势流动。

根据势函数和流函数定义可得

$$\mathrm{d}\varphi = u_x \mathrm{d}x + u_y \mathrm{d}y = a\mathrm{d}x + b\mathrm{d}y$$

$$\mathrm{d}\psi = u_x \mathrm{d}y - u_y \mathrm{d}x = a\mathrm{d}y - b\mathrm{d}x$$

积分上两式，得到

$$\varphi = ax + by + C_1$$

$$\psi = ay - bx + C_2$$

积分常数 C_1、C_2 对流动图谱没有影响，可令 $C_1 = C_2 = 0$，则有

$$\left.\begin{array}{l}\varphi = ax + by \\ \psi = ay - bx\end{array}\right\} \tag{4-49}$$

这就是平行直线等速流动的势函数 φ 与流函数 ψ。

平行直线等速流动的等势线为 φ 等于常数的线；流线为 ψ 等于常数的线，即等势线是一簇斜率为 $-\dfrac{a}{b}$ 的平行线；流线是另一簇斜率为 $\dfrac{b}{a}$ 的平行线，其流网如图 4-18 所示。

若流动平行于 x 轴，则函数 φ 及 ψ 为

$$\left.\begin{array}{l}\varphi = ax \\ \psi = ay\end{array}\right\} \tag{4-50}$$

若流动平行于 y 轴，则函数 φ 及 ψ 为

$$\left.\begin{array}{l}\varphi = by \\ \psi = -bx\end{array}\right\} \tag{4-51}$$

（2）点源和点汇

流体从某一点向四周呈直线沿径向均匀流出的流动，称为点源，此点称为源点，如图 4-19(a) 所示。流体从四周向某点呈直线沿径向均匀流入的流动称为点汇，此点称为汇点，如图 4-19(b) 所示。

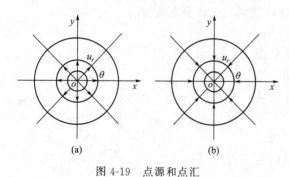

图 4-19 点源和点汇

点源和点汇的流动都只有径向速度 u_r，而无切向速度 u_θ。由流动的连续方程可知，不可压缩流体通过任一圆柱面的流量都应相等。设源点和汇点位于坐标原点，则从半径为 r 的单位长度圆柱面流出或流入的流量为

$$Q = 2\pi r \times 1 \times u_r$$

由此得径向速度

$$u_r = \pm \frac{Q}{2\pi r} \tag{4-52}$$

可以看出径向速度与 r 成反比。式(4-52)中 Q 是点源或点汇流出或流入的流量，称为点源

强度或点汇强度。对于点源，速度 u_r 与半径 r 同向，Q 前取正号；对于点汇，速度 u_r 与半径 r 异向，Q 前取负号。故点源和点汇的区别仅在于 Q 或 u_r 的符号不同。

下面求点源的势函数 φ 与流函数 ψ。

由于

$$u_r = \frac{\partial \varphi}{\partial r} = \frac{1}{r} \times \frac{\partial \psi}{\partial \theta} = \frac{Q}{2\pi r}$$

$$u_\theta = \frac{1}{r} \times \frac{\partial \varphi}{\partial \theta} = -\frac{\partial \psi}{\partial r} = 0$$

因而有

$$\mathrm{d}\varphi = \frac{\partial \varphi}{\partial r}\mathrm{d}r + \frac{\partial \varphi}{\partial \theta}\mathrm{d}\theta = \frac{Q}{2\pi r}\mathrm{d}r$$

$$\mathrm{d}\psi = \frac{\partial \psi}{\partial r}\mathrm{d}r + \frac{\partial \psi}{\partial \theta}\mathrm{d}\theta = \frac{Q}{2\pi}\mathrm{d}\theta$$

将上两式积分，并令积分常数为零，得到

$$\left.\begin{array}{l} \varphi = \dfrac{Q}{2\pi}\ln r \\[3mm] \psi = \dfrac{Q}{2\pi}\theta \end{array}\right\} \tag{4-53}$$

这就是点源的势函数与流函数。

由式（4-53）可知，等势线方程是 $\dfrac{Q}{2\pi}\ln r = C_1$ 或 $r =$ 常数，它是以源点 o 为圆心的同心圆；流线方程为 $\dfrac{Q}{2\pi}\theta = C_2$ 或 $\theta =$ 常数，它是以源点 o 为起点的径向射线，与等势线正交，如图 4-19（a）所示。

如图 4-19（b）所示，点汇流动正好是点源流动的逆过程，其表达式与点源流动形式相同，只是符号相反，可直接写出其势函数和流函数表达式

$$\left.\begin{array}{l} \varphi = -\dfrac{Q}{2\pi}\ln r \\[3mm] \psi = -\dfrac{Q}{2\pi}\theta \end{array}\right\} \tag{4-54}$$

（3）点涡

沿着同心圆的轨线运动，且其速度大小与半径 r 成反比的流动称为点涡流动，点涡流动简称点涡，如图 4-20 所示。点涡流动是流体在平面上的纯环流运动，又称为自由涡。

点涡流动可看作假设有一半径为 r_0，沿 z 方向无限长的圆柱体，围绕其中心轴做旋转运动，旋转角速度为 ω，圆柱体周围的流体被带动做旋转运动。这是一种特殊形式的有势流动，流体微团本身并不旋转，只是沿着圆周运动。

如图 4-20 所示，将坐标原点置于点涡处，流场中任意点 $M(r, \theta)$ 的速度 u_θ、u_r，可写成

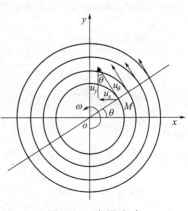

图 4-20　点涡流动

$$u_\theta = \frac{C}{r} \tag{4-55}$$

$$u_r = 0 \tag{4-56}$$

式中，C 为常数。

沿任意半径 r 的圆周上的速度环量为

$$\Gamma = \int_L u_\theta \, ds = \int_0^{2\pi} u_\theta r \, d\theta = 2\pi r u_\theta = 2\pi C$$

则有

$$C = \frac{\Gamma}{2\pi}$$

代入式(4-55) 得

$$u_\theta = \frac{\Gamma}{2\pi r}$$

式中，Γ 称为点涡强度。

在直角坐标系 xoy 下，速度分量

$$u_x = -u_\theta \sin\theta, \quad u_y = u_\theta \cos\theta$$

而

$$\sin\theta = \frac{y}{r}, \quad \cos\theta = \frac{x}{r}$$

则有

$$\left.\begin{array}{l} u_x = -\dfrac{\Gamma}{2\pi r} \times \dfrac{y}{r} = -\dfrac{\Gamma y}{2\pi r^2} = -\dfrac{\Gamma y}{2\pi(x^2 + y^2)} \\[3mm] u_y = \dfrac{\Gamma}{2\pi r} \times \dfrac{x}{r} = \dfrac{\Gamma x}{2\pi(x^2 + y^2)} \end{array}\right\} \tag{4-57}$$

点涡流动的旋转角速度为

$$\omega_M = \frac{1}{2}\left(\frac{\partial u_y}{\partial x} - \frac{\partial u_x}{\partial y}\right) = \frac{1}{2}\left[\frac{\partial}{\partial x}\left(\frac{\Gamma}{2\pi} \times \frac{x}{x^2 + y^2}\right) - \frac{\partial}{\partial y}\left(\frac{-\Gamma}{2\pi} \times \frac{y}{x^2 + y^2}\right)\right] = 0$$

因此，点涡流动是无旋流动。

下面求点涡流动的势函数 φ 与流函数 ψ。

由于

$$u_\theta = \frac{1}{r} \times \frac{\partial \varphi}{\partial \theta} = -\frac{\partial \psi}{\partial r} = \frac{\Gamma}{2\pi r}$$

$$u_r = \frac{\partial \varphi}{\partial r} = \frac{1}{r} \times \frac{\partial \psi}{\partial \theta} = 0$$

因而有

$$d\varphi = \frac{\partial \varphi}{\partial r} dr + \frac{\partial \varphi}{\partial \theta} d\theta = \frac{\Gamma}{2\pi} d\theta$$

$$d\psi = \frac{\partial \psi}{\partial r} dr + \frac{\partial \psi}{\partial \theta} d\theta = -\frac{\Gamma}{2\pi r} dr$$

将上两式积分，并令积分常数为零，得到

$$\left.\begin{array}{l} \varphi=\dfrac{\Gamma}{2\pi}\theta \\[3mm] \psi=-\dfrac{\Gamma}{2\pi}\ln r \end{array}\right\} \tag{4-58}$$

这就是点涡流动的势函数与流函数。

由式(4-58) 可知，等势线方程是 $\dfrac{\Gamma}{2\pi}\theta=C_1$ 或 $\theta=$ 常数，即等势线是从原点出发的半射线；流线方程为 $\dfrac{\Gamma}{2\pi}\ln r=C_2$ 或 $\theta=$ 常数，即流线是以原点为中心的一簇同心圆，与等势线正交。

这里需要指出，当 $\Gamma>0$ 时，$u_\theta>0$，此时流动为逆时针方向；当 $\Gamma<0$ 时，$u_\theta<0$，此时流动为顺时针方向。

4.7.2 平面势流的叠加

前面讨论了几种简单的平面势流，并且求出了反映运动特征的势函数 φ 和流函数 ψ。在实际中常会遇到很复杂的无旋流动，要直接求出这些复杂的无旋流动的势函数往往会遇到很多困难。对于这些复杂的无旋流动，往往可以把它看成是由几种简单势流叠加而成新的势流。将几个简单势流的势函数 φ_1、φ_2、φ_3、$\cdots$ 叠加，得

$$\varphi_1+\varphi_2+\varphi_3+\cdots$$

由于势函数 φ_1、φ_2、φ_3、$\cdots$ 都满足拉普拉斯方程，而拉普拉斯方程又是线性的，所以叠加后的势函数仍满足拉普拉斯方程，即

$$\nabla^2\varphi=\nabla^2\varphi_1+\nabla^2\varphi_2+\nabla^2\varphi_3+\cdots=0 \tag{4-59}$$

同样，叠加后的流函数 ψ 也将满足拉普拉斯方程

$$\nabla^2\psi=\nabla^2\psi_1+\nabla^2\psi_2+\nabla^2\psi_3+\cdots=0 \tag{4-60}$$

势函数 φ 所代表的新的复合流动，是叠加 φ_1、φ_2、φ_3、$\cdots$ 所表示的几个流动的结果，亦即在流场每一点上，把几个流动总和起来的结果。

复合流动的速度分量

$$\left.\begin{array}{l} u_x=\dfrac{\partial\varphi}{\partial x}=\dfrac{\partial\varphi_1}{\partial x}+\dfrac{\partial\varphi_2}{\partial x}+\dfrac{\partial\varphi_3}{\partial x}+\cdots=u_{x1}+u_{x2}+u_{x3}+\cdots \\[3mm] u_y=\dfrac{\partial\varphi}{\partial y}=\dfrac{\partial\varphi_1}{\partial y}+\dfrac{\partial\varphi_2}{\partial y}+\dfrac{\partial\varphi_3}{\partial y}+\cdots=u_{y1}+u_{y2}+u_{y3}+\cdots \end{array}\right\} \tag{4-61}$$

叠加两个或更多的流动组成一个新的复合流动，要想得到该复合流动的流函数和势函数，只要把各原始流动的流函数和势函数简单地代数相加起来就可以了。

下面举几个势流叠加的例子。

(1) 点源与点涡叠加的流动

流体自一点沿圆周切向流出，这样的流动可以近似地看成是点源流动与点涡流动叠加的结果。

令 φ_1 和 φ_2、ψ_1 和 ψ_2 分别为点源及点涡的势函数和流函数，其复合流动的势函数和流函数分别为

$$\left.\begin{array}{l} \varphi = \varphi_1 + \varphi_2 = \dfrac{Q}{2\pi}\ln r + \dfrac{\Gamma}{2\pi}\theta = \dfrac{1}{2\pi}(Q\ln r + \Gamma\theta) \\[4mm] \psi = \psi_1 + \psi_2 = \dfrac{Q}{2\pi}\theta - \dfrac{\Gamma}{2\pi}\ln r = \dfrac{1}{2\pi}(Q\theta - \Gamma\ln r) \end{array}\right\}$$

(4-62)

等势线方程为

$$Q\ln r + \Gamma\theta = C_1$$

(4-63)

或

$$r = \mathrm{e}^{\frac{C_1 - \Gamma\theta}{Q}}$$

(4-64)

流线方程

$$Q\theta - \Gamma\ln r = C_2$$

(4-65)

或

$$r = \mathrm{e}^{\frac{Q\theta - C_2}{\Gamma}}$$

(4-66)

式中，C_1、C_2 均为常数。

可以看出，等势线是一簇对数螺旋线，流线是与等势线正交的对数螺旋线，如图 4-21 所示，此流动称为螺旋流。

（2）点汇与点涡叠加的流动

流体自外沿圆周切向进入，又从中央不断流出，这样的流动可以近似地看成是点汇流动与点涡流动叠加的结果。点汇与点涡叠加后的势函数和流函数分别为

$$\left.\begin{array}{l} \varphi = \varphi_1 + \varphi_2 = -\dfrac{Q}{2\pi}\ln r + \dfrac{\Gamma}{2\pi}\theta \\[4mm] \psi = \psi_1 + \psi_2 = -\dfrac{Q}{2\pi}\theta - \dfrac{\Gamma}{2\pi}\ln r \end{array}\right\}$$

(4-67)

其等势线方程为

$$r = \mathrm{e}^{\frac{\Gamma\theta - C_1}{Q}}$$

(4-68)

流线方程

$$r = \mathrm{e}^{-\frac{Q\theta + C_2}{\Gamma}}$$

(4-69)

这种流动的特点和点源与点涡叠加的流动很类似，等势线是一簇对数螺旋线，流线是与等势线正交的对数螺旋线，只是前者由中心向外流动，后者由四周向中心流动。

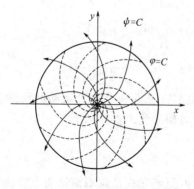

图 4-21　点源与点涡叠加的流动

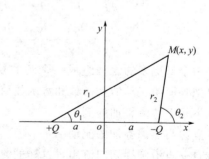

图 4-22　点源与点汇

（3）点源和点汇——偶极子流

如图 4-22 所示，在 x 轴上放置点源与点汇，相距为 $2a$，并与原点 o 对称，点源强度和

点汇强度分别为 Q 与 $-Q$。如果让它们彼此相互靠近（$2a \to 0$），且满足

$$\lim_{\substack{a \to 0 \\ Q \to \infty}} 2aQ = M$$

则此时的流动称为偶极子流。式中，M 是个有限值，称为偶极矩。

根据势流叠加原理，可求得偶极子流的势函数为

$$\lim_{\substack{a \to 0 \\ Q \to \infty}} \frac{Q}{2\pi}(\ln r_1 - \ln r_2) = \lim_{\substack{a \to 0 \\ Q \to \infty}} \frac{Q}{2\pi} \ln \frac{r_1}{r_2} \tag{4-70}$$

$$\left. \begin{array}{l} r_1 = \sqrt{(x+a)^2 + y^2} \\ r_2 = \sqrt{(x-a)^2 + y^2} \end{array} \right\} \tag{4-71}$$

式中，r_1、r_2 分别表示 M 点距源点和汇点的距离。

将式(4-71) 代入式(4-70) 中，得

$$\begin{aligned} \varphi &= \lim_{\substack{a \to 0 \\ Q \to \infty}} \frac{Q}{2\pi} \ln \sqrt{\frac{(x+a)^2 + y^2}{(x-a)^2 + y^2}} = \lim_{\substack{a \to 0 \\ Q \to \infty}} \frac{Q}{4\pi} \ln \frac{(x+a)^2 + y^2}{(x-a)^2 + y^2} \\ &= \lim_{\substack{a \to 0 \\ Q \to \infty}} \frac{Q}{4\pi} \ln \frac{(x+a)^2 + y^2 + (x-a)^2 - (x-a)^2}{(x-a)^2 + y^2} \\ &= \lim_{\substack{a \to 0 \\ Q \to \infty}} \frac{Q}{4\pi} \ln \left[1 + \frac{4ax}{(x-a)^2 + y^2} \right] \end{aligned} \tag{4-72}$$

在 $a \to 0$ 情况下，将式(4-72) 按级数

$$\ln(1+z) = z - \frac{z_2}{2} + \frac{z^3}{3} - \cdots$$

展开，并略去二阶以上无穷小量，得

$$\varphi = \lim_{\substack{a \to 0 \\ Q \to \infty}} \frac{Q}{4\pi} \frac{4ax}{(x-a)^2 + y^2} = \frac{M}{2\pi} \frac{x}{x^2 + y^2} = \frac{M}{2\pi r} \cos\theta \tag{4-73}$$

偶极子流的流函数为

$$\psi = \lim_{\substack{a \to 0 \\ Q \to \infty}} \frac{Q}{2\pi}(\theta_1 - \theta_2) \tag{4-74}$$

由于

$$\tan\theta_1 = \frac{y}{x+a}, \quad \tan\theta_2 = \frac{y}{x-a}$$

而

$$\tan(\theta_1 - \theta_2) = \frac{\tan\theta_1 - \tan\theta_2}{1 + \tan\theta_1 \tan\theta_2} = \frac{y(x-a) - y(x+a)}{x^2 - a^2 + y^2} = \frac{-2ya}{x^2 + y^2 - a^2}$$

或

$$\theta_1 - \theta_2 = \arctan \frac{-2ya}{x^2 + y^2 - a^2}$$

将上式按级数

$$\arctan z = z - \frac{z^3}{3} + \frac{z^5}{5} - \cdots$$

展开，略去二阶以上无穷小量后代入式(4-74)，得

$$\psi = \lim_{\substack{a\to 0 \\ Q\to\infty}} \left(-\frac{Q}{2\pi} \times \frac{2ya}{x^2+y^2-a^2} \right) = -\frac{M}{2\pi} \times \frac{y}{x^2+y^2} = -\frac{M}{2\pi r}\sin\theta \tag{4-75}$$

若令

$$\varphi = \frac{M}{2\pi} \times \frac{x}{x^2+y^2} = 常数$$

或

$$\frac{x}{x^2+y^2} = \frac{1}{2C_1}$$

式中，C_1 为任意常数。

整理得

$$(x-C_1)^2+y^2=C_1^2 \tag{4-76}$$

这是等势线方程。如图 4-23 所示，等势线是一簇圆心在 x 轴上，并与 y 轴相切于原点的圆。

若令

$$\psi = -\frac{M}{2\pi} \times \frac{y}{x^2+y^2} = 常数$$

或

$$\frac{y}{x^2+y^2} = \frac{1}{2C_2}$$

式中，C_2 为任意常数。

整理得

$$x^2+(y-C_2)^2=C_2^2 \tag{4-77}$$

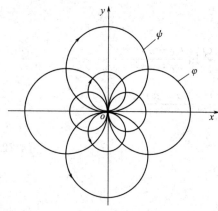

图 4-23　偶极子流流线和等势线

这是流线方程。如图 4-23 所示，流线是一簇圆心在 y 轴上，并与 x 轴相切于原点的圆。

4.8　流体对圆柱体的绕流

4.8.1　匀速绕流圆柱体的平面流动

图 4-24 所示是沿 x 轴正向速度为 v_∞ 的均匀等速流与沿 x 轴正向强度为 M 的偶极子流的叠加。根据势函数和流函数的公式可得组合流动的速度势和流函数为

$$\varphi = \left(v_\infty + \frac{M}{2\pi r^2} \right) r\cos\theta \tag{4-78}$$

$$\psi = \left(v_\infty - \frac{M}{2\pi r^2} \right) r\sin\theta \tag{4-79}$$

故流线方程为　$\left(v_\infty - \frac{M}{2\pi r^2} \right) r\sin\theta = C'$

取不同的常数值 C'，可得如图 4-24 所示的流谱。
当 $C'=0$ 时，得零流线方程为

$$\left(v_\infty - \frac{M}{2\pi r_0^2} \right) r_0\sin\theta = 0$$

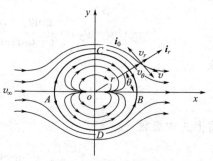

图 4-24　均匀等速流和
偶极子流的叠加

即
$$r_0 = [M/(2\pi v_\infty)]^{1/2}, \theta = 0, \pi$$

可见，零流线为以坐标原点为圆心，$r_0 = [M/(2\pi v_\infty)]^{1/2}$ 为半径的圆和点 B、A 以外的 x 轴；即零流线自 x 轴的负端至点 A，分成两股，沿上、下两个半圆周至点 B，重新汇合，直至 x 轴的正端。由于流体不能穿过流线，零流线的圆可以代之以圆柱体的横截面。这样，以上二式的适用范围应为 $r \geqslant r_0$，而且应有 $M = 2\pi r_0^2 v_\infty$。将 M 代入式（4-78）、式（4-79），该组合流动的速度势和流函数又可表示为

$$\varphi = v_\infty\left(1 + \frac{r_0}{r^2}\right)r\cos\theta \ (r \geqslant r_0) \tag{4-80}$$

$$\psi = v_\infty\left(1 - \frac{r_0^2}{r^2}\right)r\sin\theta \ (r \geqslant r_0) \tag{4-81}$$

组合流动的速度

$$\left.\begin{aligned} v_r &= \frac{\partial\varphi}{\partial r} = v_\infty\left(1 - \frac{r_0^2}{r^2}\right)\cos\theta \\ v_\theta &= \frac{\partial\varphi}{r\partial\theta} = -v_\infty\left(1 + \frac{r_0^2}{r^2}\right)\sin\theta \end{aligned}\right\} \tag{4-82}$$

在无穷远处，$r \to \infty$，$v_r = v_\infty\cos\theta$，$v_\theta = -v_\infty\sin\theta$，$v = (v_r^2 + v_\theta^2)^{1/2} = v_\infty$，是速度为 v_∞ 的均匀等速流。在零流线圆上速度分布

$$v_r = 0, v_\theta = -2v_\infty\sin\theta \tag{4-83}$$

速度按正弦规律分布，在 $\theta = 180°$ 的点 A 和 $\theta = 0°$ 的点 B，$v_\theta = 0$，它们分别是前驻点和后驻点；在 $\theta = \pm 90°$ 的上、下顶点 C、D，$|v_\theta| = 2v_\infty$，速度达最大值，如图 4-25 所示。

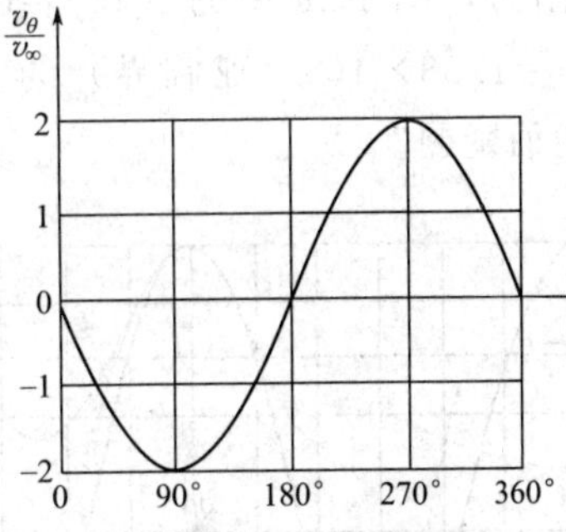

沿包围零流线圆的封闭周线的速度环量

$$\Gamma = \oint v_\theta \mathrm{d}s = -v_\infty r\left(1 + \frac{r_0^2}{r^2}\right)\oint\sin\theta\,\mathrm{d}\theta = 0$$

以上分析表明，$r \geqslant r_0$ 的上述组合流动就是均匀等速流绕过圆柱体的平面流动。

图 4-25　圆柱面上的速度分布曲线图

对圆柱面上任一点和无穷远处列伯努利方程

$$\frac{p}{\rho} + \frac{v^2}{2} = \frac{p_\infty}{\rho} + \frac{v_\infty^2}{2}$$

将式（4-83）代入上式，得圆柱面上的压强分布为

$$p = p_\infty + \rho v_\infty^2(1 - 4\sin^2\theta)/2 \tag{4-84}$$

在工程实际中通常以无量纲压强系数表示压强的作用，它的定义为

$$C_p = \frac{p - p_\infty}{\rho v_\infty^2/2} = 1 - \left(\frac{v}{v_\infty}\right)^2 \tag{4-85}$$

将式（4-84）代入式（4-85），得圆柱面上的压强系数

$$C_p = 1 - 4\sin^2\theta \tag{4-86}$$

可见，沿圆柱面的压强系数既与圆柱体的半径无关，也与无穷远处的速度和压强无关，它只是坐标 θ 的函数，这便是引入压强系数的方便所在。具有这样特性的压强系数，也可推广应用到其他形状的物体（例如机翼的翼型和叶片的叶型等）上去。按式（4-86）计算的理论压强系数曲线如图 4-26 中的实曲线 1 所示。在圆柱面的前驻点 A 和后驻点 B 上，$C_p=1$，$p_A=p_B=p_\infty+\rho v_\infty^2/2$，压强达到最高值；在圆柱面的上、下顶点 C、D，$C_p=-3$，$p_C=p_D=p_\infty-3\rho v_\infty^2/2$，压强达到最低值；压强分布对称于圆柱面的中心。压强分布的这种对称性，必然导致流体作用在圆柱面上的总压力等于零。这一结论，可以推广到理想流体均匀等速流绕过任意形状柱体无环流无分离的平面流动。总压力等于零的结论可证明如下：如图 4-27 所示，在单位长度的圆柱面上取微元弧段 $\mathrm{d}s=r_0\mathrm{d}\theta$，作用在它上面的微元总压力 $\mathrm{d}F=pr_0\mathrm{d}\theta$，方向如图中所示；微元总压力沿 x、y 轴的分力为 $\mathrm{d}F_x=-pr_0\cos\theta\mathrm{d}\theta$，$\mathrm{d}F_y=-pr_0\sin\theta\mathrm{d}\theta$。总压力平行于来流方向的分力称为阻力，用 F_D 代表；垂直于来流方向的分力称为升力，用 F_L 表示。故将式（4-84）代入以上二式，并沿圆柱面积分，得阻力、升力为

$$F_\mathrm{D}=F_x=-\int_0^{2x}r_0[p_\infty+\rho v_\infty^2(1-4\sin^2\theta)/2]\cos\theta\mathrm{d}\theta=0$$

$$F_\mathrm{L}=F_y=-\int_0^{2y}r_0[p_\infty+\rho v_\infty^2(1-4\sin^2\theta)/2]\sin\theta\mathrm{d}\theta=0$$

计算结果是，理想流体均匀等速流绕过圆柱体的平面流动，作用在圆柱面上既无升力，也无阻力。但实验证明，即使黏性很小的流体，当它们绕流圆柱体或其他物体时，都要产生阻力，图 4-26 中的点画曲线 2 是 $Re=6.70\times10^5$（超临界）的实验结果，虚曲线 3 是 $Re=1.68\times10^5$（亚临界）的实验结果，它们与理论计算的差异很大。这就是著名的"达朗伯疑题"。

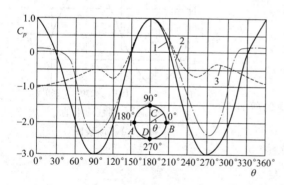

图 4-26 圆柱面上的压强系数分布曲线

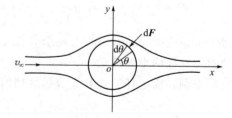

图 4-27 推导理想流体对圆柱体的作用力用图

4.8.2 匀速绕流圆柱体有环流的平面流动

如果将纯环流叠加在均匀等速流、偶极子流上，便可得到均匀等速流绕过圆柱体有环流的平面流动，如图 4-28 所示。由式（4-80）、式（4-81）、式（4-58）可得组合流动的速度势、流函数和流速为

$$\varphi=v_\infty\left(1+\frac{r_0^2}{r^2}\right)r\cos\theta+\frac{\Gamma}{2\pi}\theta \tag{4-87}$$

$$\psi = v_\infty \left(1 - \frac{r_0^2}{r^2}\right) r \sin\theta - \frac{\Gamma}{2\pi} \ln r \qquad (4\text{-}88)$$

$$\left.\begin{array}{l} v_r = \dfrac{\partial \varphi}{\partial r} = v_\infty \left(1 - \dfrac{r_0^2}{r^2}\right) \cos\theta \\[3mm] v_\theta = \dfrac{1}{r} \times \dfrac{\partial \varphi}{\partial \theta} = -v_\infty \left(1 + \dfrac{r_0^2}{r^2}\right) \sin\theta + \dfrac{\Gamma}{2\pi r} \end{array}\right\} \qquad (4\text{-}89)$$

由式(4-88) 可得，$r = r_0$，$\psi = -\Gamma \ln r_0 / (2\pi) =$ 常数，即 $r = r_0$ 的圆周是一条流线；在该流线上，

$$v_r = 0, \quad v_\theta = -2v_\infty \sin\theta + \frac{\Gamma}{2\pi r_0} \qquad (4\text{-}90)$$

符合流体既不穿过又不脱离圆流线的绕流条件，可以代之以圆柱面，由式(4-89) 可得 $r \to \infty$，$v_r = v_\infty \cos\theta$，$v_\theta = -v_\infty \sin\theta$，$v = (v_r^2 + v_\theta^2)^{1/2} = v_\infty$，仍是速度为 v_∞ 的均匀等速流，满足在无穷远处的边界条件。以上分析表明，$r \geqslant r_0$ 的上述组合流动就是均匀等速流绕过圆柱体有环流的平面流动。

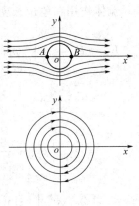
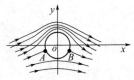

图 4-28　均匀等速流、偶极子流和纯环流的叠加

当叠加环流的 $\Gamma < 0$ 时，在圆柱体的上部环流的速度方向与均匀等速流绕过圆柱体的速度方向相同，而在下部则相反。叠加的结果在上部形成速度增高的区域，而在下部形成速度降低的区域。这样，就破坏了流线对 x 轴的对称性，使驻点 A 和 B 向下移，离开了 x 轴。为确定驻点的位置，令式(4-90) 中的 $v_\theta = 0$，得

$$\sin\theta = \Gamma / (4\pi r_0 v_\infty) \qquad (4\text{-}91)$$

若 $|\Gamma| < 4\pi r_0 v_\infty$，则 $|\sin\theta| < 1$，由于 $\sin(-\theta) = \sin[-(\pi - \theta)]$，两驻点左右对称地位于第三、四象限内的圆柱面上，如图 4-29(a) 所示；在 v_∞ 不变的情况下，两驻点随 $|\Gamma|$ 值的增加而同步下移。若 $|\Gamma| = 4\pi r_0 v_\infty$，则 $|\sin\theta| = 1$，这就是说，两个驻点重合，位于圆柱面的最下端，如图 4-29(b) 所示。若 $|\Gamma| > 4\pi r_0 v_\infty$，则 $|\sin\theta| > 1$，说明驻点已脱离圆柱面，沿 y 轴下移到相应位置。由式(4-89) 的 $v_r = 0$，$v_\theta = 0$，可以确定两个位于 y 轴上的驻点，一个在圆柱体内（无效解），另一个是在圆柱体外的自由驻点 A，如图 4-29(c) 所示。这样，流场便由经过驻点的闭合流线划分为内、外两个区域。外部区域是均匀等速流绕过圆柱体有环流的流动，而闭合流线和圆柱体之间则是非圆形流线的闭合环流。倘若叠加的环流 $\Gamma > 0$，驻点的位置与上面讨论的情况柱体有环流流动的驻点正好相差 $180°$。

对圆柱面上任一点和无穷远处列伯努利方程，得圆柱面上的压强分布为

$$\begin{aligned} p &= p_\infty + \frac{1}{2}\rho v_\infty^2 - \frac{1}{2}\rho (v_r^2 + v_\theta^2) \\ &= p_\infty + \frac{1}{2}\rho \left[v_\infty^2 - \left(-2v_\infty \sin\theta + \frac{\Gamma}{2\pi r_0}\right)^2 \right] \qquad (4\text{-}92) \end{aligned}$$

图 4-29　均匀等速流绕过圆环流

(a)

(b)

(c)

流体作用在单位长度圆柱体上的阻力和升力为

$$F_D = F_x = -\int_0^{2\pi} p r_0 \cos\theta \, d\theta$$

$$= -\int_0^{2\pi} \left\{ p_\infty + \frac{1}{2}\rho\left[v_\infty^2 - \left(-2v_\infty\sin\theta + \frac{\Gamma}{2\pi r_0} \right)^2 \right] \right\} r_0 \cos\theta \, d\theta$$

$$= -r_0\left(p_\infty + \frac{1}{2}\rho v_\infty^2 - \frac{\rho\Gamma^2}{8\pi^2 r_0^2} \right)\int_0^{2\pi}\cos\theta \, d\theta - \frac{\rho v_\infty \Gamma}{\pi}\int_0^{2\pi}\sin\theta\cos\theta \, d\theta +$$

$$2r_0\rho v_\infty^2 \int_0^{2\pi}\sin^2\theta\cos\theta \, d\theta = 0 \tag{4-93}$$

$$F_L = F_y = -\int_0^{2\pi} p r_0 \sin\theta \, d\theta = -\int_0^{2\pi}\left\{ p_\infty + \frac{1}{2}\rho\left[v_\infty^2 - \left(-2v_\infty^2\sin\theta + \frac{\Gamma}{2\pi r_0} \right)^2 \right] \right\} r_0 \sin\theta \, d\theta$$

$$= -r_0\left(p_\infty + \frac{1}{2}\rho v_\infty^2 - \frac{\rho\Gamma^2}{8\pi^2 r_0^2} \right)\int_0^{2\pi}\sin\theta \, d\theta - \frac{\rho v_\infty \Gamma}{\pi}\int_0^{2\pi}\sin^2\theta \, d\theta +$$

$$2r_0\rho v_\infty^2\int_0^{2\pi}\sin^3\theta \, d\theta = -\frac{\rho v_\infty \Gamma}{\pi}\left[-\frac{1}{2}\cos\theta\sin\theta + \frac{1}{2}\theta \right]_0^{2\pi} = -\rho v_\infty \Gamma \tag{4-94}$$

式（4-94）称为库塔-儒可夫斯基（Kutta-Joukowski）升力公式。在理想流体均匀等速流绕过圆柱体有环流的流动中，在垂直于来流的方向上，流体作用在单位长度圆柱体上升力的大小等于流体密度、来流速度和速度环量三者的乘积，升力的方向由来流速度矢量 v 沿反速度环流的方向旋转 $90°$ 来确定，如图 4-30 所示。库塔-儒可夫斯基升力公式也可推广应用于理想流体均匀等速流绕过任意形状柱体（例如机翼等）有环流无分离的平面流动。

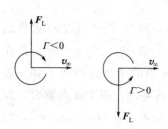

图 4-30 升力的方向

在自然界与工程实际中，常会遇到有关升力的问题。例如，鸟类借助翅膀的升力在空中飞翔，球类借助前进中的旋转产生的升力沿弧线运动，飞机借助机翼的升力远距离飞行，汽轮机、燃气轮机、水轮机、水泵、风机、压气机等流体机械的叶轮借助叶片的升力做功等。

4.9 流体通过叶栅的流动

汽轮机等流体机械的叶片与飞机机翼的截面形状称为叶型（或翼型），叶型一般都是圆头尖尾的流线型，如图 4-31 所示。与叶型有关的主要参数有：①叶型的周线称为型线；②叶型内切圆圆心连线称为叶型的中线；③叶型的中线与型线的两个交点分别称为前缘点和后缘点，这两点的连线称为叶弦，叶弦的长度称为弦长 b；④中线与叶弦之间的距离称为弯度 f；⑤无穷远来流速度 v_∞ 的方向与叶弦之间的夹角称为冲角 α，冲角在叶弦以下的为正，在叶弦以上的为负，叶型的升力为零时的冲角称为零升力角 α_0，如图 4-32 所示。

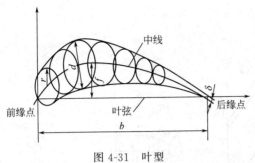

图 4-31　叶型

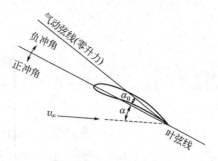

图 4-32　叶型的冲角

环列叶栅由叶型相同的叶片以相等的间距在某一旋转面上排列而成，如图 4-33 所示。当叶栅的平均直径 d（指叶片半高处的直径）与叶片高度 h 之比 $d/h>(10\sim15)$ 时，可近似地将叶栅视为排列在一个平面上，称为平面叶栅，如图 4-34 所示。与叶栅有关的主要参数有：①叶栅的叶片间距称为栅距 l；②连接各叶型前缘点的线与后缘点的线称为额线；③气流在叶栅进口的速度 v_1 与额线的夹角称为进气角 β_1，出口速度 v_2 与额线的夹角称为出气角 β_2，如图 4-35 所示。

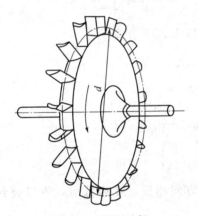

图 4-33　环列叶栅

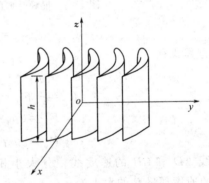

图 4-34　平面叶栅

可以认为，叶栅中围绕每一个叶型的流动都是相同的。在平面叶栅中选择如图 4-35 虚线 $ABCDA$ 所示的控制面，它由两条平行于叶栅额线、长度等于栅距 l 的线段和两条相同的流线组成。两条线段 AB 和 CD 都远离叶栅，可以认为每条线段上的速度和压强都各自保持均匀一致的常数：在 AB 线上各点的速度为 v_1，与额线成 β_1 角，压强为 p_1；在 CD 线上各点的速度为 v_2，与额线成 β_2 角，压强为 p_2。两条相距一个栅距 l 的相同流线 AD 和 BC 在通道中的位置完全相同，两条流线上的压强分布应完全一样，分别作用在它们上压强的合力恰好大小相等、指向相反，互相平衡。设控制面内流体作用于叶型（单位高度的叶片）的合力为 F，其分量为轴向作用力 F_x 和轴向作用力 F_y，则作用在控制面内流体上的合力 R 由两部分组成：叶型对流体的反作用力 $-F_x$ 和 $-F_y$；控制面外的流体对控制面内流体的作用力 $(p_1-p_2)l\times1$，故

$$R_x=-F_x+(p_1-p_2)l$$
$$R_y=-F_y$$

每秒流进（或流出）控制面的流体质量为

$$q_m=\rho v_{1x}l\times1=\rho v_{2x}l\times1$$

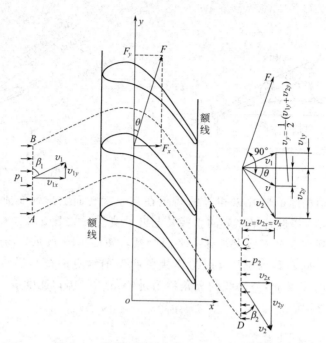

图 4-35　推导叶栅的库塔-儒可夫斯基公式

故

$$v_{1x}=v_{2x}=v_x$$

根据动量方程式有

$$R_x=-F_x+(p_1-p_2)l=\rho v_x l(v_{2x}-v_{1x})=0$$
$$R_y=-F_y=\rho v_x l(v_{2y}-v_{1y})$$

即

$$\left.\begin{array}{l} F_x=(p_1-p_2)l \\ F_y=\rho v_x l(v_{1y}-v_{2y}) \end{array}\right\} \tag{a}$$

由于沿流线 AD 和 CB 的速度线积分大小相等而方向相反，互相抵消，所以绕封闭周线 $ADCBA$ 的速度环量 Γ 的大小为

$$\Gamma=\Gamma_{ADCBA}=\Gamma_{AD}+\Gamma_{DC}+\Gamma_{CB}+\Gamma_{BA}=\Gamma_{DC}+\Gamma_{BA}=l(v_{2y}-v_{1y}) \tag{b}$$

为了便于分析，引入几何平均速度 $\boldsymbol{v}=(\boldsymbol{v}_1+\boldsymbol{v}_2)/2$，其分量为

$$v_x=(v_{1x}+v_{2x})/2=v_{1x}=v_{2x},v_y=(v_{1y}+v_{2y})/2 \tag{c}$$

引用式（c）由伯努利方程式得

$$p_1-p_2=\rho(v_2^2-v_1^2)/2=\rho(v_{2y}^2-v_{1y}^2)/2=\rho(v_{2y}-v_{1y})v_y$$

将式（b）代入上式得

$$p_1-p_2=\rho v_y \Gamma/l \tag{d}$$

将式（b）、式（d）代入式（a），得

$$F_x=\rho v_x \Gamma,F_y=-\rho v_y \Gamma \tag{4-95}$$

或

$$F=(F_x^2+F_y^2)^{1/2}=\rho v \Gamma,\tan\theta=|F_x|/|F_y|=|v_x|/|v_y| \tag{4-96}$$

式（4-95）就是叶栅的库塔-儒可夫斯基公式。该式说明，理想不可压缩流体绕过叶栅做定常无旋流动时，流体作用在叶栅每个叶片单位高度上的合力大小等于流体密度、几何平均速度和绕叶型的速度环量三者的乘积，合力的方向为几何平均速度矢量沿反速度环量的方向旋转 $90°$。

对于孤立叶型的绕流，可以认为两个相邻叶型的距离（即栅距 l）趋于无穷大。在这种情况下，速度环量 $\Gamma = l(v_{2y} - v_{1y})$ 仍保持有限值，则 $v_{2y} - v_{1y}$ 必定趋近于零，而按无穷远处的边界条件应有 $v_{1y} = v_{2y} = 0$，$v_1 = v_2 = v_\infty$，即孤立叶型前后足够远处的速度完全相同。于是由式（4-95）可得

$$F_D = F_x = 0, F_L = F_y = -\rho v_\infty \Gamma \qquad (4\text{-}97)$$

与式（4-93）、式（4-94）完全一样。根据理论计算，绕儒可夫斯基翼型（一种理论翼型）的速度环量为

$$\Gamma = -\pi v_\infty b \sin(\alpha - \alpha_0)$$

式中，b 为翼型弦长，代入式（4-97），得流体作用在儒可夫斯基翼型上的升力为

$$F_L = \pi \rho v_\infty^2 b \sin(\alpha - \alpha_0) \qquad (4\text{-}98)$$

引入升力系数

$$C_L = \frac{F_L}{A \rho v_\infty^2 / 2} \qquad (4\text{-}99)$$

将式（4-98）代入式（4-99），取 $A = b \times 1$，得儒可夫斯基翼型的升力系数为

$$C_L = 2\pi \sin(\alpha - \alpha_0) \qquad (4\text{-}100)$$

对于小冲角，可取 $\sin(\alpha - \alpha_0) = \alpha - \alpha_0$，式（4-100）简化为

$$C_L = 2\pi(\alpha - \alpha_0) \qquad (4\text{-}101)$$

可见，小冲角时该翼型的升力系数随着冲角按斜率为 2π 的直线变化，如图 4-36 中虚线所示。

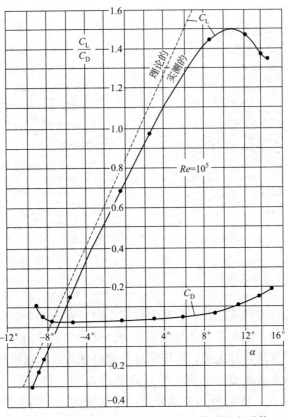

图 4-36　儒可夫斯基翼型的升力系数和阻力系数

库塔-儒可夫斯基公式可以用来解释飞机产生升力的原因，也可以解释涡轮机、泵、风机和压气机等叶栅中受到流体作用力的工作原理。但该公式只说明了作用力与速度环量之间的关系，至于速度环量是怎样产生的以及怎样确定速度环量的大小，将在以下内容中加以讨论。

如图 4-37(a) 所示，在无穷远处流速为 v_∞ 的均匀等速流以一定的冲角流向翼型，在翼型的前驻点分成两股，沿翼型的上、下表面流过。如果沿下表面的一股气流能绕过后缘点，在上表面的后驻点处与沿上表面流动的一股气流重新会合，那么，与均匀等速流绕过圆柱体一样，对翼型既没有升力，也没有阻力。但是，当理想流体绕流尖后缘点时，由于该点的曲率半径接近于零，后缘点的气流速度将会很大，而压强将会很低。当下表面的气流绕过后缘点流向上表面的后驻点时，由于气体是由低压区流向高压区，气流必然会发生分离。为了使流体在后缘点不发生分离（图 4-38），符合于这个条件的冲角只有一个，这个冲角（一般是负值）便是零升力角 α_0。另外，也可以将均匀等速流绕过翼型的平面流动 [图 4-37(a)] 和一个纯环流 [图 4-37(b)] 叠加；纯环流的环量为负值（$\Gamma < 0$），叠加结果，后驻点向后缘点移动。一定有一个速度环量，其大小正好使后驻点后移到后缘点上，如图 4-37(c) 所示。这时，沿翼型上、下表面流来的流体在后缘处会合，以有限的速度平滑地流去，这就是库塔条件，又是儒可夫斯基假设。

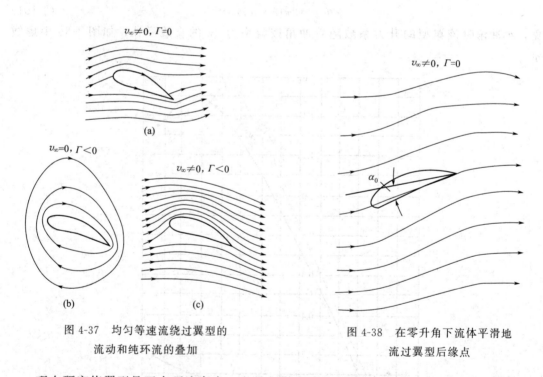

图 4-37　均匀等速流绕过翼型的
流动和纯环流的叠加

图 4-38　在零升角下流体平滑地
流过翼型后缘点

现在研究绕翼型是否有环流存在，它是怎样产生的。在流动开始时，理想不可压缩流体为无环流的无旋流。设想在流场中作一包围翼型的、延伸到足够远的封闭周线，则沿该周线的速度环量等于零。根据汤姆孙定理，在流动过程中沿该周线的速度环量应始终等于零。当流动开始不久，由于沿下表面流动的流体绕流后缘点 A 时，流速很高，压强很低，故在向压强高的后驻点 B 流动时，流动与上表面分离，形成如图 4-39(a) 中所示的逆时针方向的漩涡；根据汤姆孙定理，沿封闭周线的总环量应为零，故绕翼型也必然同时形成一个与漩涡强度相等、转向相反的速度环量，而后驻点 B 也向后缘点 A 作相应的移动；这一过程继续进行，直到 B 点移到后缘点 A 为止，如图 4-39(b) 所示。这样形成的脱离翼型被流体带向下游的漩涡称为启动涡（J），见图 4-40。绕翼型形成的速度环量使叶型上部区域的速度增加，压强减小，而使下部区域的速度减小，压强增加，结果上下的压强差对翼型产生了升力。因此，在均匀等速流绕过翼型有环流的流动中，可以利用库塔平滑流动条件来确定库塔-儒可夫斯基升力公式中的未知速度环量值，从而解决了求升力的问题。满足库塔条件的速度环量值与叶型的几何特性、来流速度和冲角有关系，这种关系除少数理论翼型（例如儒可夫斯基翼型）可以从理论上给出外，大多数的实际翼型只能根据实验得到。若在启动涡形成后，立即停止流动，绕翼型的速度环流便会迅速脱落，形成与速度环量强度相等、转向相同的漩涡，称为停止涡。实验可以显现强度相等、转向相反的启动涡和停止涡组成的涡偶，如图 4-41 所示。

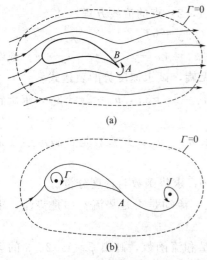

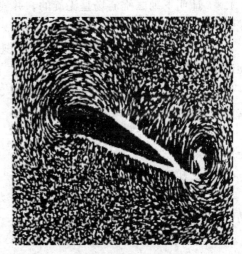

图 4-39　启动涡与绕翼型环流的产生　　　　　图 4-40　启动涡照片

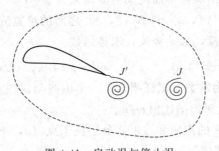

图 4-41　启动涡与停止涡

 习题

4.1　下列流场是否连续？是否无旋？若为无旋流动，试描述其流动情景。

(1) $u_x = 4y$，$u_y = -3x$；

（2）$u_x = 4xy$，$u_y = 0$；

（3）$u_r = \dfrac{c}{r}$，$u_\theta = 0$；

（4）$u_r = 0$，$u_\theta = \dfrac{c}{r}$。

4.2 下列两个流动哪个有旋？哪个无旋？哪个有角变形？哪个无角变形？式中 a、c 为常数。

（1）$u_x = -ay$，$u_y = ax$，$u_z = 0$；

（2）$u_x = -\dfrac{cy}{x^2 + y^2}$，$u_y = \dfrac{cx}{x^2 + y^2}$，$u_z = 0$。

4.3 已知有旋流场的速度为 $u_x = x + y$，$u_y = y + z$，$u_z = x^2 + y^2 + z^2$。求点（2，2，3）处的旋转角速度。

4.4 证明下列二维流场是无旋的，并找出经过（1，2）点的流线方程。
$$u_x = x^2 - y^2 + x, \quad u_y = -(2xy + y)$$

4.5 不可压缩流体的平面运动，流体速度分量为 $u_x = 4x - y$，$u_y = -4y - x$。证明该流动满足连续方程并求出流函数的表达式。若流动为无旋，试求速度势的表达式。

4.6 已知有旋流动的速度分量为 $u_x = 2y + 3z$，$u_y = 2z + 3x$，$u_z = 2x + 3y$，求旋转角速度和角变形速度。

4.7 已知平面流场的势函数为 $\varphi = x^2 - y^2$，试求 u_x、u_y，并检验是否满足连续条件和无旋条件。

4.8 已知平面势流的流函数 $\psi = xy + 2x - 3y + 10$，求势函数与速度分量。

4.9 已知 $u_x = 3x$，$u_y = -3y$，此流动是否成立？流动是否是势流？如是势流，求该流动的势函数。

4.10 已知平面势流的势函数 $\varphi = xy$，求速度分量和流函数，画出 $\varphi = 1$、2、3 的等势线。证明等势线和流线相交。

4.11 已知均质不可压缩流体平面流动的流函数为 $\psi = (x^2 + y^2)/2$。

（1）求流场中两定点 A（1，0）和 B（2，3）之间的单宽流量；

（2）判断流动是否为势流，如是势流，求势函数。

4.12 设流场的速度分布为 $u_x = -ky$，$u_y = kx$，$u_z = \sqrt{\phi(z) - 2k^2(x^2 + y^2)}$，式中 $\phi(z)$ 是 z 的任意函数，k 为常数。试证明这是一个流线与涡线相重合的螺旋流动，并计算旋转角速度 $\boldsymbol{\omega}$ 与速度 $\boldsymbol{u}$ 的绝对值的比值 $\boldsymbol{\omega}/\boldsymbol{u}$。

4.13 强度均为 60m²/s 的点源和点汇，分别位于点（0，-3）和点（0，3）处，求点（0，0）和点（0，4）处的流速。

4.14 写出点源和点汇分别位于坐标系中（0，-2）和（0，2）处的偶极子流的势函数和流函数，并绘出相应的流谱。

4.15 已知圆管中层流流动过流截面上的速度分布为 $u_x = \dfrac{\gamma J}{4\mu}(r_0^2 - r^2)$，$u_y = u_z = 0$，式中，$\gamma$、$J$、$\mu$、$r_0$ 皆为常数，$r^2 = y^2 + z^2$，求涡线方程。

4.16 设速度场为 $\boldsymbol{u} = (y + 2z)\boldsymbol{i} + (z + 2x)\boldsymbol{j} + (x + 2y)\boldsymbol{k}$，求涡线方程。若涡管截面面积 $\mathrm{d}A = 10^{-4}\,\mathrm{m}^2$，求漩涡强度。

4.17　设在半径 $R=0.5$m 的圆周上，平面流动的切向速度分别为（1）$u_\theta=2$m/s；（2）$u_\theta=2u_0\sin\theta$；（3）$u_\theta=cr$。式中，u_0、c 为常数，其中 $c=10$L/s。求以上三种情况沿圆周的速度环量。

4.18　设在（1，0）点置有 $\Gamma=\Gamma_0$ 的漩涡，在（−1，0）点置有 $\Gamma=-\Gamma_0$ 的漩涡。试求沿下列路线的速度环量。

（1）$x^2+y^2=4$；　　　　　　（2）$(x-1)^2+y^2=1$；

（3）$x=\pm2$，$y=\pm2$ 的正方形；　（4）$x=\pm0.5$，$y=\pm0.5$ 的正方形。

4.19　一平面势流由点源和点汇叠加而成，点源位于点（−1，0），其强度为 $m_1=20$m^3/s，点汇位于点（2，0），其强度为 $m_2=40$m^3/s，流体密度 $\rho=1.8$kg/m^3，设已知流场中（0，0）点的压强为 0，试求点（0，1）和（1，1）的流速和压强。

4.20　已知平面势流的流函数 $\psi=5xy-4x+3y+10$，求流速分量和速度势函数。又知流体的密度为 850kg/m^3，滞点处的压力为 10^5N/m^2，求（1，2）点处流体的速度和压力。

4.21　强度为 24m^2/s 的源位于坐标原点，与速度为 10m/s 且平行于 x 轴，方向自左向右的均匀流动叠加。求：（1）叠加后驻点的位置；（2）通过驻点的流线方程；（3）此流线在 $\theta=\dfrac{\pi}{2}$ 和 $\theta=0$ 时距 x 轴的距离；（4）$\theta=\dfrac{\pi}{2}$ 时，该流线上的流速。

4.22　设在图示空气对圆柱的有环量绕流中，已知 A 点为驻点。若 $U_0=20$m/s，$\alpha=20°$，圆柱的半径 $r_0=25$cm，$f=10$cm，$l=10\sqrt{3}$cm。试求：（1）另一驻点 B 及压强最小点的位置；（2）圆柱所受升力大小及方向；（3）绘制大致的流谱。

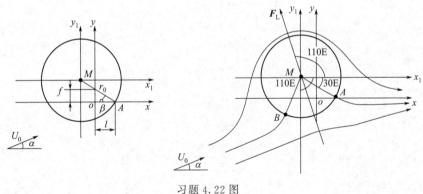

习题 4.22 图

4.23　一源和汇均在 x 轴上，源在坐标原点左边 1m 处，汇在坐标原点右边 1m 处，源和汇的强度均为 20m^2/s。求坐标原点处的速度。计算通过点（0，4）的流线的 ψ 值和该点的速度。

4.24　一平面势流由点源和点汇合成，点源位于（−1，0），强度为 20m^2/s，点汇位于（2，0），强度为 40m^2/s，流体密度为 1.8kg/m^3，设（0，0）点的压力为零，求（0，1）和（1，1）点的流速和压力。

4.25　一长圆柱体的直径为 1.0m，位于 $u_0=10$m/s 的正交于柱轴的直线流中，流体的密度为 1000kg/m^3，未扰动流体的压力为 0，求在圆柱面上 $\theta=\pi/2$、$5\pi/8$、$6\pi/8$、$7\pi/8$ 和 π 处的流速值和压力值。

4.26 风速为 $u_0 = 48\mathrm{km/h}$ 的水平风吹向一高度为 $H = 300\mathrm{m}$ 形如流线的山坡，试用适当的流函数和势函数描述此流动。

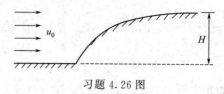

习题 4.26 图

4.27 已知水平直线流的流速为 $5.0\mathrm{m/s}$，位于 y 轴上 $(0, 2)$ 和 $(0, -2)$ 点的点源强度均为 $20\pi\mathrm{m^3/(s \cdot m)}$，求叠加流动的驻点位置、轮廓线方程，并描述其大致流动情景。

第5章
黏性流体动力学 ▶▶

在上一章内容中都假定流体是没有黏性的理想流体。在这一假定下，对于一些黏性很小的流体的某些流动，例如物体表面边界层以外的流动，理论研究结果与实际观察的现象相当一致。但是，对于有些流动，尤其是边界层以内的流动，却相差很大。这主要是由于一切实际流体都具有黏性，当流体层间发生相对运动时，会产生切向应力。因此，由理想流体推导出来的理论结果就必然与实际现象有不相符合之处，对于黏性很大的流体则相差得更大。本章将讨论具有黏性的实际流体运动的基本微分方程、流态的变化、运动参量的变化规律等。

5.1 黏性流体的剪切运动与流态

虽然描述黏性流动的纳维埃-斯托克斯方程早在第一次工业革命期间就已建立了，但由于其复杂、不易求解，在实际工程应用中的作用一直没有体现出来，倒是基于欧拉方程和无旋流动的势流方法可以得出一些有用的结果。然而势流方法对于流体中物体所受的阻力以及流体机械的流动损失等问题是无能为力的，因为这些问题中黏性起着关键的作用。1904 年，普朗特（Ludwig Prandtl，1875—1953）提出了著名的边界层流动理论之后，人们终于可以通过数学方法来定量评估黏性的影响了。

流体的黏性作用要通过微团的剪切运动体现出来，这种剪切运动出现在多种情况下，例如壁面附近的流动、两股不同速度的流体的掺混、射流与尾迹等。其中研究最多的是两种流动：一种是流体沿顺流向放置的平板的流动，另一种是流体在等直径的直圆管内的流动。前一种是最简单的外部流动，后一种是最简单的内部流动。

如果黏性的影响只是产生黏性切应力和黏性正应力的话，流体的问题也不至于太复杂。实际流动问题之所以复杂的原因在于，对于很多流动而言，流体似乎并不是按照某种固定的规律进行的，而是表现为混乱的和缺少规则的运动。图 5-1 为一个人工喷泉，四周喷出来的水柱运动比较规矩，水基本是分层地平行流动，这样的流动称为层流。中间喷口出来的水则较为混乱，不但在空间上

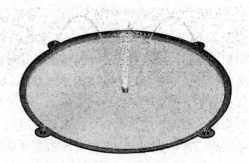

图 5-1　喷泉中的两种流动状态

不规则，而且非定常性也很强，体现出一团 团的流动，这样的流动称为湍流。湍流是流体在惯性力和黏性力共同作用下发生的一种复杂的运动现象，它的不易预测性是流体力学问题求解的主要障碍。

湍流现象在生活中比比皆是，所以相关的描述早已有之，例如达·芬奇（1452—1519）就对湍流有非常详细的记载和描述。但是真正详细研究湍流发生条件的是雷诺（1842—1912）在 1883 年进行的著名的雷诺实验。这个实验第一次发现流动是层流还是湍流基本上只与某个无量纲数相关，这个无量纲数就是雷诺数 Re，其定义式为

$$Re = \frac{\rho v L}{\mu} \tag{5-1}$$

式中，ρ 是流体的密度；v 是流体的运动速度；L 是流场中的某种特征尺度；μ 是流体的动力黏性系数。

雷诺数表达式中最不好理解的就是特征尺度 L，很多情况下，取流场中哪个尺度作为特征尺度并不是很显而易见的。雷诺是在一个圆管内做的实验，他所用的特征尺度是圆管的直径 D。

雷诺实验的装置如图 5-2 所示，让水尽量不受扰动地进入圆管中，用染色剂来显示水流的状态，从而得出层流与湍流的发生条件。历史上不同的人做的雷诺实验得到的结果不尽相同，雷诺最先发现了一个临界雷诺数 $Re_{cr} = 2100$，小于此值时流动为层流，超过此值时流动为湍流，但他同时指出这个值与管道进口的扰动、环境振动和噪声等都相关。

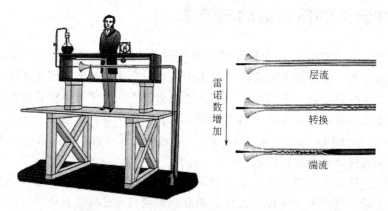

图 5-2 雷诺实验（根据雷诺原图绘制）

研究者曾试图进一步明确临界雷诺数，雷诺本人就曾经通过尽量减小干扰将 Re_{cr} 提高到了 12000。Ekman 在 1910 年将这一数值提高到了 40000，Pfenniger 在 1961 年将这一数值提高到了 10^5，Salwen 在 1980 年甚至将此数值提高到了 10^7。事实上有理由认为，层流转换为湍流需要两个条件：一个是雷诺数足够高，另一个是扰动足够大。雷诺数只决定流体的不稳定程度，至于会不会变成湍流还是需要有扰动的触发才行。只不过雷诺数足够高时，微小扰动的不可避免性使得这时的流动一定是湍流的。另外，雷诺数足够低时，即使大扰动使流动变成了湍流，流体也会自己恢复成层流。因此，严谨地说，雷诺数小于 2100 的管流应该是层流，雷诺数大于 10^5 的管流则应该是湍流，对雷诺数在 2100～10^5 之间的流动则一般不能断定其流动状态。

流体的湍流运动不只发生于管内流动，日常生活中我们可以看到大量的湍流运动，例如烟囱冒出的烟、湍急的河水等。湍流的特征是必须有剪切运动才能产生和存在，当没有剪切运动时，湍流会逐渐扩散并耗散，最终返回层流状态。因此湍流通常指的是临近壁面区域（管流和边界层流动）或流体之间存在剪切运动（掺混层、射流和尾迹）的流动。

5.2　黏性流体运动微分方程

5.2.1　作用在流体上的应力分析

为了建立流体动力学方程，需要分析流体微团上的受力。外界作用于流体微团上的力有质量力和表面力。质量力作用在流体各个质点上，与流体的质量成正比。在实际流体中，由于黏性所产生的切应力，使得表面力在一般情况下已不再垂直于其作用面。为了便于分析，可以把表面力分解为垂直于其作用面的法向应力和与其作用面平行的切向应力。如图 5-3 所示，在实际流体中任取一微元面积 ΔA，设作用在此面上任意点 M 的表面应力为 σ，不论表面应力的方向如何，总可以把它分解为过 M 点并垂直于 ΔA 的法向应力 σ_n 和与之相切的切向应力 τ_n，σ_n 和 t_n 的数值随作用面 ΔA 的空间方位不同而变化。

在选择直角坐标系中，过 M 点作三个分别与三个坐标轴垂直的微元面积，则与 x 轴垂直的面上 M 点的应力分量为 σ_{xx}、τ_{xy}、τ_{xz}；与 y 轴垂直的面上 M 点的应力分量为 τ_{yx}、σ_{yy}、τ_{yz}；与 z 轴垂直的面上 M 点的应力分量为 τ_{zx}、τ_{zy}、σ_{zz}。

每个应力分量都有两个下标，它们的第一个下标表示应力作用面的法线方向，第二个下标表示应力分量的作用方向。

这些应力分量中两个下标相同的三个应力分别是三个平面上的法向应力，法向应力以外法线方向为正，内法线方向为负；其他下标不相同的六个应力是切向应力。这九个应力分量完全描述了 M 点的应力状态。

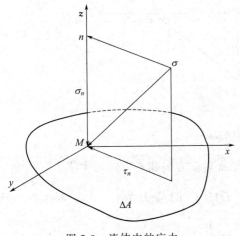

图 5-3　流体中的应力

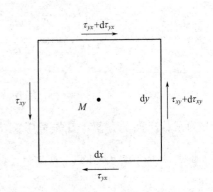

图 5-4　微元体切应力

可以证明，在流体介质中存在切应力互等关系。如图 5-4 所示，取一微元体，微元体四个面上切应力利用力矩平衡方程，对形心 M 点取矩，并取微元体 z 方向边长为 $\mathrm{d}z$，则力矩

平衡方程为

$$-\tau_{yx}\,\mathrm{d}x\,\mathrm{d}z\,\frac{\mathrm{d}y}{2}-(\tau_{yx}+\mathrm{d}\tau_{yx})\mathrm{d}x\,\mathrm{d}z\,\frac{\mathrm{d}y}{2}+\tau_{xy}\,\mathrm{d}y\,\mathrm{d}z\,\frac{\mathrm{d}x}{2}+(\tau_{xy}+\mathrm{d}\tau_{xy})\mathrm{d}y\,\mathrm{d}z\,\frac{\mathrm{d}x}{2}=0$$

略去四阶无穷小量，整理得

$$(-\tau_{yx}-\tau_{yx}+\tau_{xy}+\tau_{xy})\frac{\mathrm{d}x\,\mathrm{d}y\,\mathrm{d}z}{2}=0$$

因此有

$$\tau_{xy}=\tau_{yx} \tag{5-2}$$

同理可得

$$\tau_{xz}=\tau_{zx},\tau_{yz}=\tau_{zy} \tag{5-3}$$

式(5-2) 和式(5-3) 说明描述黏性物体应力状态的九个分量中只有六个分量是独立的，即三个相互垂直的法向应力和三个切向应力。

5.2.2 应力形式的运动微分方程

在流场中取一微小六面体，其边长分别为 $\mathrm{d}x$、$\mathrm{d}y$、$\mathrm{d}z$，如图 5-5 所示。下面用牛顿第二定律对流过微小六元面的流体质点的运动与力之间的关系进行分析。

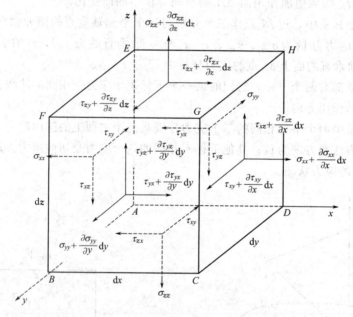

图 5-5　微元体的应力分布

为了分析问题方便，首先考虑 x 方向的运动情况，y 方向和 z 方向可类推。

垂直于面 $AEFB$ 的应力为 σ_{xx}，垂直于面 $DHGC$ 的应力为 $\left(\sigma_{xx}+\dfrac{\partial\sigma_{xx}}{\partial x}\mathrm{d}x\right)$，沿面 $ADHE$ 的应力为 τ_{yx}，沿面 $BCGF$ 的应力为 $\left(\tau_{yx}+\dfrac{\partial\tau_{yx}}{\partial y}\mathrm{d}y\right)$，沿面 $ABCD$ 的应力为 τ_{zx}，沿面 $EFGH$ 的应力为 $\left(\tau_{zx}+\dfrac{\partial\tau_{zx}}{\partial z}\mathrm{d}z\right)$。把这些应力乘以其作用面积后叠加起来，得 x 方向

的作用力为

$$-\sigma_{xx}\mathrm{d}y\mathrm{d}z + \left(\sigma_{xx} + \frac{\partial\sigma_{xx}}{\partial x}\mathrm{d}x\right)\mathrm{d}y\mathrm{d}z - \tau_{yx}\mathrm{d}z\mathrm{d}x +$$

$$\left(\tau_{yx} + \frac{\partial\tau_{yx}}{\partial y}\mathrm{d}y\right)\mathrm{d}z\mathrm{d}x - \tau_{zx}\mathrm{d}y\mathrm{d}x + \left(\tau_{zx} + \frac{\partial\tau_{zx}}{\partial z}\mathrm{d}z\right)\mathrm{d}y\mathrm{d}x$$

$$= \left(\frac{\partial\sigma_{xx}}{\partial x} + \frac{\partial\tau_{yx}}{\partial y} + \frac{\partial\tau_{zx}}{\partial z}\right)\mathrm{d}x\mathrm{d}y\mathrm{d}z$$

微小六面体还受到质量力作用。设作用在该微小六面体上的单位质量力在 x、y、z 三个方向的分量分别为 f_x、f_z、f_z。六面体流体质量为 $\mathrm{d}m = \rho\mathrm{d}x\mathrm{d}y\mathrm{d}z$，则作用在微小六面体上的质量力在各坐标方向的分量分别为 $f_x\rho\mathrm{d}x\mathrm{d}y\mathrm{d}z$、$f_y\rho\mathrm{d}x\mathrm{d}y\mathrm{d}z$、$f_z\rho\mathrm{d}x\mathrm{d}y\mathrm{d}z$。

微小六面体流体质点加速度在三个坐标方向的分量分别为 $a_x\mathrm{d}u_x/\mathrm{d}t$、$a_y\mathrm{d}u_y/\mathrm{d}t$、$a_z\mathrm{d}u_z/\mathrm{d}t$。

根据牛顿第二定律可写出流体质点在 x 方向的运动微分方程

$$\rho\mathrm{d}x\mathrm{d}y\mathrm{d}z\frac{\mathrm{d}u_x}{\mathrm{d}t} = f_x\rho\mathrm{d}x\mathrm{d}y\mathrm{d}z + \left(\frac{\partial\sigma_{xx}}{\partial x} + \frac{\partial\tau_{yx}}{\partial y} + \frac{\partial\tau_{zx}}{\partial z}\right)\mathrm{d}x\mathrm{d}y\mathrm{d}z$$

简化上式可得

$$\rho\frac{\mathrm{d}u_x}{\mathrm{d}t} = \rho f_x + \left(\frac{\partial\sigma_{xx}}{\partial x} + \frac{\partial\tau_{yx}}{\partial y} + \frac{\partial\tau_{zx}}{\partial z}\right) \tag{5-4}$$

同理可得 y、z 方向的运动微分方程式，它们一起组成下列方程组

$$\left.\begin{aligned}
\rho\frac{\mathrm{d}u_x}{\mathrm{d}t} &= \rho f_x + \left(\frac{\partial\sigma_{xx}}{\partial x} + \frac{\partial\tau_{yx}}{\partial y} + \frac{\partial\tau_{zx}}{\partial z}\right) \\
\rho\frac{\mathrm{d}u_y}{\mathrm{d}t} &= \rho f_y + \left(\frac{\partial\sigma_{yy}}{\partial y} + \frac{\partial\tau_{zy}}{\partial z} + \frac{\partial\tau_{xy}}{\partial x}\right) \\
\rho\frac{\mathrm{d}u_z}{\mathrm{d}t} &= \rho f_z + \left(\frac{\partial\sigma_{zz}}{\partial z} + \frac{\partial\tau_{xz}}{\partial x} + \frac{\partial\tau_{yz}}{\partial y}\right)
\end{aligned}\right\} \tag{5-5}$$

方程（5-5）即为以应力形式表示的黏性流体运动微分方程。方程中的九个应力分量与流体质点的变形速度及流体自身的物理性质有关。无论是牛顿流体还是非牛顿流体，是层流运动还是湍流运动，该方程均适用。

5.2.3 广义牛顿内摩擦定律

在第 1 章中已叙述过，对于牛顿流体平行层流流动，切应力与剪切变形速度成正比，即牛顿内摩擦定律

$$\tau = \mu\frac{\mathrm{d}u}{\mathrm{d}y} = \mu\frac{\mathrm{d}\alpha}{\mathrm{d}t}$$

可将上式推广到黏性流体运动的一般情况。根据流体微团运动分析可知，在平面内微元

正方形的角变形速度是剪切（角）变形速度的 2 倍，即

$$\lim\left(\frac{\mathrm{d}\alpha + \mathrm{d}\beta}{\mathrm{d}t}\right) = \frac{\partial u_y}{\partial x} + \frac{\partial u_x}{\partial y}$$

可以得到

$$\tau_{xy} = \tau_{yx} = \mu\left(\frac{\partial u_y}{\partial x} + \frac{\partial u_x}{\partial y}\right) \tag{5-6}$$

同理可得 y、z 方向切应力与剪切变形速度的关系式，它们一起组成下列方程组

$$\left.\begin{array}{l} \tau_{xy} = \tau_{yx} = \mu\left(\dfrac{\partial u_y}{\partial x} + \dfrac{\partial u_x}{\partial y}\right) \\[3mm] \tau_{xz} = \tau_{zx} = \mu\left(\dfrac{\partial u_x}{\partial z} + \dfrac{\partial u_z}{\partial x}\right) \\[3mm] \tau_{yz} = \tau_{zy} = \mu\left(\dfrac{\partial u_z}{\partial y} + \dfrac{\partial u_y}{\partial z}\right) \end{array}\right\} \tag{5-7}$$

式(5-7) 称为广义牛顿内摩擦定律。黏性流体运动时，作用在同一点各面上的法向应力是不相等的。这是因为黏性对法向应力产生了影响。除压应力外还会产生附加的法向应力，这个法向应力与线变形速度 $\partial u_x/\partial x$、$\partial u_y/\partial y$、$\partial u_z/\partial z$ 成比例。详细推导从略，这里直接给出 x、y、z 三个方向的法向应力表达式：

$$\left.\begin{array}{l} \sigma_{xx} = -p + 2\mu\dfrac{\partial u_x}{\partial x} - \dfrac{2}{3}\mu\left(\dfrac{\partial u_x}{\partial x} + \dfrac{\partial u_y}{\partial y} + \dfrac{\partial u_z}{\partial z}\right) \\[3mm] \sigma_{yy} = -p + 2\mu\dfrac{\partial u_y}{\partial y} - \dfrac{2}{3}\mu\left(\dfrac{\partial u_x}{\partial x} + \dfrac{\partial u_y}{\partial y} + \dfrac{\partial u_z}{\partial z}\right) \\[3mm] \sigma_{zz} = -p + 2\mu\dfrac{\partial u_z}{\partial z} - \dfrac{2}{3}\mu\left(\dfrac{\partial u_x}{\partial x} + \dfrac{\partial u_y}{\partial y} + \dfrac{\partial u_z}{\partial z}\right) \end{array}\right\} \tag{5-8}$$

式(5-7) 和式(5-8) 表达了黏性流体内应力与变形速度之间的关系，它们称为黏性流体的本构方程。

在一般情况下，式(5-8) 中三个相互垂直的法向应力是不相等的，即 $\sigma_{xx} \neq \sigma_{yy} \neq \sigma_{zz}$。当流体为不可压缩流体时，根据连续方程可知，式(5-8) 中最右边一项为零，此时有

$$\left.\begin{array}{l} \sigma_{xx} = -p + 2\mu\dfrac{\partial u_x}{\partial x} \\[3mm] \sigma_{yy} = -p + 2\mu\dfrac{\partial u_y}{\partial y} \\[3mm] \sigma_{zz} = -p + 2\mu\dfrac{\partial u_z}{\partial z} \end{array}\right\} \tag{5-9}$$

将式(5-9) 中三式相加，并取平均得

$$-\frac{1}{3}(\sigma_{xx}+\sigma_{yy}+\sigma_{zz})=p-\frac{2}{3}\mu\left(\frac{\partial u_x}{\partial x}+\frac{\partial u_y}{\partial y}+\frac{\partial u_z}{\partial z}\right)$$

将三个法向应力之和的负三分之一定义为运动黏性流体内的平均压强 $\overline{p}$，于是得

$$\overline{p}=p-\frac{2}{3}\mu\left(\frac{\partial u_x}{\partial x}+\frac{\partial u_y}{\partial y}+\frac{\partial u_z}{\partial z}\right) \tag{5-10}$$

对于不可压缩流体有

$$\overline{p}=p \tag{5-11}$$

式(5-11) 说明三个相互垂直的法向应力的平均值的负值等于该点处流体的压强。

5. 2. 4 黏性流体运动微分方程——Navier-Stokes 方程

对于不可压缩流体，将式(5-7) 和式(5-9) 代入式(5-5)，可得

$$\left.\begin{aligned}
\frac{\mathrm{d}u_x}{\mathrm{d}t}&=f_x-\frac{1}{\rho}\times\frac{\partial p}{\partial x}+\nu\left(\frac{\partial^2 u_x}{\partial x^2}+\frac{\partial^2 u_x}{\partial y^2}+\frac{\partial^2 u_x}{\partial z^2}\right)\\
\frac{\mathrm{d}u_y}{\mathrm{d}t}&=f_y-\frac{1}{\rho}\times\frac{\partial p}{\partial y}+\nu\left(\frac{\partial^2 u_y}{\partial x^2}+\frac{\partial^2 u_y}{\partial y^2}+\frac{\partial^2 u_y}{\partial z^2}\right)\\
\frac{\mathrm{d}u_z}{\mathrm{d}t}&=f_z-\frac{1}{\rho}\times\frac{\partial p}{\partial z}+\nu\left(\frac{\partial^2 u_z}{\partial x^2}+\frac{\partial^2 u_z}{\partial y^2}+\frac{\partial^2 u_z}{\partial z^2}\right)
\end{aligned}\right\} \tag{5-12}$$

把式(5-12) 左边加速项展开并整理得

$$\left.\begin{aligned}
\frac{\partial u_x}{\partial t}+u_x\frac{\partial u_x}{\partial x}+u_y\frac{\partial u_x}{\partial y}+u_z\frac{\partial u_x}{\partial z}&=f_x-\frac{1}{\rho}\times\frac{\partial p}{\partial x}+\nu\left(\frac{\partial^2 u_x}{\partial x^2}+\frac{\partial^2 u_x}{\partial y^2}+\frac{\partial^2 u_x}{\partial z^2}\right)\\
\frac{\partial u_y}{\partial t}+u_x\frac{\partial u_y}{\partial x}+u_y\frac{\partial u_y}{\partial y}+u_z\frac{\partial u_y}{\partial z}&=f_y-\frac{1}{\rho}\times\frac{\partial p}{\partial y}+\nu\left(\frac{\partial^2 u_y}{\partial x^2}+\frac{\partial^2 u_y}{\partial y^2}+\frac{\partial^2 u_y}{\partial z^2}\right)\\
\frac{\partial u_z}{\partial t}+u_x\frac{\partial u_z}{\partial x}+u_y\frac{\partial u_z}{\partial y}+u_z\frac{\partial u_z}{\partial z}&=f_z-\frac{1}{\rho}\times\frac{\partial p}{\partial z}+\nu\left(\frac{\partial^2 u_z}{\partial x^2}+\frac{\partial^2 u_z}{\partial y^2}+\frac{\partial^2 u_z}{\partial z^2}\right)
\end{aligned}\right\} \tag{5-13}$$

式(5-13) 为不可压缩流体运动微分方程，也叫不可压缩流体的纳维-斯托克斯（Navier-Stokes）方程（简称 N-S 方程）。N-S 方程是现代流体力学的主干方程，几乎所有有关黏性流体流动问题的分析研究工作都是以该方程为基础的。

N-S 方程、流体运动的连续方程与能量方程共同组成流体力学基本方程。对于不可压缩流体，方程中密度为已知常数，连续方程和运动微分方程已构成一个关于压强和速度的封闭方程组。

把式(5-13) 和欧拉运动微分方程相比可知，N-S 方程比理想流体运动微分方程增加了黏性应力项。N-S 方程是二阶非线性方程组，一般不能得出解析解。在特别简单的运动情况下，即当非线性项（加速度部分）可以消去或者化为简单的形式时，方程组才有可能得出解

析解。

在求解许多实际流动问题时，用柱坐标系（r，θ，z）和球坐标系（r，θ，β）比用笛卡儿坐标系（x，y，z）更为方便，例如黏性流体绕过圆柱体和球体的流动。

式（5-13）在柱坐标系中的投影式为

$$
\left.
\begin{aligned}
&\frac{\partial v_r}{\partial t}+v_r\frac{\partial v_r}{\partial r}+\frac{v_\theta}{r}\times\frac{\partial v_r}{\partial \theta}-\frac{v_\theta^2}{r}+v_z\frac{\partial v_r}{\partial z}=f_r-\frac{1}{\rho}\times\frac{\partial p}{\partial r}\\
&+\nu\left(\frac{\partial^2 v_r}{\partial r^2}+\frac{1}{r}\times\frac{\partial v_r}{\partial r}-\frac{v_r}{r^2}+\frac{1}{r^2}\times\frac{\partial^2 v_r}{\partial \theta^2}-\frac{2}{r^2}\times\frac{\partial v_\theta}{\partial \theta}+\frac{\partial^2 v_r}{\partial z^2}\right)\\
&\frac{\partial v_\theta}{\partial t}+v_r\frac{\partial v_\theta}{\partial r}+\frac{v_\theta}{r}\times\frac{\partial v_\theta}{\partial \theta}-\frac{v_r v_\theta}{r}+v_z\frac{\partial v_\theta}{\partial z}=f_\theta-\frac{1}{\rho r}\times\frac{\partial p}{\partial \theta}\\
&+\nu\left(\frac{\partial^2 v_\theta}{\partial r^2}+\frac{1}{r}\times\frac{\partial v_\theta}{\partial r}-\frac{v_\theta}{r^2}+\frac{1}{r^2}\times\frac{\partial^2 v_\theta}{\partial \theta^2}-\frac{2}{r^2}\times\frac{\partial v_r}{\partial \theta}+\frac{\partial^2 v_\theta}{\partial z^2}\right)\\
&\frac{\partial v_z}{\partial t}+v_r\frac{\partial v_z}{\partial r}+\frac{v_\theta}{r}\times\frac{\partial v_z}{\partial \theta}+v_z\frac{\partial v_z}{\partial z}=f_z-\frac{1}{\rho}\times\frac{\partial p}{\partial z}\\
&+\nu\left(\frac{\partial^2 v_z}{\partial r^2}+\frac{1}{r}\times\frac{\partial v_z}{\partial r}+\frac{1}{r^2}\times\frac{\partial^2 v_z}{\partial \theta^2}+\frac{\partial^2 v_z}{\partial z^2}\right)
\end{aligned}
\right\}
\tag{5-14}
$$

不可压缩流体的连续方程为

$$
\frac{\partial v_r}{\partial r}+\frac{v_r}{r}+\frac{1}{r}\times\frac{\partial v_\theta}{\partial \theta}+\frac{\partial v_z}{\partial z}=0
\tag{5-15}
$$

法向应力和切向应力的公式分别为

$$
\left.
\begin{aligned}
p_{rr}&=-p+2\mu\frac{\partial v_r}{\partial r}\\
p_{\theta\theta}&=-p+2\mu\left(\frac{1}{r}\times\frac{\partial v_\theta}{\partial \theta}+\frac{v_r}{r}\right)\\
p_{zz}&=-p+2\mu\frac{\partial v_z}{\partial z}
\end{aligned}
\right\}
\tag{5-16}
$$

$$
\left.
\begin{aligned}
\tau_{r\theta}=\tau_{\theta r}&=\mu\left[r\frac{\partial}{\partial r}\left(\frac{v_\theta}{r}\right)+\frac{1}{r}\times\frac{\partial v_r}{\partial \theta}\right]\\
\tau_{\theta z}=\tau_{z\theta}&=\mu\left(\frac{\partial v_\theta}{\partial z}+\frac{1}{r}\times\frac{\partial v_z}{\partial \theta}\right)\\
\tau_{zr}=\tau_{rz}&=\mu\left(\frac{\partial v_r}{\partial z}+\frac{\partial v_z}{\partial r}\right)
\end{aligned}
\right\}
\tag{5-17}
$$

式（5-13）在球坐标系（见图 5-6）中的投影式为

$$
\left.\begin{array}{l}
\dfrac{\partial v_r}{\partial t}+v_r\dfrac{\partial v_r}{\partial r}+\dfrac{v_\theta}{r}\times\dfrac{\partial v_r}{\partial \theta}+\dfrac{v_\beta}{r\sin\theta}\times\dfrac{\partial v_r}{\partial \beta}-\dfrac{v_\theta^2+v_\beta^2}{r}=f_r-\dfrac{1}{\rho}\times\dfrac{\partial p}{\partial r} \\[2mm]
+\nu\left(\dfrac{\partial^2 v_r}{\partial r^2}+\dfrac{2}{r}\times\dfrac{\partial v_r}{\partial r}+\dfrac{1}{r^2}\times\dfrac{\partial^2 v_r}{\partial \theta^2}+\dfrac{\cot\theta}{r^2}\times\dfrac{\partial v_r}{\partial \theta}+\dfrac{1}{r^2\sin^2\theta}\times\dfrac{\partial^2 v_r}{\partial \beta^2}-\dfrac{2v_r}{r^2}\right. \\[2mm]
\left.-\dfrac{2}{r^2}\times\dfrac{\partial v_\theta}{\partial \theta}-\dfrac{2v_\theta\cot\theta}{r^2}-\dfrac{2}{r^2\sin\theta}\times\dfrac{\partial v_\beta}{\partial \beta}\right) \\[4mm]
\dfrac{\partial v_\theta}{\partial t}+v_r\dfrac{\partial v_\theta}{\partial r}+\dfrac{v_\theta}{r}\times\dfrac{\partial v_\theta}{\partial \theta}+\dfrac{v_\beta}{r\sin\theta}\times\dfrac{\partial v_\theta}{\partial \beta}+\dfrac{v_r v_\theta}{r}-\dfrac{v_\beta^2\cot\theta}{r}=f_\theta-\dfrac{1}{\rho r}\times\dfrac{\partial p}{\partial \theta} \\[2mm]
+\nu\left(\dfrac{\partial^2 v_\theta}{\partial r^2}+\dfrac{2}{r}\times\dfrac{\partial v_\theta}{\partial r}+\dfrac{1}{r^2}\times\dfrac{\partial^2 v_\theta}{\partial \theta^2}+\dfrac{\cot\theta}{r^2}\times\dfrac{\partial v_\theta}{\partial \theta}+\dfrac{1}{r^2\sin^2\theta}\times\dfrac{\partial^2 v_\theta}{\partial \beta^2}\right. \\[2mm]
\left.+\dfrac{2}{r^2}\times\dfrac{\partial v_r}{\partial \theta}-\dfrac{v_\theta}{r^2\sin^2\theta}-\dfrac{2\cos\theta}{r^2\sin^2\theta}\times\dfrac{\partial v_\beta}{\partial \beta}\right) \\[4mm]
\dfrac{\partial v_\beta}{\partial t}+v_r\dfrac{\partial v_\beta}{\partial r}+\dfrac{v_\theta}{r}\times\dfrac{\partial v_\beta}{\partial \theta}+\dfrac{v_\beta}{r\sin\theta}\times\dfrac{\partial v_\beta}{\partial \beta}+\dfrac{v_\beta v_r}{r}-\dfrac{v_\theta v_\beta\cot\theta}{r} \\[2mm]
=f_\theta-\dfrac{1}{\rho r\sin\theta}\times\dfrac{\partial p}{\partial \beta}+\nu\left(\dfrac{\partial^2 v_\beta}{\partial r^2}+\dfrac{2}{r}\times\dfrac{\partial v_\beta}{\partial r}+\dfrac{1}{r^2}\times\dfrac{\partial^2 v_\beta}{\partial \theta^2}+\dfrac{\cot\theta}{r^2}\times\dfrac{\partial v_\beta}{\partial \theta}\right. \\[2mm]
\left.+\dfrac{1}{r^2\sin^2\theta}\times\dfrac{\partial^2 v_\beta}{\partial \beta^2}-\dfrac{v_\beta}{r^2\sin^2\theta}-\dfrac{2}{r^2\sin\theta}\times\dfrac{\partial v_r}{\partial \beta}+\dfrac{2\cos\theta}{r^2\sin^2\theta}\times\dfrac{\partial v_\theta}{\partial \beta}\right)
\end{array}\right\}\quad(5\text{-}18)
$$

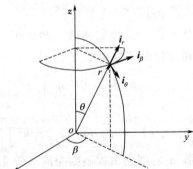

图 5-6　球坐标系

不可压缩流体的连续方程为

$$
\dfrac{\partial v_r}{\partial r}+\dfrac{1}{r}\times\dfrac{\partial v_\theta}{\partial \theta}+\dfrac{1}{r\sin\theta}\times\dfrac{\partial v_\beta}{\partial \beta}+\dfrac{2v_r}{r}+\dfrac{v_\theta\cot\theta}{r}=0 \qquad(5\text{-}19)
$$

法向应力和切向应力的公式分别为

$$
\left.\begin{array}{l}
p_{rr}=-p+2\mu\dfrac{\partial v_r}{\partial r} \\[3mm]
p_{\theta\theta}=-p+2\mu\left(\dfrac{1}{r}\times\dfrac{\partial v_\theta}{\partial \theta}+\dfrac{v_r}{r}\right) \\[3mm]
p_{\beta\beta}=-p+2\mu\left(\dfrac{1}{r\sin\theta}\times\dfrac{\partial v_\beta}{\partial \beta}+\dfrac{v_r}{r}+\dfrac{v_\theta\cot\theta}{r}\right)
\end{array}\right\}\quad(5\text{-}20)
$$

$$
\left.\begin{array}{l}
\tau_{r\theta}=\tau_{\theta r}=\mu\left(\dfrac{1}{r}\times\dfrac{\partial v_r}{\partial \theta}+\dfrac{\partial v_\theta}{\partial r}-\dfrac{v_r}{r}\right) \\[3mm]
\tau_{\theta\beta}=\tau_{\beta\theta}=\mu\left(\dfrac{1}{r\sin\theta}\times\dfrac{\partial v_\theta}{\partial \beta}+\dfrac{1}{r}\times\dfrac{\partial v_\beta}{\partial \theta}-\dfrac{v_\beta\cot\theta}{r}\right) \\[3mm]
\tau_{\beta r}=\tau_{r\beta}=\mu\left(\dfrac{\partial v_\beta}{\partial r}+\dfrac{1}{r\sin\theta}\times\dfrac{\partial v_r}{\partial \beta}-\dfrac{v_\beta}{r}\right)
\end{array}\right\}\quad(5\text{-}21)
$$

5.2.5 能量方程

实际流体运动时，由于黏性的作用，必然产生能量损失，即一部分运动的机械能转变为热能而耗散。系统中除了速度、压力等变化外，往往还伴有流体温度的变化。因此，对这种系统还需要用流体运动的能量方程来描述。

系统能量的增加等于外界对该系统所做的功和加入系统的热量之和，这就是能量守恒定律。下面根据能量守恒定律推导出流体运动的能量方程。

在运动的黏性流体内取体积 $dV = dx\,dy\,dz$ 的微元控制体，其质量 $dm = \rho\,dx\,dy\,dz$。对于微元控制体，dt 时间内其所含总能量的变化是下述原因所引起的各个变化的综合结果：

① 质量经由三对控制面流入和流出；

② 质量力所做的功；

③ 控制面上表面力所做的功；

④ 热传导所产生的热流。

这里不考虑微元控制体内总能量发生变化的其他原因，如热辐射等。

单位质量流体所具有的能量包括内能 e 和动能 $\frac{1}{2}u^2$。dt 时间内微元控制体内的能量变化率，略去高阶小项后为

$$\frac{\partial}{\partial t}\left[\rho\left(e + \frac{1}{2}u^2\right)\right]dt\,dV$$

dt 时间内，带有能量的流体经由三对控制面流入和流出，从而引起微元控制体内能量变化。单位时间内 x 方向流入微元控制体的能量为

$$\rho u_x\,dy\,dz\left(e + \frac{1}{2}u^2\right)$$

流出微元控制体的能量为

$$\rho u_x\,dy\,dz\left(e + \frac{1}{2}u^2\right) + \frac{\partial}{\partial x}\left[\rho u_x\left(e + \frac{1}{2}u^2\right)\right]dx\,dy\,dz$$

对其他方向做类似考虑，则 dt 时间内由控制面净流入微元控制体的能量为

$$dE_m = -\frac{\partial}{\partial x}\left[\rho u_x\left(e + \frac{1}{2}u^2\right)\right] + \frac{\partial}{\partial y}\left[\rho u_y\left(e + \frac{1}{2}u^2\right)\right] + \frac{\partial}{\partial z}\left[\rho u_z\left(e + \frac{1}{2}u^2\right)\right]dV\,dt \quad (5\text{-}22)$$

作用于微元控制体表面上的表面力对其所做的功是速度和力的乘积。以 x 方向的法向应力 σ_{xx} 为例，dt 时间内做的功为

$$\left[-u_x\sigma_{xx} + \left(u_x + \frac{\partial u_x}{\partial x}dx\right)\left(\sigma_{xx} + \frac{\partial \sigma_{xx}}{\partial x}\right)\right]dz\,dy\,dt = \frac{\partial}{\partial x}(u_x\sigma_{xx})dV\,dt$$

总的表面力做的功应包括法向应力与切向应力做功之和，推广到三维流动问题中，得

$$dW = \left[\frac{\partial}{\partial x}(u_x\sigma_{xx} + u_y\tau_{xy} + u_z\tau_{xz}) + \frac{\partial}{\partial y}(u_x\tau_{yx} + u_y\sigma_{yy} + u_z\tau_{yz})\right.$$
$$\left. + \frac{\partial}{\partial z}(u_x\tau_{zx} + u_y\tau_{zy} + u_z\sigma_{zz})\right]dV\,dt \quad (5\text{-}23)$$

根据傅里叶定律：单位时间内所传导的热量 Q 正比于温度梯度 dT/dn 和垂直于热流方向的截面积 A，可得到通过微元控制体传导的热量

$$Q = -KA\frac{dT}{dn} \quad (5\text{-}24)$$

式中　n——热流方向坐标；

K——热导率。

将式(5-24)用于三维问题中的 x 方向，则导入微元控制体的热量为

$$Q_x = -K \frac{\partial T}{\partial x} \mathrm{d}y\mathrm{d}x$$

导出微元控制体的热量为

$$Q'_x = -\left[K \frac{\partial T}{\partial x} + \frac{\partial}{\partial x}\left(K \frac{\partial T}{\partial x}\right)\mathrm{d}x\right]\mathrm{d}y\mathrm{d}z$$

对其他方向做类似考虑，可得到 $\mathrm{d}t$ 时间内由热传导净输入微元控制体的热量为

$$\mathrm{d}Q = \left[\frac{\partial}{\partial x}\left(K \frac{\partial T}{\partial x}\right) + \frac{\partial}{\partial y}\left(K \frac{\partial T}{\partial y}\right) + \frac{\partial}{\partial z}\left(K \frac{\partial T}{\partial z}\right)\right]\mathrm{d}V\mathrm{d}t \tag{5-25}$$

由能量守恒定律可得

$$\frac{\partial}{\partial t}\left[\rho\mathrm{d}V\left(e + \frac{1}{2}u^2\right)\right] = \frac{\mathrm{d}E_m}{\mathrm{d}t} + \frac{\mathrm{d}Q}{\mathrm{d}t} + \frac{\mathrm{d}W}{\mathrm{d}t} \tag{5-26}$$

将式(5-22)、式(5-23)、式(5-24)及各应力分量与速度梯度之间的关系式(5-5)、式(5-8)代入式(5-26)，并利用

$$-\frac{\partial \rho}{\partial t} = \frac{\partial(\rho u_x)}{\partial x} + \frac{\partial(\rho u_y)}{\partial y} + \frac{\partial(\rho u_z)}{\partial z}$$

$$\frac{\mathrm{d}\left(e + \frac{1}{2}u^2\right)}{\mathrm{d}t} = \frac{\partial\left(e + \frac{1}{2}u^2\right)}{\partial t} + u_x\frac{\partial\left(e + \frac{1}{2}u^2\right)}{\partial x} + u_y\frac{\partial\left(e + \frac{1}{2}u^2\right)}{\partial y} + u_z\frac{\partial\left(e + \frac{1}{2}u^2\right)}{\partial z}$$

可得到直角坐标系中的总能量方程为

$$\frac{\mathrm{d}\left(e + \frac{1}{2}u^2\right)}{\mathrm{d}t} = \frac{1}{\rho}\times\frac{\partial}{\partial x}\left(K \frac{\partial T}{\partial x}\right) + \frac{1}{\rho}\times\frac{\partial}{\partial y}\left(K \frac{\partial T}{\partial y}\right) + \frac{1}{\rho}\times\frac{\partial}{\partial z}\left(K \frac{\partial T}{\partial z}\right) + \frac{\mu}{\rho}\phi \tag{5-27}$$

$$\phi = 2\left[\left(\frac{\partial u_x}{\partial x}\right)^2 + \left(\frac{\partial u_y}{\partial y}\right)^2 + \left(\frac{\partial u_z}{\partial z}\right)^2\right] + \left(\frac{\partial u_y}{\partial x} + \frac{\partial u_x}{\partial y}\right)^2 + \left(\frac{\partial u_z}{\partial y} + \frac{\partial u_y}{\partial z}\right)^2 + \left(\frac{\partial u_x}{\partial z} + \frac{\partial u_z}{\partial x}\right)^2$$

$$\tag{5-28}$$

ϕ 称为黏性耗散函数，它表明由于流体黏性产生内摩擦使一部分机械能转变为热量。从式(5-28)可知，只有当流体微团不产生变形时，ϕ 为零，流体才不耗散能量；而在其他情况下，$\phi > 0$，必然有能量耗散。

5.3　不可压缩流体的层流流动

5.3.1　平行平板间流体层流流动

不可压缩黏性流体在倾斜的平行平板间做定常层流流动，如图 5-7(a) 所示。若平板长度为无限大，且固定不动，流体沿 x 轴方向流动，y 轴垂直于平板，z 轴水平，则 $v_y = v_z = 0$，$\frac{\partial}{\partial z} = 0$；又由连续方程式得 $\frac{\partial v_x}{\partial x} = 0$，故得 $v_x = v_x(y)$。对于定常流动 $\frac{\partial}{\partial t} = 0$。如果质量力仅有重力，则式(5-13)成为

$$f_x - \frac{1}{\rho}\times\frac{\partial p}{\partial x} + \nu\frac{\partial^2 v_x}{\partial y^2} = 0, \quad f_y - \frac{1}{\rho}\times\frac{\partial p}{\partial y} = 0$$

式中，$f_x = g\sin\alpha = -g\frac{\partial h}{\partial x}$，$f_y = -g\cos\alpha = -g\frac{\partial h}{\partial y}$，代入上式，得

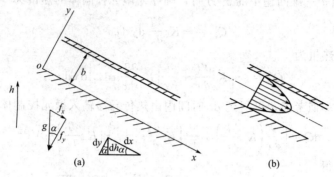

图 5-7 平行平板间流体的层流流动

$$\mu \frac{\partial^2 v_x}{\partial y^2} = \frac{\partial}{\partial x}(p + \rho g h), \frac{\partial}{\partial y}(p + \rho g h) = 0$$

由此可知 $p + \rho g h$ 只是 x 的函数，于是得

$$\mu \frac{\partial^2 v_x}{\partial y^2} = \frac{\mathrm{d}}{\mathrm{d}x}(p + \rho g h) \tag{a}$$

式（a）对 y 积分，得

$$\frac{\mathrm{d}v_x}{\mathrm{d}y} = \frac{1}{\mu}\left[\frac{\mathrm{d}}{\mathrm{d}x}(p + \rho g h)\right]y + C_1 \tag{b}$$

式（b）对 y 积分，得

$$v_x = \frac{1}{2\mu}\left[\frac{\mathrm{d}}{\mathrm{d}x}(p + \rho g h)\right]y^2 + C_1 y + C_2 \tag{5-29}$$

由边界条件：当 $y=0$ 和 $y=b$ 时，$v_x=0$，可确定积分常数：

$$C_1 = -\frac{b}{2\mu} \times \frac{\mathrm{d}}{\mathrm{d}x}(p + \rho g h), C_2 = 0$$

代入式（5-29），得

$$v_x = -\frac{1}{2\mu} \times \frac{\mathrm{d}}{\mathrm{d}x}(p + \rho g h)(b - y)y \tag{5-30}$$

可见，两块平行平板间由总势能梯度引起的层流流动的速度分布为抛物线，如图 5-7(b) 所示，流向沿总势能降低的方向。如果平板水平放置，流动由压强梯度引起，称为平面泊肃叶流动。

若下板不动，上板以等速 U 沿流动方向做平行运动，其边界条件为 $y=0$，$v_{x=0}$；$y=b$，$v_x=U$，代入式（5-29），得

$$C_1 = \frac{U}{b} - \frac{b}{2\mu} \times \frac{\mathrm{d}}{\mathrm{d}x}(p + \rho g h), C_2 = 0$$

于是得速度分布

$$v_x = \frac{U}{b}y - \frac{1}{2\mu} \times \frac{\mathrm{d}}{\mathrm{d}x}(p + \rho g h)(b - y)y \tag{5-31}$$

此为平直库埃特（Couette）流动，它由两部分组成：速度分布为一条直线的简单剪切流动，如第 1 章图 1-2 所示；速度分布为抛物线的两块固定平行平板间的层流流动，如图 5-7(b) 所示。

【例 5-1】 如图所示为一收集水面油污的皮带输送装置。已知该装置的倾斜角 $\theta = 30°$，皮带的定常速度 $U = 1.5\text{m/s}$，油污的动力黏度 $\mu = 8 \times 10^{-3}\text{Pa·s}$，密度 $\rho = 850.4\text{kg/m}^3$，油层的厚度 $b = 1.5\text{mm}$。试求该装置单位宽度所能输送的流量，并求油层多厚时皮带输送的流量最大？

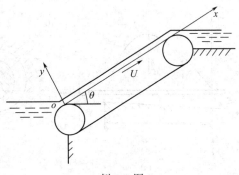

例 5-1 图

解：油层是靠黏性作用和皮带的带动向上运动的，不是靠压差推动的，故由式（b）、式（5-29）得

$$\frac{dv_x}{dy} = \frac{\rho g}{\mu} y \sin\theta + C_1$$

$$v_x = \frac{\rho g}{2\mu} y^2 \sin\theta + C_1 y + C_2 \tag{c}$$

边界条件为：当 $y = b$ 时，$\tau = 0$，即 $\dfrac{dv_x}{dy} = 0$；当 $y = 0$ 时，$v_x = U$。分别代入式（c）后，得

$$C_1 = -\frac{\rho g}{\mu} b \sin\theta, \quad C_2 = U$$

代入式（c），得

$$v_x = U - \frac{\rho g}{\mu}\left(by - \frac{y^2}{2}\right)\sin\theta$$

皮带单位宽度所能输送的流量

$$q'_V = \int_0^b v_x \, dy = Ub - \frac{\rho g b^3}{3\mu}\sin\theta$$

皮带每米宽输送的流量为

$$q'_V = 1.5 \times 1.5 \times 10^{-3} - \frac{850.4 \times 9.807 \times (1.5 \times 10^{-3})^3}{3 \times 8 \times 10^{-3}} \times 0.5 = 1.664 \times 10^{-3} \quad (\text{m}^3/\text{s})$$

为了推求油层多厚时皮带输送的流量最大，令 $dq'_V/db = 0$，得到对应于最大流量的油层厚度和流量分别为

$$b' = \left(\frac{U\mu}{\rho g \sin\theta}\right)^{1/2}, \quad q'_{V\max} = \frac{2}{3} \times \left(\frac{\mu}{\rho g \sin\theta}\right)^{1/2} U^{3/2}$$

代入已知数据，得对应于最大流量的油层厚度

$$b' = \left(\frac{1.5 \times 8 \times 10^{-3}}{850.4 \times 9.807 \times 0.5}\right)^{1/2} = 1.7 \times 10^{-3} \quad (\text{m})$$

皮带每米宽输送的最大流量为

$$q'_{V\max} = \frac{2}{3} \times \left(\frac{8 \times 10^{-3}}{850.4 \times 9.807 \times 0.5}\right)^{1/2} \times 1.5^{3/2} = 1.7 \times 10^{-3} \quad (\text{m}^3/\text{s})$$

5.3.2　流体动力润滑

流体动力润滑轴承是各类有转动部件的机器设备中常见的重要部件。这里只对流体动力润滑理论作一简要的介绍，推导出润滑理论基础中的一维雷诺方程。图 5-8(a) 为滑动轴承，图 5-8(b) 为径向滑动轴承。滑动轴承是由被润滑油分开的两块稍微倾斜、有相对运动的平

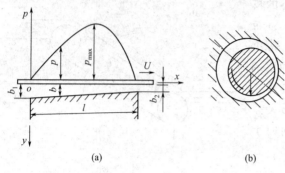

图 5-8　滑动轴承和径向滑动轴承示意图

板组成，在平板间的楔形间隙中形成具有一定液体动压的油膜。例如图 5-8(a) 中的两块平板，下平板静止，上平板以等速 U 运动，带动间隙中的油膜作缓慢流动。液体在流入逐渐缩小的间隙时，会产生如图中曲线所示的压强分布，以支持轴承的载荷。径向滑动轴承除接触面是曲面外，力的传递作用与滑动轴承是相同的。

现在讨论滑动轴承楔形间隙中不可压缩黏性流体的定常流动。为了使问题得到简化，作如下假设：在垂直于图面方向，滑动轴承的端面没有液体流出，这相当于假设轴承宽度为无限大，可以将油膜流动作为 xoy 平面上的二维流动来处理；间隙 b 与平板的长度 l 相比非常小，以致 v_y 与 v_x 相比可以略去；v_x 在 x 方向的变化比在 y 方向的变化小得多，即 $\dfrac{\partial v_x}{\partial x} \ll \dfrac{\partial v_x}{\partial y}$，可以略去 $\dfrac{\partial v_x}{\partial x}$，于是 $\dfrac{\partial^2 v_x}{\partial x^2} \ll \dfrac{\partial^2 v_x}{\partial y^2}$，可以略去 $\dfrac{\partial^2 v_x}{\partial x^2}$；不考虑重力作用，即 $f_x = f_y = 0$。对于定常流动 $\dfrac{\partial}{\partial t} = 0$，于是式(5-13) 和式(4-25) 成为

$$-\frac{1}{\rho} \times \frac{\partial p}{\partial x} + v\frac{\partial^2 v_x}{\partial y^2} = 0,\ \frac{\partial p}{\partial y} = 0,\ \frac{\partial v_x}{\partial x} = 0$$

可见 $p = p(x)$ 和 $v_x = v_x(y)$，于是得

$$\mu\frac{\partial^2 v_x}{\partial y^2} = \frac{\mathrm{d}p}{\mathrm{d}x} \tag{d}$$

对式(d) 进行积分，得

$$v_x = \frac{1}{2\mu} \times \frac{\mathrm{d}p}{\mathrm{d}x}y^2 + C_1 y + C_2 \tag{5-32}$$

根据边界条件：当 $y = 0$ 时，$v_x = U$；当 $y = b$ 时，$v_x = 0$，可确定积分常数

$$C_1 = -\left(\frac{U}{b} + \frac{1}{2\mu} \times \frac{\mathrm{d}p}{\mathrm{d}x}b\right),\ C_2 = U$$

代入式(5-32)，得

$$v_x = U\left(1 - \frac{y}{b}\right) + \frac{1}{2\mu} \times \frac{\mathrm{d}p}{\mathrm{d}x}y(y - b) \tag{5-33}$$

通过单位宽度楔形流道的流量为

$$q_V' = \int_0^b v_x\,\mathrm{d}y = \frac{bU}{2} - \frac{b^3}{12\mu} \times \frac{\mathrm{d}p}{\mathrm{d}x} \tag{5-34}$$

由于通过楔形流道任一截面的流量都是不变的，即 $\dfrac{\mathrm{d}q_V'}{\mathrm{d}x} = 0$，将式(5-34) 代入后，得

$$\frac{\mathrm{d}}{\mathrm{d}x}\left(b^3\frac{\mathrm{d}p}{\mathrm{d}x}\right) = 6\mu U\frac{\mathrm{d}b}{\mathrm{d}x} \tag{5-35}$$

这就是一维流动的雷诺方程，是研究流体动力润滑的基本微分方程。

令 $\alpha=\dfrac{b_1-b_2}{l}$ 表示斜块倾斜角的正切，于是间隙 $b=b_1-\alpha x$，代入式(5-35)，得

$$\frac{\mathrm{d}p}{\mathrm{d}x}=\frac{6\mu U}{(b_1-\alpha x)^2}-\frac{12\mu q_V'}{(b_1-\alpha x)^3}$$

上式对 x 进行积分，得

$$p=\frac{6\mu U}{\alpha(b_1-\alpha x)}-\frac{6\mu q_V'}{\alpha(b_1+\alpha x)^2}+C \qquad\qquad (e)$$

式中，流量 q_V' 和积分常数 C 都是未知量。根据边界条件：当 $x=0$ 时，$p=0$；当 $x=l$ 时，$p=0$，代入上式，解得

$$q_V'=\frac{Ub_1b_2}{b_1+b_2},\quad C=-\frac{6\mu U}{\alpha(b_1-b_2)}$$

代入式(e)，得

$$p=\frac{6\mu Ux(b-b_2)}{b^2(b_1+b_2)}$$

由于在 $0<x<l$ 的范围内 $b>b_2$，故压强 p 始终为正。沿轴承长度的压强分布示意见图 5-8(a) 上方的曲线。

滑动轴承单位宽度油膜所能产生的总支承力为

$$F_p=\int_0^l p\,\mathrm{d}x=\frac{6\mu Ul^2}{(b_1+b_2)^2}\left(\ln\frac{b_1}{b_2}-2\frac{b_1-b_2}{b_1+b_2}\right) \qquad (5\text{-}36)$$

由于液体作用在平板上的切向应力

$$\tau_w=-\mu\left(\frac{\mathrm{d}v_x}{\mathrm{d}y}\right)_{y=0}=\frac{\mu U}{b}+\frac{b}{2}\frac{\mathrm{d}p}{\mathrm{d}x}$$

$$=\frac{4\mu U}{b_1-\alpha x}-\frac{6\mu q_V'}{(b_1-\alpha x)^2}=\frac{4\mu U}{b_1-\alpha x}-\frac{6\mu U}{(b_1-\alpha x)^2}\frac{b_1b_2}{b_1+b_2}$$

故油膜作用在平板单位宽度上的总阻力为

$$F_D=\int_0^l \tau_w\,\mathrm{d}x=\frac{2\mu Ul}{b_1-b_2}\left(2\ln\frac{b_1}{b_2}-3\frac{b_1-b_2}{b_1+b_2}\right) \qquad (5\text{-}37)$$

以 b_1 为变量，当 $\dfrac{\mathrm{d}F_p}{\mathrm{d}b_1}=0$ 时，得 $b_1=2.2b_2$，这时支承力 F_p 有最大值：

$$F_p'=0.16\frac{\mu Ul^2}{b_2^2}$$

对应的阻力为

$$F_D'=0.75\frac{\mu Ul}{b_2}$$

最大总支承力与总阻力之比为

$$\frac{F_p'}{F_D'}=0.21\frac{l}{b_2}$$

这个比值可以是很大的，因为 b_2 比起 l 来是很小的。

5.3.3　环形管道中流体的层流流动

不可压缩黏性流体在外径 r_1、内径 r_2、直长的环形管道中做定常层流流动，如图 5-9

所示。可以认为，流动是轴对称的，故采用柱坐标系，取管轴为 z 轴；故有 $v_r = v_\theta = 0$，$\frac{\partial v_z}{\partial \theta} = 0$。由连续方程式(5-15) 得 $\frac{\partial v_z}{\partial z} = 0$，故有 $v_z = v_z(r)$。对于定常流动 $\frac{\partial}{\partial t} = 0$。如果质量力仅有重力，则有

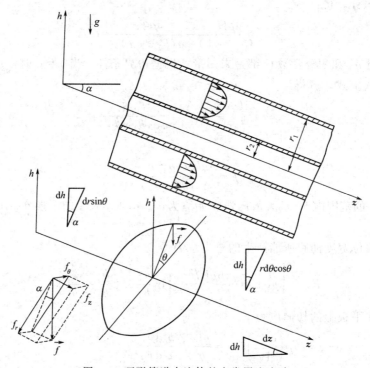

图 5-9　环形管道中流体的定常层流流动

$$f_r - \frac{1}{\rho} \times \frac{\partial p}{\partial r} = 0, \quad f_\theta - \frac{1}{\rho r} \times \frac{\partial p}{\partial \theta} = 0, \quad f_z - \frac{1}{\rho} \times \frac{\partial p}{\partial z} + v\left(\frac{\partial^2 v_z}{\partial r^2} + \frac{1}{r} \times \frac{\partial v_z}{\partial r}\right) = 0$$

假设 α 角为 z 轴与其铅垂平面内水平线之间的夹角，θ 角为管道横截面内自水平线量起的角度 （图 5-9），则单位质量流体的质量力为 $f_r = -g\cos\alpha\sin\theta = -g\frac{\partial h}{\partial r}$，$f_\theta = -g\cos\alpha\cos\theta = -g\frac{1}{r} \times \frac{\partial h}{\partial \theta}$，$f_z = g\sin\alpha = -g\frac{\partial h}{\partial z}$，代入上式，得

$$\frac{\partial}{\partial r}(p + \rho g h) = 0, \frac{\partial}{\partial \theta}(p + \rho g h) = 0, \frac{1}{r} \times \frac{\partial}{\partial r}\left(r\frac{\partial v_z}{\partial r}\right) = \frac{1}{\mu} \times \frac{\partial}{\partial z}(p + \rho g h)$$

由前两式可知，$p + \rho g h$ 只是 z 的函数，于是得

$$\frac{1}{r} \times \frac{d}{dr}\left(r\frac{dv_z}{dr}\right) = \frac{1}{\mu} \times \frac{d}{dz}(p + \rho g h) \tag{f}$$

式(f) 对 r 积分两次，得

$$v_z = \frac{1}{4\mu}\left[\frac{d}{dz}(p + \rho g h)\right]r^2 + C_1\ln r + C_2 \tag{5-38}$$

由边界条件：当 $r = r_1$ 和 $r = r_2$ 时，$v_z = 0$，可确定积分常数

$$C_1 = -\frac{1}{4\mu} \times \frac{d}{dz}(p + \rho g h)\frac{r_1^2 - r_2^2}{\ln(r_1/r_2)}$$

$$C_2 = -\frac{1}{4\mu}\times\frac{\mathrm{d}}{\mathrm{d}z}(p+\rho gh)\left[r_1^2-\frac{r_1^2-r_2^2}{\ln(r_1/r_2)}\ln r_1\right]$$

代入式(5-38)，得

$$v_z = -\frac{1}{4\mu}\times\frac{\mathrm{d}}{\mathrm{d}z}(p+\rho gh)\left[(r_1^2-r_2^2)+\frac{r_1^2-r_2^2}{\ln(r_1/r_2)}\ln\frac{r}{r_1}\right] \tag{5-39}$$

流过环形管道的流量为

$$q_V = 2\pi\int_{r_2}^{r_1} v_z r\,\mathrm{d}r = -\frac{\pi}{8\mu}\times\frac{\mathrm{d}}{\mathrm{d}z}(p+\rho gh)\left[(r_1^4-r_2^4)-\frac{(r_1^2-r_2^2)^2}{\ln(r_1/r_2)}\right] \tag{5-40}$$

若半径为 r_2 的同心圆管（或心轴）以等速 U 沿管轴 z 方向运动，如在柱塞泵中所遇到的那样，则边界条件成为 $r=r_1$ 时，$v_z=0$；$r=r_2$ 时，$v_z=U$。代入式(5-38)，得

$$C_1 = -\frac{1}{4\mu}\times\frac{\mathrm{d}}{\mathrm{d}z}(p+\rho gh)\frac{r_1^2-r_2^2}{\ln(r_1/r_2)}-\frac{U}{\ln(r_1/r_2)}$$

$$C_2 = -\frac{1}{4\mu}\times\frac{\mathrm{d}}{\mathrm{d}z}(p+\rho gh)\left[r_1^2-\frac{r_1^2-r_2^2}{\ln(r_1/r_2)}\ln r_1\right]+\frac{U}{\ln(r_1/r_2)}\ln r_1$$

于是得速度分布

$$v_z = -\frac{1}{4\mu}\times\frac{\mathrm{d}}{\mathrm{d}z}(p+\rho gh)\left[(r_1^2-r_2^2)+\frac{r_1^2-r_2^2}{\ln(r_1/r_2)}\ln\frac{r}{r_1}\right]-\frac{U}{\ln(r_1/r_2)}\ln\frac{r}{r_1} \tag{5-41}$$

流过环形管道的流量为

$$q_V = 2\pi\int_{r_2}^{r_1} v_z r\,\mathrm{d}r = -\frac{\pi}{8\mu}\frac{\mathrm{d}}{\mathrm{d}z}(p+\rho gh)\left[(r_1^4-r_2^4)-\frac{(r_1^2-r_2^2)^2}{\ln(r_1/r_2)}\right]$$
$$-\pi r_2^2 U+\frac{\pi(r_1^2-r_2^2)U}{2\ln(r_1/r_2)} \tag{5-42}$$

沿固定环形管道的流动是上述流动的特殊情况，即 $U=0$ 时的情况。

【例 5-2】 油缸内油的计示压强 $p_e=29.418\times10^4\,\mathrm{Pa}$，黏度 $\mu=0.1\,\mathrm{Pa\cdot s}$，柱塞的直径 $d=50\,\mathrm{mm}$，柱塞与套筒间的径向间隙 $\delta=0.05\,\mathrm{mm}$，套筒的长度 $l=300\,\mathrm{mm}$。设以力 F 推着柱塞使其保持不动，求油的漏损流量 q_V 和力 F 的大小。

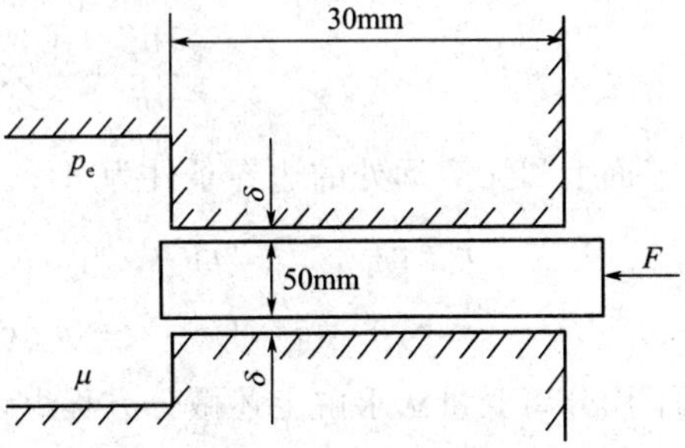

解：柱塞与套筒间隙中压强降的数值为

$$-\frac{\mathrm{d}p_e}{\mathrm{d}l} = -\frac{0-29.418\times10^4}{0.3}=980.6\times10^3\ (\mathrm{Pa/m})$$

环形流道的外半径 $r_1=25+0.05=25.05\,\mathrm{mm}$，环形流道的内半径 $r_2=25\,\mathrm{mm}$。将已知数据代入式(5-42)，得

例 5-2 图

$$q_V = \frac{\pi}{8\times0.1}\times980600\times\left[0.02505^4-0.025^4-\frac{(0.02505^2-0.025^2)^2}{\ln(0.02505/0.025)}\right]$$
$$=1.60\times10^{-8}(\mathrm{m}^3/\mathrm{s})=0.016(\mathrm{cm}^3/\mathrm{s})$$

式(5-41)对 r 取导数，得

$$\frac{\mathrm{d}v_z}{\mathrm{d}r} = -\frac{1}{4\mu}\times\frac{\mathrm{d}}{\mathrm{d}l}(p_e+\rho gh)\left[-2r+\frac{r_1^2-r_2^2}{\ln(r_1/r_2)}\frac{1}{r}\right]$$

$$\tau_{r_2} = -\mu\left(\frac{\mathrm{d}v_z}{\mathrm{d}r}\right)_{r=r_2} = -\frac{1}{4}\times\frac{\mathrm{d}}{\mathrm{d}l}(p_e+\rho gh)\left[2r_2 - \frac{r_1^2-r_2^2}{\ln(r_1/r_2)}\frac{1}{r_2}\right]$$

$$= -\frac{1}{4}\times 980600\times\left(0.05 - \frac{0.02505^2-0.025^2}{\ln(0.02505/0.025)}\times\frac{1}{0.025}\right)$$

$$= 24.52 \text{ (Pa)}$$

推力 F 应与柱塞两端面的压强差和流体作用在柱塞侧面的黏滞力相平衡,故

$$F = \frac{\pi}{4}\times 0.05^2\times 29.418\times 10^4 + \pi\times 0.05\times 0.3\times 24.52$$

$$= 578.48 \text{ (N)}$$

5.3.4 流体绕过圆球小雷诺数的层流流动

在工程实际和自然界中,经常会遇到固体微粒、液体微滴在流体中的缓慢运动;例如煤粉、油滴在炉膛气流中的运动,烟尘在烟道废气中的运动,微细液滴在汽包蒸气中的运动,浮尘、雾滴在空气中的运动,固体微粒在液体中的运动等。这类运动的主要特征是:微粒、微滴的尺寸很小(通常近似地视它们为微小圆球),它们与流体的相对运动速度很小,所以相对运动的雷诺数非常小(通常称 $Re = v_\infty d/\nu \ll 1$ 的流动为蠕流);惯性力比黏滞力要小得多,可以略去;重力也比黏滞力小,流体的浮力还在减小它的作用,也可略去。流体对圆球的绕流是轴对称的,采用的是球坐标系,如图 5-10 所示。这样,
$v_r = v_r(r,\theta)$, $v_\theta = v_\theta(r,\theta)$, $v_\beta = 0$, $p = p(r,\theta)$, $\dfrac{\partial}{\partial\beta} = 0$;纳维-斯托克斯方程式(5-18)
和连续方程式(5-19)简化为

$$\left.\begin{aligned}
\frac{\partial p}{\partial r} &= \mu\left(\frac{\partial^2 v_r}{\partial r^2} + \frac{1}{r^2}\times\frac{\partial^2 v_r}{\partial\theta^2} + \frac{2}{r}\times\frac{\partial v_r}{\partial r} + \frac{\cot\theta}{r^2}\times\frac{\partial v_r}{\partial\theta} - \frac{2}{r^2}\times\frac{\partial v_\theta}{\partial\theta} - \frac{2v_r}{r^2} - \frac{2\cot\theta}{r^2}v_\theta\right) \\
\frac{1}{r}\times\frac{\partial p}{\partial\theta} &= \mu\left(\frac{\partial^2 v_\theta}{\partial r^2} + \frac{1}{r^2}\times\frac{\partial^2 v_\theta}{\partial\theta^2} + \frac{2}{r}\times\frac{\partial v_\theta}{\partial r} + \frac{\cot\theta}{r^2}\times\frac{\partial v_\theta}{\partial\theta} + \frac{2}{r^2}\times\frac{\partial v_r}{\partial\theta} - \frac{v_\theta}{r^2\sin^2\theta}\right)
\end{aligned}\right\} \tag{5-43}$$

$$\frac{\partial v_r}{\partial r} + \frac{1}{r}\times\frac{\partial v_\theta}{\partial\theta} + \frac{2v_r}{r} + \frac{v_\theta\cot\theta}{r} = 0 \tag{5-44}$$

在球面上和无穷远处的边界条件为

$$r = r_0 \qquad v_r(r_0,\theta) = 0, \qquad v_\theta(r_0,\theta) = 0$$

$$r\to\infty \qquad v_r(\infty,\theta) = v_\infty\cos\theta, v_\theta(\infty,\theta) = -v_\infty\sin\theta, p(\infty,\theta) = p_\infty$$

为了用分离变量法求解上述微分方程组,参照边界条件,预设

$$v_r = f_1(r)\cos\theta, v_\theta = -f_2(r)\sin\theta, p = p_\infty + \mu f_3(r)\cos\theta \tag{g}$$

将式(g)代入式(5-43)、式(5-44),得

$$\left.\begin{aligned}
f_3' &= f_1'' + \frac{2}{r}f_1' - \frac{4(f_1-f_2)}{r^2} \\
\frac{f_3}{r} &= f_2'' + \frac{2}{r}f_2' + \frac{2(f_1-f_2)}{r^2} \\
f_1' &+ \frac{2(f_1-f_2)}{r^2} = 0
\end{aligned}\right\} \tag{h}$$

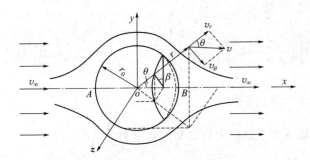
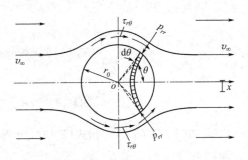

图 5-10 黏性流体绕过圆球小雷诺数的
定常层流流动

图 5-11 推导黏性流体作用
在圆球上阻力用图

将上述边界条件代入式（g），得预设函数的边值为

$$f_1(r_0)=f_2(r_0)=0,f_1(\infty)=f_2(\infty)=v_\infty,f_3(\infty)=0$$

由式（h）的第三式得

$$f_2=\frac{1}{2}f_1'r+f_1 \tag{i}$$

对 r 连续求导数，得 $\qquad f_2'=\frac{1}{2}f_1''r+\frac{3}{2}f_1',f_2''=\frac{1}{2}f_1'''+2f_1''$

代入式（h）的第二式，得 $\qquad f_3=\frac{1}{2}f_1'''r^2+3f_1''r+2f_1' \tag{j}$

对 r 求导数，得 $\qquad f_3'=\frac{1}{2}f_1''''r^2+4f_1'''r+5f_1''$

代入式（h）的第一式，得 $\qquad r^3f_1''''+8r^2f_1'''+8rf_1''-8f_1'=0 \tag{k}$

式（k）的特解为 $\qquad\qquad f_1=r^k$

代入式（k），得 $\qquad k(k-1)(k-2)(k-3)+8k(k-1)(k-2)+8k(k-1)-8k=0$

并解得 $k=-3$、-1、0、2，则式（k）的一般解为

$$f_1=\frac{A}{r^3}+\frac{B}{r}+C+Dr^2$$

式中，A、B、C、D 为积分常数。将 f_1 及其导数代入式（i）、式（j），得

$$f_2=-\frac{A}{2r^3}+\frac{B}{2r}+C+2Dr^2,f_3=\frac{B}{r^2}+10Dr$$

根据预设函数的边值可以确定 $A=r_0^3v_\infty/2$，$B=-3r_0v_\infty/2$，$C=v_\infty$，$D=0$。进而确定

$$f_1=\frac{r_0^3}{2r^3}v_\infty-\frac{3r_0}{2r}v_\infty+v_\infty,f_2=\frac{r_0^3}{4r^3}v_\infty-\frac{3r_0}{4r}v_\infty+v_\infty,f_3=-\frac{3r_0}{2r^2}v_\infty$$

代入式（g），得方程式（5-43）、式（5-44）的解为

$$v_r(r,\theta)=v_\infty\cos\theta\left[1-\frac{3}{2}\frac{r_0}{r}+\frac{1}{2}\left(\frac{r_0}{r}\right)^3\right]$$

$$\left.v_\theta(r,\theta)=v_\infty\sin\theta\left[1-\frac{3}{4}\frac{r_0}{r}+\frac{1}{4}\left(\frac{r_0}{r}\right)^3\right]\right\} \quad (5\text{-}45)$$

$$p(r,\theta)=p_\infty-\frac{3}{2}\mu\frac{r_0}{r^2}v_\infty\cos\theta$$

由式(5-20)、式(5-21) 和式(5-45)可得圆球壁面上的法向应力和切向应力为

$$p_{rr}(r_0,\theta)=-p+2\mu\frac{\partial v_r}{\partial r}=-p_\infty+\frac{3}{2}\mu\frac{v_\infty}{r_0}\cos\theta$$

$$\tau_{r\theta}(r_0,\theta)=\mu\left(\frac{1}{r}\times\frac{\partial v_r}{\partial\theta}+\frac{\partial v_\theta}{\partial r}-\frac{v_\theta}{r}\right)=\frac{3}{2}\mu\frac{v_\infty}{r_0}\sin\theta$$

如图 5-11 所示，在球面上取带形微元面积 $dA=2\pi r_0\sin\theta r_0 d\theta$，求作用在它上面的法向应力的合力和切向应力的合力在来流方向的投影，并在整个球面上积分，便可得到作用在圆球上的阻力：

$$F_D=\iint_A p_{rr}(r_0,\theta)\cos\theta dA+\iint_A \tau_{r\theta}(r_0,\theta)\sin\theta dA$$

$$=\int_0^\pi\left(-p_\infty+\frac{3}{2}\mu\frac{v_\infty}{r_0}\cos\theta\right)2\pi r_0^2\sin\theta\cos\theta d\theta+\int_0^\pi\left(\frac{3}{2}\mu\frac{v_\infty}{r_0}\sin\theta\right)2\pi r_0^2\sin^2\theta d\theta$$

$$=3\pi\mu r_0 v_\infty\left(\int_0^\pi\cos^2\theta\sin\theta d\theta+\int_0^\pi\sin^3\theta d\theta\right)=6\pi\mu r_0 v_\infty=3\pi\mu d v_\infty \quad (5\text{-}46)$$

这就是圆球的斯托克斯阻力公式，是斯托克斯 1851 年提出的。无量纲阻力系数

$$C_D=\frac{F_D}{\pi r_0^2\rho v_\infty^2/2}=\frac{6\pi\mu r_0 v_\infty}{\pi r_0^2\rho v_\infty^2/2}=\frac{24}{v_\infty d/\mu}=\frac{24}{Re} \quad (5\text{-}47)$$

此式是在 $Re\ll1$ 的前提下导出的，但实测表明，$Re\ll1$ 时，按式(5-47) 计算的阻力系数与实验值的差值仍在工程应用的精确度要求之内。

5.4 射流与尾迹

射流与尾迹是两种常见的流动现象，与边界层流动和管道流动不同，射流与尾迹流动中的剪切流动并不是由壁面形成的，而是由各层流体的速度差形成的，因此这类流动称为自由剪切流动。

5.4.1 射流

射流的特点是中央有一股流体的速度高于四周流体的速度，典型的射流为流体流入无限大的静止环境的流动，如图 5-12 所示。一旦离开喷口，射流在侧面边界上与环境的静止流体之间会有强烈的剪切，这个剪切层的黏性作用拉低了射流外层流体的速度，同时也使一

部分环境中静止的流体开始运动起来。如果雷诺数足够低，射流可以较长时间保持层流状态；一般情况雷诺数都较高，剪切层很快会转换为湍流，因此常见的射流都是湍流状态。图 5-12 所示的射流速度分布是平均速度的分布，并不代表任何瞬时的速度。

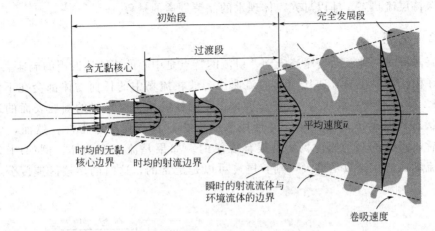

图 5-12　轴对称射流速度分布示意图

射流的无黏核心区由于不受到剪切作用，因此会一直保持层流状态，直到这个核心区完全消失。从喷口到无黏核心区完全消失这一段称为射流的初始段，初始段结束后，射流进入黏性主导的过渡段，再经过一段距离后，射流的速度剖面形状不再随流向变化，进入完全发展段。

虽然射流和管流一样，在开始阶段存在无黏核心区，但是它们的边界条件是不同的。对于管流而言，条件是横截面积不变，因此平均速度不变。因为环壁的流体速度沿流向降低，所以无黏核心区的流速沿流向是增加的。对于射流而言，流体冲出喷口后进入无限大的空间，且环境的流体会被带动起来，因此不但平均速度不再保持不变，沿流向的流量也不再保持不变。射流的条件是在出口处流体的压力基本上等于环境压力，因此无黏核心区的流体既不受黏性力，也不受压差力，而是将保持匀速直线运动，也就是说射流的无黏核心区的流速沿流向不变。

从无黏核心区消失到充分发展段之间的过渡段并没有较好的理论来描述，但是对于完全发展段，利用其速度型相似的特征，可以仿照层流边界层的布拉修斯解的方法，得出一些有用的结论。

若流动是层流，边界上的剪切作用弱，边界扩展得就会慢一些；若流动是湍流，边界上的剪切和卷吸作用都很强，边界扩展得就会快一些。对湍流来说，一个重要的结论是：轴对称射流的初始段和完全发展段的边界都是线性扩展的，但充分发展段扩展的速度更快一些。

一般情况下射流很难保持长距离的层流状态，这是因为射流边界上的剪切层抵抗外界扰动的能力是很弱的，流体在这里并不能像在壁面附近那样得到壁面的帮助而减小扰动。理论上已经证明射流是无条件不稳定的，也就是说即使流动雷诺数很小，射流最终也会完全发展为湍流。

有一种层流射流喷泉，可以在保证射流尺度足够大和流速足够高的情况下，让水流长距离保持层流状态。不同于同种流体的射流，水在空气中的射流只要速度不是特别大，空气对其的剪切力是很小的。因此只要出口处是层流的，就可以保持长距离的层流。让出口处的射流为层流所用的方法也很简单，首先水要比较纯，不含气泡等扰动源，让水在喷口前先经过一个蜂窝隔栅，在隔栅的小截面流动中的雷诺数较小，水会层流化，之后再通过喷口流出。图 5-1 所示的四周的 4 个喷泉就是利用这样的原理做成的层流喷泉，这种喷泉可以让水流在空中一直保持层流状态，辅以灯光，体现水的晶莹剔透的景象。

5.4.2 尾迹

与射流对应的一种流动是尾迹流动，射流的特点是中心的流速比四周的流速大，而尾迹的流动正好相反，中心的流速比四周的流速小。放在流场中的任何物体都会在下游形成尾迹，图 5-13 显示了当雷诺数为 4000 左右时二维圆柱的尾迹。这时的圆柱表面的边界层基本是层流状态，但尾迹是湍流的，并形成卡门涡街，具有强非定常性。然而，将流场长时间平均后，得到的平均速度仍然是很有规律的。如果是流线型物体，例如图 5-14 所示的绕机翼流动，且雷诺数足够大，则其尾迹可以是定常的，这时的尾迹区速度分布要更有规律一些。

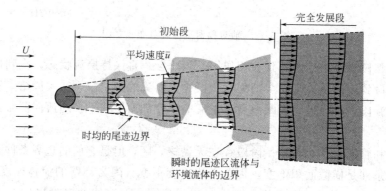

图 5-13 圆柱尾迹流动速度分布示意图

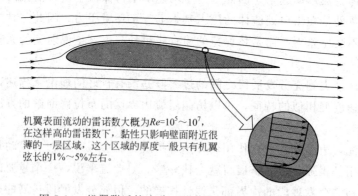

机翼表面流动的雷诺数大概为 $Re=10^5 \sim 10^7$，在这样高的雷诺数下，黏性只影响壁面附近很薄的一层区域，这个区域的厚度一般只有机翼弦长的 1%～5% 左右。

图 5-14 机翼附近的流动以及受黏性影响的区域的大小

尾迹的速度亏损是由两种来源产生的：一种是物体表面边界层的低速区，另一种是物体表面或后部的分离带来的低速区。流体刚离开物体的时候，分离区的低速区在尾迹中间，物体表面边界层的低速区在两侧，这两部分在下游迅速掺混形成统一的尾迹亏损区。

对于像图 5-13 这样的钝体绕流，紧邻物体后部的尾迹区的压力一般是低于环境压力的，所以在尾迹刚开始的区域，流体有向中心线汇聚的趋势。在足够远的下游，压力趋于一致，流体变为平行流动，但速度亏损要持续到很远的下游。

与射流一样，尾迹也可分为初始段和完全发展段。如果不考虑分离造成的低速区，认为尾迹是从一个厚度为零的物体尾缘开始的，则尾迹初始段的速度型就是由物体两侧的边界层决定的。在足够远的下游（对于圆柱来说大概要到 100 倍直径以后），尾迹的形状则完全由自由剪切层决定，其速度型与射流一样也是相似的，流动机理也大同小异。与射流不同的是尾迹由边界层或分离开始，因此多数时候从开始就是湍流状态。

尾迹的完全发展段也满足相似性，因此具有相似解，二维尾迹的宽度沿流向的增长不是线性的，而是更缓慢一些：

$$\delta \propto x^{1/2}$$

式中，δ 表示平面尾迹的宽度；x 表示流向坐标。这个规律对于层流和湍流的尾迹来说都是成立的，不过湍流的尾迹宽度增加更快。

5.5 流动阻力与流动损失

流动阻力和流动损失是流体力学在工程应用中永恒的主题。流体的静力学问题已经得到了完美的解决，无黏流动也有较为完美的势流方法，但与流动阻力和流动损失相关的问题还没有较好的理论和解决方法。目前还只能针对具体问题专门分析来解决，很多时候还依赖以往的经验模型和试验得到的数据。

当流体没有黏性时，是不会产生流动阻力和流动损失的。所以要解决流动阻力和流动损失问题，就必须要研究黏性的作用机理，湍流则让这个问题大大复杂化了。由于湍流展现出增大流体黏性剪切力和黏性耗散两方面的特征，一旦出现湍流，就要同时考虑分子黏性和湍流涡黏性的影响，而湍流涡黏性的特性至今为止并没有得到较好的解决，这就是流动阻力和流动损失问题至今不能得到较好解决的关键所在。

5.5.1 流动阻力

虽然流动阻力是由黏性造成的，但从直接效果上看来，很多时候压差力才是阻力的最大贡献者。例如，图 5-15 所示的垂直来流放置的零厚度平板，它会受到较大的阻力，但值得注意的是，这个阻力却与黏性力没有直接关系，因为它没有侧表面，平板表面的黏性力是不会产生流向分量的。因此，这种情况下阻力完全是由压差力造成的。

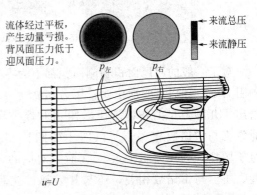

通过分析可以知道，该平板迎着流体面上的中心处压力等于来流的总压。流体被滞止后会沿径向加速流动，压力相应降低，绕过平板的边缘，并受主流带动再次大致沿流向流动。由平行的流线压力相等的概念，可以猜测平板

图 5-15 垂直来流的零厚度平板的真实流动

后面流体的压力大概等于刚绕过平板的流体压力，由于绕过平板的流体速度会比来流速度更大一些，所以这个压力会小于来流的静压。可见，对于这个平板来说，迎面的压力接近于来流总压，背面的压力小于来流静压，由此大概可以判断，作用在平板上的阻力应该稍大于来

流的动压与平板面积的乘积（实验证明这种流动中平板阻力是这个值的 1.1 倍左右）。

工程上把上面这种由压差力造成的阻力称为压差阻力或形状阻力。虽然完全由压差力提供，但并不是说这个阻力与黏性力无关，因为如果流体是无黏的流动，流动形式见图 5-16，来流被滞止并绕过平板，汇聚到平板背面再向下游流动，前后是完全对称的。从积分观点看，流体经过平板后动量没有变化，因此不会给予平板作用力。从微分观点看，平板迎风面和背风面的压力分布完全相同，平板不受作用力。所以说，压差阻力也是由黏性造成的，是黏性影响了压力分布。

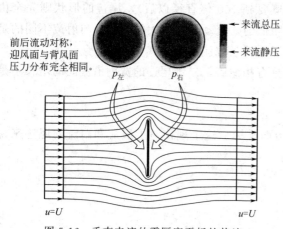

前后流动对称，
迎风面与背风面
压力分布完全相同。

来流总压
来流静压

$p_左$　　$p_右$

$u=U$　　　　　　　　$u=U$

图 5-16　垂直来流的零厚度平板的势流

下面来分析平板所受的流动阻力。把平板顺流向放置，如图 5-17 所示，很显然在这种情况下，由于没有迎风面积，压差阻力必然为零，上下表面的黏性切应力的合力构成了平板所受的全部阻力，这种由表面黏性切应力造成的阻力称为摩擦阻力。对于同样大小的平板，顺流向放置的阻力要远远小于垂直流向放置的阻力。也就是说，在作用面积相同的情况下，压差力造成的阻力要远远大于黏性力造成的阻力。这其实是建立在高雷诺数流动的基础上的，只有当雷诺数足够高时，压差力才会远大于黏性力。

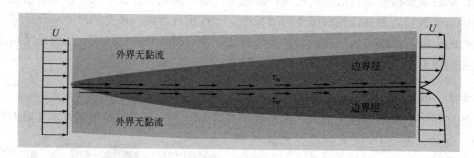

U　　　　　　　　　　　　　　　　　　　　U

外界无黏流

τ_w　　　　边界层

τ_w

外界无黏流　　　　　　　　　　　　　　边界层

图 5-17　顺流向放置的平板附近的流动

对于一般的迎风面积和侧面积都不为零的物体，阻力为压差阻力和摩擦阻力之和，这两种阻力哪一种居主要地位要看压力和黏性力的分布形式以及分别的作用面积。在图 5-18 中给出了几种典型的物体的压差阻力和摩擦阻力占总阻力的比例。要注意的是这两种阻力通常都与雷诺数相关，所以图中的圆柱和翼形的结果是针对特定雷诺数而言的。例如，对于圆柱，当压差阻力占 90% 时，对应的雷诺数是 2025；对于翼形，这个问题更加复杂些，不但与雷诺数相关，还与其后部扩张程度（影响分离点）直接相关。因此，图 5-18 中的结果并不具有一般性意义。尽管如此，该图还是可以有助于对这两种阻力有一个定性的认识。

以图 5-18 中的二维圆柱为例，其摩擦阻力主要由前半部壁面上的黏性切应力决定，因为其后半部的边界层是分离状态，壁面上的黏性切应力是很小的。同样由于分离的原因，后半部的压力没有能恢复到与前半部相同的水平，因此产生了较大的压差阻力。

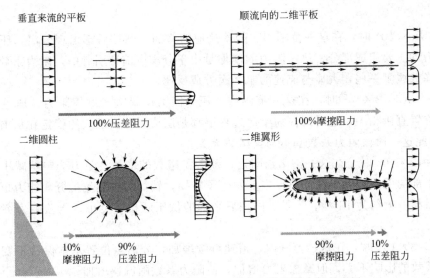

图 5-18　几种典型物体的压差阻力和摩擦阻力所占比例

定义阻力系数如下：

$$C_{\mathrm{D}} = \frac{F_{\mathrm{D}}}{\frac{\rho V^2}{2} A}$$

(5-48)

式中，F_{D} 是阻力；V 是来流速度；A 是物体的迎风面积。

圆柱的阻力系数随雷诺数的变化关系如图 5-19 所示。雷诺数的不同可以是速度、尺度或流体黏性的不同，这里以速度变化为例进行分析。

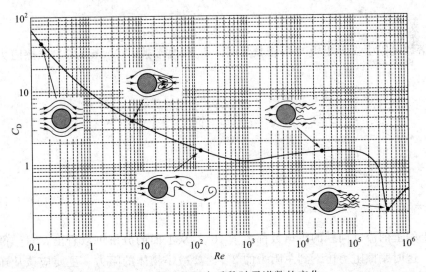

图 5-19　圆柱的阻力系数随雷诺数的变化

① $Re \ll 1$ 时，流速极低时，流体绕过圆柱后在其后部汇聚，流动看起来前后对称，但前后的压力并不相等。因为这时黏性力占主导地位，惯性力几乎可忽略，黏性力直接和压差力平衡，这种流动又称为蠕动流。这时的压差阻力和摩擦阻力都很大，因此阻力系数很大。

② $Re < 1$ 时，随着来流速度的增加，壁面附近的法向速度梯度随主流速度近似线性增加，从而使摩擦阻力与流速成正比，于是阻力系数近似与流速（雷诺数）成反比，线性

下降。

③ $1 < Re < 10^3$ 时，在这一范围内，随着流速的增加，圆柱后部出现分离，压差阻力开始成为阻力的主要组成部分。压差阻力的增加是由于分离点前移引起的，阻力系数比起之前的线性下降放缓了一些，大概与流速的 1/2 次方成反比。

④ $10^3 < Re < 3 \times 10^5$ 时，在这一范围内，压差阻力明显大于摩擦阻力。压差阻力主要与分离点位置直接相关，这时圆柱前半部边界层都是层流，分离点大约稳定在从前缘滞止点起 82°，因此这一阶段阻力系数基本与雷诺数无关。

⑤ $Re \approx 3 \times 10^5$ 时，在这一雷诺数附近，随着雷诺数的增加，阻力会突然减小。这是因为圆柱前半部的层流边界层在分离点之前发生了转捩，转捩后的湍流抗分离能力更强，使分离点大大后移（大约为 125°）。于是，圆柱后半部的低压区相对更小，压差阻力突然减小了很多。

⑥ $Re > 3 \times 10^5$ 时，在这一范围内，流速继续增加，分离点位置基本保持不变。压差阻力对阻力系数的影响不大，但摩擦阻力增加，使阻力系数随流速增加。

上面提到的在雷诺数高于某一值的时候阻力突然变小的现象曾被称为"阻力危机"。所谓的危机并不是流动现象有什么很坏的影响，而是说这个现象使传统的流体力学理论受到了挑战，学术界出现了危机。现在人们很清楚，这是由于层流边界层在还没有达到分离的时候先转捩成了湍流的原因。

可以根据阻力的来源分别定义压差阻力系数 C_{Dp} 和摩擦阻力系数 C_{Df}，来研究这两种阻力的大小关系。对于 $Re = 10^3 \sim 10^5$ 的绕圆柱流动而言，分离点前的边界层为层流，因此有较好的理论解，并且有较多的试验数据验证，因此这里针对此雷诺数范围进行分析。这时的摩擦阻力与雷诺数的关系为

$$C_{Df} = \frac{5.9}{\sqrt{Re}}$$

此雷诺数范围下压差阻力与雷诺数无关，基本为常数，$C_{Dp} = 1.2$。摩擦阻力占总阻力的比例为

$$\frac{F_{Df}}{F_D} = \frac{C_{Df}}{C_D} = \frac{5.9/\sqrt{Re}}{\dfrac{5.9}{\sqrt{Re}} + 1.2} = \frac{1}{1 + 0.2\sqrt{Re}}$$

当 $Re = 10^3$ 时，$\dfrac{F_{Df}}{F_D} = 14\%$；

当 $Re = 10^5$ 时，$\dfrac{F_{Df}}{F_D} = 1.6\%$。

很多工程上的流动问题的雷诺数都大于 10^5，从上面的分析可以看出，对于圆柱这样的钝体来说，这时摩擦阻力还不到总阻力的 2%。要减小物体的阻力，主要应该从压差阻力下手，也就是尽量控制物体表面的分离。让边界层提前转捩为湍流就是一种行之有效的控制分离的方法。提高来流的湍流度、增加壁面的粗糙度、在壁面加局部小的扰动等都是常见的方法。高尔夫球表面的凹坑就有这个作用，由于阻力的减小，比起光滑的高尔夫球，有凹坑的高尔夫球的飞行距离可以增加 4～5 倍。

对于流线型的物体，例如机翼，其表面边界层基本无分离，则摩擦阻力占主导地位。湍流边界层的摩擦阻力要远大于层流边界层的摩擦阻力，因此这时将边界层太早转捩成湍流并

不是一个好的选择。一种减小阻力的方案是：先让边界层尽量保持层流来减小摩擦阻力，在经历逆压梯度快要发生分离时，让边界层转捩为湍流。使用这种原理的翼型称为可控扩散叶型，目前在机翼和发动机叶片上广泛采用。

如果采用积分方法通过动量方程来分析，则不需要区分摩擦阻力还是压差阻力，可以直接通过尾迹的速度亏损大小来得出阻力。因为摩擦阻力大则边界层就会厚，压差阻力大则分离区就会大，尾迹的速度亏损实际上反映了上述两种作用之和。图 5-20 给出了一个机翼在不同迎角下，边界层和分离区分别对尾迹区动量亏损的贡献的示意图。可见，机翼在正常工作状态下，摩擦阻力应该占主导地位，只有当发生明显的分离时，压差阻力才会成为阻力的主要来源。

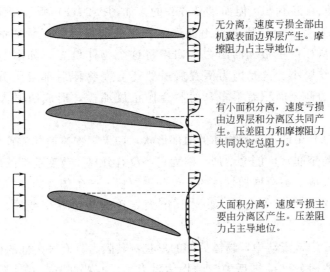

无分离，速度亏损全部由机翼表面边界层产生。摩擦阻力占主导地位。

有小面积分离，速度亏损由边界层和分离区共同产生。压差阻力和摩擦阻力共同决定总阻力。

大面积分离，速度亏损主要由分离区产生。压差阻力占主导地位。

图 5-20　用积分法分析二维机翼的阻力构成

有一种说法，一个物体的阻力主要取决于其后部的形状，而不是前部（有人甚至将压差阻力直接称为后部阻力）。这种说法是有一定道理的，我们可以通过图 5-21 中的几个物体来

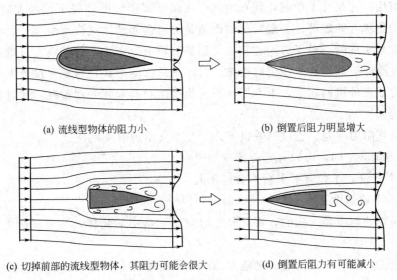

(a) 流线型物体的阻力小　　　　　　　(b) 倒置后阻力明显增大

(c) 切掉前部的流线型物体，其阻力可能会很大　　(d) 倒置后阻力有可能减小

图 5-21　物体的前后部形状对阻力的影响

分析一下。这些分析只适用于亚声速流动，超跨声速流动会很不一样。

图 5-21(a) 为流线型物体，是实践中总结出的阻力较小的物体，其特点是前圆后尖，自然界中的鱼和鸟等也基本上是这个体型。流过该物体的流线如图所示，由于其后部是逐渐变尖的，沿流向的逆压梯度较小，边界层不会分离，仅仅在尾缘处会存在一点突扩导致的分离。因此说，要想物体的阻力小，其后部应该逐渐变小，且尾缘尺寸越小越好，这就是将压差阻力称为后部阻力的合理之处；如果将这个流线型物体倒置，其后部变化变得很剧烈，流向逆压程度大，流体绕过最高点后很快就会发生分离，形成比较大的低压区，这时的阻力就要大得多，如图 5-21(b) 所示。

然而，物体的前部形状对阻力的影响同样可以很大。图 5-21 为流线型物体的前端是尖一些还是圆一些，影响都不大，但如果是齐头的，如图 5-21(c) 所示，流体在绕过尖角后一定会发生分离，如果这个分离一直不能恢复，延续到物体的尾缘的话，就会在后部形成很大的分离区，从而产生很大的阻力。如果将这个物体倒置，如图 5-21(d) 所示，它的阻力比正放的时候要小。这是因为倒置后虽然还会在物体后部发生分离，但这个分离区的大小就跟物体的迎风面积差不多，而不会像正放那样，形成明显大于物体迎风面积的分离区。

再来看图 5-21(a) 中的流线型物体的前部形状，如果把物体前部的圆头改成尖头，阻力一般并不会减小，甚至非常可能会增加。因为只要没有分离，改变前部的形状就基本不会影响压差阻力，前部改成尖头会增加物体的长度和表面积，产生额外的摩擦阻力，所以总阻力会增加。从动量积分方程的角度看，物体长度大导致的是边界层变厚，产生更大的动量亏损。

综上所述，在亚声速流动中，物体后部的形状对其阻力具有决定性的作用，但其前部的形状也很重要。有些时候"前钝后尖"的物体阻力小，有些时候"前尖后钝"的物体阻力小，并不能一概而论，关键是要控制表面边界层的分离。对于一般的物体，决定阻力大小的主要因素是压差阻力，其次才是摩擦阻力，这两者可以统一用尾迹区的大小来衡量。

工程师们一直在努力减小汽车的风阻，很显然把汽车做成流线型的阻力是最小的，但这种形状并不实用。比起几十年前，现在的汽车在保证实用性的前提下已经大幅降低了阻力，靠的是对流动更深入的理解。一般常规的措施是通过全面地优化汽车前部、后部、车顶和底盘等处的形状来实现的。对于方头方脑的大型集装箱卡车来说，驾驶室上方普遍安装了整流罩，这是通过改变前部形状来减阻的措施。对于其后部的形状，目前并没有太多的改变。可以预计，随着能源危机的加重，卡车形状的优化必然会越来越受到重视，针对其后部的形状优化也会多起来。

有趣的空气阻力问题：尝试回答以下几个与空气阻力有关的问题。
① 如果雨伞够坚固，可以充当降落伞用吗？
② 向天上开枪，子弹落下来会不会打死人？
③ 雨滴的下落速度是多少？为什么雾霾可以浮在空中？
这几个问题的本质是一样的，都是要知道对于下落中的物体，当空气阻力等于重力时，物体的速度。

对于问题①，假设一个人拿一把超大的雨伞，直径为 1.5m，人的体重为 60kg，假设雨伞的形状是半圆球壳，阻力系数为 1.42，则有如下关系式：

$$D = C_D \times \frac{\pi}{4} d^2 \times \frac{1}{2} \rho V^2 = 1.42 \times \frac{3.14}{4} \times 1.5^2 \times \frac{1}{2} \times 1.2 \times V^2 = 1.5V^2$$

$$mg = 60 \times 9.8 = 588\text{N}, \quad D = mg, \quad \text{于是 } V = 20\text{m/s}$$

就是说，人拿伞从高处跳下，会以 20m/s 的速度落地，这大概相当于从六层楼跳下来的落地速度，所以雨伞是绝对不能充当降落伞用的。

对于问题②，以手枪为例，子弹直径 9mm，弹重 6g。下落过程中弹头可能会翻滚，可以用球体的阻力系数估算。雷诺数约为 $10^3 \sim 10^5$，球体的阻力系数约为 0.45。于是可以算出子弹的落地速度大约是 $50 \sim 60\text{m/s}$，这个速度远低于子弹出膛的速度，可以伤人，但不会危及生命。

对于问题③，受表面张力作用，雨滴大概呈球形，直径一般在 $0.5 \sim 5\text{mm}$ 之间，雷诺数约为 $40 \sim 4000$。直径 5mm 的雨滴下落速度大概为 11m/s，直径 0.5mm 的雨滴下落速度大约为 2m/s。

雾滴的直径大概为 $1 \sim 120\mu\text{m}$，按照球体的阻力估算，最大雾滴的下落速度也只有 0.2m/s。最小雾滴的雷诺数非常小，阻力系数可高达 35000，下落速度则只有 0.1m/h。换成比水重的物质，速度也快不了多少。天花板附近的一个 $1\mu\text{m}$ 左右的灰尘需要 1 天左右的时间才能落到地板上，只要有一点气流扰动，这些微粒就很难落回地面。

图 5-22 给出了几种典型的三维物体在常见雷诺数下的阻力系数，这些结果都是通过实验得到的。可以看出，物体的前部和后部的形状对阻力都有明显的影响，其中阻力最小的流线体的阻力系数只有 0.04，而阻力最大的半圆球壳的阻力系数高达 1.42。也就是说，相同迎风面积的两种物体的阻力相差 30 多倍。飞机的外形就是本着阻力最小设计的，而降落伞则是本着阻力最大设计的。战斗机在短跑道着陆时，打开减速伞，阻力大大增加，可以有效地减小滑跑距离。

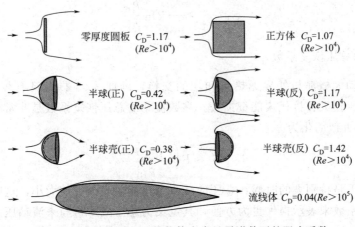

图 5-22 几种典型的三维物体在常见雷诺数下的阻力系数

5.5.2 流动损失

在内流中，通常更关心的不是流动阻力，而是流动损失。虽然很多时候阻力大就代表损失大，但由于它们分别对应的是动量和能量的变化，因此其本质是不同的。流体在边界层内既产生动量亏损也产生能量亏损，这时阻力与损失的变化趋势一致。但对尾迹区来说，在物体尾缘处和其后一定距离处的动量亏损基本上相同，但能量亏损有较大的差别。或者说，流体只在与物体接触的表面上产生阻力，一旦离开了物体，就不再产生阻力了。但尾迹区的速度亏损会在下游持续发生剪切作用，还在不断产生流动损失。

下面以最简单的小球碰撞来理解动量和能量的关系。在光滑平面上，一个速度为 v 的小球正碰一个静止的同样小球，如果第一个小球完全停下，第二个小球以速度 v 弹出去，则动量和能量都是守恒的，这种情况发生在完全弹性碰撞中。如果两个小球黏在一起以速度 $v/2$ 运动，则动量仍然是守恒的，但动能就变为了原来的 $1/2$，这种情况属于塑性碰撞，损失的动能转化成了内能。可见，能量变化并不一定对应着动量变化，动量守恒的前提是无外力，而机械能守恒的前提则要苛刻得多。

小球的塑性碰撞导致机械能不可逆地转化成了内能，这种塑性在流体中对应着黏性。根据能量方程可知，黏性产生的耗散主要是通过流体微团之间的剪切运动造成的，因此凡是存在速度梯度的地方就会有流动损失。对于一个没有分离的绕翼型流动，损失主要由两部分构成：一个是物体表面的摩擦损失，另一个是流体离开物体后在尾迹内的掺混损失。实际流动中最大的速度梯度几乎总是发生在壁面附近的边界层内，因此壁面附近会产生比较大的损失。然而，在有大面积分离存在的流场中，分离区才是损失的主要来源。这是因为虽然边界层内的局部流动损失最大，但受影响的流体却不多，分离区则常伴随着大尺度非定常的涡旋运动，将大量主流的流体牵连进有较强剪切作用的分离区中。

在风机和泵等流体机械中，除了边界层的摩擦损失、尾迹的掺混损失以及分离引起的掺混损失之外，还会存在大量的"二次流动"掺混损失。所谓的二次流动，就是那些与设计的流动方向垂直的速度分量构成的流动。这些二次流动的存在造成整个主流区也存在大量的剪切作用，产生较大的损失。

流动损失与不可逆过程熵的变化直接相关，对于与外界无热量和功交换的流动，熵变可以用流体的总压变化来表示如下：

$$S_1 - S_2 \approx -R \ln \frac{p_{t2}}{p_{t1}} \tag{5-49}$$

式中，$\dfrac{p_{t2}}{p_{t1}}$ 为总压恢复系数。

多数管内流动大概都与外界无热量和功的交换，因此式（5-49）具有较为广泛的应用，工程上经常用总压损失直接代表能量损失。多数流动的总压恢复系数是非常接近于 1 的，这时式（5-49）可以近似简化为

$$S_1 - S_2 \approx R\left(\frac{p_{t1} - p_{t2}}{p_{t1}}\right)$$

可见，损失不是特别大的时候，总压的减少量也能代表损失的大小，这时使用另一个参数——总压损失系数来表示损失更为方便，其定义为总压减少量与来流动压之比：

$$\frac{p_{t1} - p_{t2}}{\rho u_1^2 / 2}$$

总压损失系数和总压恢复系数的含义是不一样的，总压恢复系数表示流体剩余机械能与原有总机械能之比，而总压损失系数则表示了流体机械能损失量与原有动能之比。

对于不可压缩管道流动，总压恢复系数可以进行下列近似变换：

$$\frac{p_{t2}}{p_{t1}} = \frac{p_2 + \rho u^2 / 2}{p_1 + \rho u^2 / 2} = \frac{p_1 - \Delta p + \rho u^2 / 2}{p_1 + \rho u^2 / 2} = 1 - \frac{\Delta p}{p_{t1}}$$

其中的压降 Δp 主要与来流动压和流动雷诺数有关。当流速不变时，Δp 基本为常数。所以，如果来流的总压更多地体现在静压上，则损失会小得多。对于可压缩流动，道理也是一样的，尽可能让能量以压力能的形式存储和运输，这是降低流动损失的关键。同样的送风量，采用较粗的管道可以有效地减小损失，就是因为这时能量更多地以压力能存储的缘故。上述分析如果使用总压损失系数更为清晰，对于不可压缩流动：

$$\frac{p_{t1}-p_{t2}}{\rho u_1^2/2}=\frac{\Delta p}{\rho u_1^2/2}$$

当不改变流速，而提高来流静压时，总压损失系数保持不变。对于可压缩流动，来流静压的提高会增加密度，进而影响来流的动压，总压损失系数会增加一些，但比起提高速度来说还是要合算得多。

下面，我们将通过三个典型的例子，来讨论一下在具体流动中损失的产生机理。这三种流动分别是：等截面管道的流动损失；突然扩张管道的流动损失；尾迹的流动损失。

（1）等截面管道的流动损失

对于等截面管道的完全发展段的流动，其各截面上的流动速度完全相同，且都是平行流动的。取任意一条流线，沿流动方向的流速并不改变，压差力与黏性剪切力平衡，因此流体的静压是沿流向下降的。显然这时候伯努利方程是不适用的，或者说流体的总压是不守恒的。假设壁面是绝热的，则总压下降直接代表了流动损失。由于流速不变，总压降低完全由静压降低体现，因此静压的降低量也就直接代表了流动损失。

上面的分析是从动量方程出发的，虽然可以得出损失的大小，却不能反映损失产生的本质。在微观上，所谓的损失就是能量方程中的耗散项，即

$$\phi_v=2\mu\left(\frac{\partial u}{\partial x}\right)^2+2\mu\left(\frac{\partial v}{\partial y}\right)^2+2\mu\left(\frac{\partial w}{\partial z}\right)^2+\mu\left(\frac{\partial v}{\partial x}+\frac{\partial u}{\partial y}\right)^2+\mu\left(\frac{\partial w}{\partial y}+\frac{\partial v}{\partial z}\right)^2+\mu\left(\frac{\partial u}{\partial z}+\frac{\partial w}{\partial x}\right)^2$$

完全发展的管流属于简单的二维轴对称流动，上式简化为

$$\phi_v=\mu\left(\frac{\partial u}{\partial r}\right)^2$$

也就是说，对于不可压缩管道的层流流动，损失只与速度沿径向的梯度有关。

因此，可以说管流的损失产生于所有区域，因为管道里到处都存在着剪切流动。任何增加这种剪切作用的因素都会导致流动损失的增加，例如增加平均流速、减小管径等都会增大径向速度梯度，从而使损失增加。

按理说，流动损失意味着宏观的动能不可逆地转化为内能的过程。但管流的流速却保持不变，体现为静压的下降，这是怎么回事呢？

这个问题可以这样理解，黏性力一直在通过剪切作用将流体的宏观动能转化为内能，但同时，流体的压力势能还在不断地转化为动能。压力势能转化成多少动能，黏性就损失多少，它们之间是一个动态平衡关系。可以认为管流是一个压力势能不断地转化为内能的过程，但这种转化必须通过流动来实现。

（2）突然扩张管道的流动损失

当流体从小尺寸管道突然进入大尺寸的管道时，会发生突变式分离，进而产生大量的损失。与等截面管道流动不同，这种损失主要不是由壁面摩擦造成的，而是由分离产生的掺混造成的。

图 5-23 为突然扩张的管道流动示意图。这种情况下的掺混损失远大于壁面摩擦损失，

所以这里假设整个流动的壁面黏性力都可以忽略，仅分析出于突然扩张所造成的损失大小。
取如图所示的控制体，连续方程为

$$A_1 u_1 = A_2 u_2$$

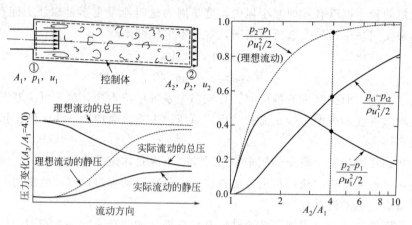

图 5-23　突然扩张的管道流动的压力损失

控制体只受到压差力作用，其大小为

$$\sum F = p_1 A_1 - p_2 A_2 = (p_1 - p_2) A_2$$

进出控制体的动量流量差为

$$m(u_2 - u_1) = \rho A_1 u_1 (u_2 - u_1)$$

动量方程为

$$(p_1 - p_2) A_2 = \rho A_1 u_1 (u_2 - u_1)$$

把动量方程与连续方程联立，得到突然扩张所产生的总压损失系数为

$$\frac{p_{t1} - p_{t2}}{\rho u_1^2 / 2} = \left(1 - \frac{1}{A_R}\right)^2$$

式中，$A_R = A_2 / A_1$，表示扩张面积比。

上式就是突然扩张所产生的损失大小。此处忽略了壁面摩擦，理论分析结果与实验值吻合得还是不错的。可以看到，当面积比为 4 时，总压损失系数为 0.5625，即扩张损失掉来流动压的一半还多。当面积比为无穷大时，总压损失系数为 1，即全部来流动压都损失掉了，这相当于射流进入到无穷大空间的情况。

对不可压缩流动，出口的速度是由连续方程决定的，即决定于进出口的面积比，所以动压也决定于面积比。无论流动是理想流动还是有黏流动，出口的动压都相同。损失使总压降低，相应的静压升就会有所减小，达不到理想的扩压水平。可以根据上述分析得出突然扩张管道的静压升系数如下：

$$\frac{p_2 - p_1}{\rho u_1^2 / 2} = \frac{2}{A_R}\left(1 - \frac{1}{A_R}\right)$$

用这个公式得出的压升随面积比的变化曲线如图 5-23 所示。可以看到，当面积比为 2 时，静压升系数达到最大值，为 0.5，或者说，突然扩张管道最高只能回收 50% 的动压，大于这个面积比后，不但损失会加大，扩压能力还会变小。

跟等截面管流的例子一样，上面的分析是从动量方程出发进行的，不能反映损失产生的本质。下面来具体分析一下本例中损失产生的机理。

首先来看一下，为什么用简单的无黏流动的控制体分析就可以得出损失的大小。本例中的关键是在动量方程中进行力的分析时，左侧面所使用的压力为细管的压力 p_1，而作用面积用的却是粗管的面积 A_2。这事实上隐含了一个假设，即：粗管进口处的压力等于细管出口的压力 p_1。这个假设是基于细管中的流体会以平行射流的方式进入粗管中而得出的。

这种流动方式比较符合实际情况，但却反映了流体在此处不符合伯努利方程，或者说，变相考虑了黏性的作用。这个黏性的作用是在分离区内产生损失，使部分机械能不可逆地转化成了内能。

实际上的损失当然不是在突然扩张处立即产生的，而是在下游掺混段内持续产生。如图 5-23 左下图那样，对于面积比为 4.0 左右的突然扩张管道来说，主要的掺混大概在下游 4～5 倍粗管直径内完成，在这段距离内静压上升，总压下降。

如果不是突然扩张，而是如图 5-24 所示那样的渐扩管道，则进行控制体分析时，除了进出口，环壁上也会有压力的作用，这个压力从进口到出口是在逐渐增加的。正是由于环壁压力的存在，保证了流体的动能向压力能的转化，使流动符合伯努利方程。其实这正是推导伯努利方程时所用的流动模型。

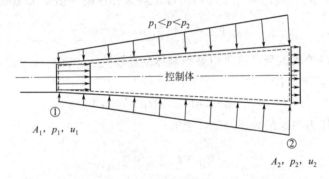

图 5-24 流体通过渐扩管道时的流动

下面从微观上分析一下流体经过突然扩张管道的损失发生过程。在突然扩张处，流体以射流的方式从细管道进入粗管道，这时压力没有增加，速度也没有降低，所以总压暂时还没有损失。在向下游发展的过程中，流体会在两种作用下减速：一种是两侧分离区的低速流体对射流的黏性力剪切作用使其减速，这种减速使动能不可逆地转化成了内能，或者说动压的减少并没有增加静压，总压出现了损失；另一种是下游流体对射流的压力阻碍，这是一种正压力做功，对于不可压缩流动来说满足伯努利方程。对于可压缩流动，压缩功造成内能的增加，但过程是完全可逆的，仍然不造成总压的损失。极限情况下，突然扩张面积比为无穷大，即射流进入无限大空间的流动，流体在喷口处的压力就等于远下游的压力了，正压力产生的无损失减速将不存在，减速完全由射流两侧的黏性剪切力造成，所以流体的动压会全部损失。

（3）尾迹的流动损失

流体流经物体时，黏性力不但在物体表面产生损失，同时也造成一个速度亏损，这个速度亏损在流体离开物体之后仍然存在，形成尾迹。尾迹区在向下游的流动过程中，会逐渐地与主流掺混均匀，这个掺混过程几乎完全是由黏性力主宰的，因此会产生明显的损失。

这里通过一个顺流向放置的零厚度平板来分析尾迹区的掺混损失。首先来分析平板边界层产生的损失，取一个控制体，进口为平板前缘，出口为平板尾缘，下表面为壁面，上表面为一条流线，这条流线在出口处和边界层外界相交，如图 5-25 所示。

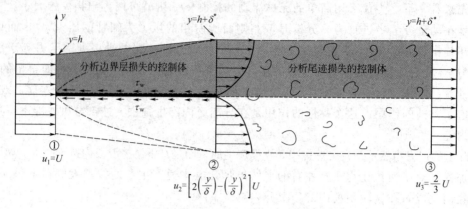

图 5-25　平板边界层的摩擦损失和尾迹的掺混损失

设流体在进口处的总压为 p_t，静压为 p_s，到出口时，静压仍然为 p_s，但总压则有所损失，损失的大小完全取决于速度亏损。在壁面处，动压完全损失，$p_w = p_s$，在边界层外界处，总压没有损失，$p_e = p_t$。对整个出口的总压较为合理的评估是采用质量加权平均，即

$$\overline{p}_{t2} = \frac{1}{\dot m} \int_0^\delta p_{t2} \rho u_2 \, \mathrm{d}y$$

其中的流量等于进口处的流量，设进口处控制体的高度为 h，则它等于出口处的边界层厚度 δ 减去排挤厚度 δ^*，于是有

$$\dot m = \rho h U = \rho U (\delta - \delta^*)$$

在出口处，总压为当地的静压与动压之和

$$p_{t2} = p_s + \frac{1}{2} \rho u_2^2$$

根据上面两个公式，出口的平均总压为

$$\overline{p}_{t2} = \frac{1}{\rho U (\delta - \delta^*)} \int_0^\delta \left(p_s + \frac{1}{2} \rho u_2^2 \right) \rho u_2 \, \mathrm{d}y$$

对于层流边界层，假设流速为二次曲线，是比较接近实际情况的，这个二次曲线前面已经得出，如下所示：

$$\frac{u}{U} = 2\left(\frac{y}{\delta}\right) - \left(\frac{y}{\delta}\right)^2 \quad (0 \leqslant y \leqslant \delta)$$

有了速度分布，代入上面的平均总压的关系式中，可得

$$\overline{p}_{t2} \approx p_s + 0.69 \left(\frac{1}{2} \rho U^2 \right)$$

就得到边界层的总压损失系数为

$$\frac{p_{t1} - \overline{p}_{t2}}{\frac{1}{2} \rho U^2} \approx 0.31$$

现在来看尾迹区的损失。仍然假设各处静压都相等，则尾迹区的流体基本上为平行流动，另外假设尾迹区的流体离开平板后就不再受到主流的剪切作用，而是自行掺混，并在下游某处掺混均匀。

取控制体如图 5-25 所示，根据连续方程，进出口流量相等

$$\int_0^\delta \rho u_2 \mathrm{d}y = \rho u_3 \delta$$

上式中左边积分号内部的速度 u_2 也就是边界层结束处的速度，使用前面假定的二次分布，可以得到掺混均匀后的速度

$$u_3 = \frac{2}{3}U$$

于是掺混均匀后的总压为

$$p_{t3} = p_s + \frac{1}{2}\rho u_3^2 \approx p_s + 0.44\left(\frac{1}{2}\rho U^2\right)$$

按照平板之前未受扰动的来流动压计算，总压损失系数为

$$\frac{\overline{p}_{t2} - p_{t3}}{\frac{1}{2}\rho U^2} \approx 0.24$$

可见，流体通过一个顺流向放置的无厚度平板，如果流动是层流，按照二次速度分布估算，在平板表面边界层内产生的损失为来流动压的 31%，在其后的尾迹内产生的损失为来流动压的 24%，总的损失是来流动压的 55%。

上面的结果只是针对边界层内部的这些流体而言的，根据边界层占整个流动问题中流量的多少，具体的总压损失会有所不同。不过这里要强调的是，相比边界层内而言，尾迹区的损失也是不可忽视的。在本例中，边界层和尾迹对总损失的贡献分别为

边界层： $\dfrac{\mathrm{Loss_{BL}}}{\mathrm{Loss_{Total}}} = \dfrac{0.31}{0.55} = 56\%$

尾迹： $\dfrac{\mathrm{Loss_{Wake}}}{\mathrm{Loss_{Total}}} = \dfrac{0.24}{0.55} = 44\%$

 习题

5.1　用 N-S 方程证明实际流体是不可能做无旋运动的。

5.2　用 N-S 方程证明不可压缩黏性流体平面运动时的流函数满足

$$\frac{\partial}{\partial t}\nabla^2\psi + \frac{\partial(\psi, \nabla^2\psi)}{\partial(x, y)} = v\,\nabla^2\psi$$

5.3　已知黏性流体的速度场为 $\boldsymbol{u} = 5x^2y\boldsymbol{i} + 3xyz\boldsymbol{j} - 8xz^2\boldsymbol{k}$（m/s）。流体的动力黏度 $\mu = 0.144\,\mathrm{Pa\cdot s}$，在点（2，4，-6）处 $\sigma_{yy} = -100\mathrm{N/m^2}$，试求该点处其他的法向应力和切向应力。

5.4　两种流体在压力梯度为 $\dfrac{\mathrm{d}p}{\mathrm{d}x} = -k$ 的情形下在两固定的平行平板间做稳定层流流动，试导出其速度分布式。

5.5　证明二维流动的流函数

$$\psi = a\left(b^2y - \frac{1}{3}y^2\right)$$

满足黏性不可压缩流体的运动微分方程，说明这是怎样的

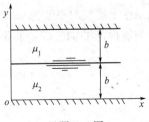

习题 5.4 图

流动，式中 a、b 的物理意义又是什么？

5.6 密度为 ρ、动力黏度为 μ 的薄液层在重力的作用下沿倾斜平面向下做等速层流流动，试证明：

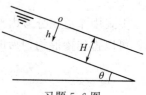

习题 5.6 图

(1) 流速分布为 $u = \dfrac{\rho g \sin\theta}{2\mu}(H^2 - h^2)$

(2) 单位宽度流量为 $q = \dfrac{\rho g \sin\theta}{3\mu}H^3$

5.7 两块无限大平板之间有不可压缩黏性流体做层流流动，两平板相距 10mm，流体的密度 $\rho = 890 \text{kg/m}^3$，动力黏性系数 $\mu = 1.1 \text{N} \cdot \text{m}^2$，平板对地面的倾斜角为 $45°$，上板以速度 1m/s 相对于下板向流动反方向滑动。在上板上开两个测压孔，测压孔的高差为 1m，已知测出的表压为 200kN/m² 和 50kN/m²，试确定平板之间的速度分布和压力分布，以及上板面所受的切应力。

5.8 一平行于固定底面 0—0 的平板，面积为 $A = 0.1\text{m}^2$，以恒速 $u = 0.4\text{m/s}$ 被拖曳移动，平板与底面间有上下两层油液，上层油液的深度为 $h_1 = 0.8\text{mm}$，黏度 $\mu_1 = 0.142 \text{N} \cdot \text{s/m}^2$，下层油液的深度为 $h_2 = 1.2\text{mm}$，黏度 $\mu_2 = 0.235 \text{N} \cdot \text{s/m}^2$，求所需要的拖曳力 T。

5.9 黏度 $\mu = 0.05 \text{Pa} \cdot \text{s}$ 的油在正圆环缝中流动，已知环缝内外半径分别为 $r_1 = 10\text{mm}$，$r_2 = 20\text{mm}$，若外壁的切应力为 40N/m²，试求 (1) 每米长环缝的压力降；(2) 每秒流量；(3) 流体作用在 10m 长内壁上的轴向力。

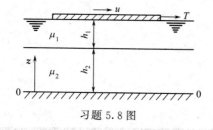

习题 5.8 图

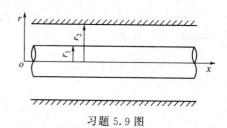

习题 5.9 图

5.10 设平行流流过平板时的附面层速度分布为 $u = u_\infty \dfrac{y(2\delta - y)}{\delta^2}$，试导出附面层厚度 δ 与 x 的关系式，并求平板一面上的阻力。平板长为 L，宽为 B。流动为不可压缩稳定流动。

5.11 球形尘粒在 20℃的空气中等速下沉，试求能按斯托克斯公式计算的尘粒最大直径及其自由沉降速度。尘粒的相对密度为 2.5。

5.12 竖井式磨煤机中空气的流速为 2.0m/s，运动黏度为 $20 \times 10^{-6} \text{m}^2/\text{s}$，密度为 1.02kg/m^3，煤粒的密度 1100kg/m^3，试求此上升气流能带出的最大煤粉粒径。

5.13 在煤粉炉的炉膛中，烟气最大上升速度为 0.65m/s，烟气的平均温度为 1100℃，该温度下烟气的密度为 0.26kg/m^3，运动黏度为 $230 \times 10^{-6} \text{m}^2/\text{s}$，煤粒的密度为 1100kg/m^3，问炉膛内能被烟气带走的煤粉最大颗粒直径是多少？

第6章

边界层理论 ▶▶

对于实际流体的流动，无论流动形态是层流还是紊流，真正能求解的问题很少。这主要是由于流体流动的控制方程本身是非线性的偏微分方程，处理非线性偏微分方程的问题是当今科学界的一大难题，至今还没有找到一套完整的求解方案。

但在实际工程中的大多数问题，是流体在固体容器或管道限定的区域内的流动，这种流动除靠近固体表面的一薄层流体速度变化较大之外，其余的大部分区域内速度的梯度很小。对于具有这样特点的流动，控制方程可以简化。

首先，由于远离固体壁面的大部分流动区域流体的速度梯度很小，可略去速度的变化，这部分流体之间将不考虑黏性力的存在，视为理想流体，用欧拉方程或伯努利方程就可求解。

而靠近固体壁面的一个薄层称为流动边界层，在它内部由于速度梯度较大，不能略去黏性力的作用，但可以利用边界层很薄的特点，在边界层内把控制方程简化后再去求解。

这样对整个区域求解的问题就转化为求解主流区内理想流体的流动问题和靠近壁面的边界层内的流动问题。

6.1 边界层理论概述

6.1.1 边界层理论的形成与发展

经典的流体力学是在水利建设、造船、外弹道等技术的推动下发展起来的，它的中心问题是要阐明物体在流体中运动时所受的阻力。虽然很早人们就知道，当黏性小的流体（像水、空气等）在运动，特别是速度较高时，黏性直接对阻力的贡献是不大的。但是，以无黏性假设为基础的经典流体力学，在阐述这个问题时，却得出了与事实不符的"D'Alembert之谜"。在19世纪末，从不连续的运动出发，Kirchhoff，Helmholtz，Rayleigh等人的尝试也都失败了。

经典流体力学在阻力问题上失败的原因，在于忽视了流体的黏性这一重要因素。诚然，在速度较高、黏性小的情况下，对一般物体来说，黏性阻力仅占一小部分；然而阻力存在的根源却是黏性。一般根据来源的不同，阻力可分为两类：黏性阻力和压差阻力。黏性阻力是由于作用在表面切向的应力而形成的，它的大小取决于黏性系数和表面积；压差阻力是由于物体前后的压差而引起的，它的大小则取决于物体的截面积和压力的损耗。当理想流体流过物体时，它能沿物体表面滑过（物体是平滑的）；这样，压力从前缘驻点的极大值，沿物体表面连续变化，到了尾部驻点便又恢复到原来的数值。这时压力就没有损失，物体自然也就不受阻力。如果流体是有黏性的，即使很小，在物体表面的一层内，流体的动能在流体运动过程中便不断地在消耗；因此，它就不能像理想流体一直沿表面流动，而是中途便与固体表面脱离。由于流体在固体表面上的分离，在尾部便出现了大型涡旋；涡旋演变的结果，就形成了一种新的运动"尾流"。这全部过程是一个动能损耗的过程，也是阻力产生的过程。

由于数学上的困难，黏性流体力学的全面发展受到了一定的限制。但是，在黏性系数小的情况下，黏性对运动的影响主要是在固体表面附近的区域内。

从这个概念出发，普朗特（Prandtl）在 1904 年提出了简化黏性运动方程的理论——边界层理论。即当流体的黏度很小或雷诺数较大的流动中，流经物体的流动可以分为两个性质不同的区。贴近物体表面的流体薄层内是黏性流体，由于边界层很薄，使得求解黏性流体的运动微分方程 N-S 方程大为简化，求解也成为可能；而边界层以外，黏性影响可以忽略不计，可作为理想流体来处理，称为主流区（势流区），从而使流体的绕流问题大为简化。在这个理论的指导下，阻力的问题终于从理论上获得解决。

6.1.2　边界层理论存在的问题

18 世纪末，理想流体动力学已发展到较完善的程度，可解决一些生产实际问题，但对流体与物体壁面间的摩擦阻力无法定量计算。从数学上来说，边界层近似是 N-S 方程及 Reynold 方程在大雷诺数的情况下的一种近似解。通过引入边界层近似，上述方程中的一些项被忽略，方程得到简化，从而使许多实际的工程问题能得到比较满意的解答。但是，边界层近似并未改变方程的非线性性质。边界层方程的求解在数学上仍然存在很大的困难。由于这一原因，边界层的数值计算就日益受到人们的重视。

6.1.3　边界层理论的发展

普朗特（Prandtl）学派 1904～1921 年逐步将 N-S 方程（Navier-Stolese equation）作了简化，从推理、数学论证和实验测量等各个角度，建立了边界层理论（boundary layer theory），能实际计算简单情形下，边界层内流动状态和流体同固体间的黏性力（cohesive force）。同时，普朗特又提出了许多新概念，并被广泛地应用到飞机和汽轮机的设计中去。这一理论既明确了理想流体的适用范围，又能计算物体运动时遇到的摩擦阻力（friction drag），使上述两种情况得到了统一。20 世纪初，飞机的出现极大地促进了空气动力学的发展。航空事业的发展，期望能够揭示飞行器周围的压力分布、飞行器的受力状况和阻力等问题，这就促进了流体力学在实验和理论分析方面的发展。20 世纪初，以儒柯夫斯基、恰普雷金、普朗特等为代表的科学家，开创了以无黏不可压缩流体位势流理论为基础的机具理论，阐明了机翼怎样会受到举力，从而空气能把很重的飞机托上天空。机具理论的正确性，使人们重新认识了无黏流体的理论，肯定了它指导工程设计的重大意义。机翼理论和边界层理论的建立和发展是流体力学的一次重大进展，它使无黏流体（non-viscous fluid）理论同黏性流体（viscous fluid）的边界层理论很好地结合起来。随着汽轮机的完善和飞机飞行速度提高到 50m/s 以上，又迅速扩展了从 19 世纪就开始的、对空气密度变化效应的实验和理论研究，为高速飞行提供了理论指导。20 世纪 40 年代以后，由于喷气推进和火箭技术的应用，飞行器速度超过声速，进而实现了航天飞行，使气体高速流动的研究进展迅速，形成了气体动力学、物理、化学流体动力学等分支学科。这些巨大进展是和采用各种数学分析方法，建立大型、精密的实验设备和仪器等研究手段分不开的。从 20 世纪 50 年代起，电子计算机不断完善，使原来用分析方法难以进行研究的课题，可以用数值计算方法来进行，出现了计算流体力学这一新的分支学科。与此同时，由于民用和军用生产的需要，液体动力学（liquid dynamics）等学科也有很大进展。20 世纪 60 年代，根据结构力学（structure mechanics）和固体力学（solid mechanics）的需要，出现了计算弹性力学问题的有限元法。经过十多年的发展，有限元分析（finite element analysis）这项新的计算方法开始在流体力学中应用。

如果说流体力学领域的第一篇论文，即阿基米德关于流体浮力的《论浮体》标志着流体力学这门学科开始萌芽的话，那么当今的流体力学已成长为一棵枝繁叶茂的大树。诸如：关于流体力学自身领域问题的研究和认识日益深化；新的数学工具和方法，如人工神经网络（ANN）方法、小波（wave lets）分析方法和格子玻尔兹曼方法（LBM）等被广泛应用于分析和解决各种流体力学问题；流体力学辐射和渗透的工程领域亦愈来愈广泛，在很大程度上促进和加深了对诸多工程问题实质的了解与技术的完善。

6.2 边界层理论的引入

1904 年，普朗特经过研究，结合实验，开始提出了边界层理论，为利用理论分析和数学方法解决黏性流体绕流问题提供了有效的方法和手段，为解决大雷诺数实际流体的问题提供了分析可能，促进了流体力学的发展。它不仅使实际流体运动中不少表面上看来似是而非的问题得以澄清，而且为解决边界复杂的实际流体运动的问题开辟了途径。边界层概念的提出，开创了应用黏性流体解决实际工程问题的新时代，并且进一步证明了研究理想流体的重要意义。利用边界层理论使绕流物体尾流及漩涡的形成等复杂流体现象得到解释，是分析物体绕流阻力和流体能量损失的理论基础。边界层理论对流体力学的发展有深远影响，它在流体力学发展史上具有划时代意义。

6.3 边界层基础理论

6.3.1 边界层理论的概念

物体在雷诺数很大的流体中以较高的速度相对运动时，沿物体表面的法线方向，得到如图 6-1 所示的速度分布曲线。B 点把速度分布曲线分成截然不同的 AB 和 BC 两部分，在 AB 段上，流体运动速度从物体表面上的零迅速增加到 U_∞，速度的增加在很小的距离内完成，具有较大的速度梯度。在 BC 段上，速度 $U(x)$ 接近 U_∞，近似为一常数。

沿物体长度，把各断面所有的 B 点连接起来，得到 $S\text{-}S$ 曲线，$S\text{-}S$ 曲线将整个流场划分为性质完全不同的两个流区。从物体边壁到 $S\text{-}S$ 的流区存在着相当大的流速梯度，黏滞性的作用不能忽略。边壁附近的这个流区就叫边界层。在边界层内，即使黏性很小的流体，也将有较大的切应力值，使黏性力与惯性力具有同样的数量级。因此，流体在边界层内做剧烈的有旋运动。$S\text{-}S$ 以外的流区，流体近乎以相同的速度运动，即边界层外部的流动不受固体边壁的黏滞影响，即使对于黏度较大的流体，黏性也较小，可以忽略不计，这时流体的惯性力起主导作用。因此，可将流区中的流体运动看作为理想流体的无旋运动，用流势理论和

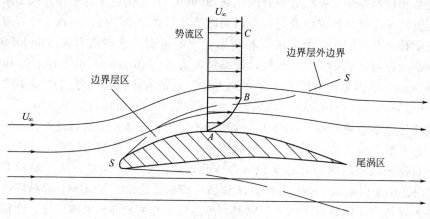

图 6-1　边界层速度分布曲线

理想流体的伯努利方程确定该流区中的流速和压强分布。

通常称 S-S 为边界层的外边界，S-S 到固体边壁的垂直距离 δ 称为边界层厚度。流体与固体边壁最先接触的点称为前驻点，在前驻点处 $\delta = 0$。沿着流动方向，边界层逐渐加厚，即 δ 是流程 x 的函数，可写为 $\delta(x)$。实际上边界层没有明显的外边界，一般规定边界层外边界处的速度为外部势流速度的 99%。

边界层内存在层流和紊流两种状态，如图 6-2 所示，在边界层的前部，由于厚度 δ 较小，因此流动梯度 $\mathrm{d}u_x/\mathrm{d}y$ 很大，黏滞应力 $\tau = \mu\mathrm{d}u_x/\mathrm{d}y$ 的作用也很大，这时边界层中的流动属于层流，这种边界层称为层流边界层。边界层中流动的雷诺数可以表示为

$$Re_x = \frac{u_\infty x}{\nu}$$

或

$$Re_\delta = \frac{u_\infty \delta}{\nu}$$

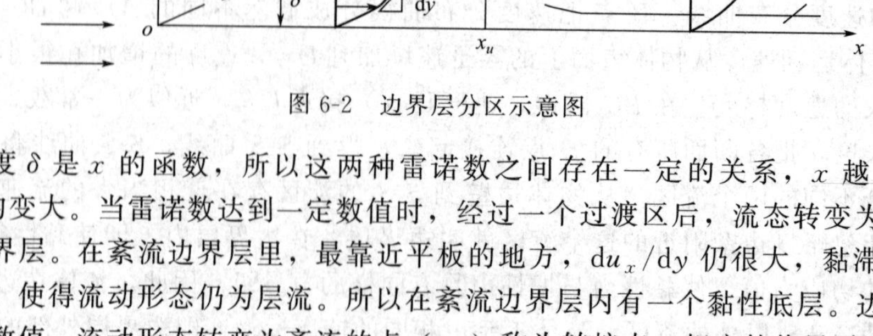

图 6-2　边界层分区示意图

由于边界厚度 δ 是 x 的函数，所以这两种雷诺数之间存在一定的关系，x 越大，δ 越大，Re_x、Re_δ 均变大。当雷诺数达到一定数值时，经过一个过渡区后，流态转变为紊流，从而成为紊流边界层。在紊流边界层里，最靠近平板的地方，$\mathrm{d}u_x/\mathrm{d}y$ 仍很大，黏滞切应力仍然起主要作用，使得流动形态仍为层流。所以在紊流边界层内有一个黏性底层。边界层内雷诺数达到临界值，流动形态转变为紊流的点（x_u）称为转捩点。相应的临界雷诺数为

$$Re_u = \frac{u_\infty x_u}{\nu}$$

临界雷诺数并非常量，它与来流的脉动程度有关。如果来流也受到干扰，脉动强，流动状态的改变发生在较低的雷诺数；反之则发生在较高的雷诺数。对于平板绕流，边界层临界雷诺数的范围是

$$3 \times 10^5 < Re_u < 3 \times 10^6$$

6.3.2　边界层的主要特征

边界层内的流动同时受黏性力和惯性力的作用，且由于存在流速梯度，流动是有涡流。边界层厚度较一般物体的特征长度要小得多，即 $\delta/L \ll 1.0$。

边界层内既然是黏性流动，必然也存在层流和紊流两种流态，与其相应的边界层分别称为层流边界层和紊流边界层。如图 6-1 所示的平板绕流，边界层从板端开始，在前部由于边界层厚度很薄，流速梯度很大，流动受黏性力作用控制，边界层内为层流，即层流边界层。随流动距离 x 增大，边界层厚度增加，流速梯度逐渐减小，黏性作用逐渐减弱，惯性作用逐渐增强，直到某一断面（$\delta = \delta_c$）处，由层流转变成紊流边界层，该转变处称为转捩点（$x = x_c$），与转捩点相对应的是临界雷诺数 Re。应该注意，影响边界层从层流逐渐发展为紊流的影响因素很多，且很复杂，所以层流与紊流的转换不是在某个断面突然发生并完成的，而是在一个过渡区内逐渐完成的，转捩点处只是流态转变的开始。转捩点的位置依靠实验确定。对于平板边界层内的雷诺数，其特征长度可用边界层厚度 δ，也可用平板的距离长度 x 表示，即

$$Re_\delta = \frac{U_0 \delta}{\nu} \tag{6-1}$$

$$Re_x = \frac{U_0 x}{\nu} \tag{6-2}$$

用式(6-1)，流态转捩点的临界雷诺数 $Re_c = \dfrac{U_0 \delta_c}{\nu} = 2700 \sim 8500$；若用式(6-2)，则转捩点处临界雷诺数为

$$Re_{x_c} = \frac{U_0 x_c}{\nu} \tag{6-3}$$

对于光滑平板，临界雷诺数的范围 $Re_{x_c} = 3 \times 10^5 \sim 3 \times 10^6$，一般取 $Re_{x_c} = 5 \times 10^5$。影响临界雷诺数的主要因素是：来流的紊动强度、壁面的粗糙情况以及边界层外流动的压强分布。如绕流平板长度为 L，若 $Re_x = \dfrac{U_0 L}{\nu} < Re_{x_c}$，则该平板上全部为层流边界层；若 $Re_x = \dfrac{U_0 L}{\nu} > Re_{x_c}$，则该平板在 x_c 以前是层流边界层，在 x_c 以后（$L - x_c$）为紊流边界层。

在紊流边界层内，最靠近壁面之处，流速梯度 $\dfrac{\mathrm{d}u_x}{\mathrm{d}y}$ 很大，黏滞切应力起主要作用，使其流态仍为层流。即在紊流边界层中，紧贴边壁表面也有一层极薄的黏性底层。

边界层内的流动可以是层流，也可以是带有层流底层的紊流，还可以是层流、紊流混合的过渡流。

评判边界层层流或紊流的参数为雷诺数 $Re = v x \rho / \eta$，式中 v 为边界层外边界上流体流速，x 为距边界层起点的距离（即流体进入平板的长度）。

对平板，层流转变紊流的临界雷诺数 $Re = 2 \times 10^5 \sim 3 \times 10^6$，其具体数值受流动的紊流

程度、固体表面粗糙度等因素的影响。$Re<2\times10^5$ 时，边界层流动为层流。$Re>3\times10^6$ 时，边界层流动为紊流。

对平板绕流流动，边界层可分为三个区域：

① 层流区。流体绕流进入平板后，当进流长度不是很长，$x<x_c$（x_c 为对应于 $Re=2\times10^5$ 的进流深度），这时，$Re<2\times10^5$，边界层内部为层流流动，这个区域为层流区。

② 过渡区。随着进流深度的增长，当 $x>x_c$，使得 $Re>2\times10^5$，且 $Re<3\times10^6$，这时边界层内处于一种混合的流动状态，部分层流、部分紊流，故称为过渡区。在这一区域内边界层的厚度随进流尺寸增加得相对较快。

③ 紊流区。随着进流尺寸的进一步增加，使得 $Re>3\times10^6$，这时边界层内流动形态为紊流，边界层的厚度随进流长度的增加而迅速增加。

注意的是：无论是对过渡区还是紊流区，边界层最靠近壁面的一层始终是层流流动，这一层称为层流底层，因为在这层内，由于最靠近壁面，壁面的作用使该层流体所受的黏性力大于惯性力所致。

总结边界层的特点：

① 与固体长度相比，边界层厚度很小；

② 边界层内沿边界层厚度方向上的速度梯度很大；

③ 边界层沿流动方向逐渐增厚；

④ 由于边界层很薄，故可近似认为，边界层截面上的压力等于同一截面上边界层外边界上的压力；

⑤ 边界层内黏性力和惯性力是同一数量级的；

⑥ 如在整个长度上边界层内都是层流，称为层流边界层；仅在起始长度上是层流，而其他部分为紊流的称混合边界层。

6.3.3 边界层分离

图 6-2 是均匀流与平板平行的边界层流动，但当液体流过非平行平板或非流线型物体时，情况就大不相同。现以绕圆柱的流动为例来说明，如图 6-3 所示。

当理想液体流经圆柱体时，由 D 点至 E 点速度渐增，压强渐减，直到 E 点速度最大，压强最小；而由 E 点往 F 点流动时，速度渐减，压强渐增，且在 F 点恢复至 D 点的流速与压强。其压强分布如图 6-3 所示。

在实际液体中，绕流一开始就在圆柱表面形成了很薄的边界层。DE 段边界层以外的液体是加速减压；EF 段边界层以外的液体是减速增压。因此，造成曲面边界层的特点即压力梯度 $\partial p/\partial x\neq0$。这是与二元边界层的重要差别。

曲面边界层内 $\partial p/\partial x\neq0$，对边界层内流动产生严重的影响。在曲面 DE 段，液体处于顺压梯度情况下（$\partial p/\partial x<0$），即上游面的压力比下游面的压力大。压强差的作用同摩擦阻力作用相反，促使液体质点向前加速，层外加速液体又带动层内液体质点克服摩擦，向前运动。

然而，E 点以后的流动处于逆压梯度（$\partial p/\partial x>0$）情况下，压强是沿着流动方向增加的。边界层内的质点到达此区域后，开始在反向压强差和黏性摩擦力的双重作用下逐渐减速，从边界层内的质点到达此区域后，开始在反向压强差和黏性摩擦力的双重作用下逐渐减速，从而增加了边界层厚度的增长率。应当注意到，黏性切应力在边界层外缘趋近于零，在

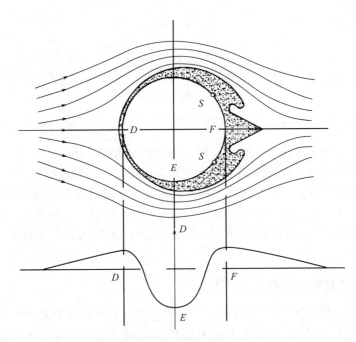

图 6-3　边界层分离示意图

边界层内，越靠近固体壁面，切应力越大，因而离壁面越近，速度减低越激烈，以致沿流动方向速度分布越来越内收（见图 6-4）。若逆压梯度足够大，质点就有可能在物体表面首先发生流动方向的改变，从而引起近壁回流。在边界层内，质点自上游源源不断而来的情况下，此回流的产生就会使边界层内的质点离开壁面而产生分离，这种现象称为边界层分离（separation of boundary layer）。图 6-4 清楚表明了边界层分离的发展过程。

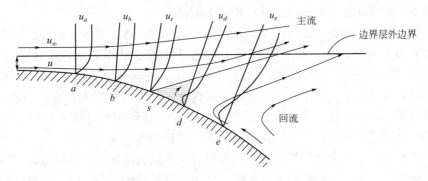

图 6-4　边界层分离的发展过程示意图

边界层开始与固体边界分离的点叫分离点，如图 6-4 中的 s 点。在分离点前，接近固体壁面的微团沿边界外法线方向速度梯度为正，即

$$\left(\frac{\partial u}{\partial y}\right)_{y=0} > 0$$

因而靠近壁面流动的质点其动能越来越小，以致动能消耗殆尽，质点速度变为零。超过 s 点后，逆压强梯就会引起液体发生近壁回流。

在分离点后，因为倒流，

$$\left(\frac{\partial u}{\partial y}\right)_{y=0} < 0$$

在分离点 s 处，

$$\left(\frac{\partial u}{\partial y}\right)_{y=0} = 0$$

$\left(\frac{\partial u}{\partial y}\right)_{y=0} = 0$ 是分离点的特征，分离点处的切应力 $\tau_0 = \mu\left(\frac{\partial u}{\partial y}\right)_{y=0}$ 也等于零。边界层分离后，回流立即产生漩涡，并被主流带走，同时边界层显著增厚。

边界层分离后，绕流物体尾部流动图形就大为改变。在圆柱表面上下游的压强分布不再是如图 6-4 所示的对称分布，而是圆柱下游面的压强显著降低并在分离点后形成负压区。这样，圆柱上、下游面压强沿水流方向的合力指向下游，形成了"压差阻力"（drag due to pressure difference），又称为形状阻力（form drag）。绕流阻力就是摩擦阻力和压差阻力的合力。

6.3.4　层流边界层和紊流边界层

当实际液体在雷诺数很大的情况下以均匀流速 U_∞ 平行流过静止平板时，经过平板表面前缘时，紧靠物体表面的一层液体由于黏性作用被贴附在固体壁面上，速度降为零。稍靠外的一层液体受到这一层液体的阻滞，流速也大大降低，这种黏性作用逐层向外影响，使沿着平板法线方向（y 方向）上流速分布不均匀，以致在平板附近具有较大的速度梯度，如图 6-2 所示（为了清晰起见，图中加大了纵向比例）。这样，即使液体的黏性较小（如水、空气），由于速度梯度较大也会产生较大的切应力。固壁上切应力沿水流方向的合力，即为摩擦阻力。普朗特把贴近平板边界存在较大切应力、黏性影响不能忽略的这一薄层液体称为边界层（boundary-layer）。

这样，绕物体的流动可分为两个区域：在固壁附近边界层内的流动是黏性液体的有旋流动；边界层以外的流动可以看作理想液体的有势流动。

边界层的厚度在前缘点 o 处等于零，然后沿流动方向，逐渐增大其厚度。层内沿壁面法线方向速度分布也很不均匀，理论上要到无限远处才不受黏性影响，流速才能真正达到 U_∞，边界层内部速度梯度也不相等，自边界沿法线方向向外迅速减小，因而离壁面稍远处，黏性影响就很微小了。因此人为规定，当层内流速沿 y 方向达到 $0.99U_\infty$ 时，就算到了边界层的外边界，即从平板沿外法线到流速 $u = 0.99U_\infty$ 处的距离是边界层的厚度，以 δ 表示。边界层的厚度沿程增大，即 δ 是随位置变化的函数，可写为 $\delta(x)$。

边界层内流动也可分为层流与紊流，边界层开始于层流流态。当层流边界层厚度沿程增加时，流速梯度逐渐减小，黏性切应力也随之减小，边界层的流态经过一个过渡段便转变为紊流边界层，见图 6-2。因过渡段与被绕流物体的特征长度相比通常很短，所以可把它缩小当成一点，叫转捩点，如转捩点离平板前缘距离用 x^* 表示，在 $x = x^*$ 处，边界层由层流转变成紊流相应的雷诺数为

$$Re^* = \frac{u_\infty x^*}{\nu}$$

此为临界雷诺数。临界雷诺数并非常量，而是与来流的紊动程度有关。如果来流已受到干扰，脉动强，流动状态的改变发生在较低的雷诺数；反之，则发生在较高值。光滑平板边界层的临界雷诺数的范围是

$$3 \times 10^5 < Re^* = \frac{u_\infty x^*}{\nu} < 3 \times 10^6$$

因此，如果平板长度为 L，那么当

① $Re_L = \dfrac{u_\infty L}{\nu} < Re^*$ 时，整个平板为层流边界层；

② $Re_L = \dfrac{u_\infty L}{\nu} > Re^*$ 时，$(x=0) \sim (x=x^*)$ 段为层流边界层；x^* 处为转捩点，x^* 处以后为紊流边界层。

在紊流边界层内最靠近平板的地方，流速梯度依然很大，特性切应力仍起主要作用，紊流附加切应力可以忽略，使得流动形态仍为层流，所以，在紊流边界层内存在一个黏性底层（或层流底层），见图 6-2。

6.3.5 边界层厚度

前面曾提到根据边界层的概念可把液流分成两个区域，边界层内为黏滞液流，边界层外为理想液体势流。但此两区域是无法截然划分的，因为流速分布曲线是连续的，并以与 y 轴平行的直线为渐近线，所以从理论上讲，固体边界对水流影响范围应扩展至无穷远处。但事实上在离开固体表面不远处流速即迅速自零增至接近主流速度。因此将固体表面沿法线方向分布的流速达到 99% 主流速度之处，即视作边界层的外边界并无多大误差，因为在此范围以外，流速已接近 U_0，流速梯度极小，可以近似地把液流看作是无内摩擦力发生的理想液体。以后所称边界层厚度即指这一范围内的厚度。

6.3.5.1 排挤厚度

实际液体流经固体壁面时，由于固体边界对水流的阻滞作用，使边界层内通过的流量比理想液体情况下在同一范围内所通过的流量要小。我们可以设想，若液体是理想液体，其流速分布将是均匀的，其值均等于 u_0，此时若将固体边界以上一个厚度为 δ_1 的水层排除，则在 $\delta - \delta_1$ 厚度内所通过流量将与实际液体在边界层内所通过的流量 q_b 相等，见图 6-5。这就是说，由于实际液体受固体边界的影响将使在 δ 范围的流量与理想液体时相比减小了 δ_1。δ_1 叫作流量损失厚度，也常叫排挤厚度。

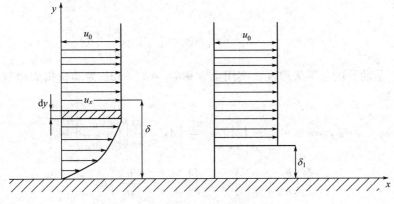

图 6-5 排挤厚度流量示意图

若用方程式来表示，边界层内单宽流量为

$$q_b = \int_0^b u_x \, \mathrm{d}y = u_0(\delta - \delta_1) = \int_0^\delta u_0 \, \mathrm{d}y - u_0 \delta_1$$

由此可得

$$\delta_1 = \frac{1}{u_0} \int_0^\delta (u_0 - u_x) \, \mathrm{d}y = \int_0^\delta \left(1 - \frac{u_x}{u_0}\right) \mathrm{d}y \qquad (6\text{-}4)$$

6.3.5.2 动量损失厚度

同样，因固体边界的阻滞作用，将使实际液体边界层内通过的液体动量比理想液体情况下通过的液体动量小。若设想以理想液体来代替实际液体，则可将固体边界上排除一个厚度为 δ^* 的水层，这样 δ—δ^* 厚度内所通过的液体动量与实际液体在边界层内所通过的动量相等，见图 6-6。

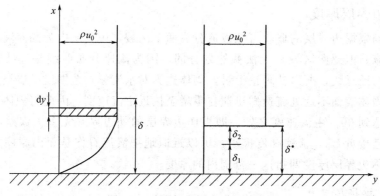

图 6-6　动量损失厚度流量示意图

实际液体边界层内通过的单宽流量为 $\int_0^\delta u_x \, \mathrm{d}y$，动量为 $\int_0^\delta \rho u_x^2 \, \mathrm{d}y$；若以理想液体来代替，则通过厚度为 δ—δ^* 的液体动量为 $\rho u_0^2(\delta - \delta^*)$，以上两者应相等，并令液体密度 $\rho =$ 常数，则

$$M = \int_0^\delta \rho u_x^2 \, \mathrm{d}y = \rho u_0^2(\delta - \delta^*) = \int_0^\delta \rho u_0^2 \, \mathrm{d}y - \rho u_0^2 \delta^*$$

由此可得

$$\delta^* = \frac{1}{u_0^2} \int_0^\delta (u_0^2 - u_x^2) \, \mathrm{d}y = \int_0^\delta \left(1 - \frac{u_x^2}{u_0^2}\right) \mathrm{d}y \qquad (6\text{-}5)$$

式中，δ^* 是动量的总损失厚度。实用上常称 $\delta_2 = \delta^* - \delta_1$ 为动量损失厚度。由式(6-4)及式(6-5) 可知

$$\delta_2 = \delta^* - \delta_1 = \int_0^\delta \left(1 - \frac{u_x^2}{u_0^2}\right) \mathrm{d}y - \int_0^\delta \left(1 - \frac{u_x}{u_0}\right) \mathrm{d}y$$

$$= \int_0^\delta \left(\frac{u_x}{u_0} - \frac{u_x^2}{u_0^2}\right) \mathrm{d}y = \int_0^\delta \frac{u_x}{u_0} \left(1 - \frac{u_x}{u_0}\right) \mathrm{d}y \qquad (6\text{-}6)$$

6.3.5.3 能量损失厚度

同样，固体边界的阻滞作用，将使实际液体边界层内通过的液体能量比理想液体情况下

通过的液体能量小。若设想以理想液体代替实际液体，则可将固体边界以上排除一个厚度为 δ^{**} 的水层，这样在 δ—δ^{**} 厚度内通过的液体能量将与实际液体在边界层 δ 内所通过的液体能量相等（见图6-7）。

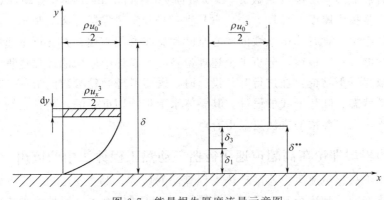

图6-7 能量损失厚度流量示意图

实际液体边界层内通过的单宽流量为 $\int_0^{\delta} u_x \mathrm{d}y$ ，它的动能为 $\gamma \int_0^{\delta} u\left(\dfrac{u_x^2}{2g}\right) \mathrm{d}y = \int_0^{\delta} \rho \dfrac{u_x^3}{2} \mathrm{d}y$ ；

若以理想液体来代替，则通过厚度为 δ—δ^{**} 的液体动能为 $\dfrac{\rho u_0^3}{2}(\delta - \delta^{**})$ 。以上两者应相等，即

$$E = \int_0^{\delta} \frac{\rho u_x^3}{2} \mathrm{d}y = \frac{\rho u_0^3}{2}(\delta - \delta^{**}) = \int_0^{\delta} \frac{\rho u_0^3}{2} \mathrm{d}y - \frac{\rho u_0^3}{2} \delta^{**}$$

由此可得

$$\delta^{**} = \frac{1}{u_0^3}\int_0^{\delta}(u_0^3 - u_x^3)\mathrm{d}y = \int_0^{\delta}\left(1 - \frac{u_x^3}{u_0^3}\right)\mathrm{d}y \tag{6-7}$$

实际上常称 $\delta_3 = \delta^{**} - \delta_1$ 为能量损失厚度。由式(6-4)和式(6-7)可知

$$\delta_3 = \delta^{**} - \delta_1 = \int_0^{\delta}\left(1 - \frac{u_x^3}{u_0^3}\right)\mathrm{d}y - \int_0^{\delta}\left(1 - \frac{u_x}{u_0}\right)\mathrm{d}y = \int_0^{\delta}\frac{u_x}{u_0}\left(1 - \frac{u_x^2}{u_0^2}\right)\mathrm{d}y \tag{6-8}$$

6.4 边界层理论的应用

边界层的概念是普朗特于1904年首先提出的，它的提出为近代流体力学开创了一个新的研究领域。边界层理论在航空、造船、航天、航海、叶轮机械、化学工程以及气象学、环境科学及能源科学等工程方面有着广泛的应用。在造船界，最初它被用来计算船舶的黏性阻力，近十多年来，随着计算技术的进步及三维边界层理论的发展，它还被用来计算船尾的黏性流场。

6.4.1 边界层理论在低比转速离心泵叶片设计中的应用

边界层理论可以用于低比转速离心泵叶片设计中，在该设计中提出了一种将湍流边界层理论应用于圆柱形叶片型线的设计方法。该方法以N-S方程为基础，给出了雷诺方程，在

边界层内对其进行量级比较，得到边界层动量微分方程；对其积分，得到边界层动量积分方程；通过变换的动量积分方程，求得了损失厚度近似解的表达式。分析了叶片边界层内的速度分布规律，运用尾流律推导出各种边界层厚度的表达式，作为求解边界层厚度的辅助关系式；运用了结合湍流边界层厚度系数 k_v 和动量损失厚度 δ，由无离心流动计算逐渐逼近离心流动来求解动量损失厚度的计算方法，它是进一步判定边界层分离的基础。依据对主流区速度场的分析，给出了含有速度系数的离心泵叶片型线参数方程；并分析了速度系数边界层分离和理论扬程的关系。最后，分析了上述理论在叶片设计中应用的计算过程。通过对上述方法的研究，取得以下结论：在进行叶片设计时，既要考虑叶轮参数的情况，又要考虑叶片表面中间的流动状态、叶片型线的设计，其整体水平是特别重要的，尤其是结合叶片的沿程变化规律来探索出入口参数的方法更显得有意义。

6.4.2　边界层理论在高超声速飞行器气动热工程算法中的应用

边界层可用于高超声速飞行器气动热工程算法的研究。基于 Prandtl 的边界层理论，将流场分为边界层外的无黏流场和边界层内黏性主导的区域，将边界层外无黏流场的数值求解和边界层内黏性主导区域的工程算法相结合，发展了一套高超声速气动热的计算方法。首先，对国内外发展的各种高超声速气动热计算方法进行了系统的分析、归类和比较，综合了各种经典的热流预测方法。在此基础上，对于无黏流区，采用牛顿法、切楔/切锥法等工程方法确定物体表面压力分布，利用等熵条件确定边界层外缘参数；在边界层内部，则采用上述经典热流公式确定物体表面的气动加热。采用此方法对一些二维及简单三维外形进行了气动热计算，结果证明本方法具有较高的精度。基于已有的高超声速无黏 Euler 解算程序，对上述气动热计算方法中的无黏流区采用基于非结构网格的数值模拟，利用无黏数值结果来确定边界层外缘参数，从而发展出一套快速、高效、适用于复杂外形的高超声速气动热计算方法。通过对钝锥、钝双锥、飞船等外形有攻角情况下气动热的计算表明，采用这种方法计算飞行器表面热流，结果与实验值及 Navier-Stokes 方程计算值比较，吻合得很好，而计算效率又远远高于数值方法，非常适用于设计阶段。

6.4.3　基于边界层理论的叶轮的仿真

泵是水力输送系统的关键设备，固液混合物输送时，由于效率和寿命的原因，一般不能使用传统的清水泵，所以离心式固液两相流泵的叶轮设计需要采用两相流理论进行设计。目前，固液速度比设计理论、三项合并理论和边界层理论，都是离心式固液两相流泵的设计理论。近年来，边界层理论得到了很大的发展，但是并未应用到生产实际中，因此建立基于边界层理论叶轮模型必将推动该理论的发展。

从边界层理论出发，推导出了无进口预旋时的叶片型线方程：

$$\begin{cases} r = r_1 \left(\dfrac{C_r}{\sin b} \right)^{K_v} \\ q = K_v (\operatorname{ctg} b + b - C_e) \end{cases}$$

式中，r_1 为入口处半径；K_v 为速度系数；积分常数 $C_r = S(b)$、$C_e = \operatorname{ctg}(b)$；$b$ 为叶片安装角。

选取 100 型渣浆泵，输送介质为细砂、水混合液，固体颗粒粒径取中值，即 $d_S = d_{50} = 0.5\text{mm}$，质量分数 C_m 不超过 40%，颗粒密度为 $\gamma_s = 2.6 \times 10^3 \text{kg/m}^3$，要求泵的清水性能，试验扬程不低于 28m。

现按边界层理论，对该泵叶轮型线重新进行设计，确定该叶片型线的参数方程为：

$$r = r_1 \left(\frac{C_r}{\sin b}\right)^{K_v} = 75\left(\frac{0.5736}{\sin b}\right)^{1.35}$$

$$q = K_v(\text{ctg}b + b - C_e) = 1.35(\text{ctg}b + b - 2.0390)$$

6.5　湍流边界层中的传热

在层流边界层的处理中，只要黏性耗散项可以忽略不计，则能量方程就有着与动量方程相同的数学形式。这时，能量方程的解可直接引用动量方程的解。

在湍流边界层的处理中，我们已经有了动量方程的解。仿层流边界层中能量方程的解法，似乎也可以走直接引用湍流动量方程的解的解决途径。

与湍流动量方程一样，湍流能量方程中也有着类似的"封闭"问题。可以提出一种模型，以解决湍流能量方程存在着的"封闭"问题；也可以直接引用湍流动量方程解决封闭问题的结论，考察湍流能量方程的类似结论与湍流动量结论之间的关系。本章中的雷诺比拟就属于后一种处理方法。

6.5.1　湍流边界层能量方程的求解

6.5.1.1　动量-能量方程的比较

在定常、恒定自由流，全部流体物性处理成常数，忽略体积力和黏性耗散项的情况下，湍流动量方程可以表示为

$$\overline{u}\frac{\partial \overline{u}}{\partial x} + \overline{v}\frac{\partial \overline{u}}{\partial y} - \frac{\partial}{\partial y}\left(\frac{\mu}{\rho} \times \frac{\partial \overline{u}}{\partial y} - \overline{u'v'}\right) = 0$$

湍流能量方程可以表示为

$$\overline{u}\frac{\partial \overline{t}}{\partial x} + \overline{v}\frac{\partial \overline{t}}{\partial y} - \frac{\partial}{\partial y}\left(\frac{k}{\rho c} \times \frac{\partial \overline{t}}{\partial y} - \overline{t'v'}\right) = 0$$

以上表示湍流边界层中的动量方程和能量方程在数学表述上具有类似的形式。

6.5.1.2　雷诺比拟

在求解湍流动量方程"封闭"问题时，引入了普朗克混合长度理论，以计算 $\overline{u'v'}$，

$$u'_{最大} = l\left|\frac{\partial \overline{u}}{\partial y}\right|, \quad v'_{最大} = kl\left|\frac{\partial \overline{u}}{\partial y}\right|$$

$$\overline{u'v'} = \frac{u'_{最大}v'_{最大}}{2} = \frac{k}{2}l^2\left(\frac{\partial \overline{u}}{\partial y}\right)^2$$

混合长度定义式如下，

$$\overline{u'v'} = -l^2\left(\frac{\partial \overline{u}}{\partial y}\right)^2$$

并且有 $l = ky$

在求解湍流能量方程的"封闭"问题时，也可以引入一种计算 $\overline{t'v'}$ 的理论。鉴于动量方程和能量方程在数学表述上具有相似性，还可以探索 $\overline{t'v'}$ 与 $\overline{u'v'}$ 之间是否存在着一种简单的关系，如果能够找到两者之间所存在的关系，就可以直接引用动量方程求解的结论。

因 y 方向上脉动速度 $\overline{v'}$ 的存在而引起的有效剪切应力和有效热通量的计算

动量：$\boldsymbol{G} \cdot \boldsymbol{V} = (G_x + G_y)(u + v)$

对于湍流情况，应当是：$\boldsymbol{G} \cdot \boldsymbol{V} = (G'_x + G'_y)(u' + v')$，鉴于脉动速度的随机性，必须考虑其有效值：

$$\delta\boldsymbol{G} \cdot \delta\boldsymbol{V} = (\delta G_x + \delta G_y)(\delta\overline{u} + \delta\overline{v})$$

通过平行于主流方向的某面积为 A 的 x 方向上脉动动量传递率的有效值为：

$$(\delta G_y \delta\overline{u})A$$

其中：$\delta G_y = \rho\delta\overline{v} = \rho C \sqrt{\overline{v'^2}}$

对 $\delta\overline{u}$，则引用普朗特混合长度理论：$\delta\overline{u} \approx l\dfrac{\mathrm{d}\overline{u}}{\mathrm{d}y}$

于是，面积 A 上的剪切应力为：$\tau_t = \dfrac{F}{A} = \rho C \sqrt{\overline{v'^2}}\,\delta\overline{u} = C\sqrt{\overline{v'^2}}\,\rho l\dfrac{\mathrm{d}\overline{u}}{\mathrm{d}y}$

通过平行于主流方向的面积为 A 的由 v' 脉动引发的有效热通量为：

$$(\delta G_y \delta i)A = (\delta G_y c\,\delta\overline{t})A$$

对 $\delta\overline{t}$，如果也引用普朗特混合长度理论，则有：$\delta\overline{t} \approx l\dfrac{\mathrm{d}\overline{t}}{\mathrm{d}y}$

于是，单位面积上的有效热通量为：$q''_t = \dfrac{Q}{A} = C\sqrt{\overline{v'^2}}\,\rho c l\dfrac{\mathrm{d}\overline{t}}{\mathrm{d}y}$

对比：将动量和能量的表述整理成扩散率形式：

$$\frac{\tau_t}{\rho} = C\sqrt{\overline{v'^2}}\,l\frac{\mathrm{d}\overline{u}}{\mathrm{d}y} = \varepsilon_M\frac{\mathrm{d}\overline{u}}{\mathrm{d}y}, \quad \frac{q''_t}{\rho c} = C\sqrt{\overline{v'^2}}\,l\frac{\mathrm{d}\overline{t}}{\mathrm{d}y} = \varepsilon_H\frac{\mathrm{d}\overline{t}}{\mathrm{d}y}$$

于是有：$\varepsilon_M = \varepsilon_H$

上式表明，关于动量和热量的两种湍流扩散率相等，这就是雷诺比拟。

6.5.2　热边界层的壁面定律——湍流能量方程的解

6.5.2.1　雷诺比拟存在的条件

仿照对湍流动量方程：

$$\overline{u}\frac{\partial\overline{u}}{\partial x} + \overline{v}\frac{\partial\overline{u}}{\partial y} - \frac{\partial}{\partial y}\left(\frac{\mu}{\rho}\times\frac{\partial\overline{u}}{\partial y} - \overline{u'v'}\right) = 0$$

作如下改动：

$$\rho\overline{u}\frac{\partial\overline{u}}{\partial x} + \rho\overline{v}\frac{\partial\overline{u}}{\partial y} - \frac{\partial\tau}{\partial y} = 0, \quad 其中：\frac{\tau}{\rho} = \frac{\mu}{\rho}\times\frac{\partial\overline{u}}{\partial y} - \overline{u'v'}$$

对湍流能量方程：

$$\overline{u}\frac{\partial\overline{t}}{\partial x} + \overline{v}\frac{\partial\overline{t}}{\partial y} - \frac{\partial}{\partial y}\left(\frac{k}{\rho c}\times\frac{\partial\overline{t}}{\partial y} - \overline{t'v'}\right) = 0$$

也作相应的改动：

$$\overline{u}\frac{\partial\overline{t}}{\partial x} + \overline{v}\frac{\partial\overline{t}}{\partial y} + \frac{1}{\rho c}\times\frac{\partial q''}{\partial y} = 0 \quad 其中：\frac{q''}{\rho c} = -\left(\frac{k}{\rho c}\times\frac{\partial\overline{t}}{\partial y} - \overline{t'v'}\right)$$

在壁面附近区域，存在有：

① 可忽略 $\overline{u}\dfrac{\partial\overline{t}}{\partial x}$ 项，故而有：$\overline{t} = \overline{t}(y)$。

② 引用 Couette 流动近似：$\overline{v}=v_0$。

于是上式在壁面附近区域就可以改写为：

$$v_0\frac{\mathrm{d}\overline{t}}{\mathrm{d}y}+\frac{1}{\rho c}\times\frac{\mathrm{d}q''}{\mathrm{d}y}=0$$

从壁面上沿高度积分上式：

$$v_0\int_0^y\frac{\mathrm{d}\overline{t}}{\mathrm{d}y}\mathrm{d}y+\frac{1}{\rho c}\int_0^y\frac{\mathrm{d}q''}{\mathrm{d}y}\mathrm{d}y=v_0\int_{t_0}^{\overline{t}}\mathrm{d}\overline{t}+\frac{1}{\rho c}\int_{q_0''}^{q''}\mathrm{d}q''=0$$

$$v_0(\overline{t}-t_0)+\frac{1}{\rho c}(q''-q_0'')=0$$

整理得：

$$\frac{q''}{q_0''}=1+\frac{\rho c v_0(t_0-\overline{t})}{q_0''}$$

引入无量纲定义：

$$v_0^+=\frac{v_0}{\sqrt{\tau_0/\rho}}$$

$$t^+=\frac{(t_0-\overline{t})\sqrt{\tau_0/\rho}}{q_0''/(\rho c)}$$

代入上式：

$$\frac{q''}{q_0''}=1+\frac{\rho c v_0(t_0-\overline{t})}{q_0''}=1+\frac{v_0}{\sqrt{\tau_0/\rho}}\times\frac{(t_0-\overline{t})\sqrt{\tau_0/\rho}}{q_0''/(\rho c)}=1+v_0^+t^+$$

将湍流边界层关于动量和关于热量的壁面定律作如下比较。

① 有量纲的。

动量壁面定律：$\dfrac{\tau}{\tau_0}=1+\dfrac{\rho v_0\overline{u}}{\tau_0}+\left(\dfrac{\mathrm{d}\overline{p}}{\mathrm{d}x}\right)\dfrac{y}{\tau_0}$

热量壁面定律：$\dfrac{q''}{q_0''}=1+\dfrac{\rho c v_0(t_0-\overline{t})}{q_0''}$

热量壁面定律与动量壁面定律相比，缺少 $\dfrac{\mathrm{d}\overline{p}}{\mathrm{d}x}$ 项，其他方面则完全相似。

② 无量纲的。

动量壁面定律：$\dfrac{\tau}{\tau_0}=1+v_0^+u^++p^+y^+$

热量壁面定律：$\dfrac{q''}{q_0''}=1+v_0^+t^+$

热量壁面定律与动量壁面定律相比，缺少 p^+ 项，其他方面则完全相似。

重要结论：在壁面附近，热量传递和动量传递之间关于相似的全部概念，当有压力梯度时就失灵了，也就是说，这时的雷诺比拟关系就不复存在。

6.5.2.2 热边界层壁面定律的解

$v_0^+=0$ 时，有：

$$\frac{q''}{\rho c}=\frac{q_0''}{\rho c}=-\left(\frac{k}{\rho c}\times\frac{\mathrm{d}\overline{t}}{\mathrm{d}y}-\overline{t'v'}\right)=-\left(\frac{k}{\rho c}+\varepsilon_{\mathrm{H}}\right)\frac{\mathrm{d}\overline{t}}{\mathrm{d}y}$$

积分上式：

$$\int_{t_0}^{\bar{t}} \mathrm{d}\bar{t} = -\frac{q''}{\rho c} \int_0^y \frac{\mathrm{d}y}{k/(\rho c) + \varepsilon_H} = -\frac{q''}{\rho c} \times \frac{\rho}{\mu} \int_0^y \frac{\mathrm{d}y}{k/(\mu c) + \rho\varepsilon_H/\mu}$$

$$= -\frac{q''}{\rho c} \times \frac{\rho}{\mu} \int_0^y \frac{\mathrm{d}y}{1/Pr + \rho\varepsilon_H/\mu}$$

积分结果为：

$$\int_{t_0}^{\bar{t}} \mathrm{d}\bar{t} = -\frac{q''}{\rho c} \times \frac{\rho}{\mu} \int_0^y \frac{\mathrm{d}y}{k/(\rho c) + \varepsilon_H} = -\frac{q''}{\rho c} \int_0^y \frac{\mathrm{d}y}{k/(\mu c) + \rho\varepsilon_H/\mu}$$

$$\frac{(t_0 - \bar{t})}{q''/(\rho c)} \times \frac{\mu}{\rho} = \int_0^y \frac{\mathrm{d}y}{1/Pr + \rho\varepsilon_H/\mu}$$

引用 y^+ 作为变量：$y^+ = \dfrac{y\rho\sqrt{\tau_0/\rho}}{\mu} \Rightarrow \mathrm{d}y^+ = \dfrac{\rho\sqrt{\tau_0/\rho}}{\mu}\mathrm{d}y$

代入上式：

$$\frac{(t_0 - \bar{t})\sqrt{\tau_0/\rho}}{q''/(\rho c)} = \frac{\rho\sqrt{\tau_0/\rho}}{\mu} \times \int_0^y \frac{\mathrm{d}y}{1/Pr + \rho\varepsilon_H/\mu}$$

$$t^+ = \int_0^{y^+} \frac{\mathrm{d}y^+}{1/Pr + \rho\varepsilon_H/\mu}$$

仍然采用具有黏性底层和充分湍流区的两层模型。对于 $p^+ = 0$ 与 $v_0^+ = 0$ 的情形，实验发现底层的有效厚度 $y^+ = 10.8$。对于热边界层，实验发现底层的有效厚度变为 $y^+ = 13.2$。这个实验事实说明：雷诺比拟对黏性底层不是有效的。但是我们还是将积分分成相应于黏性底层和充分湍流区两个部分，来完成上式的积分。

于是，上述积分为：

$$t^+ = \int_0^{13.2} \frac{\mathrm{d}y^+}{1/Pr + \rho\varepsilon_H/\mu} + \int_{13.2}^{y^+} \frac{\mathrm{d}y^+}{1/Pr + \rho\varepsilon_H/\mu}$$

我们将上式与 $\dfrac{\tau_0}{\rho} = \left(\dfrac{\mu}{\rho} + \varepsilon_M\right)\dfrac{\partial\bar{u}}{\partial y}$ 的积分式相比较，

$$\int_0^{\bar{u}} \mathrm{d}\bar{u} = \frac{\tau_0}{\rho} \int_0^y \frac{\mathrm{d}y}{\frac{\mu}{\rho} + \varepsilon_M} = \tau_0 \int_0^{y^*} \frac{\mathrm{d}y}{\mu} + \frac{\tau_0}{\rho} \int_{y^*}^y \frac{\mathrm{d}y}{\varepsilon_M}$$

必须十分注意，关于能量的积分过程，不可引用关于动量的积分过程中所采用的忽略某一项的方法。这是因为 $1/Pr$ 因特定流体的不同而有很大变化：

- 黏性底层：在动量边界层中，由于有 $\dfrac{\mu}{\rho} \gg \varepsilon_M$，故积分可以写为：$\dfrac{\tau_0}{\mu}\displaystyle\int_0^{y^*}\mathrm{d}y$ 。

在热边界层中，如果 Pr 很大，则底层中即使 $\rho\varepsilon_H/\mu$ 很小，仍然具有很大意义。如果 $Pr \geqslant 5$，若忽略 $\rho\varepsilon_H/\mu$，则会带来重要的误差。$Pr < 5$ 时，$\rho\varepsilon_H/\mu$ 可忽略。

- 充分湍流区：在动量边界层中，由于有 $\varepsilon_M \gg \mu/\rho$，故积分可以写为：$\dfrac{\tau_0}{\rho}\displaystyle\int_{y^*}^y \frac{\mathrm{d}y}{\varepsilon_M}$ 。

在热边界层中，如果 Pr 很低，则 $1/Pr$ 数值很大，且能大于 $\rho\varepsilon_H/\mu$，因此，这时 $1/Pr$ 不能忽略。

- 问题：如何评判 $1/Pr$ 和 $\rho\varepsilon_H/\mu$ 的相对大小？

假定雷诺比拟 $\varepsilon_M = \varepsilon_H$ 适用，则由混合长度理论，有

$$\frac{\rho \varepsilon_M}{\mu} = k y^+ = \frac{\rho \varepsilon_H}{\mu}$$

黏性底层中，发现 1：$0.5 < Pr < 5.0$ 时，$\rho \varepsilon_H / \mu$ 可以忽略，但不适合于更低 Pr 数。

充分湍流区中，发现 2：$Pr_t = \dfrac{\varepsilon_M}{\varepsilon_H} = 0.9$

将上述发现代入：$t^+ = \displaystyle\int_0^{y^+} \frac{\mathrm{d}y^+}{1/Pr + \rho \varepsilon_H / \mu}$ ，得到：

$$t^+ = \int_0^{13.2} Pr \mathrm{d}y^+ \int_{13.2}^{y^+} Pr_t \frac{\mathrm{d}y^+}{k y^+}$$

积分得，

$$t^+ = 13.2 Pr + \frac{Pr_t}{k} \ln \frac{y^+}{13.2}$$

$$= \frac{0.9}{0.41} \ln y^+ + 13.2 Pr - \frac{0.9}{0.41} \times \ln 13.2$$

$$= 2.195 \ln y^+ + 13.2 Pr - 5.664$$

6.5.3 恒定自由流、定壁温条件下的湍流传热解

传热解的关键就是要建立 $St = \dfrac{h}{\rho c u_\infty}$ 的表达式。

两个假定：

① 热边界层和动量边界层的厚度相同，可直接引用动量边界层的一些结论。层流边界层若干厚度的表达：

边界层厚度：$\delta = 4.64 \sqrt{\mu x / (\rho u_\infty)}$

排挤厚度：$\delta_1 = 1.73 \sqrt{\mu x / (\rho u_\infty)}$

动量损失厚度：$\delta_2 = 0.6642 \sqrt{\mu x / (\rho u_\infty)}$

热边界层厚度：$\Delta = r\delta = \dfrac{4.64}{1.026 Pr^{\frac{1}{3}}} \left[1 - \left(\dfrac{\xi}{x} \right)^{\frac{3}{4}} \right]^{\frac{1}{3}} \sqrt{\mu x / (\rho u_\infty)}$

焓厚度：

$$\Delta_2 = 3\delta \left(\frac{r^2}{20} - \frac{r^4}{280} \right)$$

$$= 3 \times 4.64 \sqrt{\mu x / (\rho u_\infty)} \left\{ \frac{\left[1 - (\xi/x)^{\frac{3}{4}} \right]^{\frac{2}{3}}}{20 \times 1.026^2 Pr^{\frac{2}{3}}} - \frac{\left[1 - (\xi/x)^{\frac{3}{4}} \right]^{\frac{4}{3}}}{280 \times 1.026^4 Pr^{\frac{4}{3}}} \right\}$$

② 两个壁面定律本身，对于整个边界层是两个合理的近似，壁面定律显然不能推广到整个边界层，但传热问题却必须涉及整个边界层。

动量边界层的壁面定律：

$$u^+ = 2.439 \ln y^+ + 5.0, \quad \ln y^+ = \frac{u^+ - 5.0}{2.439}$$

热边界层的壁面定律：

$$t^+ = 2.195 \ln y^+ + 13.2 Pr - 5.664$$

$$\ln y^+ = \frac{t^+ - 13.2Pr + 5.664}{2.195}$$

于是有：$\dfrac{t^+ - 13.2Pr + 5.664}{2.195} = \dfrac{u^+ - 5.0}{2.439}$

$$\frac{t_\infty^+ - 13.2Pr + 5.664}{2.195} = \frac{u_\infty^+ - 5.0}{2.439}$$

$$t_\infty^+ = \frac{2.195}{2.439}(u_\infty^+ - 5.0) + 13.2Pr - 5.664$$

另外：

$$u^+ = \frac{\overline{u}}{u_\tau} = \frac{\overline{u}}{\sqrt{\tau_0/\rho}} = \frac{\overline{u}/u_\infty}{\sqrt{c_f/2}}, \quad u_\infty^+ = \frac{1}{\sqrt{c_f/2}}$$

$$\frac{\tau_0}{\rho} = \frac{c_f}{2}u_\infty^2, \quad q_0'' = h\,(t_0 - t_\infty)$$

$$t^+ = \frac{(t_0 - \overline{t})\,\sqrt{\tau_0/\rho}}{q_0''/(\rho c)}, \quad t_\infty^+ = \frac{(t_0 - t_\infty)\,\sqrt{\tau_0/\rho}}{q_0''/(\rho c)} = \frac{u_\infty\sqrt{c_f/2}}{h/(\rho c)} = \frac{\sqrt{c_f/2}}{St}$$

将 t_∞^+、u_∞^+ 的结果代入 $t^+(u^+)$ 的表达式中：

$$\frac{\sqrt{c_f/2}}{St} = 0.9\left(\frac{1}{\sqrt{c_f/2}} - 5.0\right) + 13.2Pr - 5.664$$

$$= \frac{0.9}{\sqrt{c_f/2}} + 13.2Pr - 10.164$$

$$\frac{c_f/2}{St} = \sqrt{c_f/2}\,(13.2Pr - 10.164) + 0.9$$

整理得：

$$St = \frac{h}{\rho c u_\infty} = \frac{c_f/2}{\sqrt{c_f/2}\,(13.2Pr - 10.164) + 0.9}$$

如果用局部摩擦系数 $\dfrac{c_f}{2} = 0.0125Re_{\delta_2}^{-0.25}$，得到

$$St = \frac{h}{\rho c u_\infty} = \frac{0.0125Re_{\delta_2}^{-0.25}}{0.112Re_{\delta_2}^{-0.125}(13.2Pr - 10.164) + 0.9} = f(\delta_2)$$

如果用局部摩擦系数 $\dfrac{c_f}{2} = 0.0287Re_x^{-0.2}$，得到

$$St = \frac{h}{\rho c u_\infty} = \frac{0.0287Re_x^{-0.2}}{0.1694Re_x^{-0.1}(13.2Pr - 10.164) + 0.9} = f(x)$$

上式的分母可以合理近似为 $Pr^{0.4}$，因此，一个更为简单的表达式为，

$$StPr^{0.4} = 0.0287Re_x^{-0.2}$$

6.5.4 散逸湍流边界层

以上讨论的是不能渗透（$v_0 = 0$）的壁面情形。如果壁是多孔的，并且有流体"吹出"边界层，或从边界层中"抽吸"流体，则会发生（$v_0 \neq 0$）的情况。采用"散逸"作为在表

面有吹出、吸入、喷射，以及表面处有质量传递等情况的相互可替换的一般性描述。

　　散逸改变了湍流边界层的分布，它有两种主要的技术应用领域，即散逸冷却与传质。通过多孔表面的正散逸或吹出，提供对固体表面一种很有效的冷却方法，以起到保护固体表面免受炽热主流流体的作用。散逸的流体，不仅通过表面吸收热能，而且散逸具有显著降低传热速率的作用。

　　湍流边界层的能量方程：

$$\overline{u}\,\frac{\partial \overline{t}}{\partial x}+\overline{v}\,\frac{\partial \overline{t}}{\partial y}-\frac{\partial}{\partial y}\left[\left(\frac{k}{\rho c}+\varepsilon_{\mathrm{H}}\right)\frac{\partial \overline{t}}{\partial y}\right]=0$$

应用 Couette 流动近似：$\overline{u}\,\dfrac{\partial \overline{t}}{\partial x}\approx 0,\ \overline{v}\approx v_0$

$$v_0\,\frac{\mathrm{d}\overline{t}}{\mathrm{d}y}-\frac{\mathrm{d}}{\mathrm{d}y}\left[\left(\frac{k}{\rho c}+\varepsilon_{\mathrm{H}}\right)\frac{\mathrm{d}\overline{t}}{\mathrm{d}y}\right]=v_0\,\frac{\mathrm{d}\overline{t}}{\mathrm{d}y}-\frac{\mu}{\rho}\times\frac{\mathrm{d}}{\mathrm{d}y}\left[\left(\frac{k}{\mu c}+\frac{\rho\varepsilon_{\mathrm{H}}}{\mu}\right)\frac{\mathrm{d}\overline{t}}{\mathrm{d}y}\right]$$

$$v_0\,\frac{\mathrm{d}\overline{t}}{\mathrm{d}y}-\frac{\mu}{\rho}\times\frac{\mathrm{d}}{\mathrm{d}y}\left[\left(\frac{1}{Pr}+\frac{\rho\varepsilon_{\mathrm{H}}}{\mu}\right)\frac{\mathrm{d}\overline{t}}{\mathrm{d}y}\right]=0$$

积分上式，积分限：
$$\begin{cases}y=0:q''=q''_0=-k\left(\dfrac{\mathrm{d}\overline{t}}{\mathrm{d}y}\right)_0,\overline{u}=0\\[2mm]y=\delta:\overline{t}=t_\infty,\overline{u}=u_\infty\end{cases}$$

$$v_0\int_0^y\frac{\mathrm{d}\overline{t}}{\mathrm{d}y}\mathrm{d}y-\frac{\mu}{\rho}\int_0^y\frac{\mathrm{d}}{\mathrm{d}y}\left[\left(\frac{1}{Pr}+\frac{\rho\varepsilon_{\mathrm{H}}}{\mu}\right)\frac{\mathrm{d}\overline{t}}{\mathrm{d}y}\right]\mathrm{d}y$$

$$=v_0\int_{t_0}^{\overline{t}}\mathrm{d}\overline{t}-\frac{\mu}{\rho}\int_0^y\mathrm{d}\left[\left(\frac{1}{Pr}+\frac{\rho\varepsilon_{\mathrm{H}}}{\mu}\right)\frac{\mathrm{d}\overline{t}}{\mathrm{d}y}\right]$$

$$=v_0(\overline{t}-t_0)-\frac{\mu}{\rho}\left(\frac{1}{Pr}+\frac{\rho\varepsilon_{\mathrm{H}}}{\mu}\right)\left[\left(\frac{\mathrm{d}\overline{t}}{\mathrm{d}y}\right)_y-\left(\frac{\mathrm{d}\overline{t}}{\mathrm{d}y}\right)_0\right]$$

$$=0$$

在 $0.5<Pr<5.0$ 的条件下，$\rho\varepsilon_{\mathrm{H}}/\mu$ 可以忽略，应用第一个边界条件，有

$$v_0(\overline{t}-t_0)-\frac{\mu}{\rho}\left(\frac{1}{Pr}+\frac{\rho\varepsilon_{\mathrm{H}}}{\mu}\right)\frac{\mathrm{d}\overline{t}}{\mathrm{d}y}=-\frac{k}{\rho c}\left(\frac{\mathrm{d}\overline{t}}{\mathrm{d}y}\right)_0=\frac{q''_0}{\rho c}$$

整理后再行积分，积分上限用第二个边界条件，

$$\frac{\mu}{\rho}\int_0^{t_\infty}\frac{\mathrm{d}\overline{t}}{v_0(\overline{t}-t_0)+q''_0/(\rho c)}=\int_0^\delta\frac{\mathrm{d}y}{(1/Pr)+(\rho\varepsilon_{\mathrm{H}})/\mu}$$

$$\frac{\mu}{\rho v_0}\ln\left[v_0(\overline{t}-t_0)+\frac{q''_0}{\rho c}\right]\Big|_0^{t_\infty}=\frac{\mu}{\rho v_0}\left[\ln\left(v_0(t_\infty-t_0)+\frac{q''_0}{\rho c}\right)-\ln\left(\frac{q''_0}{\rho c}\right)\right]$$

$$\frac{\mu}{\rho v_0}\ln\left(\frac{\rho c v_0(t_\infty-t_0)}{q''_0}+1\right)=\int_0^\delta\frac{\mathrm{d}y}{(1/Pr)+\rho\varepsilon_{\mathrm{H}}/\mu}$$

定义 $B_{\mathrm{h}}=\dfrac{\rho c v_0(t_\infty-t_0)}{q''_0}=\dfrac{\rho c v_0(t_\infty-t_0)}{h(t_\infty-t_0)}=\dfrac{v_0/u_\infty}{h/(\rho c u_\infty)}=\dfrac{v_0/u_\infty}{St}$

则

$$\ln(1+B_{\mathrm{h}})=\frac{\rho v_0}{\mu}\int_0^\delta\frac{\mathrm{d}y}{1/Pr+\rho\varepsilon_{\mathrm{H}}/\mu}=\frac{\rho}{\mu}St B_{\mathrm{h}}u_\infty\int_0^\delta\frac{\mathrm{d}y}{1/Pr+\rho\varepsilon_{\mathrm{H}}/\mu}$$

$$St = \frac{\ln(1+B_h)}{B_h} \times \frac{\mu}{\rho} \times \frac{1}{u_\infty} \times \frac{1}{\int_0^\delta \frac{\mathrm{d}y}{(1/Pr) + \rho\varepsilon_H/\mu}}$$

$$\lim_{B_h \to 0} \frac{\ln(1+B_h)}{B_h} = \lim_{B_h \to 0} \frac{1}{1+B_h} = 1$$

上式对应着（$v_0 = 0$）的情形，相应的斯坦顿数为

$$St_0 = \frac{\mu}{\rho} \times \frac{1}{u_\infty} \times \frac{1}{\int_0^\delta \frac{\mathrm{d}y}{(1/Pr) + \rho\varepsilon_H/\mu}}$$

于是，有散逸的（$v_0 \neq 0$）和不渗透壁面的（$v_0 = 0$）情形下斯坦顿数之比为

$$\frac{St}{St_0} = \frac{\ln(1+B_h)}{B_h}$$

直接引用无散逸（$v_0 = 0$）情形下的斯坦顿数：$St_0 Pr^{0.4} = 0.0287 Re_x^{-0.2}$，则有散逸的（$v_0 \neq 0$）情形下斯坦顿数为

$$St Pr^{0.4} = \frac{\ln(1+B_h)}{B_h} St_0 Pr^{0.4} = 0.0287 Re_x^{-0.2} \frac{\ln(1+B_h)}{B_h}$$

6.5.5 表面粗糙度的影响

粗糙度湍流边界层的影响，主要在壁面处。用粗糙度雷诺数作为表面粗糙度的一种无量纲量度

$$Re_k = \frac{\rho u_\tau k_s}{\mu}$$

根据 Re_k 值，可对表面粗糙度的三种状态进行判别（显然这种判别是人为的）：

① $Re_k < 5.0$：完全光滑表面（空气动力学光滑表面）。

② $5.0 < Re_k < 70.0$：过渡粗糙表面（光滑表面的特征继续存在）。

③ $Re_k > 70.0$：充分粗糙表面（黏度不再是一个有意义的变量）。

对于 $Re_k > 70.0$ 时，黏度不再是一个有意义的量，这意味着黏性底层的完全消失。

采用普朗特混合长度解决方案，特别注意到：对于动量方程，黏性底层的消失，意味着切应力向壁面的传递，必须依靠别的不同的机制，于是对于一直到 $y^+ = 0$ 的情况，下面的公式不再有效。

$$l = ky$$

这时，用一个所谓的近壁混合长度方程来进行模化：

$$l = k(y + \delta y_0)$$

以使混合长度理论一直延伸到表面。

对于能量方程来说，因为不存在底层，因此一直到 $y^+ = 0$ 的情况，都可以假定 $\frac{\rho\varepsilon_H}{\mu} \gg \frac{1}{Pr}$，因而可以忽略 $\frac{1}{Pr}$。而且，对于热量传递来说，显然在壁面上仍然存在着有限的 δt_0^+，这时的壁面定律为

$$t^+ - \delta t_0^+ = \int_0^{y^+} \frac{\mathrm{d}y^+}{\rho\varepsilon_H/\mu}$$

引用 $Pr_t=\dfrac{\varepsilon_M}{\varepsilon_H}=0.9$，$\dfrac{\tau_0}{\rho}=\varepsilon_M\dfrac{d\overline{u}}{dy}=k^2y^2\left(\dfrac{d\overline{u}}{dy}\right)^2$，$(\delta y_0)^+=0.031Re_k$，推论到

$$\varepsilon_M=k\,|\,y^++(\delta y_0)^+\,|$$

$$t^+-\delta t_0^+=\frac{Pr_k}{k}\int_{\delta y_0^+}^{y^+}\frac{dy^+}{|\,[y^++(\delta y_0)^+]}$$

$$=\frac{Pr_k}{k}\ln[y^++(\delta y_0)^+]_{\delta y_0^+}^{y^+}$$

$$=\frac{Pr_k}{k}\ln\frac{32.26y^+}{Re_k}$$

应用壁面坐标方案时，δy_0 的无量纲形式是 $(\delta y_0)^+$，

$$(\delta y_0)^+=\frac{\delta y_0\rho u_\tau}{\mu}$$

实验发现，近壁混合长度可以近似表达为

$$(\delta y_0)^+=0.031Re_k$$

借用 $\dfrac{du^+}{dy^+}=\dfrac{1}{ky^+}$，引用近壁混合长度

$$\frac{du^+}{dy^+}=\frac{1}{k[y^++(\delta y_0)^+]}$$

积分上式，注意到充分粗糙区没有黏性底层，故而积分下限是 $y^+=0$，

$$\int_0^{u^+}du^+=\int_0^{y^+}\frac{dy^+}{k[y^++(\delta y_0)^+]}$$

$$u^+\,|_0^{u^+}=\frac{1}{k}\ln[y^++(\delta y_0)^+]_0^{y^+}$$

$$u^+=\frac{1}{k}\ln\left[\frac{y^+}{(\delta y_0)_0^+}+1\right]$$

把 $(\delta y_0)^+=0.031Re_k$ 代入上式

$$u^+=\frac{1}{k}\ln\left[\frac{y^+}{(\delta y_0)_0^+}+1\right]=\frac{1}{k}\ln\left(\frac{y^+}{0.031Re_k}+1\right)=\frac{1}{k}\ln\left(\frac{32.258y^+}{Re_k}+1\right)$$

上式对完全光滑表面不适用，因为 $k_s=0\Rightarrow Re_k=\dfrac{k_s\rho u_\tau}{\mu}=0$。

对于 $y^+\geqslant Re_k$（进入到充分湍流层），第二项可忽略

$$u^+\approx\frac{1}{k}\ln\left(\frac{32.258y^+}{Re_k}\right)=\frac{1}{k}\ln y^++\frac{1}{k}\ln\frac{32.258}{Re_k}$$

习题

6.1 设长为 L、宽为 b 的平板，其边界层中层流流动速度分布为 $u/u_0=y/\delta$。试求边界层的厚度分布 $\delta(x)$ 以及平板的摩擦阻力系数。

6.2 一平板长为 5m，宽为 0.5m，以速度 1m/s 在水中运动。试分别按平板纵向和横向运动时，计算平板的摩擦阻力。

6.3 长 10m 的平板，水的速流为 0.5m/s，试确定平板边界层的流动状态。如为混合边界，则转捩点在什么地方？设 $x_{cr}/L \leqslant 5\%$ 时称为湍流边界层，试分别确定这一平板为层流边界层和湍流边界层时，水的流速应为多少？

6.4 一平板置于流速为 7.2m/s 的空气中，试分别计算距离前缘 0.3m、0.6m、1.2m、2.4m 处的边界层厚度。

6.5 平板长为 $l=10$m，宽为 $b=2$m，设水流沿平板表面并垂直板的长度，流速分别为：(1) 0.01145m/s；(2) 1.6m/s；(3) 6m/s。试分别计算平板的摩擦阻力。

6.6 标准状态的空气从两平行平板构成的底边通过，在入口处速度均匀分布，其值为 $u_0=25$m/s。现假定从每个平板的前缘起，湍流边界层向下逐渐发展，边界层内速度剖面和厚度可近似表示为 $u/u_0=(y/\delta)^{1/7}$，$\delta/x=0.38Re_x^{-1/5}$ $(Re_x=ux/\nu)$，式中，u 为中心线上的速度，为 x 的函数。设两板相距 $h=0.3$m，板宽 $b \gg h$（即边缘影响可以忽略不计），试求从入口至下游 5m 处的压力降。其中 $\nu=1.32 \times 10^{-5}$m²/s。

第7章
气体的一元流动 ▶▶

气体是流体的一种，与液体相比，它具有特殊性：

① 气体的体积随温度（或压力）有较大变化；

② 气体的黏度随温度的升高而增加；

③ 气体能够充满整个容器而无自由表面。

这些特性使气体在自然界和实际应用中有着自身的规律。气体在工业热工及热能利用中有广泛的应用，例如：流动的蒸汽、煤气、燃烧后的废气（烟气）等。由于气体的可压缩性很大，尤其是在高速流动的过程中，不但压强会变化，密度也会显著地变化。这和研究液体时视密度为常数有很大的不同。

气体动力学研究又称可压缩流体动力学，研究可压缩性流体的运动规律及其应用，在航天航空中有广泛的应用。随着研究技术的日益成熟，气体动力学在其他领域也有相应的应用。本章将简要介绍气体的一元流动。

7.1 气体的特性

7.1.1 气体体积的变化

① 温度对气体的体积影响。根据气体状态方程，对于理想（完全）气体，在压力不变时，气体的体积与热力学温度成正比，即当 $p_1 = p_2$ 时：

$$p_1 V_1 = mRT_1$$
$$p_2 V_2 = mRT_2$$

或

$$\frac{V_1}{V_2} = \frac{T_1}{T_2} = \frac{t_1 + 273}{t_2 + 273}$$

若假定 2 状态为标准（$V_2 = V_0$，$T_2 = T_0$），1 状态为任意状态（$V_1 = V_t$，$T_1 = T$），则上式可写为：

$$V_t = V_0 \left(\frac{T}{273} \right) = V_0 (1 + \beta t)$$

式中，$\beta = \dfrac{1}{273}$（1/℃），称为体积膨胀系数。

用同样的方法，在等压时（如常压时），气体密度为：

$$\rho_t = \rho_0 \frac{1}{1+\beta t}$$

标准状态下（p 为一个大气压，$t=0℃$ 时）气体的密度如表 7-1 所示。

表 7-1 气体的密度 kg/m^3

空气	氯气	氮气	氢气	甲烷	CO	CO_2	SO_2	H_2S	水蒸气
1.293	1.429	1.250	0.090	0.716	1.250	1.963	2.858	1.521	0.804

同样道理，体积流量 Q 与温度 t 关系写成：

$$Q_t = Q_0(1+\beta t)$$

式中，Q_0 为 0℃ 下的体积流量，m^3/s。

由 $Q=WF$ 之关系，F（流通面积）不随温度变化，则有：

$$W_t = W_0(1+\beta t)$$

式中，W_0 为标准状态下的气体流速，m/s。

② 压力对气体体积的影响。根据气体状态方程，对理想（完全）气体，从 1 状态到 2 状态，有

$$V_2 = V_1 \frac{T_2}{T_1} \times \frac{p_1}{p_2}$$

可见，在温度为定值的条件下，压力增大可使气体体积减小。设原来气体为标准状态下的气体（即 1 状态可为 0 状态），变化后为任意状态（2 状态为任意状态），则上式为：

$$V = V_0 \frac{T}{T_0} \times \frac{p_0}{p} = V_0(1+\beta t)\frac{p_2}{p}$$

因此考虑到压力变化时，体积流量及流速可写成：

$$Q = Q_0(1+\beta t)\frac{p_0}{p}$$

$$W = W_0(1+\beta t)\frac{p_0}{p}$$

同理：

$$\rho = \rho_0 \frac{1}{1+\beta t} \times \frac{p}{p_0}$$

一般工业用气体，当 $p=p_0$ 时，可近似看作各参数只与温度有关，而压力的变化（微小变化）影响不大。

7.1.2 气体的黏度变化

气体的黏度受温度的影响很大，一般认为：

$$\mu_t = \mu_0\left(\frac{273+c}{T+c}\right) \times \left(\frac{T}{273}\right)^{\frac{3}{2}}$$

式中，μ_0 为 0℃ 时气体黏度，$N \cdot s/m^2$；T 为气体的热力学温度；c 为常数，决定于气体的性质。各种常见气体的 μ_0 和 c 值，参看表 7-2。

表 7-2 气体参数

气体	$\mu_0 \times 10^5/(\text{N} \cdot \text{s/m}^2)$	c	气体	$\mu_0 \times 10^5/(\text{N} \cdot \text{s/m}^2)$	c
空气	1.72	122	一氧化碳	1.65	102
氧气	1.92	138	二氧化碳	1.38	250
氮气	1.67	107	水蒸气	0.85	673
氢气	0.85	75	燃烧产物	—	约170

例如：对于 300℃ 的热空气，$\mu_0 = 1.72 \times 10^{-5} \text{N} \cdot \text{s/m}^2$，$c = 122$

$$\mu_t = 1.72 \times 10^{-5} \times \frac{273 + 122}{300 + 273 + 122} \times \left(\frac{300 + 273}{273}\right)^{\frac{3}{2}}$$
$$= 2.973 \times 10^{-5} (\text{N} \cdot \text{s/m}^2)$$

空气的黏度随温度的变化关系如图 7-1 所示。

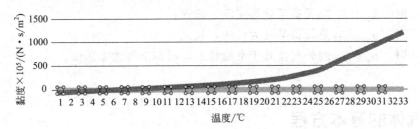

图 7-1 空气的黏度随温度的变化关系图

7.1.3 双气体静力学欧拉平衡方程

① 对于气体，符合 Euler 平衡方程，即为

$$p/\gamma + z = \text{const}$$

若以 0 面为基准面，则有

$$p_1/\gamma + z_1 = p_2/\gamma + z_2$$

气体力学习惯上将上式写成：

$$p_1 + z_1\gamma = p_2 + z_2\gamma$$

若 0 基面压力为

$$p_0 = 1.013 \times 10^5 \text{Pa}$$

$\rho = 1.293 \text{kg/m}^3$，$\gamma_0 = 12.68 \text{kg/m}^3$

气体压力随高度变化关系如图 7-2 所示。

② 双流体同时存在于容器之内外的状况。例如有一热设备内有炉气（热气体），外有空气（常温气体），若冷空气重度为 γ_0，热气体为 γ_t，在热设备内外某处压力相等

$$p_{t_0} = p_0$$

分别列设备内外的 Euler 平衡方程，即：

热设备内：$p_{t_0} = p_{t_z} + z\gamma_t$

热设备外：$p_0 = p_z + z\gamma_0$

两式相减，并考虑 $p_0 = p_{t_0}$，则为：

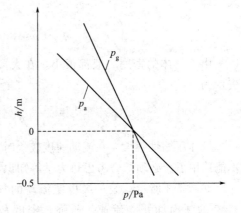

图 7-2 气体压力随高度变化关系图

$$p_{t_z} + z\gamma_t = p_z + z\gamma_0$$

整理为：

$$p_{t_z} - p_z = z(\gamma_0 - \gamma_t)$$

$$\gamma_t = \gamma_0 \frac{1}{1+\beta t}$$

$$p_{t_z} - p_z = p_g$$

式中　p_g，表压力，N/m^2；

　　z——0 压线上某处位置，m；

　　γ_t——热气体的重度，N/m^3。

　　因此，$p_g = z(\gamma_0 - \gamma_t)$

　　称为双气体的 Euler 平衡方程

　　可见：热设备内的温度一定高于外部空气温度，则 $(\gamma_0 - \gamma_t)$ 为正值。

　　当 $z > 0$ 时，$p_g > 0$，热设备某处为正压，逸气；

　　当 $z < 0$ 时，$p_g < 0$，热设备某处为负压，吸风；

　　当 $z = 0$ 时，$p_g = 0$，内外气体处于平衡状态，习惯上称为零压面。

7.2 气体的基本方程

7.2.1 气体的 Bernoulli 方程的基础理论

在气体流动速度不太快的情况下，其压力变化不大，则气体各点的密度变化也不大，因此可把其密度视为常数，即把气体看成是不可压缩流体。这和研究理想不可压缩流体相似，所以理想流体伯努利方程完全适用，即

$$\frac{p_1}{\rho g} + z_1 + \frac{u_1^2}{2g} = \frac{p_2}{\rho g} + z_2 + \frac{u_2^2}{2g} \tag{7-1}$$

式中　p_1，p_2——流动气体两点的压强；

　　u_1，u_2——流动气体两点的平均流速。

在气体动力学中，常以 ρg 乘以式（7-1），气体伯努利方程的各项表示成压强的形式，即

$$p_1 + \rho g z_1 + \frac{\rho u_1^2}{2} = p_2 + \rho g z_2 + \frac{\rho u_2^2}{2} \tag{7-2}$$

由于气体的密度一般都很小，在大多数情况下 $\rho g z_1$ 和 $\rho g z_2$ 很相近，故式（7-2）就可以表示为

$$p_1 + \frac{\rho u_1^2}{2} = p_2 + \frac{\rho u_2^2}{2} \tag{7-3}$$

气体压缩性很大，在流动速度较快时，气体各点压强和密度都有很大的变化，式（7-3）就不能适用了。必须综合考虑热力学等知识，重新导出可压缩流体的伯努利方程，推导如下。

如图 7-3 所示，设一维稳定流动的气体，在上面任取一段微小长度 ds，两边气流断面 1、2 的断面面积、流速、压强、密度和温度分别为 A、u、p、ρ、T；$A+dA$、$u+du$、$p+dp$、$\rho+d\rho$、$T+dT$。

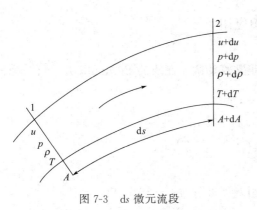

图 7-3 ds 微元流段

取流段 1—2 作为自由体，在时间 dt 内，这段自由体所做的功为

$$W = pAu\,dt - (p+dp)(A+dA)(u+du)dt \tag{7-4}$$

根据恒流源的连续性方程式，有 $\rho uA = C$（常数），所以式（7-4）可写成

$$W = \frac{p}{\rho}C\,dt - \frac{p+dp}{\rho+d\rho}C\,dt = \left(\frac{p}{\rho} - \frac{p+dp}{\rho+d\rho}\right)C\,dt$$

由于在微元内，可认为 ρ 和 $\rho+d\rho$ 很相近，则上式可化简为

$$W = \left(\frac{p-p-dp}{\rho}\right)C\,dt = -\frac{dp}{\rho}C\,dt \tag{7-5}$$

又对 1—2 自由体进行动能分析，其动能变化量为

$$\Delta E = \frac{1}{2}m_2(u+du)^2 - \frac{1}{2}m_1 u^2 \tag{7-6}$$

同样地根据恒流源的连续性方程式 $\rho uA = C$（常数），故有 $m_1 = m_2 = \rho uA = C$。式（7-6）就可以写成

$$\Delta E = \frac{1}{2}C\,dt(2u\,du) = Cu\,dt\,du \tag{7-7}$$

根据功能原理有 $W = \Delta E$，化简得

$$\frac{dp}{\rho} + u\,du = 0 \tag{7-8}$$

该式就是一元气体恒定流的运动微分方程。

对式（7-8）进行积分，就得一元气体恒定流的能量方程

$$\int \frac{dp}{\rho} + \frac{u^2}{2} = C \tag{7-9}$$

式中，C 为常数。上式表明了气体的密度不是常数，而是压强（和温度）的函数，气体流动密度的变化和热力学过程有关，对式（7-9）的研究需要用到热力学的知识。下面简要介绍工程中常见的等温流动和绝热流动的方程。

① 等温过程。等温过程是保持温度不变的热力学过程。因 $\frac{p}{\rho} = RT$，其中 $T =$ 定值，则有 $\frac{p}{\rho} = C$（常数），代入式（7-9）并积分，得

$$\frac{p}{\rho}\ln p + \frac{u^2}{2} = C \tag{7-10}$$

② 绝热过程。绝热过程是指与外界没有热交换的热力学过程。可逆、绝热过程称为等熵过程。绝热过程方程 $\frac{p}{\rho^\gamma} = C$（常数），代入式（7-9）并积分，得

$$\frac{\gamma}{\gamma-1} \times \frac{p}{\rho} + \frac{u^2}{2} = C \tag{7-11}$$

式中，γ 为绝热指数。

7.2.2 气体的 Bernoulli 方程的描述和应用

（1）微元流束上的 Bernoulli 方程

对理想流体，沿程无阻力损失，对不可压缩定常流动微元流线的 Bernoulli 方程可写为：

$$z\gamma + p + \frac{W^2}{2g}\gamma = \mathrm{const}$$

或

$$z_1\gamma + p_1 + \frac{W_1^2}{2g}\gamma = z_2\gamma + p_2 + \frac{W_2^2}{2g}\gamma$$

（2）管流总流的伯努利方程

对理想流体不可压缩定常管流，总流的伯努利方程可写为：

$$z_1\gamma + p_1 + \alpha_1\frac{\overline{W_1^2}}{2g}\gamma = z_2\gamma + p_2 + \alpha_2\frac{\overline{W_2^2}}{2g}\gamma$$

对黏性流体，上式可写成：

$$z_1\gamma + p_1 + \alpha_1\frac{\overline{W_1^2}}{2g}\gamma = z_2\gamma + p_2 + \alpha_2\frac{\overline{W_2^2}}{2g}\gamma + h_{1-2}$$

式中，h_{1-2} 为1面至2面的单位体积气体压头损失量，$\mathrm{J/m^3}$。工程上对紊流流动，一般取 $W_1 \approx \overline{W}_1$，$W_2 \approx \overline{W}_2$，$\alpha_1 \approx \alpha_2 \approx 1$。

（3）双气体的伯努利方程

设有定常黏性气体管流，管外为大气，管内为不可压缩性某种流动着的气体，重度为 γ（管外大气重度为 γ_0），如图 7-4 所示，列 1—2 截面管内的伯努利方程，

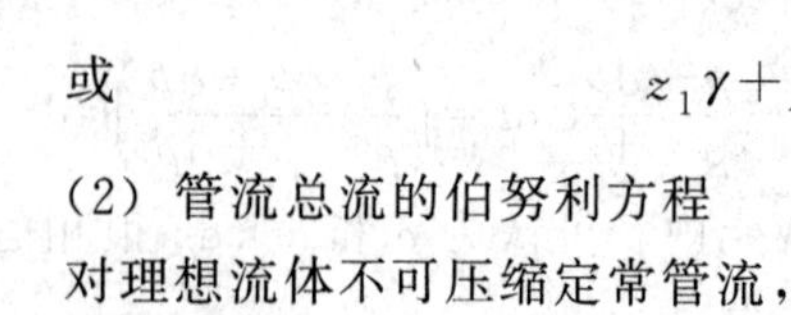

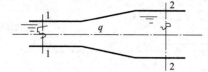

$$z_1\gamma + p_1 + \frac{W_1^2}{2g}\gamma = z_2\gamma + p_2 + \frac{W_2^2}{2g}\gamma + h_{1-2} \quad \text{(a)}$$

列 1—2 截面管外的伯努利方程

图 7-4　列伯努利方程示意图

$$z_1\gamma_0 + p_{0_1} = z_2\gamma_0 + p_{0_2} \quad \text{(b)}$$

式（a）和式（b）相减：

$$z_1(\gamma - \gamma_0) + (p_1 - p_{0_1}) + \frac{W_1^2}{2g}\gamma = z_2(\gamma - \gamma_0) + (p_2 - p_{0_2}) + \frac{W_2^2}{2g}\gamma + h_{1-2}$$

如果管内流体为水，则 $\gamma \gg \gamma_0$，$p_{0_1} = p_{0_2}$，上式即可化简为式（a），当管内充为热气体的时候（一般 $\gamma < \gamma_0$），则有

$$z_1(\gamma - \gamma_0) + p_{g_1} + \frac{W_1^2}{2g}\gamma = z_2(\gamma - \gamma_0) + p_{g_2} + \frac{W_2^2}{2g}\gamma + h_{1-2}$$

上式称为双气体伯努利方程，亦称"压头方程式"。可写成：

$$h_{位} + h_{静} + h_{动} + h_{失} = h_{总} = \mathrm{const}$$

① $h_{位} = z(\gamma - \gamma_0)$，表示位头（或几何压头），表征热气体上升的趋势，$\mathrm{J/m^3}$。

当 $z > 0$ 时，由于 $\gamma - \gamma_0 < 0$，则 $h_{位} < 0$（负值），表明 $h_{位}$ 随 z 的增大而减小；当 $z = 0$ 时，$h_{位} = 0$，即此截面在零位线上；当 $z < 0$ 时，$\gamma - \gamma_0 < 0$，则 $h_{位} > 0$（正值），表明 $|-z|$ 越大，$h_{位}$ 越大（负得越多，位头越大）。

这种情况与水流的概念不一样，水是 z 越大，位能越大，而热气体正相反，即为"水往低处流，气往高处走"。

② $h_{静}=p_g=p-p_0$，$h_{静}$ 表示静压头，表征系统内外压差，即为表压力（可直接测压计测得，J/m^3），$h_{静}>0$ 为负压，$h_{静}<0$ 为正压，$h_{静}=0$ 为零压面（线）上。

③ $h_{动}=\dfrac{W^2}{2g}\gamma$，$h_{动}$ 表示单位体积气体具有的动能，也可以直接测得，亦称为动头（J/m^3）

④ $h_{失}$ 称为压头损失，即从 1—2 面在沿程流动过程中能量的损失项（J/m^3）。

⑤ $h_{总}$ 称为总压头，或简称为总头，表征静压头、位压头、动压头和压头损失的总和（J/m^3）。

【例 7-1】　有一开口倒置容器内充满热气体（重度为 γ_t），外部为冷气体（重度为 γ_0），试分析其 A、B、C、D 各点的压头。

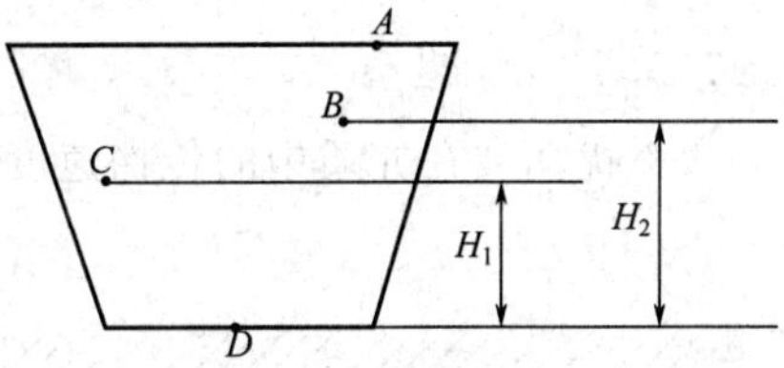

解：A 点：$\Delta p=0$，$h_{静}=0$

$\qquad\qquad h_{动}=0$，$h_{失}=0$

若以下部为零位线，则

$\qquad\qquad h_{位}=0$，$h_{总}=0$

B 点：$h_{动}=0$，$h_{失}=0$

$\qquad\qquad h_{位}=H_2(\gamma_t-\gamma_0)$

$\qquad\qquad h_{总}=0$

$\qquad\qquad h_{静}=h_{总}-(h_{动}+h_{失}+h_{位})=H_2(\gamma_0-\gamma_t)$

C 点：$h_{动}=0$，$h_{失}=0$

$\qquad\qquad h_{位}=(H_1+H_2)(\gamma_t-\gamma_0)$

$\qquad\qquad h_{总}=0$

$\qquad\qquad h_{静}=h_{总}-(h_{动}+h_{失}+h_{位})=(H_1+H_2)(\gamma_0-\gamma_t)$

D 点：与大气相通，$h_{静}=0$

$\qquad\qquad$气体刚开始运动 $h_{失}=0$

$\qquad\qquad h_{位}=(H_1+H_2)(\gamma_t-\gamma_0)$

$\qquad\qquad h_{总}=0$

$\qquad\qquad h_{动}=h_{总}-(h_{静}+h_{失}+h_{位})=(H_1+H_2)(\gamma_0-\gamma_t)$

例 7-1 图

各点的压头值如表 7-3 所示。

表 7-3　各点压头值

位置	位压头	静压头	动压头	压头损失	总压头
A 点	0	0	0	0	0
B 点	$H_2(\gamma_t-\gamma_0)$	$H_2(\gamma_0-\gamma_t)$	0	0	0
C 点	$(H_1+H_2)(\gamma_t-\gamma_0)$	$(H_1+H_2)(\gamma_0-\gamma_t)$	0	0	0
D 点	$(H_1+H_2)(\gamma_t-\gamma_0)$	0	$(H_1+H_2)(\gamma_0-\gamma_t)$	0	0

以上分析了双流体伯努利方程式各项，这种分析，无疑也要求符合单一流体伯努利方程的条件。

对能量损失项，即为压头损失，具体求解方法已在流体力学前部分讲过，这里不做重复，但工程上常用于管路气体流动，一般采用下述方法。

$$h_{失}=h_f+h_j=\left(\lambda\frac{L}{d}+\sum\zeta\right)\frac{W^2}{2g}\gamma=\left[\left(\lambda\frac{L}{d}+\sum\zeta\right)\left(\frac{4}{\pi d^2}\right)^2\frac{\gamma}{2g}\right]Q^2 \quad 或写成：h_{失}=kQ^2$$

式中　　k　　与几何因素及气体密度有关的系数。

$$k = \left(\lambda \frac{L}{d} + \sum \zeta \right) \frac{8}{\pi^2 d^4} \rho$$

但有些情况下，由于管道有一定几何高度（位头），或管道入口处和出口后空气之间一定的位压差 h_z，则在输送气体时，需要多耗一部分能量，则：

$$h_{失} = h_z + kQ^2$$

可见，压头损失与流量成平方关系。

7.3 声速和马赫数

7.3.1 声速

微小扰动波在介质中的传播速度称为声速。如弹拨琴弦，使弦振动了空气，其压强和密度都发生了微弱的变化，并以波的形式在介质中传播。由于人耳能接收到的振动频率有限，声速并不限于人耳能接收的声音传播速度。凡在介质中的扰动传播速度都称为声速。

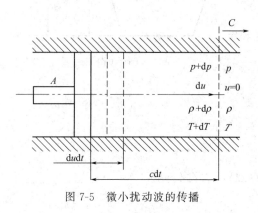

图 7-5　微小扰动波的传播

如图 7-5 所示，截面面积为 A 的活塞在充满静止空气的等径长管内运动，$u = 0$ 时（$t = 0$），管内压强为 p，空气密度为 ρ，温度为 T；若以微小速度 $\mathrm{d}u$ 向右推进时间 $\mathrm{d}t$，压缩空气后，压强、密度和温度分别变成了 $p + \mathrm{d}p$，$\rho + \mathrm{d}\rho$ 和 $T + \mathrm{d}T$。活塞向右移动了 $\mathrm{d}u\mathrm{d}t$，活塞微小扰动产生的声速传播了 $c\mathrm{d}t$，c 就为声速。

取上面的控制体，列连续性方程得

$$A\rho c \, \mathrm{d}t = A(\rho + \mathrm{d}\rho)(c - \mathrm{d}u)\mathrm{d}t \tag{7-12}$$

化简并略去高阶无穷小项，得

$$\rho \, \mathrm{d}u = c \, \mathrm{d}\rho \tag{7-13}$$

又由动量定理，得

$$pA - (p + \mathrm{d}p)A = \rho c A \left[(c - \mathrm{d}u) - c \right] \tag{7-14}$$

同样化简并略去高阶无穷小项，得

$$\mathrm{d}p = \rho c \, \mathrm{d}u \tag{7-15}$$

联立式(7-13) 和式(7-15)，得

$$c = \sqrt{\frac{\mathrm{d}p}{\mathrm{d}\rho}} \tag{7-16}$$

上式就为声速方程式的微分形式。

由于微小扰动波的传播速度很快，其引起的温度变化也很微弱，在研究微小扰动时，可认为其压缩或膨胀过程是绝热且可逆的，这就是热力学中的等熵过程，则有绝热方程为

$$\frac{p}{\rho^\gamma} = C（常数） \tag{7-17}$$

式中，γ 为绝热指数。

可写为

$$p = C\rho^{\gamma} \tag{7-18}$$

上式两边对 ρ 求导，得

$$\frac{\mathrm{d}p}{\mathrm{d}\rho} = C\gamma\rho^{\gamma-1} = \frac{p}{\rho^{\gamma}}\gamma\rho^{\gamma-1} = \gamma\,\frac{p}{\rho} \tag{7-19}$$

又由理想气体状态方程 $\frac{p}{\rho} = R_{\mathrm{g}}T$ 和式(7-16)、式(7-18) 联立，得

$$c = \sqrt{\gamma\,\frac{p}{\rho}} = \sqrt{\gamma R_{\mathrm{g}}T} \tag{7-20}$$

综合上述分析，由式(7-16) 得，密度对压强的变化率 $\frac{\mathrm{d}p}{\mathrm{d}\rho}$ 反映了流体的压缩性，ρ 越大，则 $\frac{\mathrm{d}p}{\mathrm{d}\rho}$ 越小，声速 c 也越小；反则声速 c 越大。由此可知，声速 c 反映了流体的可压缩性，即声速 c 越小，流体越容易压缩；声速 c 越大，流体也越不易压缩。特别的，对于空气来说，$\gamma = 1.4\mathrm{N/m^3}$，$R_{\mathrm{g}} = 287.1\mathrm{J/(kg \cdot K)}$，则空气中的声速为

$$c = 20.05\sqrt{T}\,(\mathrm{m/s}) \tag{7-21}$$

从式(7-20) 可看出，声速 c 不但和绝热指数 γ 有关，也和气体的常数 R_{g} 和热力学温度 T 有关。所以不同气体声速一般不同，相同气体在不同热力学温度下的声速也不同。

7.3.2 马赫数

为了研究的方便，引入气体流动的当地速度 u 与同地介质中声速 c 的比值，称为马赫数，以符号 Ma 表示。

$$Ma = \frac{u}{c} \tag{7-22}$$

马赫数是气体动力学中最常采用的参数之一，它也反映了气体在流动时可压缩的程度。马赫数越大，表示气体可压缩的程度越大，为可压缩流体；马赫数越小，表示气体可压缩性越小，当达到一定程度时，可近似看作不可压缩流体。

根据马赫数 Ma 的取值，可分为：

① $u = c$，即 $Ma = 1$ 时，称为声速流动；

② $u > c$，即 $Ma > 1$ 时，称为超声速流动；

③ $u < c$，即 $Ma < 1$ 时，称为亚声速流动。

下面讨论微小扰动波的传播规律，可分为四种情况：

① 如图 7-6(a) 所示，$u = 0$，扰动源静止。扰动波将以声速向四周对称传播，波面为一同心球面，不限时间，扰动波布满整个空间。

② 如图 7-6(b) 所示，$u < c$，扰动源以亚声速向右移动。扰动波以声速向外传播，由于扰动源移动速度小于声速，只要时间足够，扰动波也能布满整个空间。

③ 如图 7-6(c) 所示，$u = c$，扰动源以声速向右移动。由于扰动源移动速度等于声速，所以扰动波只能传播到扰动源的下游半平面。

④ 如图 7-6(d) 所示，$u > c$，扰动源以超声速向右移动。由于扰动源移动速度大于声速，扰动波的球形波面被整个地带向扰动源的下游，所以扰动波只能传播到扰动源的下游区

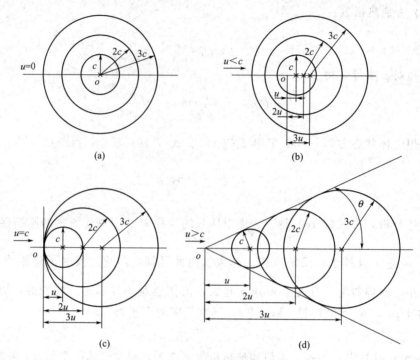

图 7-6　微小扰动波传播规律图

域，其区域为一个以扰动源为顶点的圆锥面内，称该圆锥为马赫锥。锥的半顶角 θ 称为马赫角，从图中可以看出

$$\sin\theta=\frac{c}{u}=\frac{1}{Ma} \tag{7-23}$$

上面分析了扰动源分别在静止以及亚声速、声速和超声速从右移动时，微小扰动波的传播规律。由此可知，$0 \leqslant Ma < 1$，即在振源静止或以亚声速移动的情况下，扰动波能传播到整个空间；而 $Ma \geqslant 1$，即在振源以声速或超声速移动时，扰动波只能传播到半空间或一圆锥面内。

7.3.3　气体流速与密度的关系

由式(7-1) 和式(7-2)，得

$$u\,\mathrm{d}u=-\frac{\mathrm{d}p}{\rho}=-\frac{\mathrm{d}p}{\mathrm{d}\rho}\times\frac{\mathrm{d}\rho}{\rho}=-c^2\,\frac{\mathrm{d}\rho}{\rho} \tag{7-24}$$

将马赫数 $Ma=\dfrac{u}{c}$ 代入上式，有

$$\frac{\mathrm{d}\rho}{\rho}=-Ma^2\,\frac{\mathrm{d}u}{u} \tag{7-25}$$

式(7-25) 表明了密度相对变化量和速度相对变化量之间的关系。从该式可以看出，等式中有个负号，表示两者的相对变化量是相反的，即加速的气流，密度会减小，从而使压强降低、气体膨胀；反之，减速气流，密度增大，导致压强增大、气体压缩。马赫数 Ma 为两者相对变化量的系数。因此，当 $Ma > 1$ 时，即超声速流动，密度的相对变化量大于速度的相对变化量；当 $Ma < 1$ 时，即亚声速流动，密度的相对变化量小于速度的相对变化量。

7.3.4　气体流速与流道断面积的关系

对一元气流的连续性方程 $\rho u A = C$（常数）两边取对数，得

$$\ln(\rho u A) = \ln\rho + \ln u + \ln A = \ln C = C'$$

对上式微分，得

$$\frac{\mathrm{d}\rho}{\rho} + \frac{\mathrm{d}u}{u} + \frac{\mathrm{d}A}{A} = 0$$

或

$$\frac{\mathrm{d}\rho}{\rho} = -\frac{\mathrm{d}u}{u} - \frac{\mathrm{d}A}{A} \tag{7-26}$$

将式(7-25) 代入上式，得

$$\frac{\mathrm{d}A}{A} = (Ma^2 - 1)\frac{\mathrm{d}u}{u} \tag{7-27}$$

从上式我们可以看到，$Ma = 1$ 是一个临界点。下面讨论其在亚声速和超声速流动下的情况。

① 亚声速流动时，即 $Ma < 1$。面积相对变化量和速度相对变化量反向发展，说明气体在亚声速加速流动时，过流断面逐渐收缩；减速流动时，过流断面逐渐扩大。

② 超声速流动时，即 $Ma > 1$。这种情况正好和亚声速流动相反，沿流线加速时，过流断面逐渐扩大；减速流动时，过流断面逐渐收缩。式(7-27) 表明，亚声速和超声速流动在加速或减速流动的情况截然相反。

7.4　气体在管道中的等温流动

实际工程中，许多工业输气管道，如天然气、煤气等管道，管道很长，且大部分长期暴露在外界中，管道中的气体能和外界进行充分的热交换，所以其温度基本与周边环境一样。该类气体管道可视为等温管道。

7.4.1　基本方程

气体在实际管道中流动要受到摩擦阻力，故存在流程损失，但在流动中，气体压强、密度都有所改变，所以不能直接应用达西公式，只能在微小 $\mathrm{d}s$ 段上应用。即

$$\mathrm{d}h_f = \lambda\,\frac{\mathrm{d}s}{D}\times\frac{u^2}{2} \tag{7-28}$$

对于前面推导出的可压缩流体方程式(7-8)，在工业管道中加上摩擦损失后就可以写成

$$\frac{\mathrm{d}p}{\rho} + u\,\mathrm{d}u + \lambda\,\frac{u^2}{2D}\mathrm{d}s = 0 \tag{7-29}$$

式中，λ 为沿程阻力系数，式(7-29) 就是气体运动微分方程。

根据连续性方程，有 $\rho_1 u_1 A_1 = \rho_2 u_2 A_2 = \rho u A$，对于等径管道因 $A_1 = A_2 = A$，得

$$\frac{u}{u_1} = \frac{\rho_1}{\rho} \tag{7-30}$$

又由热力学等温过程方程 $\dfrac{p}{\rho} = C$，即 $\rho = C^{-1}p$ 和 $\rho_1 = C^{-1}p_1$，有

$$\frac{u}{u_1}=\frac{\rho_1}{\rho}=\frac{p_1}{p}$$

或 $$\rho=\frac{p\rho_1}{p_1}和\ u=\frac{p_1u_1}{p} \qquad (7\text{-}31)$$

将式(7-30)代入式(7-29)并改写为

$$\frac{p\,\mathrm{d}p}{p_1\rho_1u_1^2}+\frac{\mathrm{d}u}{u}+\lambda\,\frac{\mathrm{d}s}{2D}=0 \qquad (7\text{-}32)$$

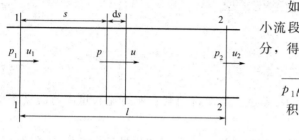

如图 7-7 所示，设在等温管道中，取一微小流段 $\mathrm{d}s$，在 1—2 段对式(7-32)进行定积分，得

$$\frac{1}{p_1\rho_1u_1^2}\int_{p_1}^{p_2}p\,\mathrm{d}p+\int_{u_1}^{u_2}\frac{\mathrm{d}u}{u}+\frac{\lambda}{2D}\int_0^l\mathrm{d}s=0$$

积分得

$$p_1^2-p_2^2=p_1\rho_1u_1^2\left(2\ln\frac{u_2}{u_1}+\frac{\lambda l}{D}\right) \qquad (7\text{-}33)$$

图 7-7 微元管流

若管道较长，且气流速度变化不大，则可以认为 $2\ln\dfrac{u_2}{u_1}\ll\dfrac{\lambda l}{D}$，略去对数项，式(7-33)可写成

$$p_2=\sqrt{p_1^2-p_1\rho_1u_1^2\frac{\lambda l}{D}} \qquad (7\text{-}34)$$

$$u_1=\sqrt{\frac{D}{p_1\rho_1\lambda l}(p_1^2-p_2^2)} \qquad (7\text{-}35)$$

质量流量公式为

$$Q_m=\rho_1u_1\frac{\pi D^2}{4}=\sqrt{\frac{\rho_1\pi^2D^5}{16p_1\lambda l}(p_1^2-p_2^2)} \qquad (7\text{-}36)$$

上面各项就是计算等温管道压强、流速和流量的计算公式。

7.4.2 流动特征分析

前面已经给出了气体连续性方程 $\rho uA=C$，其中 A 不变，则有 $\rho u=C'$，对该式取对数并积分，得

$$\frac{\mathrm{d}\rho}{\rho}+\frac{\mathrm{d}u}{u}=0 \qquad (7\text{-}37)$$

由热力学方程 $\dfrac{p}{\rho}=RT=C$，积分得

$$\frac{\mathrm{d}p}{p}=\frac{\mathrm{d}\rho}{\rho} \qquad (7\text{-}38)$$

联立式(7-38)和式(7-36)，以及声速公式 $c=\sqrt{\gamma\dfrac{p}{\rho}}$，马赫数 $Ma=\dfrac{u}{c}$ 并整理，得

$$\frac{\mathrm{d}u}{u}=\frac{\gamma Ma^2}{(1-\gamma Ma^2)}\frac{\lambda\,\mathrm{d}s}{2D} \qquad (7\text{-}39)$$

从式(7-39)我们可以看出，如果 $Ma>\sqrt{\dfrac{1}{\gamma}}$，即 $1-\gamma Ma^2<0$，$ds>0$，则 $du<0$；又对于大多数气体的指数常数 $\gamma>1$，且实际工程等温管道中气流的速度不可能无限增大，$1-\gamma Ma^2$ 不可能等于或小于 0，所以只有 $Ma<\sqrt{\dfrac{1}{\gamma}}$ 时，计算式才有效；$Ma>\sqrt{\dfrac{1}{\gamma}}$ 时，只能按 $Ma=\sqrt{\dfrac{1}{\gamma}}$（极限值）计算，该极限值计算的管长又称为最大管长，即实际管长超过最大管长时，进口断面的流速将受到阻滞，必须减小管长。

7.5　气体在绝热管道中的流动

在实际的气体输送管道中，常常在管道外面包有良好的隔热材料，管内气流与外界不发生热交换，这样的管道可以当作绝热管流来处理。

7.5.1　基本方程

和分析等温管道一样的，引入连续性方程和运动微分方程，并结合绝热过程方程 $\dfrac{p}{\rho^{\gamma}}=C$ 进行分析。改写运动微分方程式(7-29)为

$$\frac{\mathrm{d}p}{\rho u^2}+\frac{\mathrm{d}u}{u}+\lambda\,\frac{\mathrm{d}s}{2D}=0 \tag{7-40}$$

由 $\dfrac{p}{\rho^{\gamma}}=C$（常数）和连续性方程 $\rho u=C$（常数）（面积 A 不变）得

$$\rho u^2=\frac{\rho_1^2 u_1^2}{\rho}=\frac{p^{\frac{1}{\gamma}}\rho_1 u_1^2}{p_1^{\frac{1}{\gamma}}} \tag{7-41}$$

代入上式得

$$\frac{p^{\frac{1}{\gamma}}\mathrm{d}p}{p_1^{\frac{1}{\gamma}}\rho_1 u_1^2}+\frac{\mathrm{d}u}{u}+\lambda\,\frac{\mathrm{d}s}{2D}=0 \tag{7-42}$$

对如图 7-7 所示在 1—2 间对上式定积分

$$\frac{1}{p_1^{\frac{1}{\gamma}}\rho_1 u_1^2}\int_{p_1}^{p_2}p^{\frac{1}{\gamma}}\mathrm{d}p+\int_{u_1}^{u_2}\frac{\mathrm{d}u}{u}+\frac{\lambda}{2D}\int_0^l\mathrm{d}s=0 \tag{7-43}$$

可得

$$p_1^{\frac{\gamma+1}{\gamma}}-p_2^{\frac{\gamma+1}{\gamma}}=p_1^{\frac{1}{\gamma}}\rho_1 u_1^2\,\frac{\gamma+1}{\gamma}\left(\ln\frac{u_2}{u_1}+\frac{\lambda l}{2D}\right) \tag{7-44}$$

考虑到管道较长，流速变化也不大，$\ln\dfrac{u_2}{u_1}\ll\dfrac{\lambda s}{2D}$，略去对数项，可写成

$$p_2^{\frac{\gamma+1}{\gamma}}=p_1^{\frac{\gamma+1}{\gamma}}-p_1^{\frac{1}{\gamma}}\rho_1 u_1^2\,\frac{\gamma+1}{\gamma}\times\frac{\lambda l}{2D} \tag{7-45}$$

$$u_1 = \sqrt{\frac{\frac{\gamma}{\gamma+1} \times \frac{p_1}{\rho_1}\left[1-\left(\frac{p_2}{p_1}\right)^{\frac{\gamma+1}{\gamma}}\right]}{\frac{\lambda l}{2D}}} \tag{7-46}$$

质量流量为

$$Q_m = \rho_1 u_1 \frac{\pi D^2}{4} = \sqrt{\frac{\pi^2 D^5}{8\lambda l} \times \frac{\gamma}{\gamma+1} p_1 \rho_1 \left[1-\left(\frac{p_2}{p_1}\right)^{\frac{\gamma+1}{\gamma}}\right]} \tag{7-47}$$

7.5.2 流动特征分析

和等温管流相似的推导，可以得到

$$\frac{\mathrm{d}u}{u} = \frac{Ma}{1-Ma^2} \times \frac{\lambda \mathrm{d}s}{2D} \tag{7-48}$$

同样地，与等温管流一样，如果 $Ma<1$ 时，可直接用公式计算；当 $Ma>1$ 时，实际流动只能按 $Ma=1$ 来计算。

$Ma=1$ 计算得出的管长称为绝热管流的最大管长，如实际管长大于最大管长，流动将发生阻滞，必须减小管长。

7.6 气体的两种状态

7.6.1 滞止参数

在气体流动的计算中，一般都是由一个已知断面上的参数，求出另一个断面上的参数。为了计算的方便，我们假定在流动过程中的某个断面，气流的速度以无摩擦的绝热过程（即等熵过程）降低至零，该断面的气流状态就称为滞止状态，相应的气流参数称为滞止参数。如气体从大容器流入管道，由于容器断面相对于管道断面大很多，可认为容器中的气流速度为零，气流参数可认为是滞止参数，或气体绕过物体时，驻点的速度也为零，驻点处的流动参数也可认为是滞止参数。滞止参数常用下标"$_0$"标识，如 p_0、ρ_0、T_0 分别表示滞止压强、滞止密度、滞止温度。

由绝热过程方程式（7-11），按滞止参数的定义，可得滞止参数和某一断面的运动参数间的关系为

$$\frac{\gamma}{\gamma-1} \times \frac{p_0}{\rho_0} = \frac{\gamma}{\gamma-1} \times \frac{p}{\rho} + \frac{u^2}{2} \tag{7-49}$$

又由完全气体状态方程 $\frac{p}{\rho}=RT$，上式可写为

$$\frac{\gamma}{\gamma-1}RT_0 = \frac{\gamma}{\gamma-1}RT + \frac{u^2}{2} \tag{7-50}$$

即

$$\frac{T_0}{T} = 1 + \frac{u^2}{2RT} \times \frac{\gamma-1}{\gamma} \tag{7-51}$$

又声速 $c = \sqrt{\gamma RT}$

上式改写成马赫数的形式为

$$\frac{T_0}{T}=1+\frac{\gamma-1}{2}Ma^2 \tag{7-52}$$

式（7-52）就是滞止温度和断面上的温度参数的计算式。由绝热过程方程 $\frac{p}{\rho^{\gamma}}=C$（常数）

和完全气体状态方程 $\frac{p}{\rho}=RT$，代入上式就可以导出断面上的压强、密度和滞止压强、滞止

密度的关系如下

$$\frac{p_0}{p}=\left(\frac{T_0}{T}\right)^{\frac{\gamma}{\gamma-1}}=\left(1+\frac{\gamma-1}{2}Ma^2\right)^{\frac{\gamma}{\gamma-1}} \tag{7-53}$$

$$\frac{\rho_0}{\rho}=\left(\frac{T_0}{T}\right)^{\frac{1}{\gamma-1}}=\left(1+\frac{\gamma-1}{2}Ma^2\right)^{\frac{1}{\gamma-1}} \tag{7-54}$$

在等熵条件下温度降到绝对零度时，速度达到最大（u_{max}）的状态，称为最大速度状态。由于在地面上不可能制造绝对零度的环境，最大速度状态只具有理论意义，反映气流的总能量大小。将 $T=0$ 代入式（7-54）得

$$u_{max}\ll\sqrt{\frac{2}{\gamma-1}}c_0 \tag{7-55}$$

式中，$c_0=\sqrt{\gamma RT_0}$ 称为滞止声速，上式表示了极限流速和滞止声速的关系。

因此，只需已知滞止参数和某一断面的马赫数，就可以求该断面的运动参数。

7.6.2 临界状态参数

气体从当地状态等熵地改变速度达到声速时（即 $Ma=1$），所具有的状态称为与该当地状态对应的临界状态，相应的状态参数称为临界状态参数，与滞止状态一样，临界状态可以是流动中实际存在的，也可以是假想的状态。临界状态参数常用下标"$*$"表示。如 T_*、p_* 分别称为临界温度、临界压强等。在等熵流中所有的临界状态参数都是常数，因此可作为参考状态参数。

根据临界状态的定义，$Ma=1$ 代入式（7-52），得临界温度比为

$$\frac{T_0}{T_*}=1+\frac{\gamma-1}{2}=\frac{\gamma+1}{2} \tag{7-56}$$

代入式（7-53）、式（7-54），就可以得出临界压强比、临界密度比为

$$\frac{p_0}{p_*}=\left(\frac{\gamma+1}{2}\right)^{\frac{\gamma}{\gamma-1}} \tag{7-57}$$

$$\frac{\rho_0}{\rho_*}=\left(\frac{\gamma+1}{2}\right)^{\frac{1}{\gamma-1}} \tag{7-58}$$

从上面公式可以看出，对于一定的气体，临界状态参数与滞止参数的比值是定值。空气 $\gamma=1.4N/m^3$，则 $\frac{T_*}{T_0}=0.8333$、$\frac{p_*}{p_0}=0.5283$、$\frac{\rho_*}{\rho_0}=0.6339$。根据这些临界比值就可以判断流场中是否在临界截面。

临界截面上的声速称为临界声速 c_*。由式（7-58）和 $\frac{c_*}{c_0}=\frac{\sqrt{\gamma RT_*}}{\sqrt{\gamma RT_0}}=\sqrt{\frac{2}{\gamma+1}}$ 得

$$c_* = \sqrt{\frac{2}{\gamma+1}} c_0 = \sqrt{\frac{\gamma-1}{\gamma+1}} u_{max} \tag{7-59}$$

或

$$c_* = \sqrt{\gamma R T_*} = \sqrt{\frac{2\gamma R}{\gamma+1} T_0} \tag{7-60}$$

式(7-59)为临界声速 c_* 和极限速度 u_{max} 的关系式。从式(7-60)可以看出，对于一定的气体，临界声速 c_* 决定于总温。式中的临界声速 c_* 既是 $Ma=1$ 时的当地声速，也是研究气体流动中的一个重要参数。

【例 7-2】 空气在管道中做绝热无摩擦流动，某截面上的流动参数为 $T=333K$，$p=207kPa$，$u=1522m/s$，试求临界参数 T_*、p_*、ρ_*。

解： 绝热、无摩擦流动就是等熵流动。先求马赫数 Ma，再求 T_*、p_*、ρ_*。空气的 $\gamma=1.4N/m^3$，$R=287J/(kg \cdot K)$。

$$Ma = \frac{u}{\sqrt{\gamma R T}} = 4.1609$$

$$\frac{T_*}{T} = \frac{T_0/T}{T_0/T_*} = \frac{1+\frac{\gamma-1}{2} Ma^2}{1+\frac{\gamma-1}{2}} = 3.7176, T_* = 1237.96K$$

$$\frac{p_*}{p} = \left(\frac{T_*}{T}\right)^{\frac{\gamma}{\gamma-1}} = 2.507, p_* = 518.98kPa$$

$$\rho_* = \frac{p_*}{R T_*} = 1.4607kg/m^3$$

7.7 喷管的计算和分析

工程中采用的喷管有两种：一种是可获得亚声速流或声速流的收缩喷管，另一种是能获得超声速的拉瓦尔喷管。本节将以完全气体为研究对象，研究收缩喷管和拉瓦尔喷管在设计工况下的流动问题。

7.7.1 收缩喷管

如图 7-8 所示，气体从一大容器通过收缩喷管出流，由于容器比出流口要大得多，可将其中的气流速度看作零，则容器内的运动参数表示为滞止参数，分别为 p_0、ρ_0、T_0，喷管出口处的气流参数分别为 p、ρ、T、u。由滞止参数中得出的能量方程式得

$$\frac{\gamma}{\gamma-1} \times \frac{p_0}{\rho_0} = \frac{\gamma}{\gamma-1} \times \frac{p}{\rho} + \frac{u^2}{2} \tag{7-61}$$

即

$$u = \sqrt{\frac{2\gamma}{\gamma-1} \times \frac{p_0}{\rho_0}\left(1 - \frac{p}{p_0} \times \frac{\rho_0}{\rho}\right)} \tag{7-62}$$

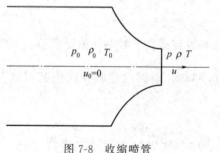

图 7-8 收缩喷管

又由绝热过程方程 $\dfrac{p}{\rho^{\gamma}} = C$（常数）和完全气体状态方程 $\dfrac{p}{\rho} = RT$，上式可写成

$$u = \sqrt{\frac{2\gamma}{\gamma-1} \times \frac{p_0}{\rho_0} \left[1 - \left(\frac{p_0}{\rho_0} \right)^{\frac{\gamma-1}{\gamma}} \right]} = \sqrt{\frac{2\gamma}{\gamma-1} RT_0 \left[1 - \left(\frac{p_0}{\rho_0} \right)^{\frac{\gamma-1}{\gamma}} \right]} \tag{7-63}$$

上式就是喷管出流的速度公式，也称圣维南（Saint Venant）定律。此式对超声速也同样成立。

通过喷管的质量流量

$$q_m = A\rho u = A\rho_0 u \left(\frac{p}{p_0} \right)^{1/\gamma} \tag{7-64}$$

将式(7-63)代入式(7-64)得

$$q_m = A\rho u = A \sqrt{\frac{2\gamma}{\gamma-1} p_0 \rho_0 \left[\left(\frac{p}{p_0} \right)^{\frac{2}{\gamma}} - \left(\frac{p}{p_0} \right)^{\frac{\gamma+1}{\gamma}} \right]} \tag{7-65}$$

从上面的公式可以看出，对于一定的气体，在收缩喷管出口未达到临界状态前，压降比 p/p_0 越大，出口速度越大，流量也越大。收缩喷管出口处的气流速度最高可达到当地声速，即出口气流处于临界状态（即 $Ma = 1$）。此时的出口处压强为

$$p = p_0 \left(\frac{2}{\gamma+1} \right)^{\frac{\gamma}{\gamma-1}} = p_* \tag{7-66}$$

此时气流速度也达到极限速度

$$u = u_* = \sqrt{\frac{2\gamma}{\gamma+1} \frac{p_0}{\rho_0}} = \sqrt{\frac{2\gamma RT_0}{\gamma+1}} = \sqrt{\frac{2}{\gamma+1}} c_0 = c_* \tag{7-67}$$

则流过喷管的极限质量流量为

$$q_m = q_{m*} = A \left(\frac{2}{\gamma+1} \right)^{\frac{\gamma+1}{2(\gamma-1)}} \sqrt{\gamma p_0 \rho_0} \tag{7-68}$$

7.7.2 拉瓦尔喷管

图7-9为拉瓦尔喷管，其作用是能使气流加速到超声速，拉瓦尔喷管广泛应用于蒸汽轮机、燃气轮机、超声速风洞、冲压式喷气发动机和火箭等动力装置中。本小节将讨论拉瓦尔喷管出口流速和流量的计算。

假定拉瓦尔喷管内的气体做绝能等熵流动，喷管进口的气流处在滞止状态。按照和收缩喷管同样的推导方法，推导出的喷管出口处的气流速度同收缩喷管气流速度式(7-62)，即同样用圣维南定律。

拉瓦尔喷管的质量流量公式也可仍然采用式(7-68)，需要注意的是，式(7-68)中的截面积 A 要用喉部截面积 $A_t = A_*$ 代替，即通过喷管的流量就是喉部能通过的流量的最大值

$$q_{m*} = A_t \left(\frac{2}{\gamma+1} \right)^{\frac{\gamma+1}{2(\gamma-1)}} \sqrt{\gamma p_0 \rho_0} \tag{7-69}$$

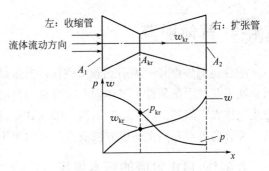

图 7-9 拉瓦尔喷管

由连续性方程得

$$\frac{A}{A_t} = \frac{A}{A_*} = \frac{\rho_* c_*}{\rho u} \tag{7-70}$$

式中，A 为喷管出口处截面积。

根据式(7-70)就可以在已知出口截面积 A 的情况下求喉部截面积 A_t。

【例 7-3】 空气在缩放喷管内流动，气流的滞止参数为 $p_0 = 10^6 \text{Pa}$，$T_0 = 350\text{K}$，出口截面积 $A = 0.001\text{m}^2$，背压 $p_e = 9.3 \times 10^5 \text{Pa}$。如果要求喉部的马赫数达到 $Ma_1 = 0.6$，试求喉部面积。

解： 管内为亚音速流动，出口压强等于背压：$p = p_e$。利用喉部和出口的质量流量相等的条件确定喉部面积 A_1。

出口参数：

$$\frac{T_0}{T} = \left(\frac{p_0}{p}\right)^{\frac{\gamma-1}{\gamma}} = 1.0210, \quad T = 324.8\text{K}$$

$$\frac{T_0}{T} = 1 + \frac{\gamma-1}{2}Ma^2, \quad Ma = 0.3240$$

$$\rho = \frac{p}{RT} = 9.4528\text{kg/m}^3$$

$$u = Mac = Ma\sqrt{\gamma RT} = 120.25\text{m/s}$$

喉部参数：

$$Ma_1 = 0.6$$

$$\frac{T_0}{T_1} = 1 + \frac{\gamma-1}{2}Ma_1^2 = 1.072, \quad T_1 = 326.5\text{K}$$

$$\frac{p_0}{p_1} = \left(\frac{T_0}{T_1}\right)^{\frac{\gamma}{\gamma-1}} = 1.2755, \quad p_1 = 0.784 \times 10^6 \text{Pa}$$

$$\rho_1 = \frac{p_1}{RT_1} = 8.3666\text{kg/m}^3$$

$$u_1 = Ma_1\sqrt{\gamma RT_1} = 217.32\text{m/s}$$

$$A_1 = A\frac{\rho u}{\rho_1 u_1} = 0.6252 \times 10^{-3}\text{m}^2$$

7.8 气体射流

射流指流体由管嘴喷射到较大空间，并带动了周围介质流动的区域，又称为流股。根据射入空间流股的限制条件，气体射流又可分为自由射流和限制射流两种。自由射流：喷入到充满静止气体大空间的射流；限制射流：喷入到充满静止气体有限空间的射流。射流是气体力学中的一部分内容，在热工热能方面有很广泛的应用，例如燃烧流（烧嘴）的工作过程等。

7.8.1 自由射流的基本规律

自由射流的形成有两个必要的条件：

① 周围空间静止气体介质的物性同喷出介质的物性基本相同；

② 在流路中不受任何其他物质的限制。

自由射流一般都是紊流射流。射流过程中，有射流介质与静止介质的互相掺混，进行动量和质量交换，带动静止介质共同运动（质量不守恒）。

（1）射流的物理解释

$$\text{喷出介质}\genfrac{}{}{0pt}{}{\text{脉动}}{\text{黏性}}\rightarrow\text{碰撞静止介质}\genfrac{}{}{0pt}{}{\text{动量交换}}{\text{质量交换}}\rightarrow\text{流股的截面扩大}\rightarrow\text{消失}$$

实质上可看作是气体分子的自由碰撞，符合动量守恒定律。

$$mw=\text{const}$$

推导：能量守恒。

原动能＝现动能＋碰撞损失＋吸入能

$$m_0\,\frac{w_0^2}{2}=(m_0+m_0')\frac{w_1^2}{2}+m_0\,\frac{(w_0-w_1)^2}{2}+m_0'\frac{w_1^2}{2}$$

或 $$m_0w_0=(m_0+m_0')w_1=m_1w_1'=\text{const}$$

式中，m_0'、m_1' 为初始、吸入后的质量流量，用流体力学的动量方程表示为：

$$\int_A\rho w^2\,\mathrm{d}A=\pi R_0^2\rho w_0^2$$

由于动量守恒，则沿射流进程的压力将保持不变，这也是射流特点。

（2）射流的基本模型

模型解释：

① 转折截面。设射流出口速度均匀且为 w_0，射入空间后，边界速度开始降低（由于动量和质量交换），当初始速度 w_0 只有中心点 $w_m=w_0$ 时，这时的截面称为转折截面。

② 初始段和基本段（主段）。喷口至转折截面之间的区段为初始段；初始段的特点 $w_0=w_m$；转折截面以后的区域称为基本段（$w_m<w_0$）。

③ 射流核心区。具有速度 $w=w_0$ 的区域称为射流核心区。

圆形管射流核心区是长度为 s_0、底半径为 R_0 的圆锥区。

④ 射流极点。射流外边界的交点，称为射流极点，射流夹角为 θ。

⑤ 沿射流各参数变化。

动量、压力不随射流方向 x 而变化；

中心速度 w_m 在初始段不变，在基本段随 x 的增大而减小；

动能 $E_{动}$ 随 x 增加而减小；

流量 Q 随 x 增加而增加。

（3）射流的基本定律

① 截面上的速度分布。无论在初始段或是基本段，其截面上速度分布都有规律性。在基本段，不同截面的速度场分布相似。

理论和实验证明：

$$\frac{w}{w_m}=\left[1-\left(\frac{y}{y_b}\right)^{1.5}\right]^2$$

② 截面上的平均流速。截面上平均流速定义式为：

$$\overline{w}=\frac{1}{A}\int_A w\,\mathrm{d}A$$

式中　A——截面积，m^2；

　　　　w——截面任意点速度，m/s。

$$\overline{w}=\frac{1}{\pi y_{\text{b}}^2}\int_0^{y_{\text{b}}} w_{\text{m}}\left[1-\left(\frac{y}{y_{\text{b}}}\right)^{1.5}\right]^2\times 2\pi y\,\mathrm{d}y=\frac{9}{35}w_{\text{m}}=0.257w_{\text{m}}$$

可见，中心速度和平均速度相差很大，速度分布极不均，一般为：

$$\frac{\overline{w}}{w_{\text{m}}}\approx 0.257\ 或\frac{\overline{w}}{w_{\text{m}}}\approx 0.2$$

③ 射流中心线上的速度。射流中心速度与射流长度有关，一般为递减关系，由动量定理

$$\int_A \rho w^2\,\mathrm{d}A=\pi R_0^2\rho w_0^2$$

写成

$$\int_A\left(\frac{\rho w^2\,\mathrm{d}A}{\pi R_0^2\rho w_0^2}\right)=1$$

将式中 $\mathrm{d}A=2\pi y\,\mathrm{d}y$ 从 0 至 $\dfrac{y_{\text{b}}}{R_0}$ 积分，则上式为

$$2\int_0^{\frac{y_{\text{b}}}{R_0}}\left(\frac{w}{w_0}\right)^2\frac{y}{R_0}\mathrm{d}\frac{y}{R_0}=1$$

代入

$$\frac{w}{w_0}=\frac{w}{w_{\text{m}}}\times\frac{w_{\text{m}}}{w_0},\ \frac{y}{R_0}=\frac{y}{y_{\text{b}}}\times\frac{y_{\text{b}}}{R_0}$$

$$\left(\frac{w_{\text{m}}}{w_0}\right)^2\left(\frac{y_{\text{b}}}{R_0}\right)^2\times 2\int_0^1\frac{w}{w_{\text{m}}}\times\frac{y}{y_{\text{b}}}\mathrm{d}\frac{y}{y_{\text{b}}}=1$$

已知 $\dfrac{w}{w_{\text{m}}}=\left[1-\left(\dfrac{y}{y_{\text{b}}}\right)^{1.5}\right]^2$，则积分式为 0.0663，修正后为 0.0464，即

$$\left(\frac{w_{\text{m}}}{w_0}\right)^2\left(\frac{y_{\text{b}}}{R_0}\right)^2\times 2\times 0.0464=1$$

则

$$\frac{y_{\text{b}}}{R_0}=3.28\frac{w_0}{w_{\text{m}}}$$

当在转折截面上时，即 $w_{\text{m}}=w_0$ 时，$y_{\text{b}}=3.28R_0$

可知

$$\mathrm{tg}\frac{\theta}{2}=\frac{y_{\text{b}}}{x}$$

对不同型的管射流有不同的角度，引入型状系数 α 后有

实验证明：$\text{const}=3.4$

轴对称管：$\alpha=0.07\sim 0.08$

$$\frac{y_{\text{b}}}{x}=(0.07\sim 0.08)\times 3.4=0.238\sim 0.272$$

则

$$\frac{y_{\text{b}}}{R_0}=\frac{3.4\alpha x}{R_0}=3.28\frac{w_0}{w_{\text{m}}}$$

$$\frac{w_{\text{m}}}{w_0}=\frac{0.966}{\alpha x/R_0}$$

在转折面上 $x = x_0$，$w_m = w_0$，则 $x_0 = \dfrac{0.966}{\alpha} R_0 \approx 12.9 R_0$。由三角形几何关系：

$$y'_b / x_0 = R_0 / h_0$$

$$h_0 = R_0 \frac{x_0}{y'_b} = R_0 \frac{\dfrac{0.966}{\alpha} R_0}{3.28 R_0} = 0.294 \frac{R_0}{\alpha}$$

核心长度为：

$$s_0 = x_0 - h_0 = 0.966 \frac{R_0}{\alpha} - 0.294 \frac{R_0}{\alpha} = 0.672 \frac{R_0}{\alpha}$$

射流中心线速度为：

$$\frac{w_m}{w_0} = \frac{0.966}{\alpha x / R_0} = \frac{0.966}{\dfrac{\alpha s}{R_0} + \dfrac{\alpha h_0}{R_0}} = \frac{0.966}{\dfrac{\alpha s}{R_0} + 0.294}$$

$$\frac{w_m}{w_0} = \frac{0.966}{\dfrac{\alpha s}{R_0} + 0.294}$$

④ 射流截面和流量。由 $\mathrm{tg}\dfrac{\theta}{2} = \dfrac{y_b}{x} = 3.4\alpha$，当 $\alpha = 0.07 \sim 0.08$ 时

$$\mathrm{tg}\frac{\theta}{2} = 0.238 \sim 0.272, \quad 则 \ \theta = 26.8° \sim 30.4°$$

$$y_b = 3.4\alpha x = 3.4\alpha(s + h_0) = 3.4\alpha\left(s + 0.294\frac{R_0}{\alpha}\right)$$

因此 $$y_b = 3.4\alpha s + R_0$$

射流截面上的流量：

$$Q = \int_0^y b_w \times 2\pi y \mathrm{d}y = 2\pi R_0^2 w_0 \left(\frac{y_b}{R_0}\right)^2 \frac{w_m}{w_0} \int_0^1 \frac{w}{w_m} \times \frac{y}{y_b} \mathrm{d}\left(\frac{y}{y_b}\right)$$

代入 $\dfrac{w}{w_m} = \left[1 - \left(\dfrac{y}{y_b}\right)^{1.5}\right]^2$ 后积分

$$Q = 2.13 \frac{w_0}{w_m} Q_0$$

所以 $$\frac{Q}{Q_0} = 2.13 \frac{w_0}{w_m}$$

在转折截面上 $w_m = w_0$，$Q = 2.13 Q_0$，还可写为：

$$Q = 2.2\left(\frac{\alpha s}{R_0} + 0.294\right) Q_0$$

一般速度分布对 α 影响很大：

当 w_0 均匀时，$\alpha = 0.066$；

当 $w_{m_0} = 1.1 w_0$ 时，$\alpha = 0.077$；

当 $w_{m_0} = 1.25 w_0$ 时，$\alpha = 0.076$。

当射流温度与周围静止介质温度不同时：

设 T_m 为射流中心温度，T_0 为初温，T_1 为静止介质温度，则：

$$\frac{T-T_1}{T_m-T_1}=\sqrt{\frac{w}{w_m}}=1-\left(\frac{y}{y_b}\right)^{1.5}$$

用同样方法可计算出：

$$\frac{T_m-T_1}{T_0-T_1}=\frac{0.7}{\dfrac{\alpha s}{R_0}+0.294}$$

⑤ 火焰长度的概念。要使流体混合，其流量达到 Q 时（在某截面上），需要 s 距离，则 s 称为混合长度或称最小混合长度，即

$$s=\left(\frac{Q}{Q_0}\times\frac{1}{2.2}-0.294\right)\frac{R_0}{\alpha}$$

取 $\alpha=0.07$，$s=6.5R_0\dfrac{Q}{Q_0}-4.2R_0$。

式中，s 为得到充分混合的最短距离。

在燃烧中要充分燃烧，需要长度一般为：

$$s_火=23R_0\frac{Q}{Q_0}$$

式中，$s_火$ 为火焰长度，m。

可见，火焰长度近于最小混合长度的 3.5 倍。

7.8.2 两种自由射流相遇

（1）相交射流

相交射流的特点：先压扁、变宽，后形成一个圆形射流。

相交射流可分为三段。开始段：两射流未相互影响段；过渡段：两射流受变形力相互影响，在射流过程中其截面不断变化的一段；主段：不受变形力影响，在射流沿程截面不再变形。

设变形率为 φ

$$\varphi=\frac{b-d_s}{d_0}$$

式中　b——扁平宽度；

　　d_0——出口直径；

　　d_s——距出口 s 处的自由射流直径。

当进入主段后 φ 基本不变化，而只是沿程扩展：

$\alpha\uparrow\rightarrow\varphi\uparrow\rightarrow$进入主段迟；

$s\uparrow\rightarrow\dfrac{b}{h}\downarrow\rightarrow$趋于圆形。

（2）平行射流

平行射流相当于 $\alpha=0$ 的情况，射流张角比单独射流小，一般为 $14°\sim15°$，原因是：被喷射介质 Q 减小，与射流介质接触面积减小。

特点：①流量 Q 减小；

　　　②射程 s 增大（主要因为增加了同向动能）。

（3）反向射流

① 两股初始动量相等的射流相对流动时，射流股顺着与开始方向垂直的方向均匀流去，其特点为：改变了射流股方向。

② 两股初始动量相等的射流相对流动而不在同一直线时，射流中间形成强烈的循环区，其特点：

a. 张角 θ 变小了；

b. 有强烈的循环区。

7.8.3　同心射流的混合

（1）同心射流的混合过程

同心射流的混合过程可分为三个过程：

① 分子扩散：由于分子热运动引起气体分子迁移现象，称为分子扩散或黏性扩散。特点：扩散速度相对较小，只发生在边界，扩散速度取决于浓度梯度和扩散系数。

② 脉动扩散：紊流气体质点不规则运动引起的分子扩散，脉动越大，混合越好，实验指出：

$$K = \sqrt{\frac{w'^2}{w}}$$

式中　K——卡尔曼常数，为定值；

　　　　w'——脉动速度；

　　　　w——气体速度。

可见：$w\uparrow \to w'\uparrow \to$ 混合越好。

③ 机械涡动：存在旋动物体所引起的混合过程，例如涡流片。

后两种过程对混合起着决定性作用。

（2）强化同心射流混合的方法

① 强化脉动混合，加强外层气流和中心气流的速度比（与绝对速度无关）。

② 减小中心喷口直径（缩短混合距离）。

③ 使同心射流有一定交角（加强脉动扩散和机械涡动）。

④ 喷管上安装导向叶片（机械涡动方法）。

7.8.4　限制射流特点

（1）限制射流基本模型

限制射流模型分为三个区域：

① 主射流区，即Ⅰ区；

② 回流区，即Ⅱ区；

③ 旋流区，即Ⅲ区。

（2）限制射流的特点

① 流股沿射流方向增大，但不明显，而后又缩小；

② 流股不接触壁面；

③ 流股速度开始不均，后趋于均匀（由于分流作用）；

④ 流股后段有分流。

（3）限制射流参数变化

① 动量：开始不变，后来减小（分流作用）；

② 流量：开始增加，后来减小（分流作用）；

③ 能量：开始减小，后来也减小；

④ 压力：开始减小（吸气不足），后来增加（截面扩张受阻），在 $7 \sim 8d_0$ 处有极小值，上升值大小因限制区间和排气条件而异。

（4）限制空间内气体循环

限制空间内气体循环主要由惯性力、阻力和压力变化而引起，主要影响因素：

① 空间的大小，即喷口截面和空间截面之比；

② 射流入口和出口处的位置（同侧和异侧）；

③ 射流喷出动能和射流斜角（倾角）的影响。

（5）限制空间内的涡流区

涡流区也称为"死区""死角"。

死区能：①损失能量；②涡热；③沉降灰尘。

气体力学作业题

① 有一自由射流装置 $w_0 = 50\mathrm{m/s}$，某处中心流速为 $w_中 = 5\mathrm{m/s}$，求体积流量之比 $Q/Q_0 = ?$

② 已知距出口 20m 处测得自由射流中心流速为出口的 50%，求其出口半径为多少？（取 $a = 0.07$）

③ 已知距喷口中心的 $s = 25\mathrm{m}$，且 $y = 2\mathrm{m}$ 时流速为 5m/s，喷口直径为 $d_0 = 0.5\mathrm{m}$，求自由射流的喷口处风量 $Q_0 = ?$

7.9 喷射器

7.9.1 喷射器的基本原理

喷射器原理：喷出气体碰撞被喷气体，共同前进，这时喷射筒后成"真空"，靠大气压力"吸入"新气体。

喷射器特征：当喷射器一定时，被喷介质和喷出介质基本上成比例。

（1）喷射器"抽力"原理

设 m_1、m_2、m_3 分别为喷射介质、被喷射介质和混合后介质的质量流量；w_1、w_2、w_3 分别为喷射、被喷射和混合介质的速度。

用动量定理：

$$\int_A \rho w^2 \mathrm{d}A = \sum F$$

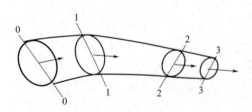

图 7-10 喷射器"抽力"原理

在 x 方向上（图 7-10）：

$$\sum F_x = p_2 A_2 + p_1 A_1 - p_3 A_3 \approx (p_2 - p_3)A_3$$

$$\int_A \rho w^2 \mathrm{d}A = mw - m_0 w_0 = m_3 w_3 - (m_2 w_2 + m_1 w_1)$$

因此

$$m_3 w_3 - (m_2 w_2 + m_1 w_1) = (p_2 - p_3)A_3$$

上式为喷射基本方程式。

可见：两端上的压力差 p_2-p_3 主要取决于两面上的动量差。

① 压力较大的截面上动量较小；压力较小的截面上动量较大。

② 速度分布不均匀的截面动量大，速度分布均匀的截面动量小。

例如：有一圆管在 AB 面上速度分布不均，CD 面上速度分布均匀。设 AB 面上，中心面积为 A，流速为 w_1，周围面积为 A_2，流速为 w_2，面上的流速为 w_3，流量

$$Q_{CD}=A_3 w_3=(A_1+A_2)w_3$$

AB 面上的流量：

$$Q_{AB}=w_1 A_1+w_2 A_2$$

设中心面积上和周围面积上的流量相等，即 $w_1 A_1=w_2 A_2$，且

$$Q_{AB}=Q_{CD}=Q$$

则

$$w_3=\frac{1}{A_3}(w_1 A_1+w_2 A_2)=\frac{1}{A_1+A_2}(w_1 A_1+w_2 A_2)$$

$$=\frac{1}{1+\dfrac{A_2}{A_1}}\left(w_1+w_2\dfrac{A_2}{A_1}\right)$$

$$w_3=\frac{1}{1+\dfrac{w_1}{w_2}}(w_1+w_2)=\frac{1}{1+\dfrac{4}{1}}\times(4+1)$$

$$=\frac{5}{5}=1(\mathrm{m/s})$$

AB 面上动量为：$\rho\times 4^2 A_1+\rho\times 1^2 A_2=\rho(16A_1+A_2)$

CD 面上动量为：$\rho\times 1.6^2 A_3=\rho(A_1+A_2)\times 2.56$

两个面上动量比：

$$AB \text{ 动量}/CD \text{ 动量}=(16A_1+A_2)/[2.56(A_1+A_2)]=1.563$$

证明：流量相等，动量不等，速度分布不均匀的动量较大。

由于

$$m_3 w_3<m_2 w_2+m_1 w_1$$

则

$$p_2-p_3<0$$

式中，p_3 与大气相通，为 p_a。

所以 $p_2<p_a$，为负压。

$$p_3-p_2=\frac{m_2 w_2+m_1 w_1-m_3 w_3}{A_3}$$

(2) 喷射器"抽力"计算

列 3—4 面的伯努利方程式（图 7-11）。

$$p_3+\frac{w_3^2}{2g}\gamma_3=p_4+\frac{w_4^2}{2g}\gamma_4+K_3\frac{w_3^2}{2g}\gamma_3$$

式中，K_3 为 3—4 面的阻力系数。

由 $w_3 A_3=w_4 A_4$，$\gamma_3\approx\gamma_4$，则

$$p_4-p_3=\frac{w_3^2}{2g}\gamma_3\left(1-\frac{A_3^2}{A_4^2}-K_3\right)$$

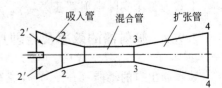

图 7-11 喷射器"抽力"计算

令：$\eta_{扩}=1-\left(\dfrac{A_3}{A_4}\right)^2-K_3$，$\eta_{扩}$ 为扩张管的效率。

$$p_4-p_3=\eta_{扩}\frac{w_3^2}{2g}\gamma_3$$

将 $p_3=p_4-\eta_{扩}\dfrac{w_3^2}{2g}\gamma_3$ 代入 $(p_3-p_2)A_3=m_1w_1+m_2w_2-m_3w_3$，并考虑到

$$A_3=\frac{m_3}{w_3}\rho_3=\frac{m_3g}{w_3\gamma_3}$$

$$p_4-p_2=\frac{w_3\gamma_3(m_1w_1+m_2w_2-m_3w_3)}{m_3g}+\eta_{扩}\frac{w_3^2}{2g}\gamma_3 \tag{7-71}$$

式中，右边第一项为喷射作用造成的抽力；右边第二项为扩张管造成的抽力。

一般 d_4/d_3 值决定 $\eta_{扩}$ 的大小，如表 7-4 所示。

表 7-4　d_4/d_3 值与 $\eta_{扩}$ 的对应关系

d_4/d_3	1.0	1.05	1.1	1.2	1.5	2.0	2.5
$\eta_{扩}$	−0.15	0	0.17	0.3	0.5	0.6	0.6

当 $d_4/d_3>2.0$ 时，$\eta_{扩}\approx0.6$。

设计时一般取扩张角为 $6°\sim8°$，$d_4/d_3\approx1.5$，$\eta_{扩}\approx0.5$。

（3）实际喷射器的计算

实际喷射器喷射介质和被喷射介质有速度差而有猛烈的碰撞，将降低喷射效率，为减少这一能量损失，将吸入口做成收缩管形。0—2 为吸入管；2—3 段为混合管；3—4 段为扩张管。列 0—2 段的伯努利方程（0 面动头可忽略）（图 7-12）。

$$p_0=p_2+\frac{w_2^2}{2g}\gamma_2+K_2\frac{w_2^2}{2g}\gamma_2$$

与式 $p_4-p_2=\dfrac{w_3\gamma_3}{m_3g}(m_1w_1+m_2w_2-m_3w_3)+\eta_{扩}\dfrac{w_3^2}{2g}\gamma_3$ 联立后

得：

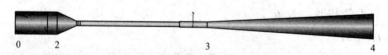

图 7-12　列伯努利方程示意图

$$p_4-p_0=\frac{w_3\gamma_3}{m_3g}(m_1w_1+m_2w_2-m_3w_3)+\eta_{扩}\frac{w_3^2}{2g}\gamma_3-(1+K_2)\frac{w_2^2}{2g}\gamma_2 \tag{7-72}$$

上式为整个实际喷射器压差 (p_4-p_0) 的计算式。

7.9.2　喷射器的效率及合理尺寸

喷射器出口的动能（$\dfrac{w_4^2}{2g}\gamma_4$）通常较小，一般不被利用，出口后即被损失掉了，因此被喷射气体从 0 面到 4 面获得的有效能量为：

$$Q_2(p_4-p_0)\tau$$

喷射介质消耗能量为：

$$Q_0\left[\left(p_2+\frac{w_1^2}{2g}\gamma_1\right)-\left(p_4+\frac{w_1^2}{2g}\gamma_4\right)\right]\tau$$

或

$$Q_1\left(p_2-p_4+\frac{w_1^2}{2g}\gamma_1\right)\tau$$

则喷射器效率为：

$$\eta_{效}=\frac{Q_2(p_4-p_0)}{Q_1\left(p_2-p_4+\frac{w_1^2}{2g}\gamma_1\right)}$$

设计喷射器时应力求 $\eta_{效}$ 达到最大，即为求得 (p_4-p_0) 最大。

设混合物质量流量/喷射介质质量流量 $=m_3/m_1=n$；

混合物体积流量/喷射介质体积流量 $=Q_3/Q_1=m$；

喷射截面比 $=$ 混合管面积/喷出口面积 $=F_3/F_1=\Phi$；

吸入口相对尺寸 $=$ 混合管面积/吸入口面积 $=F_3/F_2=\varphi$。

则

$$\frac{m_2}{m_1}=\frac{m_3-m_1}{m_1}=n-1;\tag{a}$$

$$\frac{Q_2}{Q_1}=\frac{Q_3-Q_1}{Q_1}=m-1;\tag{b}$$

$$\frac{w_3}{w_1}=\frac{Q_3/F_3}{Q_1/F_1}=m/\Phi;\tag{c}$$

$$\frac{w_2}{w_1}=\frac{(Q_3-Q_1)/F_2}{Q_1/F_1}=(m-1)\frac{\varphi}{\Phi};\tag{d}$$

$$\frac{\gamma_3}{\gamma_1}=\frac{(m_3/Q_3)g}{(m_1/Q_1)g}=\frac{n}{m};\tag{e}$$

$$\frac{\gamma_2}{\gamma_1}=\frac{(m_2/Q_2)g}{(m_1/Q_1)g}=\frac{(m_3-m_1)/(Q_3-Q_1)}{m_1/Q_1}=\frac{n-1}{m-1};\tag{f}$$

将式(a)~式(f) 代入到式(7-71)，可得到：

$$p_4-p_2=\frac{w_1^2}{2g}\gamma_1\left[\frac{2}{\Phi}-\frac{2-\eta_{扩}}{\Phi^2}mn+\frac{2(m-1)(n-1)}{\Phi^2}\varphi\right]$$

将式(a)~式(f) 代入到式(7-72)，可得到：

$$p_4-p_0=\frac{w_1^2}{2g}\gamma_1\left[\frac{2}{\Phi}-\frac{2-\eta_{扩}}{\Phi^2}mn+\frac{2(m-1)(n-1)}{\Phi^2}\varphi-\frac{(1+K_2)(m-1)(n-1)}{\Phi^2}\varphi^2\right]\tag{7-73}$$

可见

$$p_4-p_0=f(m,n,\Phi,\varphi)\frac{w_1^2}{2g}\gamma_1$$

确定最佳 Φ 值和 φ 值：

① 求最佳 Φ 值：令 $\dfrac{\partial(p_4-p_0)}{\partial\Phi}=0$

$$\Phi_{佳}=(2-\eta_{佳})mn-2(m-1)(n-1)\varphi+(1+K_2)(m-1)(n-1)\varphi^2\tag{g}$$

② 求最佳 φ 值：令 $\dfrac{\partial(p_4-p_0)}{\partial\varphi}=0$

$$\varphi_{佳}=\frac{1}{1+K_2} \tag{h}$$

将式(h)代入到式(g)中可得到：

$$\varPhi_{佳}=(2-\eta_{扩})mn-\frac{1}{1+K_2}(m-1)(n-1)$$

式中　K_2——吸入口阻力系数；

$\eta_{扩}$——扩张管效率，$\eta_{扩}=1-\left(\dfrac{F_3}{F_4}\right)^2-K_3$；

　　K_3——包括扩张管和混合管在内的阻力系数。

将 $\varphi_{佳}$、$\varPhi_{佳}$ 代入式(7-73)，得：

$$(p_4-p_0)_{佳}=\frac{1}{\varPhi_{佳}}\times\frac{w_1^2}{2g}\gamma_1$$

即最佳压差恰好等于喷射介质动头的 $\dfrac{1}{\varPhi_{佳}}$ 倍。

7.9.3　关于喷射式烧嘴的力学计算

喷射式烧嘴相当于喷射器前加一喷头（收缩管），将气体混合物鼓入燃烧室。喷头作用：建立一定的喷出速度；使喷嘴上的速度均匀化。

（1）喷嘴的全效率

$$\eta_{全}=\frac{Q_2\left(p_5-p_0+\dfrac{w_{HP}^2}{2g}\gamma_3\right)}{Q_1\left[\dfrac{w_1^2}{2g}\gamma_1-(p_5-p_2)-\dfrac{w_{HP}^2}{2g}\gamma_3\right]}$$

式中，w_{HP} 为混合物的喷出速度，m/s。

（2）喷出动头

由连续性方程：$w_1F_1=w_3F_3=w_{HP}F_{HP}$

或者写为

$$\frac{w_{HP}^2}{2g}\gamma_3=\frac{w_3^2}{2g}\gamma_3\left(\frac{F_3}{F_{HP}}\right)^2$$

由于 $w_3/w_1=(Q_3/F_3)/(Q_1/F_1)$；

$$\gamma_3/\gamma_1=(m_3/Q_3)/(m_1/Q_1)=n/m$$

因此

$$\frac{w_{HP}^2}{2g}\gamma_3=\frac{1}{\varPhi^2}mn\left(\frac{F_3}{F_{HP}}\right)^2\frac{w_1^2}{2g}\gamma_1$$

（3）最佳尺寸

设喷射器出口处面积与混合管相等，且 $\eta_{扩}=1-\left(\dfrac{F_3}{F_4}\right)^2-K_3$

则可推出

$$p_5-p_0=\frac{w_1^2}{2g}\gamma_1\left[\frac{2}{\varPhi}-\frac{1}{\varPhi^2}(2+K_3+K_{HP})mn+\frac{2\varphi-(1+K_2)\varphi^2}{\varPhi^2}(m-1)(n-1)\right]$$

令 $\dfrac{\partial}{\partial \Phi}\left(p_5 - p_0 + \dfrac{w_{HP}^2}{2g}\gamma_3\right) = 0$，可推得：

$$\Phi_{佳} = (1 + K_3 + K_{HP})mn - \frac{(m-1)(n-1)}{1+K_2}$$

但一般在设计过程中，取

$$\Phi_{佳} = \delta mn$$

式中，$\delta = (1 + K_3 + K_{HP})mn - \dfrac{(m-1)(n-1)}{1+K_2} \times \dfrac{1}{mn}$。

可见：δ 并非是定数，δ 仍为 m 和 n 的函数，即 $\delta = f(m,n)$，但是：

①当喷射比很大时，即 $m \gg 1$，$n \gg 1$ 时，可以认为是定数，即

$$\delta \approx (1 + K_3 + K_{HP}) - \frac{1}{1+K_2}$$

②当吸入口截面很大时，$\varphi = F_3/F_2 \approx 0$，则 $w_2 \approx 0$，δ 也可认为是定数，即

$$\delta \approx 1 + K_3 + K_{HP}$$

此时，δ 并不随 m 和 n 变化，被认为是定值，这种喷射器称为低速喷射器，其特点是：当 $w_2 \approx 0$ 时，冲击损失大，喷射效率 $\eta_{效}$ 降低；当 $n < 1.4$ 时，可使 $\eta_{效}$ 增大。

【例 7-4】 已知有如图所示的排烟设备，排烟量 $Q'_2 = 41500\,\mathrm{m^3/h}$，烟温 $t'_2 = 485\,℃$，喷射气体 $Q_1 = 36000\,\mathrm{m^3/h}$，$\Delta p_1 = 270 \times 9.8\,\mathrm{Pa}$，求 $p_4 - p_2$。

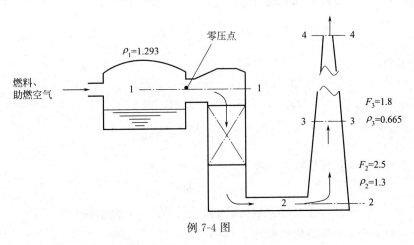

例 7-4 图

解： 由图尺寸及形式，可对整个截面分别求算：

①求 w_1，m_1，γ_1

$$m_1 = \rho_1 Q_1 = 1.293 \times 36000/3600 = 12.93\,(\mathrm{kg/s})$$

$$w_1 = \alpha\sqrt{\frac{2g\,\Delta p}{\gamma_1}} = 0.9 \times \sqrt{\frac{2 \times 9.8 \times 270 \times 9.8}{1.293 \times 9.8}} = 57.6\,(\mathrm{m/s})$$

②求 w_2，m_2，γ_2

$$m_2 = Q'_2\rho'_2 = 41500 \times 1.3/3600 = 14.99\,(\mathrm{kg/s})$$

$$w_2 = Q_2/F_2 = Q'_2(1 + \beta t'_2)/F_2 = 12.58\,\mathrm{mg/s}$$

$$\gamma_2 = \gamma'_2/(1 + \beta t'_2) = 4.588\,\mathrm{N/m^3}$$

③求 w_3，m_3，γ_3

$$m_3 = m_1 + m_2 = 12.93 + 14.99 = 27.92\,(\mathrm{kg/s})$$

$$\rho_3 = m_3/(Q_1 + Q_2) = 0.665 \text{kg/m}^3$$

$$\gamma_3 = 6.519 \text{N/m}^3$$

$$w_3 = \frac{m_3}{\rho_3 F_3} = \frac{27.92}{0.665 \times \frac{\pi}{4} \times 1.8^2} = 16.5 (\text{m/s})$$

查表 7-4，$d_4/d_3 = 1.33$

$$\eta_{扩} \approx 0.4$$

因此
$$p_4 - p_2 = \frac{w_3 \gamma_3 (m_1 w_1 + m_2 w_2 - m_3 w_3)}{m_3 g}$$

$$+ \eta_{扩} \frac{w_3^2}{2g} \gamma_3 = 185.6 + 36.2 = 221.8 (\text{Pa})$$

【例 7-5】 若条件同例 7-4，求算最佳尺寸及抽力。

解： 喷射管口直径

$$\frac{\pi}{4} d_1^2 = \frac{Q_1}{w_1} = \frac{10}{57.6} = 0.1736 (\text{m}^2)$$

$$d_1 = \sqrt{\frac{4 \times 0.1736}{\pi}} = 0.470 (\text{m})$$

① 求出口直径 d_3 及最佳面积比 $\Phi_{佳}$：

$$\Phi_{佳} = (2 - \eta_{扩}) mn - \frac{1}{1 + K_2} (m-1)(n-1)$$

式中，$\eta_{扩} = 0.4$。

$$m = \frac{Q_3}{Q_1} = \frac{m_3/\rho_3}{m_1/\rho_1} = \frac{27.92/0.665}{12.93/1.293} = 4.198$$

$$n = \frac{m_3}{m_1} = \frac{27.92}{12.93} = 2.159$$

$K_2 = 0.2$（吸入口阻力系数，一般 $K_2 = 0.4 \sim 6.05$）

则
$$\Phi_{佳} = 10.506$$

因此
$$d_3 = d_1 \sqrt{\Phi_{佳}} = 0.470 \times \sqrt{10.506} = 1.523 (\text{m})$$

② 求吸入口直径 d_2 及最佳面积比 $\varphi_{佳}$：

$$\varphi_{佳} = \frac{1}{1 + K_2} = 0.833$$

$$F_2 = F_3/\varphi_{佳} = \frac{\pi}{4} d_3^2 / \varphi_{佳} = 2.186 (\text{m}^2)$$

因此
$$d_2 = \sqrt{\frac{4 F_2}{\pi} + d_1^2} = 1.733 (\text{m})$$

③ 扩张管：一般 $\alpha = 7° \sim 8°$，$d_4/d_3 \leqslant 2$，$l_4 = \dfrac{d_4 - d_3}{2 \text{tg} \dfrac{\alpha}{2}}$

取
$$d_4/d_3 = 1.5$$
因此
$$d_4 = 1.5 \quad d_3 = 1.5 \times 1.523 = 2.285 (\text{m})$$

$$l_4=\frac{2.285-1.523}{2\times tg4°}=5.449(m)$$

④ 求混合管和吸入管长度：

混合管 l_3：当为输入管时，流量系数可取 $\alpha=0.95\sim0.84$。

一般：$l_3+l_2\geqslant5d_3$

因此　　　　　　　　　　$l_3+l_2\geqslant5\times1.523=7.615(m)$

吸入管 l_2：一般取 $l_2=(0.3\sim2)d_3$，可根据具体条件及壁厚，根据加工粗糙度而选定，对壁厚，加工粗的吸入管可选长点。若取 $l_2=1.2d_3$

$$l_2=1.2\times1.523=1.828(m)$$
$$l_3=7.615-1.828=5.787(m)$$

⑤ 最佳条件下造成的抽力：

$$p_4-p_0=\frac{1}{\Phi}\times\frac{w_1^2}{2g}\gamma_1$$
$$=\frac{1}{10.506}\times\frac{1.293}{2\times9.8}\times9.8\times57.6^2=204.2(Pa)$$

$$p_4-p_2=\left[\frac{2}{\Phi}-\frac{2-\eta_扩}{\Phi^2}mn+\frac{2(m-1)(n-1)}{\Phi^2}\varphi\right]\frac{w_1^2}{2g}\gamma_1$$
$$=\frac{1}{8.121}\times\frac{1.293}{2}\times57.6^2=264.1(Pa)$$

【例 7-6】 已知燃料低发热量 $Q_l=7528kJ/m^3$，燃料密度 $\rho=1.07kg/m^3$，若被喷空气温度为 $t_2=500℃$，求 d_{HP}/d_1；若混合气体的出口径 $d_{HP}=178mm$，求 $d_1=?$ 若速度为 $w_{OHP}=25m/s$，求压差 Δp_1，流量 Q_1。

解： 如图所示为喷射式烧嘴，设空气过剩系数 $\alpha=1.03$，实际空气需要量 $L_n=1.7m^3/m^3$（根据燃烧计算）。

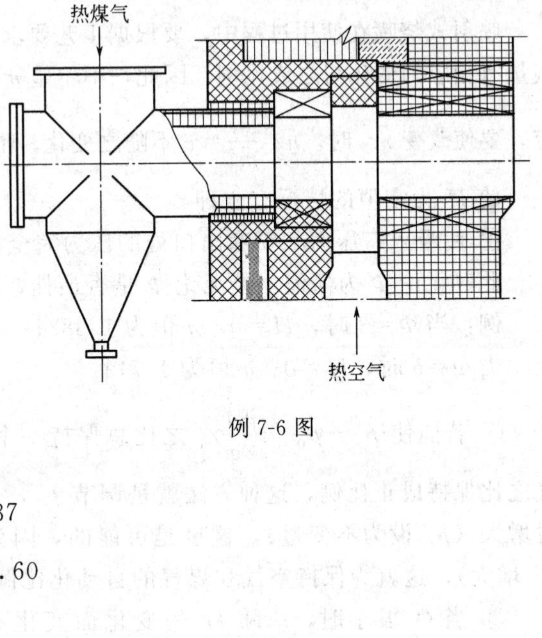

(1) 求 d_{HP}/d_1：用 $\Phi=\delta mn$

$$m=Q_3/Q_1=\frac{1+1.7\times\left(1+\frac{500}{273}\right)}{1}=5.81$$

$$n=m_3/m_1=\frac{1\times1.07+1.7\times1.29}{1\times1.07}=3.05$$

取 $K_2=0.2$，$K_3=0.2$，$K_{HP}=0.2$

$$B=\frac{(m-1)(n-1)}{mn}=0.556$$

于是 $\delta=(1+K_3+K_{HP})-\dfrac{B}{1+K_2}=0.937$

所以 $\Phi=\delta mn=0.937\times5.81\times3.05=16.60$

$d_{HP}/d_1=\sqrt{\Phi}=\sqrt{16.60}=4.074$

(2) 求 d_1：

$$d_1=d_{HP}/4.074=178/4.074=44（mm）$$

例 7-6 图

（3）已知 w_{OHP}，先求 w_1：

$$\frac{w_1^2}{2g}\gamma_1 = \frac{\Phi^2}{mn} \times \frac{w_{HP}^2}{2g}\gamma_3$$

$$t_3 = \frac{Q_1 t_1 + Q_2 t_2}{Q_3} = \frac{1 \times 20 + 1.7 \times 500}{2.7} = 322(℃)$$

$$w_{HP} = w_{OHP} \times (1 + \frac{322}{273}) = 25 \times (1 + \frac{322}{273}) = 54.5(m/s)$$

$$Q_3 t_3 = Q_1 t_1 + Q_2 t_2$$

$$t_3 = \frac{Q_1 t_1 + Q_2 t_2}{Q_3} = \frac{1 \times 20 + 1.7 \times 500}{2.7} = 322(℃)$$

$$\frac{\gamma_3}{g} = \frac{n}{m}\rho_1 = \frac{3.05}{5.81} \times 1.07 = 0.56$$

$$w_1 = \sqrt{\frac{\Phi^2}{mn}w_{HP}^2 \frac{\rho_3}{\rho_1}} = 155.5(m/s)$$

按流出公式 $w_1 = \alpha_1 \sqrt{\dfrac{2g\Delta p_1}{\gamma_1}}$ （取 $\alpha_1 = 0.9$）

$$\Delta p_1 = \frac{1}{\alpha_1^2} \times \frac{w_1^2}{2g}\gamma_1 = 14374(Pa)$$

（4）求出燃烧能力：

$$V_1 = \alpha F_1 \sqrt{\frac{2g\Delta p_1}{\gamma_1}} = 0.9 \times \frac{\pi}{4} \times 0.044^2 \times \sqrt{\frac{2 \times 14374}{1.07 \times 9.8}} = 0.226(m^3/s)$$

7.9.4　关于喷射式烧嘴的喷射比及自动化比例

喷射式烧嘴在使用过程中，要根据工艺要求调节燃烧器的喷射煤气量，这就需要带入的空气量有相应的变化与之成比例，因此，不希望 n 值变化。当喷射几何尺寸一定时，Φ 和 φ 值即定，要使改变 m_1 时，$n = \dfrac{m_3}{m_1} = c$ 不随之变化，唯一的条件是 H 不随 $\dfrac{w_1^2}{2g}\gamma_1$ 改变而变化。

使 H 为定值的情况有三种：

① 使吸入口压力和喷嘴出口处的压力完全相等，即 $p_5 - p_0 = 0$，即 $H = 0$，此时无论 Φ 为何值，也无论 Φ 是否最佳，n 都为定值。

例：当 $\Phi = 3$ 时，$H = 0$，n 恒为 1.382；

当 $\Phi = 5$ 时，$H = 0$，n 恒为 1.714。

② 若能使 $p_5 - p_0$ 与 $\dfrac{w_1^2}{2g}\gamma_1$ 之比总保持一个定值，即 $H = const$，也能使喷射器的空煤气之比保持成正比例，这种方法就是调节 p_5，当要求 w_3 增大，或 m_3 增大时，p_5 必须同时增大（p_0 设为不变量），这也是可能的，因为每当增大流量时，炉内的压力要增大（即 p_5 增大），这就为保持空气和煤气的自动化比例提供了条件。

③ 当 Φ 很小时，n 随 H 的变化而变化不敏感，n 也能近似地保持着定值。例如，$\Phi = 10$ 时，H 由 0.15 变化到 0，n 值由 1.287 变为 2.354，增加 82.9%，而 $\Phi = 1.5$ 时，H 由 0.15 变化到 0，n 值由 1.032 变为 1.072，增加了 3.9%，可见 n 值基本上没有变化。

习题

7.1　分析理想气体绝热流动的伯努利方程各项意义，并与不可压缩流体的伯努利方程比较。

7.2　请说明当地速度、当地声速、滞止声速、临界声速各自的意义以及它们之间的关系。

7.3　在什么条件下可能把管流视为绝热流动或等温流动？

7.4　在超声速流动中，速度随断面增大而增大的关系，其物理实质是什么？

7.5　为什么等温管流在出口断面上的马赫数 $Ma \leqslant \sqrt{\dfrac{1}{\gamma}}$？

7.6　为什么绝热管流在出口断面上的马赫数只能是 $Ma \leqslant 1$？

7.7　空气做绝热流动，如果某处速度 $u_1 = 140 \mathrm{m/s}$，温度 $t_1 = 75 ℃$，试求气流的滞止温度。

7.8　大气温度 T 随海拔高度 z 变化的关系式是 $T = T_0 - 0.0065 z$，$T_0 = 288 \mathrm{K}$，一架飞机在 10km 高空以 900km/h 速度飞行，求其飞行的马赫数。

7.9　空气气流在两处的参数分别为 $p_1 = 3 \times 10^5 \mathrm{Pa}$，$t_1 = 100℃$，$p_2 = 10^5 \mathrm{Pa}$，$t_2 = 10℃$，求熵增 $S_2 - S_1$。

7.10　一个真空容器将空气吸入其内，当地气温为 20℃，试求容器内可能出现的气流最大速度。

7.11　封闭容器中的氮气 [$\gamma = 1.4 \mathrm{N/m^3}$，$R = 297 \mathrm{J/(kg \cdot K)}$，$C_p = 1040 \mathrm{J/(kg \cdot K)}$] 的滞止参数为 $p_0 = 4 \times 10^5 \mathrm{Pa}$，$t_0 = 25℃$，气体从收缩喷管流出，出口直径 $d = 50 \mathrm{mm}$，背压为 $p_e = 10^5 \mathrm{Pa}$，求氮气的质量流量。

7.12　空气气流在缩放管流动，进口的压强和温度为 $p_1 = 1.25 \times 10^5 \mathrm{Pa}$，$T_1 = 290 \mathrm{K}$，直径 $d_1 = 75 \mathrm{mm}$，喉部压强为 $p_2 = 1.4 \times 10^5 \mathrm{Pa}$，直径 $d_2 = 25 \mathrm{mm}$，求质量流量。

7.13　空气在缩放喷管流动，进口处，$p_1 = 3 \times 10^5 \mathrm{Pa}$，$T_1 = 400 \mathrm{K}$，面积 $A = 20 \mathrm{cm^2}$，出口压强 $p_2 = 1.4 \times 10^5 \mathrm{Pa}$，设计质量流量为 0.8kg/s，求出口和喉部面积。

7.14　滞止参数 $p_0 = 5 \times 10^5 \mathrm{Pa}$，$T_0 = 65.5℃$ 的空气流入一个缩放喷管，出口压强 $p_2 = 1.52 \times 10^5 \mathrm{Pa}$，试求：出口的马赫数 M_2 以及出口面积与喉部面积之比 A_2/A_*。

滞止压强 $p_0 = 300 \mathrm{kPa}$，滞止温度 $T_0 = 330 \mathrm{K}$ 的空气流入一个拉瓦尔喷管，出口处温度为 $-13℃$，求出口马赫数 Ma。又若喉部面积为 $A_* = 10 \mathrm{cm^2}$，求喷管的质量流量。

7.15　由缩放喷管与等截面绝热有摩擦的管子连接而成的组合管与一个贮气容器相接。喷管喉部直径为 0.6cm，缩放管出口以及等截面管的直径同为 0.9cm。容器内的滞止压强 $p_0 = 1.75 \times 10^6 \mathrm{Pa}$，滞止温度 $T_0 = 315 \mathrm{K}$，空气在缩放管做等熵流动，在直管做绝热摩擦流动。直管长度 $l = 0.07 \mathrm{m}$，直管出口压强 $p_1 = 230 \mathrm{kPa}$，出口压强 $p_2 = 350 \mathrm{kPa}$，试求摩擦系数 λ（提示：由缩放管的面积比 A_1/A_* 求出 Ma_1，再由 p_2/p_1 求 Ma_2）。

7.16　若要求 $\Delta p / \left(\dfrac{\rho v^2}{2} \right)$ 小于 0.05 时，对 20℃空气限定速度是多少？

7.17 有一收缩型喷嘴，已知 $p_1 = 140\text{kPa(abs)}$，$p_2 = 100\text{kPa(abs)}$，$v_1 = 80\text{m/s}$，$T_1 = 293\text{K}$，求 2—2 断面上的速度 v_2。

7.18 某一绝热气流的马赫数 $Ma = 0.8$，并已知其滞止压力 $p_0 = 5 \times 98100\text{N/m}^2$，温度 $T_0 = 20℃$，试求滞止音速 c_0、当地音速 c、气流速度 v 和气流绝对压强 p 各为多少？

7.19 有一台风机进口的空气速度为 v_1，温度为 T_1，出口空气压力为 p_2，温度为 T_2，出口断面面积为 A_2，若输入风机的轴功率为 N，试求风机质量流量 G（空气比定压热容为 C_p）。

7.20 空气在直径为 10.16cm 的管道中流动，其质量流量是 1kg/s，滞止温度为 38℃，在管路某断面处的静压为 41360N/m^2，试求该断面处的马赫数、速度及滞止压强。

7.21 在管道中流动的空气，流量为 0.227kg/s。某处绝对压强为 137900N/m^2，马赫数 $Ma = 0.6$，断面面积为 6.45cm^2。试求气流的滞止温度。

7.22 毕托管测得静压为 $35850\text{N/m}^2\text{(r)}$（表压），驻点压强与静压差为 65.861kPa，由气压计读得大气压为 100.66kPa，而空气流的滞止温度为 27℃。分别按不可压缩和可压缩情况计算空气流的速度。

7.23 空气管道某一断面上 $v = 106\text{m/s}$，$p = 7 \times 98100\text{N/m}^2$（abs），$t = 16℃$，管径 $D = 1.03\text{m}$。试计算该断面上的马赫数及雷诺数。（提示：设动力黏滞系数 μ 在通常压强下不变）

7.24 16℃的空气在 $D = 20\text{cm}$ 的钢管中做等温流动，沿管长 3600m 压降为 1at，若初始压强为 5at(abs)，设 $\lambda = 0.032$，求质量流量。

7.25 已知煤气管路的直径为 20cm，长度为 3000m，气流绝对压强 $p_1 = 980\text{kPa}$，$t_1 = 300\text{K}$，阻力系数 $\lambda = 0.012$，煤气的 $R = 490\text{J/(kg·K)}$，绝对指数 $k = 1.3$，当出口的外界压力为 490kPa 时，求质量流量（煤气管路不保温）。

7.26 空气 $p_0 = 1960\text{kPa}$，由温度为 293K 的气罐中流出，沿流长度为 20m、直径为 2cm 的管道流入 $p_2 = 392\text{kPa}$ 的介质中，设流动为等温流动，阻力系数 $\lambda = 0.015$，不计局部阻力损失，求出口质量流量。

7.27 空气在光滑水平管中输送，管长为 200m，管径 5cm，摩阻系数 $\lambda = 0.016$，进口处绝对压强为 10^6N/m^2，温度为 20℃，流速为 30m/s，求沿此管压降为多少？若（1）气体作为不可压缩流体；（2）可压缩等温流动；（3）可压缩绝热流动；试分别计算。

第**8**章
流动阻力和能量损失 ▶▶

教学提示：为了确定各断面位能、压能和动能之间的关系，计算为流动应提供的动力等，需要解决能量损失项的计算问题。不可压缩流体在流动过程中，流体之间因相对运动切应力的做功，以及流体与固壁之间摩擦力的做功，都是靠损失流体自身所具有的机械能来补偿的。这部分能量均不可逆转地转化为热能。引起流动能量损失的阻力与流体的黏滞性和惯性，与固壁对流体的阻滞作用和扰动作用有关。因此，为了得到能量损失的规律，必须分析各种阻力产生的机理和特性，研究壁面特征的影响。

教学要求：要求学生了解沿程损失、局部损失、层流、紊流、边界层及绕流阻力的基本概念及有关公式，重点掌握圆管的层流计算及管路中的沿程阻力和局部阻力计算。

8.1 沿程损失和局部损失

在工程的设计计算中，根据流体接触的边壁沿程是否变化，把能量损失分为两类：沿程能量损失 h_f 和局部能量损失 h_m，它们的计算方法和损失机理不同。

8.1.1 流动阻力和能量损失的分类

流体流动的边壁沿程不变（如均匀流）或者变化微小（缓变流）时，流动阻力沿程也基本不变，这类阻力称为沿程阻力。由沿程阻力引起的机械能损失称为沿程能量损失，简称沿程损失。由于沿程损失沿管段均布，即与管段的长度成正比，所以也称为长度损失。当固体边界急剧变化时，使流体内部的速度分布发生急剧的变化，如流道的转弯、收缩、扩大，或流体流经闸阀等局部障碍之处，在很短的距离内流体为了克服由边界发生剧变而引起的阻力称为局部阻力。克服局部阻力的能量损失称为局部损失。整个管道的能量损失等于各管段的沿程损失和各局部损失的总和。

$$h_1 = \sum h_f + \sum h_m \tag{8-1}$$

式(8-1)称为能量损失的叠加原理。

8.1.2 能量损失的计算公式

沿程水头损失：能量损失计算公式是长期工程实践的经验总结，用水头损失表达时的情况如下。

$$h_f = \lambda \frac{l}{d} \times \frac{v^2}{2g} \tag{8-2}$$

式(8-2)是法国工程师达西根据其 1852～1855 年的实验结论，在 1857 年归结的达西公式。

局部水头损失：

$$h_m = \zeta \frac{v^2}{2g} \tag{8-3}$$

用压强的损失表达，则为：

$$p_f = \lambda \frac{l}{d} \times \frac{\rho v^2}{2g} \tag{8-4}$$

$$p_m = \zeta \frac{\rho v^2}{2} \tag{8-5}$$

式中　l——管长；

　　　d——管径；

　　　v——断面平均流速；

　　　g——重力加速度；

　　　λ——沿程阻力系数；

　　　ζ——局部阻力系数。

　　本章的核心问题是各种流动条件下无量纲系数 λ 和 ζ 的计算，除了少数简单情况，λ 和 ζ 的计算主要是用经验或半经验的方法获得的。

8.2　层流、紊流与雷诺数

　　从 19 世纪初期起，通过实验研究和工程实践，人们注意到流体流动的能量损失的规律与流动状态密切相关。直到 1883 年英国物理学家雷诺（Osborne Reynolds）所进行的著名圆管流实验，才更进一步证明了实际流体存在两种不同的流动状态和能量损失与流速之间的关系。

8.2.1　雷诺实验

　　雷诺的实验装置如图 8-1 所示，水箱 A 内水位保持不变，阀门 C 用于调节流量，容器 D 内盛有容重与颜色相近的水，E 水位也保持不变，经 E 流入玻璃管 B，用以演示水流流态，阀门 F 用于控制颜色水流量。

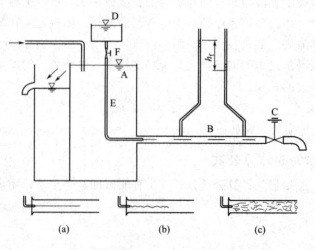

图 8-1　雷诺实验装置

当 B 管内流速较小时，管内颜色水成一股细直的流速，这表明各液层间毫不相混。这种分层有规则的流动状态称为层流，如图 8-1(a) 所示。当阀门 C 逐渐开大流速增加到某一临界流速 v_k 时，颜色水出现摆动，如图 8-1(b) 所示。继续增大 B 管内流速，则颜色水迅速与周围清水相混，如图 8-1(c) 所示。这表明液体质点的运动轨迹是极不规则的，各部分流体互相剧烈掺混，这种流动状态称为紊流或湍流。

能量损失在不同的流动状态下规律如何呢？雷诺在上述装置的管道 B 的两个相距为 L 的断面处加设两根测压管，定量测定不同流速时两测压管液面之差。根据伯努利方程，测压管液面之差就是两断面管道的沿程损失，实验结果如图 8-2 所示。

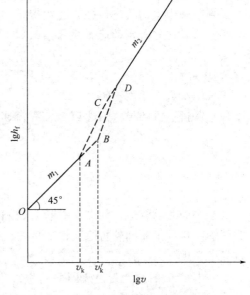

实验表明：若实验时的流速由大变小，则上述观察到的流动现象以相反程序重演，但由紊流转变为层流的临界流速 v_k 小于由层流转变为紊流的临界流速 v'_k。称 v'_k 为上临界流速，v_k 为下临界流速。

实验进一步表明：对于特定的流动装置，上临界流速 v'_k 是不固定的，随着流动的起始条件和实验条件的扰动不同，v'_k 值可以有很大的差异；但是下临界流速 v_k 却是不变的。在实际工程中，扰动普遍存在，上临界流速没有实际意义。以后所指的临界流速即是下临界流速。

实验曲线 $OABDE$ 在流速由小变大时获得；而流速由大变小时的实验曲线是 $EDCAO$。其中 AD 部分不重合。图中 B 点对应的流速即上临界流速，A 点对应的流速即下临界流速。AC 段和 BD 段实验点分布比较散乱，是流态不稳定的过渡区域。

图 8-2　雷诺实验结果

此外，由图 8-2 可分析得：

$$h_f = K v^m$$

流速小时即 OA 段，$m=1$，$h_f = K v^{1.0}$，沿程损失和流速一次方成正比；流速较大时，在 CDE 段，$m=1.75 \sim 2.0$，$h_f = K v^{1.75 \sim 2.0}$，线段 AC 或 BD 的斜率均大于 2。

8.2.2　两种流态的判别标准

上述实验观察到了两种不同的流态，以及在管 B 管径和流动介质为清水不变的条件下得到流态与流速有关的结论。雷诺等人进一步的实验表明：流动状态不仅和流速 v 有关，还和管径 d、流体的动力黏滞系数 μ 和密度 ρ 有关。

以上 4 个参数可组合成一个无量纲数，叫雷诺数，用 Re 表示。

$$Re = \frac{vd\rho}{\mu} = \frac{vd}{\upsilon} \tag{8-6}$$

对应于临界流速的雷诺数称为临界雷诺数，用 Re_k 表示。实验表明：尽管当管径或流动介质不同时，临界流速 v'_k 不同，但对于任何管径和任何牛顿流体，判别流态的临界雷诺数却是相同的，其值约为 2000。即

$$Re = \frac{v_k d}{v} = 2000 \tag{8-7}$$

Re 在 $2000 \sim 4000$ 是由层流向紊流转变的过渡区，相当于图 8-2 上的 AC 段。工程上为简便起见，假设当 $Re > Re_k$ 时，流动处于紊流状态，这样流态的判别条件如下。

层流： $$Re = \frac{vd}{v} < 2000 \tag{8-8}$$

紊流： $$Re = \frac{vd}{v} > 2000 \tag{8-9}$$

要强调指出的是临界雷诺数值 $Re_k = 2000$，是仅就圆管而言的。

【例 8-1】 有一管径 $d = 25\text{mm}$ 的室内上水管，如管中流速 $v = 1.0\text{m/s}$，水温 $t = 10℃$：(1) 试判断管中水的流态；(2) 管内保持层流状态的最大流速为多少？

解：(1) $10℃$ 时水的运动黏滞系数 $v = 1.31 \times 10^{-6}\text{m}^2/\text{s}$，管内雷诺数为：

$$Re = \frac{vd}{v} = \frac{1.0 \times 0.025}{1.31 \times 10^{-6}} = 19100 > 2000$$

故管中水流为紊流。

(2) 保持层流的最大流速就是临界流速 v_k

由于： $$Re = \frac{v_k d}{v} = 2000$$

所以： $$v_k = \frac{2000 \times 1.31 \times 10^{-6}}{0.025} = 0.105(\text{m/s})$$

对于非圆管的管道，将非圆管折合成圆管来计算，那么根据圆管制定的公式，也就适用于非圆管。这种由非圆管折合到圆管的方法是从水力半径的概念出发，通过建立非圆管的当量直径来实现的。

水力半径 R 的定义为过流断面面积 A 和湿周 k 之比。

$$R = \frac{A}{k}$$

所谓湿周，即过流断面上流体和固体壁面接触的周界。满圆管流的水力半径为 $R = \frac{A}{k} = \frac{\frac{\pi d^2}{4}}{\pi d} = \frac{d}{4}$，边长为 a 和 b 的矩形断面水力半径为 $R = \frac{A}{k} = \frac{ab}{2(a+b)}$。

令非圆管的水力半径 R 和圆管的水力半径 $d/4$ 相等，即得当量直径的计算公式：$d_e = 4R$。

有了当量直径，只要用 d_e 代替 d，即可用圆管流的计算公式计算非圆管了。

8.2.3 流态分析

层流和紊流的根本区别在于层流各流层间互不掺混，只存在黏性引起的各流层间的滑动摩擦力；紊流时则有大小不等的涡体动荡于各层流间。除了黏性阻力，还存在着由于质点掺混、互相碰撞所造成的惯性阻力。因此，紊流阻力比层流阻力大得多。

层流到紊流的转变是与涡体的产生联系在一起的，图 8-3 绘出了层流到紊流的转变过程。设流体原来做直线层流运动。由于某种原因的干扰，流层发生波动〔图 8-3(a)〕。于是在波峰一侧断面受到压缩，由连续性方程可知，断面积减小，流速增大；根据伯努利能量方程可知，流速增大，压强降低；在波谷一侧由于过流断面增大，流速减小，压强增大。因此流层受到图 8-3(b)中箭头所示的压差作用，这将使波动进一步加大 [图 8-3(c)]，终于发展成涡体。涡体形成后，由于其一侧的旋转切线速度与流动方向一致，故流速较大，压强较小。而另一侧旋转切线速度与流动方向相反，流速较小，压强较大，于是涡体在其两侧压强差作用下，将由一层转到另一层 [图 8-3(d)]，这就是紊流掺混的原因。

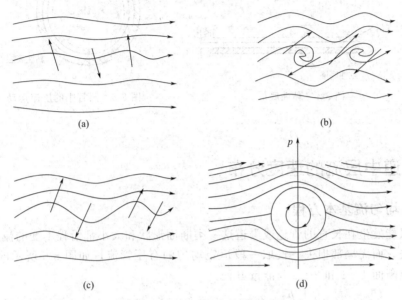

(a) (b) (c) (d)

图 8-3　层流到紊流的转变过程

层流受扰动后，当黏性的稳定作用起主导作用时，扰动就受到黏性的阻滞而衰减下来，层流就是稳定的。当扰动占上风，黏性的稳定作用无法使扰动衰减下来，于是流动便变成紊流。因此流动所呈现的流态，取决于扰动的惯性作用和黏性的稳定作用相互作用的结果。

雷诺数之所以能判别流态，正是因为它反映了惯性力和黏性力的对比关系。下面的量纲分析可以更好地认识这个问题。

8.2.4　黏性底层

实验表明，在 $Re=1225$ 左右时，流动的核心部分就已经出现线状的波动和弯曲。随着 Re 的增加，其波动的范围和强度随之增大，但此时黏性仍起主导作用，层流仍是稳定的。直至 Re 达到 2000 左右时，在流动的核心部分惯性力终于克服黏性力的阻滞而开始产生涡体，掺混现象也就出现了。当 $Re>2000$ 后，涡体越来越多，掺混也越来越强烈。直到 $Re=3000\sim4000$ 时，除了在邻近管壁的极小区域外，均已发展为紊流。在邻近管壁的极小区域存在着很薄的一层流体，由于固体表面的阻滞作用，流速较小，惯性力较小，因而仍保持为层流运动。该流层称为黏性底层或叫层流底层。管中心部分称为紊流核心。在紊流核心与黏性底层之间还存在一个由层流到紊流的过渡层，如图 8-4 和图 8-5 所示。黏性底层的厚度 δ 随着 Re 数的不断加大而越来越薄，它的存在对管壁粗糙的扰动作用和导热性能有重大影响。

黏性底层的厚度 δ 能够表示成：

$$\delta=\frac{32.8d}{Re\sqrt{\lambda}}\qquad(8\text{-}10)$$

式中　d——圆柱直径；

Re——流动雷诺数；

λ——沿程阻力系数。

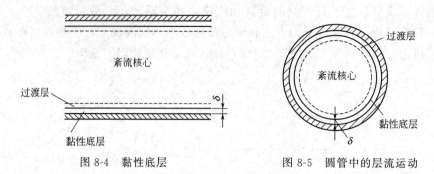

图 8-4　黏性底层　　　　　图 8-5　圆管中的层流运动

8.3 管道中层流的速度分布

8.3.1 均匀流基本方程

均匀流只能发生在长直的管道或渠道这一类断面形状和大小都沿程不变的流动中，因此只有沿程损失，而无局部损失。设取一段恒定均匀的有压管流，如图 8-6 所示的均匀流中，在任选的两个断面 1—1 和 2—2 列能量方程：

$$z_1+\frac{p_1}{\gamma}+\frac{\alpha_1 v_1^2}{2g}=z_2+\frac{p_2}{\gamma}+\frac{\alpha_2 v_2^2}{2g}+h_{l1-2}$$

由均匀流的性质：

$$\frac{\alpha_1 v_1^2}{2g}=\frac{\alpha_2 v_2^2}{2g},\ h_l=h_f$$

代入上式，得：

$$h_f=\left(\frac{p_1}{\gamma}+z_1\right)-\left(\frac{p_2}{\gamma}+z_2\right) \tag{8-11}$$

上式说明，在均匀流条件下，流过两断面间的沿程水头损失等于流过两断面测压管水头的差值，即流体用于克服阻力所消耗的能量全部由势能提供。考虑所取流段在流向上的受力平衡条件，设两断面间的距离为 l，过流断面面积 $A_1=A_2=A$，在流向上，该流段所受的作用力有：重力分量 $\gamma Al\cos\alpha$、断面压力 p_1A 和 p_2A、管壁切力 $\tau_0l\times2\pi r_0$（τ_0 为管壁切应力，r_0 为圆管半径）。

在均匀流中，流体质点做等速运动，加速度为零，因此以上各力的合力为零，考虑到各力的作用方向，得：

$$p_1A-p_2A+\gamma Al\cos\alpha-2\tau_0l\pi r_0=0$$

将 $l\cos\alpha=z_1-z_2$ 代入整理得：

$$\left(z_1+\frac{p_1}{\gamma}\right)-\left(z_2+\frac{p_2}{\gamma}\right)=\frac{2\tau_0l}{\gamma r_0} \tag{8-12}$$

比较式（8-11）和式（8-12），得：

$$h_f=\frac{2\tau_0l}{\gamma r_0} \tag{8-13}$$

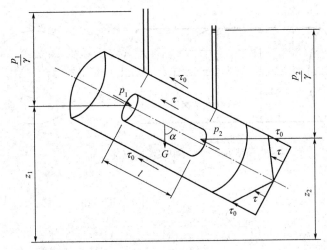

图 8-6　圆管均匀流

h_f/l 为单位长度的沿程损失，称为水力坡度，以 J 表示，即 $J=h_f/l$，代入(8-13)得：

$$\tau_0=\gamma\frac{r_0}{2}J \tag{8-14}$$

式(8-13) 或式(8-14) 就是均匀流基本方程，它反映了沿程水头损失和管壁切应力之间的关系，该式无论对层流还是紊流都是适用的，而且对截面为任意形状的均匀流均适用。

如取半径为 r 的同轴圆柱形流体来讨论，可类似地求得管内任一点轴向应力 τ 与沿程水头损失 J 之间的关系为：

$$\tau=\gamma\frac{r}{2}J \tag{8-15}$$

比较式(8-14) 和式(8-15)，得

$$\tau/\tau_0=r/r_0 \tag{8-16}$$

此式表明圆管均匀流中，切应力与半径成正比，在断面上按直线规律分布，轴线上为零，在管壁上达最大值，如图 8-6 所示。

8.3.2　圆管层流的速度分布、沿程损失

圆管中的层流运动（亦称哈根-泊肃叶流动），可以看成无数无限薄的圆筒层，一层套一层地滑动，各流层间互不掺混。各流层间的切应力可由牛顿内摩擦定律式 $\tau=\mu du/dr$ 求出。由于速度随半径的增大而减小，所以等式右边为负号，以保证 τ 为正，即 $\tau=-\mu du/dr$，联立均匀流动方程式(8-15)，整理得 $du=-\gamma Jr/(2\mu dr)$。在均匀流中，J 值不随 r 而变，代入边界条件：$r=r_0$ 时，$u=0$，积分得：

$$u=\frac{\gamma J}{4\mu}(r_0^2-r^2) \tag{8-17}$$

可见，断面流速分布是以管中心线为轴的旋转抛物面，如图 8-7 所示。

$r=0$ 时，即在管轴上，达最大流速：

$$u_{max}=\frac{\gamma J}{4\mu}r_0^2=\frac{\gamma J}{16\mu}d^2 \tag{8-18}$$

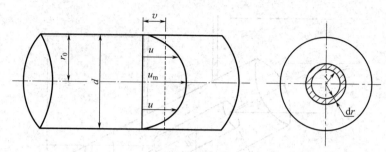

图 8-7 圆管中层流的流速分布

$$v = \frac{Q}{A} = \frac{\int_A u\,\mathrm{d}A}{A} = \frac{\int_0^{r_0} u \times 2\pi r\,\mathrm{d}r}{A}$$

得平均流速为：

$$v = \frac{\gamma J}{8\mu} r^2 = \frac{\gamma J}{32\mu} d^2 \tag{8-19}$$

比较式（8-18）和式（8-19），得

$$v = \frac{1}{2} u_{max} \tag{8-20}$$

即平均流速等于最大流速的一半。

根据式（8-19）得：

$$h_f = Jl = \frac{32\mu v l}{\gamma d^2} \tag{8-21}$$

此式从理论上证明了层流沿程损失和平均流速一次方成正比。德国工程师哈根在 1839 年发表了他关于在细铜管中的实验结果；法国科学家泊肃叶在 1840 年也发表了他用毛细管中水的流动实验来研究血液在人体血管中的流动规律的成果，这两项研究成果都证明了式（8-21）的正确性，也与雷诺实验 h_f-v 在层流时的结果一致。

将式（8-21）写成计算沿程损失的一般形式，即式（8-2），则

$$h_f = \lambda \frac{l}{d} \times \frac{v^2}{2g} = \frac{32\mu v l}{\gamma d^2} = \frac{64}{Re} \times \frac{l}{d} \times \frac{v^2}{2g}$$

由此式，可得圆管层流的沿程阻力系数的计算式为：

$$\lambda = \frac{64}{Re} \tag{8-22}$$

它表明圆管层流的沿程阻力系数仅与雷诺数有关，且成反比，而和管壁粗糙度无关。

由于从理论上导出了层流时流速分布的解析式，因此，根据定义式，很容易得出圆管层流运动的动能修正系数 α 和动量修正系数 β：

$$\alpha = \frac{\int_A u^3\,\mathrm{d}A}{v^3 A} = \frac{\int_0^{r_0} \left[\dfrac{\gamma J}{4\mu}(r_0^2 - r^2)\right]^3 \times 2\pi r\,\mathrm{d}r}{\left(\dfrac{\gamma J d^2}{32\mu}\right)^3 \pi r_0^2} = \frac{16\int_0^{r_0}(r_0^2 - r^2)^3 r\,\mathrm{d}r}{r^8} = 2$$

$$\beta = \frac{\int_A u^2\, \mathrm{d}A}{v^2 A} = \frac{\int_0^{r_0}\left[\dfrac{\gamma J}{4\mu}(r_0^2 - r^2)\right]^2 \times 2\pi r\,\mathrm{d}r}{\left(\dfrac{\gamma J d^2}{32\mu}\right)^2 \pi r_0^2} = \frac{8\int_0^{r_0}(r_0^2 - r^2)^2 r\,\mathrm{d}r}{r^6} = \frac{4}{3}$$

紊流掺混使断面流速分布比较均匀。层流时，相对地说，分布不均匀，两个系数值较大，不能近似为 1。在实际工程中，大部分管流为紊流，因此系数 α 和 β 均近似取值为 1。工程问题中管内层流运动主要存在于某些小管径、小流量的户内管路或黏性较大的机械润滑系统和输油管路中。层流运动规律也是流体黏度测量和研究紊流运动的基础。

【例 8-2】 密度 $\rho = 850\,\mathrm{kg/m^3}$；黏性系数 $\mu = 1.53 \times 10^{-2}\,\mathrm{kg/(m \cdot s)}$ 的油，在管径 $d = 100\,\mathrm{mm}$ 的管道内流动，流量等于 $0.5\,\mathrm{L/s}$。（1）试判别流态；（2）试求管轴心及 $r = 20\,\mathrm{mm}$ 处的速度，沿程损失系数 λ，管壁及 $r = 20\,\mathrm{mm}$ 处切应力，单位管长的能量损失。

解：（1）$v = \dfrac{Q}{A} = \dfrac{4 \times 5 \times 10^{-4}}{\pi \times (0.1)^2} = 0.0637\,(\mathrm{m/s})$

$$Re = \frac{dv\rho}{\mu} = \frac{0.1 \times 0.0637 \times 850}{1.53 \times 10^{-2}} = 354$$

由于 $Re < 2000$，故流动属于层流。

（2）单位管长的能量损失：

$$v = \frac{\gamma J}{8\mu}r_0^2 = 0.0637, \quad J = \frac{0.0637 \times 8 \times 1.53 \times 10^{-2}}{9.8 \times 850 \times 0.05^2} = 0.00037\,(\mathrm{m})$$

$r = 20\,\mathrm{mm}$ 处的速度：

$$u = \frac{\gamma J}{4\mu}(r_0^2 - r^2) = \frac{9.8 \times 850 \times 0.00037}{4 \times 1.53 \times 10^{-2}} \times (0.05^2 - 0.02^2) = 0.106\,(\mathrm{m/s})$$

管壁处切应力

$$\tau_0 = \gamma \frac{r_0}{2} J = \frac{9.8 \times 850 \times 0.05 \times 0.00037}{2} = 0.077\,(\mathrm{N/m^2})$$

$r = 20\,\mathrm{mm}$ 处切应力：$\qquad \tau = \tau_0 \dfrac{r}{r_0} = \dfrac{0.077 \times 0.02}{0.05} = 0.031\,(\mathrm{N/m^2})$

沿程损失系数：$\lambda = \dfrac{64}{Re} = \dfrac{64}{354} = 0.18$

8.4 圆管内湍流的运动特征

8.4.1 紊流运动的特征

紊流流动中流体质点相互掺混，做无定向、无规则的运动，这种不规则性主要体现在紊流的脉动现象。所谓脉动现象，就是诸如速度、压强等空间点上的物理量随时间的变化做无规则的即随机的变动。在做相同条件下的重复实验时，所得的瞬时值不相同，但多次重复实验结果的算术平均值趋于一致，具有规律性。例如速度的这种随机脉动在每秒 $10^2 \sim 10^5$ 次之间，振幅小于平均速度的 10%。图 8-8 就是某紊流流动在某一空间固定点上测得的速度随时间的分布。

由于脉动的随机性，自然地，统计平均方法就是下面处理紊流流动的基本手段。统计平

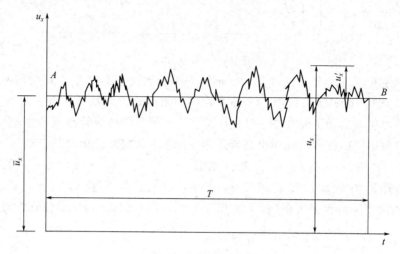

图 8-8　紊流的脉动

均方法有时间平均法、体积平均法和概率平均法，下面介绍比较容易测量和常用的时均法（即时间平均法）。通过对速度分量 u_x 的时间平均给出时均法的定义，以同样地获得其他物理量的时均值。设 u_x 为瞬时值，带"—"表示其平均值，则时均值 $\overline{u}$ 定义为：

$$\overline{u}(x,y,z,t)=\frac{1}{T}\int_{\frac{t-T}{2}}^{\frac{t+T}{2}}u_x(x,y,z,\zeta)\mathrm{d}\zeta \tag{8-23}$$

式中　ζ——时间积分变量；

　　　T——平均周期，是一常数，它的取法是应比紊流的脉动周期大得多，而比流动的不恒定性的特征时间又小得多，随具体的流动而定。

例如风洞实验中有时取 T 等于 1s，而海洋波 T 大于 20min。

瞬时值与平均值之差即为脉动值，用"u'_x"，表示。于是，脉动速度为：

$$u'_x=u_x-\overline{u}_x$$

或写成：
$$u_x=\overline{u}_x+u'_x \tag{8-24}$$

同样的，瞬时压强、平均压强和脉动压强之间的关系为：$p=\overline{p}+p'$，如果紊流流动中各物理量的时均值不随时间而变，仅仅是空间点的函数，即称时均流动是恒定流动，例如，此时

$$\overline{u}_x=\overline{u}_x(x,y,z)$$
$$\overline{p}=\overline{p}(x,y,z)$$

紊流的瞬时运动总是非恒定的，而平均运动可能是非恒定的，也可能是恒定的。工程上关注的总是时均流动，一般仪器和仪表测量的也是时均值。对紊流运动参数采用时均化后，前面所述的连续性方程、伯努利方程及动量方程等仍将适用。紊流脉动的强弱程度是用紊流度 ε 来表示的。紊流度的定义是：

$$\varepsilon=\frac{1}{\overline{u}}\sqrt{\frac{1}{3}\overline{u'^2_x}+\overline{u'^2_y}+\overline{u'^2_z}} \tag{8-25}$$

式中 $\overline{u}=(\overline{u^2_x}+\overline{u^2_y}+\overline{u^2_z})^{1/2}$，$\varepsilon$ 即等于速度分量脉动值的均方根与平均运动速度大小的比值。在管流、射流和物体绕流等紊流流动中，初始来流的紊流度的强弱将影响到流动的发展。

紊流可分为以下 3 种。

① 均匀各向同性紊流：在流场中，不同点以及同一点在不同方向上的紊流特性都相同。

主要存在于无界的流场或远离边界的流场，例如远离地面的大气层等。

② 自由剪切紊流：边界为自由面而无固壁限制的紊流。例如自由射流，绕流中的尾流等，在自由面上与周围介质发生掺混。

③ 有壁剪切紊流：紊流在固壁附近的发展受到限制。如管内紊流及绕流边界层等。跟层流运动一样，紊流的脉动也将引起流体微团之间的质量、动量和能量的交换。由于流体微团含有大量分子，这种交换较之分子运动强烈得多，从而产生了紊流扩散、紊流阻力和紊流热传导。这种特性有时是有益的，例如紊流将强化换热器的效果；但在考虑阻力问题时，却要设法减弱紊流阻力。

8.4.2 紊流切应力、普朗特混合长度理论

在紊流中，一方面因时均流速不同，各流层间的相对运动仍然存在黏性切应力，黏性切应力可由牛顿内摩擦定律求出。另一方面，由于紊流质点存在脉动，相邻流层之间有质量的交换。低速流层的质点由于横向运动进入高速流层后，对高速流层起阻滞作用；反之，高速流层的质点在进入低速流层后，对低速流层却起推动作用。也就是由质量交换形成了动量交换，从而在流层分界面上产生了紊流附加切应力 $\bar{\tau}_2$。

$$\bar{\tau}_2 = -\rho\,\overline{u'_x u'_y} \tag{8-26}$$

现用动量方程来说明上式。如图8-9所示，在空间点 A 处，具有 x 和 y 方向的脉动流速 u'_x 及 u'_y。在 Δt 时段内，通过 ΔA_a 的脉动质量为：

$$\Delta m = \rho \Delta A_a u'_y \Delta t$$

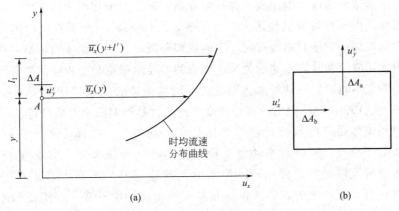

图8-9 紊流的动量交换

这部分流体质量，在脉动分速 u'_x 的作用下，在流动方向的动量增量为：

$$\Delta m u'_x = \rho \Delta A_a u'_x u'_y \Delta t$$

此动量等于紊流附加切力 ΔT 的冲量，即

$$\Delta T \Delta t = \rho \Delta A_a u'_x u'_y \Delta t$$

因此，附加切应力为：

$$\tau_2 = \frac{\Delta T}{\Delta A_a} = \rho u'_x u'_y \tag{8-27}$$

取时均值就是单位时间内通过单位面积的脉动微团进行动量交换的平均值。取基元体 [图8-9(b)]，以分析纵向脉动速度 u'_y 与横向脉动速度 u'_x 的关系。根据连续性原理，若 Δt

时段内，A 点处微小空间有 $\rho u'_y \Delta A_a \Delta t$ 质量自 ΔA_a 面流出，则必有 $\rho u'_x \Delta A_b \Delta t$ 的质量自 ΔA_b 面流入，即：

$$\rho u'_y \Delta A_a \Delta t + \rho u'_x \Delta A_b \Delta t = 0$$

则

$$u'_y = -\frac{\Delta A_b}{\Delta A_a} u'_x \qquad (8\text{-}28)$$

由式（8-28）可见，纵向脉动流速 u'_y 与横向脉动流速 u'_x 成比例，而 ΔA_a 与 ΔA_b 总为正值。因此 u'_x 与 u'_y 符号相反。为使附加切应力 $\overline{\tau_2}$ 以正值出现，在式（8-27）中加一负号，得

$$\overline{\tau_2} = -\rho \, \overline{u'_x} \, \overline{u'_y}$$

上式就是用脉动流速表示的紊流附加切应力基本表达式。它表明附加切应力与黏性切应力不同，它与流体黏性无直接关系，只与流体密度和脉动强弱有关，是由微团惯性引起，$\overline{\tau_2}$ 又称为惯性切应力，是雷诺于 1895 年首先提出，$\overline{\tau_2}$ 也可称为雷诺应力。在紊流流态下，紊流切应力为黏性切应力与附加切应力之和，即

$$\tau = \mu \frac{\mathrm{d}u_x}{\mathrm{d}u_y} + (-\rho \, \overline{u'_x} \, \overline{u'_y}) \qquad (8\text{-}29)$$

两部分切应力的大小随流动情况而有所不同。在雷诺数较小、脉动较弱时，前项占主要地位。随着雷诺数增加，脉动程度加剧，后项逐渐加大。到雷诺数很大，紊动已充分扩展的紊流中，前项与后项相比甚小，前项可以忽略不计。

以上说明了紊流时切应力的组成，并扼要介绍了紊流附加切应力产生的力学原因。而脉动速度瞬息万变，由于对紊流机理还未彻底了解，式（8-26）不便于直接运用。目前主要采用半经验的方法，即一方面对紊流进行一定的机理分析，另一方面还得依靠一些具体的实验结果来建立附加切应力和时均流速的关系。紊流的半经验理论是工程中主要采用的方法。虽然各家理论出发点不同，但得到的紊流切应力与时均流速的关系式却基本一致。1925 年德国学者普朗特（L. Prandtle）提出的混合长度理论，就是经典的半经验理论。

普朗特设想流体质点的紊流运动与气体分子运动类似。气体分子走完一个平均自由路程才与其他分子碰撞，同时发生动量交换。普朗特认为流体质点从某流速的流层因脉动进入另一流速的流层时，也要运行一段与时均流速垂直的距离 l' 后才和周围质点发生动量交换。在运行 l' 距离之内，微团保持其本来的流动特征不变。普朗特称此 l' 为混合长度。如空间点 A 处质点 A 沿 x 方向的时均流速为 $\overline{u}_x(y)$，距 A 点 l' 处质点 x 方向的时均流速为 $\overline{u}_x(y+l')$，这两个空间点上质点沿 x 方向的时均流速差为：

$$\Delta \overline{u}_x = \overline{u}_x(y+l') - \overline{u}_x(y) = \overline{u}_x(y) + l' \frac{\mathrm{d} \overline{u}_x}{\mathrm{d}y} - \overline{u}_x(y) = l' \frac{\mathrm{d} \overline{u}_x}{\mathrm{d}y}$$

普朗特假设脉动速度与时均流速梯度成比例，为了简便，时均值不再标以时均符号。即

$$u'_x = \pm C_1 l' \frac{\mathrm{d}u_x}{\mathrm{d}y}$$

从式（8-28）可知 u'_x 与 u'_y 可具有相同数量级，但符号相反，即

$$u'_y = \mp C_2 l' \frac{\mathrm{d}u_x}{\mathrm{d}y}$$

于是

$$\tau_2 = -\rho u'_x u'_y = \rho C_1 C_2 l'^2 \left(\frac{\mathrm{d}u_x}{\mathrm{d}y}\right)^2$$

略去下标 x，并令 $l^2 = C_1 C_2 l'^2$，得到紊流附加切应力的表达式为

$$\tau_2 = \rho l^2 \left(\frac{\mathrm{d}u}{\mathrm{d}y}\right)^2 \tag{8-30}$$

混合长度 l' 是未知的，要根据具体问题作出新的假定、结合实验结果才能确定。普朗特关于混合长度的假设有其局限性，但在一些紊流流动中应用普朗特半经验理论所获得的结果与实践能较好符合，所以至今仍然是工程上应用最广的紊流理论。

8.4.3　圆管紊流流速分布

紊流过流断面上各点的流速分布，是研究紊流以便解决有关工程问题的主要内容之一，也是推导紊流的阻力系数计算公式的理论基础。在紊流流核中，黏性切应力可忽略不计，则流层间的切应力由式(8-30)决定：

$$\tau = \rho l'^2 \left(\frac{\mathrm{d}u}{\mathrm{d}y}\right)^2$$

而均匀流过流断面上切应力呈直线分布，即

$$\tau = \tau_0 \frac{r}{r_0} = \tau_0 \left(1 - \frac{y}{r_0}\right)$$

至于混合长度 l'，可采用卡门实验提出的公式：

$$l' = ky\sqrt{1 - \frac{y}{r_0}} \qquad (y \ll r_0,\ l' = ky)$$

式中，k 为卡门通用常数。于是有：

$$\tau_0 = \left(1 - \frac{y}{r_0}\right) = \rho k^2 y^2 \left(1 - \frac{y}{r_0}\right)\left(\frac{\mathrm{d}u}{\mathrm{d}y}\right)^2$$

整理得 $\mathrm{d}u = \sqrt{\dfrac{\tau_0}{\rho}} \times \dfrac{\mathrm{d}y}{ky}$

即：

$$u = \sqrt{\frac{\tau_0}{\rho}} \times \frac{1}{k}\ln y + C \tag{8-31}$$

式中　y——离圆管壁的距离；

　　　k——卡门通用常数，由实验定；

　　　C——积分常数。

从理论上证明断面上流速分布是对数型的。

层流和紊流时圆管内流速分布规律的差异是由于紊流时流体质点相互掺混使流速分布趋于平均化造成的。层流时的切应力是由于分子运动的动量交换引起的黏性切应力；而紊流切应力除了黏性切应力外，还包括流体微团脉动引起的动量交换所产生的惯性切应力。由于脉动交换远大于分子交换，因此在紊流充分发展的流域内，惯性切应力远大于黏性切应力，也就是说，紊流切应力主要是惯性切应力。沿程阻力是造成沿程损失的原因，沿程损失可由 $h_f = \lambda l v^2 / (2gd)$ 来计算，并对层流和紊流均适用，从该式看出，计算沿程损失关键在于确定沿程阻力系数 λ。

8.5 沿程阻力及其影响因素

8.5.1 沿程阻力系数及其影响因素的分析

由于紊流的复杂性，λ 的确定不可能像层流那样严格地从理论上推导出来。其研究途径通常有两个：一是直接根据紊流沿程损失的实测资料，综合成阻力系数 λ 的纯经验公式；二是用理论和实验相结合的方法，以紊流的半经验理论为基础，整理成半经验公式。

为了通过实验研究沿程阻力系数 λ，首先要分析 λ 的影响因素。层流的阻力是黏性阻力，理论分析已表明，在层流中，$\lambda=64/Re$，即 λ 仅与 Re 有关，与管壁粗糙度无关。而紊流的阻力由黏性阻力和惯性阻力两部分组成。壁面的粗糙在一定条件下成为产生惯性阻力的主要外因。每个粗糙点都将成为不断地产生并向管中输送漩涡引起紊动的源泉。因此粗糙的影响在紊流中是一个十分重要的因素。这样，紊流的能量损失一方面取决于反映流动内部矛盾的黏性力和惯性力的对比关系，另一方面又决定于流动的边壁几何条件。前者可用 Re 来表示，后者则包括管长、过流断面的形状、大小以及壁面的粗糙等。对圆管来说，过流断面的形状固定了，而管长 l 和管径 d 已包括在式 $h_f=(\lambda l/d^2)[v^2/(2g)]$ 中。因此边壁的几何条件中只剩下壁面粗糙需要通过 λ 来反映。这就是说，沿程阻力系数 λ 主要取决于 Re 和壁面粗糙这两个因素。

8.5.2 尼古拉兹实验

尼古拉兹于 1933 年发表的尼古拉兹实验对管中的沿程阻力做了全面研究。壁面粗糙中影响沿程损失的具体因素仍有不少。例如，对于工业管道，就包括粗糙的突起高度、粗糙的形状和粗糙的疏密和排列等因素。尼古拉兹在实验中使用了一种简化的粗糙模型。他把大小基本相同、形状近似球体的砂粒用漆汁均匀而稠密地黏附于管壁上。这种尼古拉兹使用的人工均匀粗糙叫做尼古拉兹粗糙。对于这种特定的粗糙形式，就可以用糙粒的突起高度 K（即相当于砂粒直径）来表示边壁的粗糙程度。K 称为绝对粗糙度。但粗糙对沿程损失的影响不完全取决于粗糙的突起绝对高度 K，而是决定于它的相对高度，即 K 与管径 d 或半径 r_0 之比 K/d 或 K/r_0，称为相对粗糙度，其倒数 d/K 或 r_0/K 则称为相对光滑度。这样，影响 λ 的因素就是雷诺数和相对粗糙度，即 $\lambda=f(Re,K/d)$。

为了探索沿程阻力系数 λ 的变化规律，尼古拉兹用多种管径和多种粒径的砂粒，得到 $K/d=1/30\sim1/1014$ 的 6 种不同的相对粗糙度，对每种管路皆从最低的雷诺数开始，一直实验进行到 $Re=10^6$。在类似图 8-1 的装置中，量测不同流量时的断面平均流速 v 和沿程水头损失 h_f。根据：$Re=\dfrac{vd}{\nu}$，$\lambda=\dfrac{d}{l}\times\dfrac{2g}{v^2}h_f$ 即可算出 Re 和 λ。把实验结果点绘在对数坐标纸上，就得到图 8-10。根据变化的特征，图中曲线可分为 5 个阻力区。

① 第 I 区为层流区。当 $Re<2000$ 时，所有的实验点，不论其相对粗糙度如何，都集中在一条直线上。这表明 λ 仅随 Re 变化，而与相对粗糙度无关，所以它的方程就是 $\lambda=64/Re$。因此，尼古拉兹实验证明了由理论分析得到的层流沿程损失计算公式是正确的。

② 第 II 区为临界区。$Re=2000\sim4000$ 范围是由层流向紊流的过渡区。随 Re 的增大而增大，而与相对粗糙度无关。

③ 第Ⅲ区为紊流光滑区。在 $Re>4000$ 后，不同相对粗糙度的实验点，起初都集中在曲线Ⅲ上。随着 Re 的加大，相对粗糙度较大的管道，其实验点在较低的 Re 时就偏离曲线Ⅲ。而相对粗糙度较小的管道，其实验点要在较大的 Re 时才偏离光滑区。在曲线Ⅲ范围内，λ 只与 Re 有关而与 K/d 无关。

④ 第Ⅳ区为紊流过渡区。在这个区域内，实验点已偏离光滑区曲线。不同相对粗糙度的实验点各自分散成一条条波状的曲线。λ 既与 Re 有关，又与 K/d 有关。

⑤ 第Ⅴ区为紊流粗糙区。在这个区域里，不同相对粗糙度的实验点，分别落在一些与横坐标平行的直线上。λ 只与 K/d 有关，而与 Re 无关。当 λ 与 Re 无关时，由式(8-2) 可见，沿程损失与流速的平方成正比，因此第Ⅴ区又称为阻力平方区。

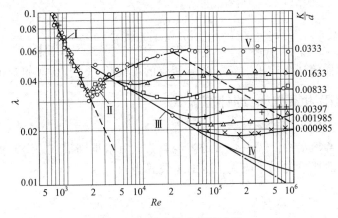

图 8-10 尼古拉兹实验曲线

以上实验表明 $\lambda=f(Re,K/d)$。但是为什么紊流又分为三个阻力区，各区的 λ 变化规律是如此不同呢？用黏性底层的存在可以来解释。

在光滑区，糙粒的突起高度 K 比黏性底层的厚度 δ 小得多，粗糙完全被掩盖在黏性底层以内 [图 8-11(a)]，它对紊流核心的流动几乎没有影响。粗糙引起的扰动作用完全被黏性底层内流体黏性的稳定作用所抑制。管壁粗糙对流动阻力和能量损失不产生影响。

在过渡区，黏性底层变薄，粗糙开始影响到紊流核心区的流动 [图 8-11(b)]，加大了核心区的紊流强度。因此增加了阻力和能量损失。这时，λ 不仅与 Re 有关，而且与 K/d 有关。

在粗糙区，黏性底层更薄，粗糙突起高度几乎全部暴露在紊流核心中，$K\gg\delta$ [图 8-11(c)]。粗糙的扰动作用已经成为紊流核心中惯性阻力的主要原因。Re 对紊流强度的影响和粗糙对其的影响相比已微不足道了。K/d 成了影响 λ 的唯一因素。

由此，光滑区和粗糙区不完全决定于管壁粗糙的突起高度 K，还取决于和 Re 有关的黏性底层的厚度 δ。综上所述，沿程损失系数 λ 的变化可归纳如下。

① 层流区：$\lambda=f_1(Re)$。

② 临界过渡区：$\lambda=f_2(Re)$。

③ 紊流光滑区：$\lambda=f_3(Re)$。

④ 紊流过渡区：$\lambda=f_4(Re,K/d)$。

⑤ 紊流粗糙区（阻力平方区）：$\lambda=f_5(K/d)$。

尼古拉兹实验比较完整地反映了沿程损失系数 λ 的变化规律，揭露了影响 λ 变化的主要

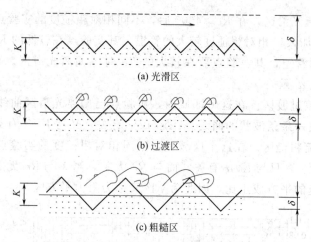

(a) 光滑区

(b) 过渡区

(c) 粗糙区

图 8-11　黏性底层与管壁粗糙的作用

因素，它对 λ 和断面流速分布的测定、推导紊流的半经验公式提供了可靠的依据。

8.5.3　沿程阻力系数 λ 的计算公式

（1）人工粗糙管的 λ 值的半经验公式

人工粗糙管的紊流沿程阻力系数 λ 的半经验公式可根据断面流速分布的对数公式(8-31)结合尼古拉兹实验曲线，得到紊流光滑区的 λ 公式为：

$$\frac{1}{\sqrt{\lambda}}=2\lg(Re\sqrt{\lambda})-0.8 \qquad \text{或写成} \qquad \frac{1}{\sqrt{\lambda}}=2\lg\frac{Re\sqrt{\lambda}}{2.51} \qquad (8\text{-}32)$$

类似地，可导得紊流粗糙区的 λ 公式，即

$$\lambda=\frac{1}{\left[2\lg\left(3.7\frac{d}{K}\right)\right]^2} \qquad (8\text{-}33)$$

（2）工业管道的 λ 值的计算公式

尼古拉兹实验是对人工均匀粗糙管进行的，而工业管道的实际粗糙与均匀粗糙有很大不同，因此，在将尼古拉兹实验结果用于工业管道时，首先要分析这种差异和寻求解决问题的方法，图 8-12 为尼古拉兹人工粗糙管和工业管道 λ 曲线的比较。

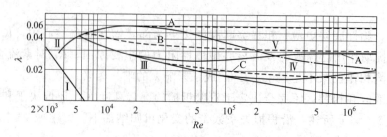

图 8-12　λ 曲线的比较

图中实线 A 为尼古拉兹实验曲线，虚线 B 和 C 分别为 2in(1in＝2.54cm，下同) 镀锌钢管和 5in 新焊接钢管的实验曲线。由图可知，在紊流光滑区，工业管道的实验曲线和尼古拉兹曲线是重叠的。因此，只要流动位于阻力光滑区，工业管道 λ 的计算就可采用尼古拉兹光滑管的公式(8-32)。在紊流粗糙区，工业管道和尼古拉兹的实验曲线都是与横坐标轴平行，

说明尼古拉兹粗糙管公式有可能应用于工业管道，问题在于如何确定工业管道的 K 值。在工程流体力学中，把尼古拉兹的"人工粗糙"作为度量粗糙的基本标准。把工业管道的不均匀粗糙折合成"尼古拉兹粗糙"而引入"当量糙粒高度"的概念。所谓当量糙粒高度，就是指和工业管道粗糙区 λ 值相等的同直径尼古拉兹粗糙管的糙粒高度。因此，工业管道的"当量糙粒高度"反映了糙粒各种因素对沿程损失的综合影响。引入当量糙粒高度后，式(8-33)就可用于工业管道。

对于紊流过渡区，工业管道实验曲线和尼古拉兹曲线存在较大的差异，这表现在工业管道实验曲线的过渡区在较小的 Re 下就偏离光滑曲线，且随着 Re 的增加平滑下降，而尼古拉兹曲线则存在着上升部分。

造成这种差异的原因在于两种管道粗糙均匀性的不同。在工业管道中，粗糙是不均匀的。当黏性底层比当量糙粒高度还大很多时，粗糙中的最大糙粒就将提前对紊流核心内的紊动产生影响，使 λ 开始与 K/d 有关，实验曲线也就较早地离开了光滑区。提前多少则取决于不均匀粗糙中最大糙粒的尺寸。随着 Re 的增大，黏性底层越来越薄，对核心区内的流动能产生影响的糙粒越来越多，因而粗糙的作用是逐渐增加的。而尼古拉兹粗糙是均匀的，其作用几乎是同时产生的。当黏性底层的厚度开始小于糙粒高度之后，全部糙粒开始直接暴露在紊流核心内，促使产生强烈的漩涡。同时，暴露在紊流核心内的糙粒部分随 Re 的增长而不断加大，因而沿程损失急剧上升。这就是尼古拉兹实验中过渡曲线产生上升的原因。

尼古拉兹的过渡区的实验资料对工业管道是完全不适用的。柯列勃洛克根据大量的工业管道实验资料，整理出工业管道过渡区曲线，并提出该曲线的方程，即为柯列勃洛克公式（以下简称柯氏公式）：

$$\frac{1}{\sqrt{\lambda}} = -2\lg\left(\frac{K}{3.7} + \frac{2.51}{Re\sqrt{\lambda}}\right) \tag{8-34}$$

式中，K 为工业管道的当量糙粒高度。实际上柯氏公式是尼古拉兹光滑区公式和粗糙区公式的机械结合。该公式的基本特征是当 Re 值很小时，公式右边括号内的第二项很大，相对来说，第一项很小，这样，柯氏公式就接近尼古拉兹光滑区公式(8-32)。

当 Re 值很大时，公式右边括号内第二项很小，公式接近尼古拉兹粗糙公式(8-33)。因此，柯氏公式不仅适用于工业管道的紊流过渡区，而且可以适用于整个紊流的 3 个阻力区，故又称为紊流沿程阻力系数 λ 的综合计算公式。柯氏公式的形式复杂，求解比较困难，但目前电子计算技术日益发达，这个问题是可以解决的。尽管柯氏公式是一个经验公式，但它是在合并两个半经验公式的基础上得出的，与实验结果符合良好，因此这个公式在国内外得到了极为广泛的应用。

为了简化计算，莫迪（Moody）在柯氏公式的基础上，绘制了工业管道 λ 的计算曲线，即莫迪图（工业管道实验曲线，如图 8-13 所示）。在图上可根据 Re 及 K/d 直接查出 λ。

此外，还有许多直接由实验资料整理成的纯经验公式。这里介绍几个应用最广的公式。光滑区的布拉修斯公式：

$$\lambda = \frac{0.3164}{Re^{0.25}} \tag{8-35}$$

此式是布拉修斯于 1913 年在综合光滑区实验资料的基础上提出的。

粗糙区希弗林松公式：

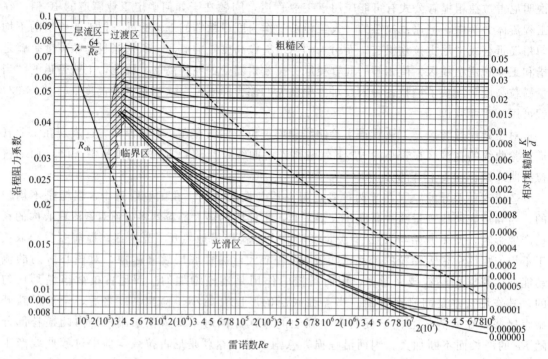

图 8-13　莫迪图

$$\lambda = 0.11\left(\frac{K}{d}\right)^{0.25} \tag{8-36}$$

适用于紊流三区的莫迪公式和阿里特苏里公式：

$$\lambda = 0.0055\left[1 + \left(20000\,\frac{K}{d} + \frac{10^6}{Re}\right)^{1/3}\right] \tag{8-37}$$

$$\lambda = 0.11\left(\frac{K}{d} + \frac{68}{Re}\right)^{0.25} \tag{8-38}$$

为了计算方便，将 5 个阻力区的界限范围及其计算公式汇总于表 8-1。

表 8-1　5 个阻力区的范围与 λ 计算公式

阻力区	范围	λ 的理论或半经验公式	λ 的经验公式
层流区	$Re < 2000$	$\lambda = \dfrac{64}{Re}$	$\lambda = \dfrac{64}{Re}$
临界区	$2000 < Re < 4000$	—	$\lambda = 0.0025 Re^{\frac{1}{3}}$
紊流光滑区	$4000 < Re < 22.2\left(\dfrac{d}{K}\right)^{\frac{8}{7}}$	$\dfrac{1}{\sqrt{\lambda}} = 2\lg(Re\sqrt{\lambda}) - 0.8$	$\lambda = \dfrac{0.3164}{Re^{0.25}}$
过渡区	$22.2\left(\dfrac{d}{K}\right)^{\frac{8}{7}} < Re < 597\left(\dfrac{d}{K}\right)^{\frac{9}{8}}$	$\dfrac{1}{\sqrt{\lambda}} = -2\lg\left(\dfrac{K}{3.7d} + \dfrac{2.51}{Re\sqrt{\lambda}}\right)$	$\lambda = 0.11\left(\dfrac{K}{d} + \dfrac{68}{Re}\right)^{0.25}$
粗糙紊流区	$Re > 597\left(\dfrac{d}{K}\right)^{\frac{9}{8}}$	$\lambda = \dfrac{1}{\left[2\lg\left(3.7\,\dfrac{d}{K}\right)\right]^2}$	$\lambda = 0.11\left(\dfrac{K}{d}\right)^{0.25}$

【例 8-3】　在管径 $d = 300\text{mm}$，相对粗糙度 $K/d = 0.002$ 的工业管道内，运动黏滞系数 $v = 1 \times 10^{-6}\,\text{m}^2/\text{s}$、$\rho = 999.23\text{kg/m}^3$ 的水以 3m/s 的速度运动。试求：管长 $l = 300\text{m}$ 的管道内的沿程水头损失 h_f。

解： $Re = \dfrac{vd}{\upsilon} = \dfrac{3 \times 0.3}{10^{-6}} = 9 \times 10^5$

由图 8-13 查得，$\lambda = 0.0238$，处于粗糙区。

也可用式 (8-33) 计算：

$$\frac{1}{\sqrt{\lambda}} = 2\lg \frac{3.7d}{K} = 2 \times \lg \frac{3.7}{0.002}, \quad \lambda = 0.0235$$

可见查图和利用公式计算是很接近的。沿程水头损失 h_f 为：

$$h_f = \lambda \frac{l}{d} \times \frac{v^2}{2g} = 0.0235 \times \frac{300}{0.3} \times \frac{3^2}{2g} = 10.8(\text{m})$$

【例 8-4】 如管道的长度不允许，允许的水头损失 h_f 不变，若使管径增大 1 倍，不计局部损失，流量增大 n 倍，试分别讨论下列 3 种情况下 n 的大小。

(1) 管中流动为层流：$\lambda = \dfrac{64}{Re}$。

(2) 管中流动为紊流光滑区：$\lambda = \dfrac{0.3164}{Re^{0.25}}$。

(3) 管中流动为紊流粗糙区：$\lambda = 0.11\left(\dfrac{K}{d}\right)^{0.25}$。

解： (1) 流动为层流

$$h_f = \lambda \frac{l}{d} \times \frac{v^2}{2g} = \frac{64}{Re} \times \frac{l}{d} \times \frac{v^2}{2g} = \frac{128\upsilon l}{\pi g} \times \frac{Q}{d^4}$$

令 $C_1 = \dfrac{128\upsilon l}{\pi g}$，则 $h_f = C_1 \times \dfrac{Q}{d^4}$，可见层流中若 h_f 不变，则流量 Q 与管径的四次方成正比。

即：

$$\frac{Q_2}{Q_1} = \left(\frac{d_2}{d_1}\right)^4$$

当 $d_2 = 2d_1$，$Q_2/Q_1 = 16$，$Q_2 = 16Q_1$

层流时管径增大 1 倍，流量为原来的 16 倍。

(2) 流动为紊流光滑区

$$h_f = \lambda \frac{l}{d} \times \frac{v^2}{2g} = \frac{0.3164}{\left(\frac{vd}{\upsilon}\right)^{0.25}} \times \frac{l}{d} \times \frac{v^2}{2g} = \frac{0.3164\upsilon^{0.25}l}{2g\left(\frac{\pi}{4}\right)^{1.75}} \frac{Q^{1.75}}{d^{4.75}}$$

$$\left(\frac{Q_2}{Q_1}\right)^{1.75} = \left(\frac{d_2}{d_1}\right)^{4.75}, \quad Q_2 = 2^{\frac{4.75}{1.75}}Q_1, \quad Q_2 = 6.56Q_1$$

(3) 流动为紊流粗糙区

$$h_f = \lambda \frac{l}{d} \times \frac{v^2}{2g} = 0.11\left(\frac{K}{d}\right)^{0.25} \times \frac{l}{d} \times \frac{1}{2g} \times \frac{Q_2}{\left(\frac{\pi}{4}\right)^2 d^4} = 0.11\frac{K^{0.25}l}{2g\left(\frac{\pi}{4}\right)^2} \frac{Q^2}{d^{5.25}}$$

$$\left(\frac{Q_2}{Q_1}\right)^2 = \left(\frac{d_2}{d_1}\right)^{5.25}, \quad Q_2 = 2^{\frac{5.25}{2}}Q_1, \quad Q_2 = 6.17Q_1$$

8.6 局部阻力及其影响因素

流体在流经各种局部障碍（如阀门、弯头、三通等）时，由于边壁或流量的改变，均匀流在这一局部地区遭到破坏，引起了流速的大小、方向或分布的变化，由此产生的能量损失，称为局部损失，这种在管路局部产生损失的原因统称为局部阻力。局部损失的种类繁多，体形各异，其边壁的变化大多比较复杂，加以紊流本身的复杂性，多数局部阻碍的损失计算，还不能从理论上解决，必须借助于由实验得来的实验公式或系数。虽然如此，对局部阻力和局部损失的规律进行一些定性的分析还是必要的。它虽然解决不了局部损失的计算问题，但是对解释和估计不同局部阻碍的损失大小，研究改善管道工作条件和减少局部损失的措施，以及提出正确、合理的设计方案等方面，都能给以定性的指导。

8.6.1 局部水头损失发生的原因

和沿程损失相似，局部损失一般也用流速水头的倍数来表示，它的计算公式为：

$$h_m = \zeta \frac{v^2}{2g} \tag{8-39}$$

ζ 称为局部阻力系数。由上式可以看出，求 h_m 的问题就转变为求 ζ 的问题了。实验研究表明，局部损失和沿程损失一样，不同的流态遵循不同的规律，但在实际工程中很少有局部障碍处是层流运动的情况，因此只讨论紊流状态下的局部水头损失。局部阻碍的种类虽多，如分析其流动的特征，主要的也不过是过流断面的扩大或收缩、流动方向的改变、流量的合入与分出等几种基本形式，以及这几种基本形式的不同组合。例如，经过闸阀门或孔板的流动，实质上就是突缩和突扩的组合。为了探索紊流局部损失的成因，选取几种典型的流动（如图 8-14 所示），分析局部阻碍附近的流动情况。

从边壁的变化缓急来看，局部阻碍又分为突变和渐变的两类：图 8-14 中的 (a)、(c)、(e)、(g) 是突变的，而 (b)、(d)、(f)、(h) 是渐变的。当流体以紊流通过突变的局部阻碍时，由于惯性力处于支配地位，流动不能像边壁那样突然转折，于是在边壁突变的地方，出现主流与边壁脱离的现象。主流与边壁之间形成漩涡区，漩涡区内的流体并不是固定不变的。形成的大尺度漩涡，会不断地被主流带走，补充进去的流体，又会出现新的漩涡，如此周而复始。

边壁虽然无突然变化，但沿流动方向出现减速增压现象的地方，也会产生漩涡区。图 8-14(b) 的渐扩管中，流速沿程减小，压强不断增加。在这样的减速增压区，流体质点受到与流动方向相反的压差作用，靠近管壁的流体质点，流速本来就小，在这一反向压差的作用下，速度逐渐减小到零，随后出现了与主流方向相反的流动。就在流速等于零的地方，主流开始与壁面脱离，在出现反向流动的地方形成了漩涡区。图 8-14(h) 所示的分流三通直通管上的漩涡区，也是这种减速增压过程造成的。对于渐变流的局部阻碍，在一定的 Re 范围内，漩涡区的位置及大小与 Re 有关。例如在渐扩管中，随着 Re 的增长，漩涡区的范围愈大，位置愈靠前。但在突变的局部阻碍中，漩涡区的位置不会变，Re 对漩涡区大小的影响也没有那样显著。

在减压增速区，流体质点受到与流动方向一致的正压差作用，它只能加速，不能减速。因此，渐缩管内不会出现漩涡区。不过，如收缩角不是很小，紧接渐缩管之后，有一个不大的漩涡区，如图 8-14(d) 所示。

流体经过弯管时 [图 8-14(e)、(f)]，虽然过流断面沿程不变，但弯管内流体质点受到离心力作用，在弯管前半段，外侧压强沿程增大，内侧压强沿程减小；而流速是外侧减小，内侧增大。因此，弯管前半段沿外壁是减速增压的，也能出现漩涡区；在弯管的后半段，由于惯性作用，在 Re 较大和弯管的转角较大而曲率半径较小的情况下，漩涡区又在内侧出现。弯管内侧的漩涡，无论是大小还是强度，一般都比外侧的大。因此，它是加大弯管能量损失的重要因素。

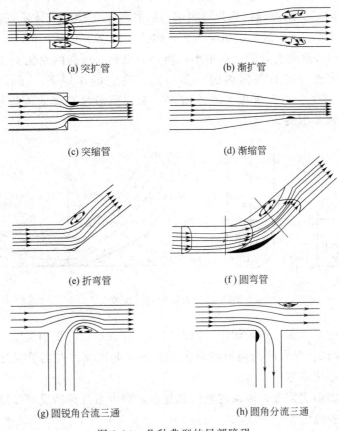

(a) 突扩管　　　　　　　　(b) 渐扩管

(c) 突缩管　　　　　　　　(d) 渐缩管

(e) 折弯管　　　　　　　　(f) 圆弯管

(g) 圆锐角合流三通　　　　(h) 圆角分流三通

图 8-14　几种典型的局部障碍

把各种局部阻碍的能量损失和局部阻碍附近的流动情况对照比较，可以看出，无论是改变流速的大小，还是改变它的方向，较大的局部损失总是和漩涡区的存在相联系。漩涡区愈大，能量损失也愈大。边壁变化仅使流体质点变形和流速分布改组，不出现漩涡区，其局部损失一般都比较小。

漩涡区内不断产生着漩涡，其能量来自主流，因而不断消耗主流的能量；在漩涡区及其附近，过流断面上的流速梯度加大，如图 8-14(a) 所示，也使主流能量损失有所增加。在漩涡被不断带走并扩散的过程中，加剧了下游一定范围内的紊流脉动，从而加大了这段管长的能量损失。

事实上，在局部阻碍范围损失的能量，只占局部损失中的一部分。另一部分是在局部阻碍下游一定长度的管段上损耗掉的，这段长度称为局部阻碍的影响长度。受局部阻碍干扰的流动，经过了影响长度之后，流速分布和紊流脉动才能达到均匀流动的正常状态。对各种局部阻碍进行的大量实验表明，紊流的局部阻力系数 ζ 一般说来决定于局部阻碍的几何形状、固体壁面的相对粗糙和雷诺数，即：$\zeta=f$(局部阻碍形状,相对粗糙,Re)。

但在不同的情况下，各因素所起的作用不同。局部障碍形状是一个起主导作用的因素。相对粗糙的影响，只有对那些尺寸较长（如圆锥角小的渐扩管或渐缩管，曲率半径大的弯管），而且相对粗糙较大的局部阻碍才需要考虑。受局部障碍的强烈干扰，流动在较小的雷诺数（$Re\approx10^4$）就进入阻力平方区，故在一般工程计算中，认为 ζ 只决定于局部阻碍形状。

8.6.2 弯管的局部损失

当实际流体流经弯管时，不但会产生分离，弯管的内侧和外侧可能会出现两个漩涡区，还会产生与主流方向正交的流动，称为二次流。沿着弯道运动的流体质点具有离心惯性力，它使弯管外侧（图8-15中 E 处）的压强增大，内侧（H 处）的压强减小。而弯管左右两侧（F、G 处），由于靠近管壁附近处的流速很小，离心力也小，压强的变化不大。于是沿图中的 EFH 和 EGH 方向出现了自外向内的压强坡降。在它的作用下，弯管内产生了一对如图8-15所示的涡流。这个二次流和主流叠加在一起，使通过弯管的流体质点做螺旋运动，这更加大了弯管的水头损失。

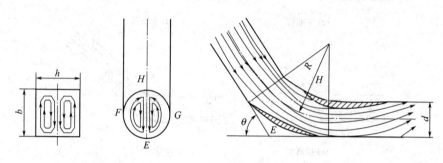

图 8-15　弯管中的二次流

在弯管内形成的二次流，消失较慢，因而加大了弯管后面的影响长度。弯管的影响长度最大可超过50倍管径。弯管的几何形状决定于转角 θ 和曲率半径与管径之比 R/d 或 R/b，对矩形断面的弯管还用高宽比 h/b。

由于局部障碍的形式繁多，流动现象极其复杂，除少数几种情况可以用理论结合实验计算外，其余都由实验测定。

8.6.3 三通的局部损失

三通也是最常见的一种管道配件。工程上常用的三通有两类：支流对称于总流轴线的"Y"形三通；在直管段上接出支管的"T"形三通（图8-16）。每个三通又都可以在分流或合流的情况下工作。三通的形状是由总流与支流间的夹角 α 和 A_1/A_3，A_2/A_3 这几个几何参数确定的。但三通的特征是它的流量前后有变化。因此，三通的阻力系数不仅决定于它的几何参数，还与流量 Q_1/Q_3 或 Q_2/Q_3 有关。三通有两个支管，所以有两个局部阻力系数。三通前后有不同的流速，计算时必须选用和支管相应的阻力系数，以及和该系数相应的流速水头。

各种三通的局部阻力系数可在有关的专业手册中查得，这里仅给出 $A_1=A_2=A_3$ 和 $\alpha=45°$、$90°$的"T"形三通的 ζ 值（如图8-17所示），相应的是总管的流速水头 $v_3^2/(2g)$。

合流三通的局部阻力系数常出现负值，这意味着经过三通后的流体的单位能量不仅没有减少，反而增加了。这是因为当两股流速不同的流股汇合后，它们在混合过程中，必然会有动量的交换。高速流股将它的一部分动能传递给了低速流股，使低速流股中的单位能量有所增加。如低速流股获得的这部分能量超过了它在流经三通所损失的能量，低速流股的损失系数会为负值。至于两股流动的总能量，则只可能减少，不可能增加，所以三通两个支管的阻力系数绝不可能同时为负值。

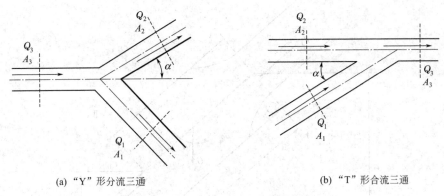

(a)"Y"形分流三通　　　　　　　　(b)"T"形合流三通

图 8-16 三通的两种主要类型

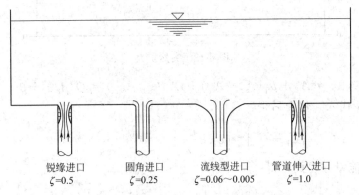

锐缘进口　　　　圆角进口　　　　流线型进口　　　管道伸入进口
ζ=0.5　　　　　ζ=0.25　　　　ζ=0.06～0.005　　　ζ=1.0

图 8-17 45°和 90°的"T"形三通的 ξ 值

8. 6. 4 圆管突然扩大的局部水头损失

图 8-18 表示管道由管径 d_1 到管径 d_2 的局部突然扩大,此种情况的局部水头损失可由理论分析结合实验求得。

在雷诺数很大的紊流流态中,由于断面突然扩大,在断面Ⅰ—Ⅰ及断面Ⅱ—Ⅱ之间流体将与边壁分离形成漩涡。但在断面Ⅰ—Ⅰ及断面Ⅱ—Ⅱ处属于渐变流,可对两断面列伯努利方程:

$$h_m = \left(z_1 + \frac{p_1}{\gamma} + \frac{\alpha_1 v_1^2}{2g} \right) - \left(z_2 + \frac{p_2}{\gamma} + \frac{\alpha_2 v_2^2}{2g} \right)$$

式中,h_m 为突然扩大局部水头损失。因Ⅰ—Ⅰ及断面Ⅱ—Ⅱ之间距离较短,其沿程水头损失可忽略。为了从上式中消去压强 p,使 h_m 成为流速 v 的函数,可应用动量方程。取控制面Ⅰ—Ⅰ、Ⅱ—Ⅱ,在控制面范围内流体所受的外力在流动方向的分力有:作用在过流断面Ⅰ—Ⅰ上的总压力 $p_1 A_1$、作用在过流断面Ⅱ—Ⅱ上的总压力 $p_2 A_2$。

Ⅰ—Ⅰ面上环形面积管壁的作用力,等于漩涡区的流体作用在环形面积上的压力。实验表明在包含环形面积的Ⅰ—Ⅰ断面上的压强基本符合静压强分布规律,故可采用

$$p = p_1 (A_2 - A_1)$$

在断面Ⅰ—Ⅰ至Ⅱ—Ⅱ间流体重量在运动方向的分力为:

$$G\cos\theta = \gamma A_2 L \frac{z_1 - z_2}{L} = \gamma A_2 (z_1 - z_2)$$

边壁上的摩擦阻力忽略不计。于是:

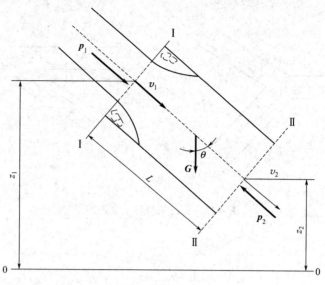

图 8-18　突然扩大

$$p_1 A_1 - p_2 A_2 + p_1 (A_2 - A_1) + \gamma A_2 (z_1 - z_2) = \rho Q(\beta_2 v_2 - \beta_1 v_1)$$

将 $Q = v_2 A_2$ 代入，化简后得：

$$\left(z_1 + \frac{p_1}{\gamma}\right) - \left(z_2 + \frac{p_2}{\gamma}\right) = \frac{v_2}{g}(\beta_2 v_2 - \beta_1 v_1)$$

将上式代入能量方程式，得

$$h_{\mathrm{m}} = \frac{v_2}{g}(\beta_2 v_2 - \beta_1 v_1) + \frac{\alpha_1 v_1^2 - \alpha_2 v_2^2}{2g}$$

对于紊流，可取 $\beta_1 = \beta_2 = 1$，$\alpha_1 = \alpha_2 = 1$。由此可得：

$$h_{\mathrm{m}} = \frac{(v_1 - v_2)^2}{2g} \tag{8-40}$$

上式表明，突然扩大的水头损失等于以平均流速差计算的流速水头。再利用连续性方程 $v_2 A_2 = v_1 A_1$，可得：

$$h_{\mathrm{m}} = \left(\frac{A_2}{A_1} - 1\right)^2 \frac{v_2^2}{2g} = \zeta_2 \frac{v_2^2}{2g}$$

$$h_{\mathrm{m}} = \left(1 - \frac{A_1}{A_2}\right)^2 \frac{v_1^2}{2g} = \zeta_1 \frac{v_1^2}{2g}$$

式中，$\zeta_1 = [1 - (A_1/A_2)]^2$，$\zeta_2 = [(A_2/A_1) - 1]^2$，称为突然扩大的局部阻力系数。计算时必须注意所选用的局阻系数与流速水头相对应。

当液体从管道流入断面很大的容器中或气体流入大气时，$A_1/A_2 \approx 0$，则 $\zeta_1 = 1$。这是突然扩大的特殊情况，称为出口阻力系数。

8.6.5　各种管路配件的局部阻力系数

① 管路突然缩小：$h_{\mathrm{m}} = 0.5\left(1 - \frac{A_2}{A_1}\right)\dfrac{v_2^2}{2g}$。

② 渐扩管：当锥角 $\theta = 2° \sim 5°$ 时，$h_{\mathrm{m}} = 0.2\dfrac{(v_1 - v_2)^2}{2g}$。

③管道进口：管道进口也是一种断面收缩，其阻力系数与管道进口边缘的情况有关。不同边缘的进口如图 8-19 所示。

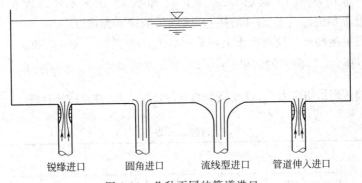

锐缘进口　　　圆角进口　　　流线型进口　　管道伸入进口

图 8-19　几种不同的管道进口

【例 8-5】 一段直径 $d=100\text{mm}$ 的管路长 10m。其中有两个 90° 的弯管 （$d/R=1.0$），$\zeta=0.294$。管段的沿程阻力系数 $\lambda=0.037$。如拆除这两个弯管而管段长度不变，作用于管段两端的总水头也维持不变，问管段中的流量能增加百分之几？

解： 在拆除弯管之前，在一定流量下的水头损失为（式中，v_1 为该流量下的圆管断面流速）：$h_m=\lambda\dfrac{l}{d}\times\dfrac{v_1^2}{2g}+2\zeta\dfrac{v_1^2}{2g}=\left(0.037\times\dfrac{10}{0.1}+2\times0.294\right)\dfrac{v_1^2}{2g}=4.29\dfrac{v_1^2}{2g}$

拆除弯管后的沿程水头损失为

$$h_f=0.037\times\frac{10}{0.1}\times\frac{v_2^2}{2g}=3.7\frac{v_2^2}{2g}$$

若两端的总水头也不变，则得

$$3.7\frac{v_2^2}{2g}=4.29\frac{v_1^2}{2g}$$

因而：$\dfrac{v_2}{v_1}=\sqrt{\dfrac{4.29}{3.7}}=1.077$

流量 $Q=Av$，A 不变，所以 $Q_2=1.077Q_1$，即流量增加 7.7%。

习题

8.1　管道直径 $d=100\text{mm}$，输送水的流量为 10kg/s，如水温为 5℃，试确定管内水流的状态。如用此管道输送同样质量流量的石油，已知石油密度 $\rho=850\text{kg/m}^3$、运动黏度 $v=1.14\text{cm}^2/\text{s}$，试确定石油流动的流态。

8.2　有一管道，已知半径 $r_0=15\text{cm}$，层流时水力坡度 $J=0.15$，湍流时水力坡度 $J=0.20$，试求两种流态时管壁处的切应力 τ_0 和离管轴 $r=10\text{cm}$ 处的切应力 τ。（水的密度 $\rho=1000\text{kg/m}^3$）。

8.3　设有一恒定均匀有压圆管管流。现欲一次测得半径为 r_0 的圆管层流中的断面平均流速 v，试求毕托管端头应放在圆管中离管轴的径距 r。

8.4 设圆管直径 $d=200$mm，管长 $l=1000$m，输送石油的流量 $Q=0.04$m^3/s，运动黏度 $\upsilon=1.6$cm^2/s，试求沿程损失 h_f。

8.5 润滑油在圆管中做层流运动，已知管径 $d=1$cm，管长 $l=5$m，流量 $Q=80$cm^3/s，沿程损失 $h_f=30$m（油柱），试求油的运动黏度 υ。

8.6 设用高灵敏的流速仪测得水渠中某点 A 处的纵向及铅垂方向的瞬时流速 u_x 及 u_y 见表。表中数值系每隔 0.5s 测得的结果。$t=15$℃时，水的密度 $\rho=999.1$kg/m^3。试求该点的时均流速 $\overline{u}_x$、$\overline{u}_y$ 和湍流附加切应力 $\overline{\tau}_{yx}$ 以及该点的混合长度 l（若该点的流速梯度 $\dfrac{\mathrm{d}\overline{u}_x}{\mathrm{d}y}=0.26$s^{-1}）。

习题 8.6 表

流速/（m/s） 测次	1	2	3	4	5	6	7	8	9	10
u_x	1.88	2.05	2.34	2.30	2.17	1.74	1.62	1.91	1.98	2.19
u_y	0.10	−0.06	−0.21	−0.19	0.12	0.18	0.21	0.06	−0.04	−0.10

8.7 一水管直径 $d=100$mm，输水时在 100m 长的管路上沿程损失为 2mH$_2$O，水温为 20℃，试判别流动属于哪个区域。（水管当量粗糙度 $\Delta=0.35$mm）

8.8 某水管长 $l=500$m，直径 $d=200$mm，当量粗糙度 $\Delta=0.1$mm，如输送流量 $Q=0.01$m^3/s，水温 $t=10$℃。试计算沿程损失 h_f。

8.9 一光洁铜管，直径 $d=75$mm，壁面当量粗糙度 $\Delta=0.05$mm，求当通过流量 $Q=0.005$m^3/s时，每 100m 管长中的沿程损失 h_f 和此时的壁面切应力 τ_0、动力速度 v_* 及黏性底层厚度 δ_0 值。已知水的运动黏度 $\upsilon=1.007\times10^{-6}$m^2/s。

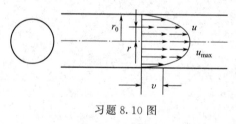

习题 8.10 图

8.10 已知恒定均匀有压圆管湍流过流断面上的流速 u 分布式为 $u=u_{\max}\left(\dfrac{y}{r_0}\right)^n$，如图所示。若为光滑管，且雷诺数 $Re<10^5$，其沿程阻力系数可按布拉修斯公式 $\lambda=\dfrac{0.3164}{Re^{1/4}}$ 计算。试证明此时流速分布公式中的指数 $n=\dfrac{1}{7}$。

8.11 用一直径 $d=200$mm、管长 $l=1000$m 的旧水管（当量粗糙度 $\Delta=0.6$mm）输水，测得管轴中心处最大流速 $u_{\max}=3$m/s，水温为 20℃，运动黏度 $\upsilon=1.003\times10^{-6}$m^2/s，试求管中流量 Q 和沿程损失 h_f。

8.12 水管直径 $d=50$mm，长度 $l=10$m，在流量 $Q=0.01$m^3/s 时为阻力平方区流动。若测得沿程损失 $h_f=7.5$mH$_2$O，试求该管壁的当量粗糙度 Δ 值。

8.13 水在一实用管道内流动，已知管径 $d=300$mm，相对粗糙度 $\dfrac{\Delta}{d}=0.002$，水的运动黏度 $\upsilon=1\times10^{-6}$m^2/s，密度 $\rho=999.23$kg/m^3，流速 $v=3$m/s。试求：管长 $l=300$m 时的沿程损失 h_f 和管壁切应力 τ_0、动力速度 v_*，以及离管壁 $y=50$mm 处的切应力 τ_1 和流速 u_1。

8.14 一条新钢管（当量粗糙度 $\Delta=0.1$mm）输水管道，管径 $d=150$mm，管长 $l=1200$m，测得沿程损失 $h_f=37$mH$_2$O，水温为 20℃（运动黏度 $\upsilon=1.003\times10^{-6}$m^2/s），试求管中流量 Q。

8.15 已知铸铁输水管（当量粗糙度 $\Delta = 1.2\text{mm}$）直径 $d = 300\text{mm}$，管长 $l = 1000\text{m}$，通过流量 $Q = 0.1\text{m}^3/\text{s}$，水温 $t = 10℃$，试用莫迪图和舍维列夫公式计算沿程损失 h_f。

8.16 设有压恒定均匀管流（湍流）的过流断面形状分别为圆形和方形，当它们的过流断面面积、流量、管长、沿程阻力系数都相等的情况下，试问哪种过流断面形状的沿程损失大，为什么？

8.17 设有一镀锌钢板（当量粗糙度 $\Delta = 0.15\text{mm}$）制成的矩形风管，已知管长 $l = 30\text{m}$，截面尺寸为 $0.3\text{m} \times 0.5\text{m}$，管内气流流速 $v = 14\text{m/s}$，气流温度 $t = 20℃$。试用莫迪图求沿程损失 h_f，以 mmH_2O 表示。

8.18 矩形风道的断面尺寸为 $1200\text{mm} \times 600\text{mm}$，风道内气流的温度为 $45℃$，流量为 $42000\text{m}^3/\text{h}$，风道的当量粗糙度 $\Delta = 0.1\text{mm}$。现用乙醇微压计测量风道水平段 A、B 两点的压差，如图所示。微压计读值 $l = 7.5\text{mm}$，已知 $\alpha = 30°$，$l_{AB} = 12\text{m}$，乙醇的密度 $\rho = 860\text{kg/m}^3$。试求风道的沿程阻力系数 λ。注：气流密度 $\rho_\text{a} = 1.11\text{kg/m}^3$。

8.19 烟囱（如图所示）的直径 $d = 1\text{m}$，通过的烟气流量 $Q = 18000\text{kg/h}$，烟气的密度 $\rho = 0.7\text{kg/m}^3$，烟囱外大气的密度按 $\rho_\text{a} = 1.29\text{kg/m}^3$ 考虑。如烟道的 $\lambda = 0.035$，要保证烟囱底部 1—1 断面的负压不小于 100Pa（注：断面 1—1 处的速度很小，可略去不计），试求烟囱的高度 H 至少应为多少米。

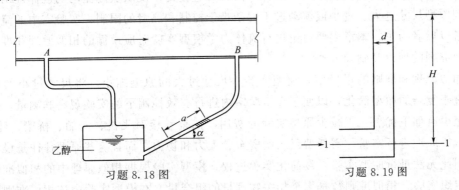

习题 8.18 图   习题 8.19 图

8.20 有一梯形断面渠道，已知底宽 $b = 10\text{m}$，均匀流水深 $h = 3\text{m}$，边坡系数 $m = 1$，土渠的粗糙系数 $n = 0.020$，通过的流量 $Q = 39\text{m}^3/\text{s}$。试求 1km 渠道长度上的沿程损失 h_f。

8.21 有一水平突然扩大管路，已知直径 $d_1 = 5\text{cm}$，直径 $d_2 = 10\text{cm}$，管中水流量 $Q = 0.02\text{m}^3/\text{s}$。试求 U 形水银压差计中的压差读数 Δh。

8.22 一直立突然扩大水管，如图所示。已知 $d_1 = 150\text{mm}$，$d_2 = 300\text{mm}$，$h = 1.5\text{m}$，$v_2 = 3\text{m/s}$。试确定水银压差计中的水银面哪一侧较高，差值 Δh 为多少？（沿程损失略去不计）。

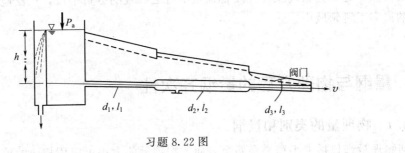

习题 8.22 图

8.23 现有一直径 $d = 100\text{mm}$ 的板式阀门，试求这个阀门在两个开度（$e/d = 0.125$，$e/d = 0.5$）情况下的等值长度 l'。该管的沿程阻力系数 $\lambda = 0.03$。

第**9**章

量纲分析与相似原理 ▶▶

实验研究是科学研究中的主要方法之一。流体力学实验研究是指用人为控制的方法对所要研究的流动现象或过程进行观察和测量，其目的是：①重复实现和观察某流动现象或过程，以便获得充分的感性认识和掌握其物理本质；②测量有关的物理量，从中找出这些物理量之间带规律性的关系；③验证理论分析或数值计算的结果，检验设计和施工方案的可行性。实验方法分原型实验和模型实验两种，前者可直接得出反映实际流动的规律性结果，但往往受到原型尺寸过大、过小或流动过于复杂难于控制和测量的限制；实验室中的流体力学实验通常以后者为主。本章主要讨论进行流体力学模型实验时应遵循的相似原理和准则，及推导相似准则的理论基础和方法。

在相似原理和准则的指导下，模型实验将尺寸过大的原型缩小，将尺寸过小的原型放大，将过于复杂的原型简化，以便于在实验室内进行有效控制下的实验观察和测量。这种研究方法至少有如下优点：①减少原型实验的费用。如果直接对飞机、船舶、桥梁、建筑物、流体机械等原型进行实验，需耗费巨大的资金、人力和物力，而且这些原型往往是设计中的对象，因此无法进行原型实验。②简化实验过程。模型实验根据相似原理中的相似准则数来设计和组织实验，相似准则数是多个相关物理量的组合量，在模型实验中按相似准则数实现过程控制和测量，可大大减少实验次数，显著提高工作效率。③科学地表达实验结果。按无量纲的相似准则数整理和表达实验数据，可使实验曲线更具有代表性和适用性，有利于将模型实验结果推广应用到原型中去。

量纲分析是确定相似准则的一种主要方法。它通过揭示物理量量纲之间存在的内在联系，对物理现象作定性或半定量分析。量纲分析法不仅用于指导模型实验，而且为理论分析提供重要信息，是研究新现象、开发新领域中行之有效的分析手段，广泛应用于包括流体力学在内的许多学科领域中。

9.1 量纲与物理方程的量纲齐次性

9.1.1 物理量的类别和量纲

任何物理量都包括大小和类别两个方面。物理量的大小可以用相应的单位表示，单位的大小由人为规定。建立物理系统的单位制时，只要对少数几个彼此独立的物理量规定相应的单位，称为基本量（单位）；其他量可根据物理关系和定理导出，称为导出量（单位）。

物理量（单位）的类别称为量纲，表示物理量的物理属性，可用 dim 表示。秒、分、小时等不同的计时单位同属时间类；厘米、米、公里等同属长度类；毫克、克、千克等同属质量类；度（摄氏）、开尔文等同属温度类，等等。基本量的量纲称为基本量纲，任何导出量的量纲均可用基本量纲的幂次表示，称为量纲幂次式。虽然物理量的类别与单位制无关，但量纲幂次式只有在确定的单位制中才有意义。在不同的单位制中，由于基本量的量纲不同，导出量的量纲幂次式是不同的。在国际单位制中基本量纲记为

$$\mathrm{dim}\ \ m=\mathrm{M}, \qquad \mathrm{dim}\ \ l=\mathrm{L}, \qquad \mathrm{dim}\ \ t=\mathrm{T}$$

表 9-1 中列举了国际单位制中的导出量的量纲。

表 9-1 导出量量纲 （SI）

常用量		
速度、加速度	$\mathrm{dim}\ \ V=\mathrm{LT}^{-1}$	$\mathrm{dim}\ \ g=\mathrm{LT}^{-2}$
体积流量、质量流量	$\mathrm{dim}\ \ Q=\mathrm{L}^3\mathrm{T}^{-1}$	$\mathrm{dim}\ \ m=\mathrm{MT}^{-1}$
密度、重度	$\mathrm{dim}\ \ \rho=\mathrm{ML}^{-3}$	$\mathrm{dim}\ \ \rho g=\mathrm{ML}^{-2}\mathrm{T}^{-2}$
力、力矩	$\mathrm{dim}\ \ F=\mathrm{MLT}^{-2}$	$\mathrm{dim}\ \ L=\mathrm{ML}^2\mathrm{T}^{-2}$
压强、应力、弹性模量	$\mathrm{dim}\ \ p=\mathrm{dim}\ \ \tau=\mathrm{dim}\ \ K=\mathrm{ML}^{-1}\mathrm{T}^{-2}$	
黏度、运动黏度	$\mathrm{dim}\ \ \mu=\mathrm{ML}^{-1}\mathrm{T}^{-1}\ \ \mathrm{dim}\ \ \upsilon=\mathrm{L}^2\mathrm{T}^{-1}$	
其他量		
角速度、角加速度	$\mathrm{dim}\ \ \omega=\mathrm{T}^{-1}$	$\mathrm{dim}\ \ \omega=\mathrm{T}^{-1}$
应变率	$\mathrm{dim}\ \ \varepsilon_{xx}=\mathrm{dim}\ \ \gamma=\mathrm{T}^{-1}$	
惯性矩、惯性积	$\mathrm{dim}\ \ I_x=\mathrm{dim}\ \ I_{xy}=\mathrm{L}^4$	
动量、动量距	$\mathrm{dim}\ \ P=\mathrm{MLT}^{-1}$	$\mathrm{dim}\ \ L=\mathrm{ML}^2\mathrm{T}^{-1}$
能量、功、热能	$\mathrm{dim}\ \ E=\mathrm{dim}\ \ W=\mathrm{dim}\ \ Q=\mathrm{ML}^2\mathrm{T}^{-2}$	
功率	$\mathrm{dim}\ \ W=\mathrm{ML}^2\mathrm{T}^{-3}$	
表面张力系数	$\mathrm{dim}\ \ \sigma=\mathrm{MT}^{-2}$	
比定压（容）热容	$\mathrm{dim}\ \ c_p=\mathrm{dim}\ \ c_V=\mathrm{L}^2\mathrm{T}^{-2}\ominus^{-1}$	
热导率	$\mathrm{dim}\ \ k=\mathrm{MLT}^{-3}\ominus^{-1}$	
比熵	$\mathrm{dim}\ \ S=\mathrm{ML}^2\mathrm{T}^{-2}\ominus^{-1}$	
比焓、内能	$\mathrm{dim}\ \ h=\mathrm{dim}\ \ e=\mathrm{L}^2\mathrm{T}^{-1}\ominus^{-1}$	

注：$\ominus$ 为温度量纲。导数和积分的量纲为 $\mathrm{dim}\ \dfrac{\mathrm{d}y}{\mathrm{d}x}=\mathrm{dim}\ \dfrac{y}{x}$，$\mathrm{dim}\ \dfrac{\mathrm{d}^2y}{\mathrm{d}x^2}=\mathrm{dim}\ \dfrac{y}{x^2}$，$\mathrm{dim}\displaystyle\int_a^b y\ \ \mathrm{d}x=\mathrm{dim}\,yx$。

9.1.2 量纲齐次性原理

只有同类的物理量才可以相互比较其大小，这是科学研究中的共识。若用量纲表示物理量的类别，则被比较的物理量必须量纲相同，被称为量纲一致性原则。物理方程描述同类物理量（如力、动量、功、能量等）之间的定量关系，若将物理方程中的各项均用基本量纲的量纲幂次式表示，则各项的基本量纲必须齐次，称为物理方程的量纲齐次性原理。以单位体积流体沿流线运动的伯努利方程为例：

$$\frac{1}{2}\rho v^2+\rho gz+p=常数（沿流线） \tag{9-1}$$

上式左边各项分别表示单位体积流体的动能、位置势能和压强势能，方程右边的常数为

总机械能值。用量纲幂次式表示

$$\text{dim} \quad \frac{1}{2}\rho v^2 = (ML^{-3})(LT^{-1})^2 = ML^{-1}T^{-2}$$

$$\text{dim}(\rho gz) = (ML^{-3})(LT^{-2})L = ML^{-1}T^{-2}$$

$$\text{dim} \quad p = ML^{-1}T^{-2}$$

可以断定，方程右边的常数是有量纲的常数，而且其量纲幂次式为

$$\text{dim}(常数) = ML^{-1}T^{-2}$$

量纲齐次性原理表明，在一流动过程中各相关物理量可组成若干个量纲齐次的组合量，这些组合量之间的关系反映了该流动过程中各物理量在量纲上的相互制约关系，这是可以对任一流动过程中相关物理量做量纲分析的物理基础。

既然物理方程是量纲齐次的，必可以将其化为无量纲形式，避开物理量大小和单位的牵制，使其更具一般性。例如在重力影响可以忽略的不可压缩无黏性流体的定常流动中，由式(9-1)可得

$$\frac{1}{2}\rho v^2 + p = \frac{1}{2}\rho v_0^2 + p_0 （沿流线）$$

v_0，p_0 为参考点上的速度和压强，将上式化为无量纲形式

$$\frac{p - p_0}{\frac{1}{2}\rho v_0^2} = 1 - \frac{v^2}{v_0} \tag{9-2}$$

上式左边就是无量纲的压强系数 C_p，在流场中它仅取决于各点的无量纲速度 $v* = v/v_0$。将式(9-2)用于不可压缩无黏性流体绕圆柱的定常流动时，可得到在任何大小的圆柱表面上均相同的压强系数分布式。

将式(9-2)用于直圆管流动时，式中的速度可用平均速度 v 表示。由连续性方程

$$\frac{v}{v_0} = \frac{A_0}{A} = \frac{d_0^2}{d}$$

下标 0 表示特征量，式(9-2) 可化为

$$\frac{p - p_0}{\frac{1}{2}\rho v_0^2} = 1 - \frac{d^4}{d_0} \tag{9-3}$$

上式表明不可压缩无黏性流体沿直径改变的直圆管中做定常流动时，任一截面上的压强系数仅由该截面的无量纲管径决定。一般意义上的流体运动方程无量纲化将在 9.4 中做进一步讨论。

9.2 量纲分析与 π 定理

量纲分析法主要用于分析物理现象中的未知规律，通过对有关的物理量做量纲幂次分析，将它们组合成无量纲形式的组合量，用无量纲参数之间的关系代替有量纲的物理量之间的关系，揭示物理量之间在量纲上的内在联系，降低变量数目，用于指导理论分析和实验研究。量纲分析的概念最早可追溯到欧拉（1765）和傅里叶（J. Fourier，1822），明确提议将量纲分析作为一种分析方法的是瑞利（1877），而奠定量纲分析理论基础的是布金汉

（E. Buckingham，1914），他提出了 π 定理，又称为布金汉 π 定理。

9.2.1　π 定理

布金汉的 π 定理描述了在任一物理过程或物理方程中所有相关的有量纲物理量与相应的无量纲参数之间在数量上和量纲上的关系。定理可分为两部分：第一部分说明可组成多少个独立的无量纲参数；第二部分说明如何确定每一个无量纲参数。

① 若一个方程包含了 n 个物理量，每个物理量的量纲均由 r 个独立的基本量纲组成，则这些物理量可以并只可以组合成 $n-r$ 个独立的无量纲参数，称为 π 数。

例如在流体力学中独立的基本量有 4 个：M、L、T、$\ominus$，若不考虑温度效应则一般指前三个，即 $r=3$。设某流动过程可用 n 个物理量描述，如 x_1，x_2，…，x_n；按 π 定理这 n 个物理量可以并只可以合成 $n-3$ 个独立的 π 数。

② 选择 r 个独立的物理量为基本量，将其余 $n-r$ 个物理量作为导出量，依次同基本量做组合量纲分析，可求得相互独立的 $n-r$ 个 π 数。

设原来的方程为

$$x_1 = \phi(x_2, x_3, \cdots, x_n) \tag{9-4}$$

经过量纲分析后，由相互独立的 $n-r$ 个 π 数组成新的方程

$$\pi_1 = f(\pi_2, \pi_3, \cdots, \pi_{n-r}) \tag{9-5}$$

9.2.2　量纲分析法

（1）量纲分析法一般步骤

分析圆球在静止黏性流体中运动时所受到的阻力是一个具有理论和实际意义的经典问题，但至今为止还没有获得完整的解析解（虽然有不同近似程度的数值解），因为在不同的运动速度阶段阻力规律是不同的，特别是尾部分离区对阻力的影响是一个尚不能完全用解析方法分析的复杂问题。前人对此做过大量实验，积累了完整的实验曲线。这里以光滑圆球在黏性流体中的运动阻力为例说明量纲分析法的一般步骤。

第 1 步，列举所有相关的物理量。

在本例中相关的物理量包括：F_D（阻力），ρ（流体密度），v（圆球速度）、d（圆球直径）和 μ（流体黏度），共 5 个量，组成关系式

$$F_D = (\rho, v, d, \mu) \tag{9-6}$$

第 2 步，选择包含不同基本量纲的物理量为基本量（或称为重复量，取 3 个）。

在本例中 ρ 包含质量量纲，v 包含时间量纲，d 包含长度量纲，它们互相独立，可选择为基本量。

第 3 步，将其余的物理量作为导出量，分别与基本量的幂次式组成 π 表达式。

在本例中导出量有 $5-3=2$ 个，即 F_D 和 μ，它们的 π 表达式分别为

$$\pi_1 = \rho^{a_1} v^{b_1} d^{c_1} F_D$$

$$\pi_2 = \rho^{a_2} v^{b_2} d^{c_2} \mu$$

第 4 步，用量纲幂次式求解每个 π 表达式中的指数，组成 π 数。

在本例中 π_1 的量纲幂次式为

$$M^0 L^0 T^0 = (ML^{-3})^{a_1} (LT^{-1})^{b_1} L^{c_1} (MLT^{-2})$$

$$M: a_1 + 1 = 0$$

指数相等的方程为 $L: -3a_1 + b_1 + c_1 + 1 = 0$

$$T: -b_1 - 2 = 0$$

解得 $a_1 = -1$，$b_1 = -2$，$c_1 = -2$

π_1 数为

$$\pi_1 = \frac{F_D}{\rho v^2 d^2} = C_D \quad (C_D \text{ 称为阻力系数})$$

π_2 的量纲幂次式为

$$M^0 L^0 T^0 = (ML^{-3})^{a_2} (LT^{-1})^{b_2} L^{c_2} (ML^{-1}T^{-1})$$

指数相等的方程为 $M: a_2 + 1 = 0$

$$L: -3a_2 + b_2 + c_2 - 1 = 0$$

$$T: -b_2 - 1 = 0$$

解得：$a_2 = -1$，$b_2 = -1$，$c_2 = -1$

π_2 数为

$$\pi_2 = \frac{\mu}{\rho v d} = \frac{1}{Re} \quad (Re \text{ 为雷诺数})$$

第 5 步，用 π 数组成新的方程。

$$\pi_1 = f(\pi_2)$$

即

$$C_D = \frac{F_D}{\rho v^2 d^2} = f(Re) \tag{9-7}$$

或

$$F_D = \rho v^2 d^2 f(Re) \tag{9-8}$$

（2）简要说明

在上例中原来有 5 个物理量，若通过实验确定阻力 F_D 与另 4 个物理量之间的函数关系中，按每个物理量改变 10 次获得一条实验曲线计算共需 10^4 次实验，并且其中要分别改变 10 次 ρ 和 μ，实际上很难实现。现在经过量纲分析后减少为 2 个无量纲参数 C_D 和 Re，为确定其函数关系 f，只要做 10 次实验即可，而且可以让 ρ、d、μ 均不变，仅改变速度 v 便可实现，大大减少了实验的次数和费用，简化了过程。实验结果可用 C_D-Re 曲线表示，即反映阻力系数与雷诺数的关系，具有普适性。

量纲分析看起来简洁明了，要正确应用却并不容易，关键在于第一步，即正确选择有关的物理量。若遗漏了必需的物理量，将导致错误的结果，而若引入无关的物理量，将使分析复杂化。要正确选择物理量，需掌握必要的流体力学知识和对流动有丰富的感性认识，并具有一定的量纲分析经验。

【例 9-1】 粗糙管黏性流动：量纲分析法。

设不可压缩牛顿黏性流体在一内壁粗糙的直圆管中做定常流动，试用量纲分析法分析沿管道的压强降低与相关物理量的关系。

解：按量纲分析法一般步骤：

① 列举物理量。设本例中有关物理量为 Δp（压强降低），v（平均速度），d（圆管直径），ε（壁面粗糙度，即壁面上粗糙凸起的平均高度），ρ（流体密度），μ（流体的黏度），l（管长度），共 7 个，组成关系式为：

$$\Delta p = (\rho, v, d, \mu, \varepsilon, l) \tag{a}$$

② 选择基本量（3 个）：ρ，v，d。

③ 列 π 表达式（应该有 $7-3=4$ 个，本步与下一步合并）。

④ 求解 π 数

π_1：
$$\pi_1 = \rho^a v^b d^c \Delta p$$
$$M^0 L^0 T^0 = (ML^{-3})^a (LT^{-1})^b L^c (ML^{-1}T^{-2})$$
$$M: a+1=0$$
$$L: -3a+b+c-1=0$$
$$T: -b-2=0$$

解得：$a=-1$，$b=-2$，$c=0$

$$\pi_1 = \frac{\Delta p}{\frac{1}{2}\rho v^2} = Eu \quad （欧拉数，1/2 是人为加上去的）$$

π_2：
$$\pi_2 = \rho^a v^b d^c \mu$$
$$M^0 L^0 T^0 = (ML^{-3})^a (LT^{-1})^b L^c (ML^{-1}T^{-1})$$
$$M: a+1=0$$
$$L: -3a+b+c-1=0$$
$$T: -b-1=0$$

解得：$a=b=c=-1$

$$\pi_2 = \frac{\mu}{\rho v d} = \frac{1}{Re} \quad （雷诺数）$$

π_3：　$\pi_3 = \rho^a v^b d^c \varepsilon$
$$M^0 L^0 T^0 = (ML^{-3})^a (LT^{-1})^b L^c L$$

解得：$a=b=0$，$c=-1$

$$\pi_3 = \frac{\varepsilon}{d} \quad （相对粗糙度）$$

π_4：　　　　　　　$\pi_4 = \rho^a v^b d^c l$

$$\pi_4 = \frac{l}{d} \quad （几何比数）$$

⑤ 列 π 数方程

$$\pi_1 = f(\pi_2, \pi_3, \pi_4) \tag{b}$$

即
$$\frac{\Delta p}{\frac{1}{2}\rho v^2} = f\left(Re, \frac{\varepsilon}{d}, \frac{l}{d}\right) \tag{c}$$

或
$$\Delta p = \frac{1}{2}\rho v^2 f\left(Re, \frac{\varepsilon}{d}, \frac{l}{d}\right) \tag{d}$$

【**例 9-2**】　三角堰流量计：量纲分析解与解析解比较不可压缩流体在重力作用下，从三角堰中定常泄流（如图所示）。试用量纲分析法求泄流量的表达式，并与解析解做比较。

解：① 列举物理量。本例中忽略黏性影响，有关物理量分别为 Q（流量）、ρ（流体密度）、g（重力加速度）、h（水位高）、α（孔口角）共 5 个，组成关系式为

$$Q = (\rho, g, h, \alpha) \tag{a}$$

② 选择基本量（3 个）：ρ，g，h。

③ 列 π 表达式（2 个）并求解 π 数

$$\pi_1 = p^a g^b h^c Q$$

$$M^0 L^0 T^0 = (ML^{-3})^a (LT^{-2})^b L^c (L^3 T^{-1})$$

M：$a = 0$

L：$-3a + b + c + 3 = 0$

T：$-2b - 1 = 0$

解得：$a = 0$，$b = -\dfrac{1}{2}$，$c = -\dfrac{5}{2}$

$$\pi_1 = \frac{Q}{h^{52} g^{12}}$$

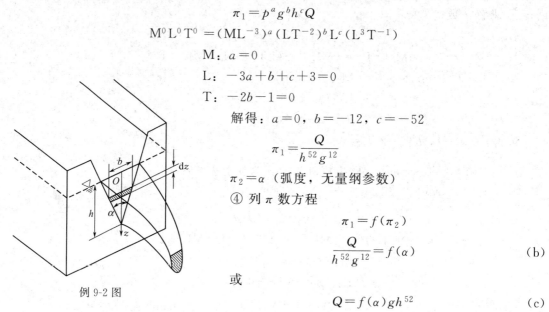

$\pi_2 = \alpha$（弧度，无量纲参数）

④ 列 π 数方程

$$\pi_1 = f(\pi_2)$$

$$\frac{Q}{h^{52} g^{12}} = f(\alpha) \tag{b}$$

或

$$Q = f(\alpha) g h^{52} \tag{c}$$

例 9-2 图

讨论：量纲分析结果表明 Q 与 ρ 无关（尽管 ρ 列入有关物理量序列中），与 h 成 52 次方关系。该结果与解析解一致，解析式为

$$Q = \frac{8}{15}\sqrt{2g} f(\alpha) h^{52}$$

在未得到解析解的情况下，只要根据式(c) 在保证 h 不变的条件下改变 α 若干次，分别测量 Q 值，可得 $f(\alpha)$ 的经验式。事实上对一孔口角已确定的三角堰，式(c) 已明确地表达了 Q 与 h 的理论关系，需要做的仅仅是通过实验对该理论结果做黏性校正和流量标定，在这里量纲分析结果与解析解起同样的作用。

9.3 流动相似与相似准则

9.3.1 流动相似

"相似" 概念来源于几何学。例如平面上由 4 条首尾相接、互相垂直的直线段构成的封闭图形，虽形状各异，都属于同一种类型：矩形。若两个矩形的对应边成比例（图 9-1），则称它们的几何形状相似，简称几何相似，k_1 称为几何比数。

$$\frac{l}{l'} = \frac{h}{h'} = k_1 \tag{9-9}$$

物理学（包括流体力学）中的相似概念是几何相似的引申，由于影响物理现象的因素众多，其相似内容比几何学要丰富得多。把遵循同一物理方程的物理现象称为同类型现象，把其中相应物理量成比例的一组现象称为相似现象。在流体力学中相似现象除了几何相似外，还有时间相似、运动相似和动力相似等。

例如在图 9-2 中所示的原型机翼绕流流场和模型机翼绕流流场（模型中的量用撇表示），要使该两个流场相似必须保证：

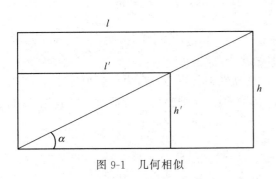

图 9-1 几何相似

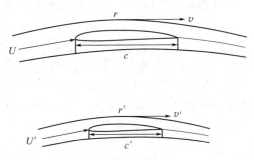

图 9-2 运动相似

① 几何相似，即所有对应尺度（包括流动空间内和边界上）成比例。

$$\frac{r}{r'} = \frac{s}{s'} = \frac{c}{c'} = k_1 （几何比数） \tag{9-10}$$

并且所有对应的方向相同，对应线段的夹角和方位相同。

② 时间相似，即所有对应的时间间隔成比例。

$$\frac{t_i}{t'_i} = k_t （时间比数） \tag{9-11}$$

③ 运动相似，即所有对应点上的速度（加速度）方向一致，大小成比例。

$$\frac{v}{v'} = \frac{V}{V'} = k_v （速度比数） \tag{9-12}$$

④ 动力相似，即所有对应点上的对应力方向一致，大小成比例。在流场中有惯性力 F_i，黏性力 F_v，重力 F_g，压力 F_p，阻力 F_D 等，对应力成比例。

$$\frac{F_i}{F'_i} = k_F （动力比数） \tag{9-13}$$

由于流场中影响不同类型的力的因素很多，要和所有对应力成同一比例往往难以达到，通常只要求起主要作用的力成比例。以上 4 个相似条件并不是独立的，满足几何相似和时间相似后必满足运动相似，反之亦然；满足几何相似和动力相似后，按牛顿运动定律也应满足运动相似。确定流动相似的原理将在 9.6 中讨论。

9.3.2 相似准则

相似的矩形具有共同的性质，例如对角线与边的夹角均为 $\alpha = \arctan h/l$，只要分析其中一个矩形的性质，就可推广到其他相似的矩形上去。将式（9-9）调整一下

$$\frac{l}{h} = \frac{l'}{h'} = l^*$$

上式表明所有相似矩形的长宽比均相等，长宽比代表了矩形的基本特征，可作为矩形相似的判据，或称为矩形的相似准则。长宽比值 l^* 是一个无量纲量，称为矩形的相似准则数。相似的矩形必具有相同的相似准则数。若将宽度 h 或 h' 作为特征长度，l^* 也称为矩形的无量纲边长。

类似地，对流场也可引入相似准则。在流场几何相似中，以弦翼长 c 或 c' 为特征尺度，

$$\frac{r}{c} = \frac{r'}{c'} = r^* , \quad \frac{s}{c} = \frac{s'}{c'} = s^*$$

式中，r^* 和 s^* 称为几何相似准则数或无量纲尺度。

在流场运动相似中，若取来流速度 U 为特征速度，由式（9-12）可得

$$\frac{v}{U}=\frac{v'}{U'}=v^*$$

式中，v^* 称为运动相似准则数，或无量纲速度。

由于惯性力代表了保持原有流动状态的力，而黏性力、重力、压力、阻力等代表了试图改变原有流动状态的外力，因此在流场的动力相似中通常选惯性力为特征力，将其他力与惯性力相比，由式（9-13）可得

$$\frac{F_v}{F_i}=\frac{F_v'}{F_i'}=F_v^* \qquad \frac{F_g}{F_i}=\frac{F_g'}{F_i'}=F_g^*,\ \cdots$$

上式中 F_v^*，F_g^* 等称为动力相似准则数，或无量纲力。

9.4 相似准则数的确定

对于不同的流动问题，决定流场相似的动力相似准则数各不相同，确定动力相似准则数的方法有 3 种：量纲分析法、方程分析法和物理法则分析法。下面结合不可压缩黏性流体的流动（$r=3$）为例分别介绍这 3 种方法。

（1）量纲分析法

量纲分析法又称为因次分析法或参数分析法，在 9.2 中已做过详细介绍。对不可压缩黏性流体的流动，有关的物理量为 ρ（流体密度）、v（速度）、l（特征长度）、μ（流体黏度）、g（重力加速度）、Δp（压强差）、ω（脉动角频率）共 7 个，根据 π 定律可组成 4 个独立的 π 数。若取 ρ、v、l 为基本量，可得

$$\pi_1=\frac{\rho v l}{\mu}=Re（雷诺数，\text{Reynolds}） \tag{9-14a}$$

$$\pi_2=\frac{v^2}{gl}=Fr^2（弗劳德数，\text{Froude}） \tag{9-14b}$$

$$\pi_3=\frac{\Delta p}{\rho v^2}=Eu（欧拉数，\text{Euler}） \tag{9-14c}$$

$$\pi_4=\frac{\omega l}{v}=Sr（斯特劳哈尔数，\text{Strouhal}） \tag{9-14d}$$

量纲分析法原则上适用于未知物理方程的任何流动现象和过程，是确定相似准则数的最常用的方法。主要缺点是对复杂流动不易选准物理量，难于区分量纲相同但物理意义不同的量，得到的相似准则数的物理意义不够明确。

（2）方程分析法

根据物理方程的量纲齐次性原理可以对方程进行无量纲化，方法是对各类物理量均引入相应的特征物理量，将物理量化为无量纲量，代入原方程后将方程化为无量纲形式，由特征物理量组成的无量纲量就是相似准则数。不可压缩黏性流动遵循 N-S 方程，以 x 方向的投影式为例，方程可写成

$$\frac{\partial u}{\partial t}+u\frac{\partial u}{\partial x}+v\frac{\partial u}{\partial y}+w\frac{\partial u}{\partial z}=f_x-\frac{1}{\rho}\frac{\partial p}{\partial x}+\frac{\mu}{\rho}\frac{\partial^2 u}{\partial x^2}+\frac{\partial^2 u}{\partial y^2}+\frac{\partial^2 u}{\partial z^2} \tag{9-15}$$

引入特征速度 v，特征长度 l，特征压强 p_0，特征质量力 g，特征时间 ω，各类物理量

可化为无量纲量为

$$u^* = \frac{u}{v}, \quad v^* = \frac{v}{v}, \quad w^* = \frac{w}{v};$$

$$x^* = \frac{x}{l}, \quad y^* = \frac{y}{l}, \quad z^* = \frac{z}{l};$$

$$f_x^* = \frac{f_x}{g}, \quad p^* = \frac{p}{p_0}, \quad t^* = l\omega;$$

代入式(9-15)后整理得

$$\frac{l\omega}{v} \times \frac{\partial u^*}{\partial t^*} + u^* \frac{\partial u^*}{\partial x^*} + v^* \frac{\partial u^*}{\partial y^*} + w^* \frac{\partial u^*}{\partial z^*}$$

$$= \frac{lg}{v^2} f_x^* - \frac{p_0}{\rho v^2} \times \frac{\partial p^*}{\partial x^*} + \frac{\mu}{\rho v l} \times \frac{\partial^2 u^*}{\partial x^{*2}} + \frac{\partial^2 u^*}{\partial y^{*2}} + \frac{\partial^2 u^*}{\partial z^{*2}} \tag{9-16}$$

上式中出现的无量纲系数分别为 Sr、Fr、Eu 和 Re 数。式(9-16)中各项（从左到右）分别代表作用在单位质量流体元上的不定常惯性力（系数为 Sr）、迁移惯性力（系数为 l）、重力（系数为 Fr）、压力（系数为 Eu）和黏性力（系数为 Re），因此 4 个相似准则数分别代表了各种力与迁移惯性力的量级比值。例如

$$Re = \frac{\rho v l}{\mu} = \frac{惯性力}{黏性力} \tag{9-17a}$$

$$Fr^2 = \frac{v^2}{lg} = \frac{惯性力}{重力} \tag{9-17b}$$

$$Eu = \frac{p_0}{\rho v^2} = \frac{压力}{惯性力} \tag{9-17c}$$

$$Sr = \frac{\omega l}{v} = \frac{不定常惯性力}{迁移惯性力} \tag{9-17d}$$

方程分析法只适用于物理方程已知的流动现象，通过方程分析法导出的相似准则数物理意义明确。同时，无量纲形式的 N-S 方程式(9-16)还表明，对不同尺度的两个不可压缩黏性流体流场，只要相应的特征物理量组成的相似准则数数值相等，这两个流场遵循同一个无量纲方程，各种力与迁移惯性力量级的对应比值均相等，称这两个流场是动力学相似的。

（3）物理法则分析法

从方程分析法推导的无量纲形式方程式(9-16)中得到启示，可以用流场中的特征物理量的组合表示作用在流体元上的各种力的量级。当控制流动的物理方程未知时，可根据物理法则或定律用特征物理量表示各种力的量级，由这些力的量级比值构成相似准则数，这种方法称为物理法则分析法或定律分析法。例如设流体元的质量为 δm，速度为 v，沿流线运动的迁移加速度和不定常加速度分别为 $v \dfrac{\partial v}{\partial s}$ 和 $\dfrac{\partial v}{\partial t}$，压强差为 Δp，流线法向的速度梯度为 $\dfrac{\partial v}{\partial n}$，相应的特征物理量为 ρ，v，l，μ，g，Δp 和 ω。根据牛顿运动定律，迁移惯性力为

$$F_i = (\delta m) v \frac{\partial v}{\partial s} \propto \rho l^3 v^2 l = \rho v^2 l^2$$

不定常惯性力为

$$F_{it} = (\delta m) \frac{\partial v}{\partial t} \propto \rho l^3 v \omega$$

重力为

$$F_g = (\delta m) g \propto \rho l^3 g$$

类似地，根据牛顿黏性定律和压强公式可得

黏性力为

$$F_v = \mu \frac{\mathrm{d}v}{\mathrm{d}n} \delta A \propto \mu v l$$

压差力为

$$F_p = \Delta p \delta A \propto \Delta p l^2$$

按式（9-17）规定的力的量级比值可得

$$Re = \frac{\rho v^2 l^2}{\mu v l} = \frac{\rho v l}{\mu}, \quad Fr^2 = \frac{\rho v^2 l^2}{\rho l^3 g} = \frac{v^2}{lg}$$

$$Eu = \frac{\Delta p l^2}{\rho v^2 l^2} = \frac{\Delta p}{\rho v^2}, \quad Sr = \frac{\rho l^3 v \omega}{\rho v^2 l^2} = \frac{l\omega}{v}$$

以上结果与式（9-14）和式（9-17）完全一致。

与前两种分析方法相比，物理法则分析法导出的相似准则数与方程分析法一样具有明确的物理意义，虽然推导过程没有方程分析法严密，却可以应用于未知物理方程的流动现象，并可帮助量纲分析法解释导出结果的物理意义。凡是未知物理方程，已知遵循的主要物理定律或公式的流动现象，均可用物理法则法做分析。

应该指出，一个物理现象中的相似准则数的形式不是唯一的，根据需要可变换形式。例如组合式（9-14）中的 π_1 和 π_4 可得

$$\pi_5 = \frac{\text{不定常惯性力}}{\text{黏性力}} = \pi_1 \pi_4 = \frac{\rho v l}{\mu} \times \frac{l\omega}{v} = \frac{\rho \omega l^2}{\mu} = Wo^2$$

Wo 称为沃默斯利数，常用于分析黏性流体脉动流。

【例 9-3】 Ma 数和 We 数：物理法则法。

气体高速运动时气体压缩性成为重要属性，压缩性可用气体的体积弹性模量 K 表示；在毛细管测压计中液面上的表面张力不容忽视，单位长度上的表面张力为 σ（表面张力系数）。试用物理法则法导出（1）马赫数 Ma；（2）韦伯数 We。

解：（1）体积弹性模量 K 定义为压强差与气体体积相对压缩量之比，设压强作用面积为 δA，按物理法则法（设特征长度为 l）

$$\text{压缩力} = K \delta A \propto K l^2$$

$K = \rho c^2$，c 为声速。马赫数 Ma 定义为惯性力与压缩力之量级比。

$$Ma^2 = \frac{\text{惯性力}}{\text{压缩力}} = \frac{\rho v^2 l^2}{K l^2} = \frac{\rho v^2 l^2}{\rho c^2 l^2} = \frac{v^2}{c^2}$$

$$Ma = \frac{v}{c}$$

（2）按表面张力系数的定义，表面张力 $= \sigma l$。韦伯数定义为惯性力与表面张力之量级比。

$$We = \frac{\text{惯性力}}{\text{表面张力}} = \frac{\rho v^2 l^2}{\sigma l} = \frac{\rho v^2 l}{\sigma}$$

9.5 常用的相似准则数

（1）Re 数（雷诺数）

Re 数为纪念英国工程师雷诺而命名，定义为

$$Re = \frac{\rho v l}{\mu} \tag{9-18}$$

式中，l 为特征长度，对圆管内的流动取为管直径，对钝体绕流取绕流截面宽度，对平板边界层取离前缘的距离等；v 为特征速度，对圆管流动取管截面上平均速度，对钝体绕流取来流速度，对平板边界层取外流速度等；ρ 和 μ 为流体的属性。

Re 数表示惯性力与黏性力之量级比，是描述黏性流体运动的最重要的无量纲参数；根据雷诺数的大小可判别黏性流体运动的性质。例如当 $Re=1$ 时称为蠕流，流动中黏性力占主导地位而惯性力可以忽略不计，物体在蠕流中运动时阻力与流体密度无关；当外流 $Re \gg 1$ 时称为大雷诺数流动，除了边界层外整个外流可按无黏性流体处理。在圆管流动中 $Re=2300$ 成为层流与湍流两种流态的分界，而在平板边界层内大约 $Re=5 \times 10^5$ 成为层流边界层和湍流边界层的分界。

（2）Fr 数（弗劳德数）

Fr 数为纪念英国船舶工程师弗劳德而命名，定义为

$$Fr = \frac{v}{g l} \tag{9-19}$$

式中，l 为特征长度，对水面船舶取船长，对明渠流取水深；v 为特征速度，对水面船舶取船舶速度，对明渠流取截面上平均流速；g 为重力加速度。

Fr 数表示惯性力与重力之量级比，是描述具有自由液面的液体流动时最重要的无量纲参数。当模拟水面船舶的运动和明渠流中的水流时，Fr 数是必须考虑的相似准则数。

（3）Eu 数（欧拉数）

Eu 数为纪念瑞士数学家欧拉而命名，定义为

$$Eu = \frac{p}{\rho v^2} \tag{9-20}$$

式中，p 可以是某一点的压强，也可以是两点的压强差；v 为特征速度；ρ 为流体密度。

Eu 数表示压力（或压差力）与惯性力之量级比。在描述压强差时，Eu 数常称为压强系数，习惯上表示为

$$C_p = \frac{\Delta p}{\frac{1}{2} \rho v^2} \tag{9-21}$$

当在液体流动中局部压强低于当地蒸气压强 p_v 时将，发生空化效应或空蚀现象，Eu 数又称为空泡数或空蚀系数，表示为

$$\sigma = \frac{p - p_v}{\frac{1}{2} \rho v^2} \tag{9-22}$$

（4）Sr 数（斯特劳哈尔数）

Sr 数为纪念捷克物理学家斯特劳哈尔（V. Strouhal）而命名，他在研究风吹过电线发出鸣叫声时发现此数。Sr 数定义为

$$Sr = \frac{l \omega}{v} \tag{9-23}$$

式中，l 为特征长度，如电线或圆柱的直径，v 为特征速度，ω 为脉动角频率。

Sr 数表示不定常惯性力与迁移惯性力之量级比，在研究不定常流动或脉动流时，Sr 数成为重要的相似准则数。例如圆柱绕流后部的卡门涡街从圆柱上交替释放的频率可用 Sr 数描述。另一个描述黏性流体脉动流的无量纲参数是沃默斯利数 Wo，为纪念英国数学家沃默斯利（J. Womersley）而命名，定义为

$$Wo = l \frac{\omega}{\upsilon} \qquad (9\text{-}24)$$

式中，l 为特征长度，在圆管流动中取管直径或半径；ω 为脉动角频率；υ 为流体的黏度。Wo 数表示不定常惯性力与黏性力之量级比，因此 Wo 数反映了脉动流中黏性的影响，Wo 数有时也称为频率参数。

（5）Ma 数（马赫数）

Ma 数为纪念奥地利物理学家马赫而命名，定义为

$$Ma = \upsilon c \qquad (9\text{-}25)$$

式中，υ 为流体速度；c 为当地声速。

Ma 数表示了惯性力与压缩力之量级比，主要用于以压缩性为重要因素的气体流动（$Ma > 0.3$）。$0.3 < Ma < 1$ 表示气体的速度小于声速（亚声速），$Ma = 1$ 表示气体速度等于声速（跨声速），$Ma > 1$ 表示气体速度大于声速（超声速），三种流动的气体动力学性质有很大差别。

（6）We 数（韦伯数）

We 数为纪念德国机械专家韦伯（M. Weber）而命名，定义为

$$We = \frac{\rho \upsilon^2 l}{\sigma} \qquad (9\text{-}26)$$

式中，σ 为液体的表面张力系数；l 为与表面张力有关的特征长度；υ 为特征速度；ρ 为液体密度。

We 数表示惯性力与表面张力之量级比。当研究气液、液液及液固交界面上的表面张力作用时要考虑 We 数的影响，但只有在其他各种力相对比较小时，如液体薄膜流动、毛细管中的液面、小液滴和小气泡表面及微重力环境中 We 数才显得重要。

（7）Ne 数（牛顿数）

Ne 数为纪念伟大的英国物理学家牛顿而命名。Ne 数含义广泛，主要用于描述运动流体产生的阻力、升力、力矩和动力机械的功率等影响，一般可定义为

$$Ne = \frac{F}{\rho \upsilon^2 l^2} \qquad (9\text{-}27)$$

式中，F 为外力，其他量与 Re 数中含义相同。

Ne 数表示外力与流体惯性力之量级比。当 F 为阻力 F_D 时，Ne 数称为阻力系数，表示为

$$C_D = \frac{F_D}{\frac{1}{2}\rho \upsilon^2 l^2} \qquad (9\text{-}28)$$

当 F 为升力 F_L 时，Ne 数称为升力系数

$$C_L = \frac{F_L}{\frac{1}{2}\rho \upsilon^2 l^2} \qquad (9\text{-}29)$$

当描述力矩作用 M 时，Ne 数变为力矩系数

$$C_M = \frac{M}{\frac{1}{2}\rho v^2 l^3} \tag{9-30}$$

当描述动力机械的功率 W 时，Ne 数变为动力系数

$$C_W = \frac{W}{\rho v^3 l^2} = \frac{W}{\rho D^5 n^3} \tag{9-31}$$

式中，D 为动力机械旋转部件的直径；n 为转速。

9.6 模型实验与相似原理

9.6.1 模型实验

（1）什么是模型实验

模型实验通常指用简化的可控制的方法再现实际发生的物理现象的实验。实际发生的现象被称为原型现象，例如飞机机翼运动产生升力，船舶运动产生阻力等。在风洞或船池实验室中用缩小的机翼模型或船舶模型再现原型的升力和阻力，研究决定和影响这些力的各种因素及相互关系，然后将实验结果推算到原型，这就是模型实验。模型实验的侧重点不在于模型本身，而是与模型有关的流动现象，再现的也不是表面现象，而是再现流动现象的物理本质。

（2）为什么要进行模型实验

有的原型过于庞大（如飞机、船舶、桥梁等），对原型直接做实验除了费用浩大外，还难于控制参数，测量困难；有的原型过于微小（如毛细管中的流动）不便观察；有的原型难以捕捉（如龙卷风）等。总之，直接对原型做实验既不经济又不方便，因此就产生了模型实验。

除了科学研究需要模型实验外，在生产设计过程中也需要模型实验。当设计一架新类型的飞机或桥梁时，原型根本还不存在。这时需要按设计和研究者的构思制作模型进行实验，验证设计思想是否合理。在修改设计方案后模型实验也要做相应改变，直至确定最终的原型方案。

并不是所有的流动现象都需要做模型实验。能够做理论分析或数值模拟的流动现象都不必做大量、详尽的模拟实验，因为理论分析或数值模拟比模型实验既省钱又省时。但为了验证理论分析或数值计算结果，必要的模型实验还是需要的。

并不是所有的流动现象都能做模型实验。如果对原型现象缺乏足够的了解，对其中的物理本质缺乏认识时，模型实验往往不能成功，因为此时设计和组织模型实验缺乏可靠的依据。只有对流动现象有充分的认识，并了解支配该现象的主要物理法则，但还不能对其做理论分析或数值模拟的原型最适合做模型实验。

9.6.2 相似原理

如前所述，模型实验要能够从物理本质上再现原型现象，能够将模型实验中测到的物理量换算为原型中相应物理量，这要求模型和原型现象中物理量成对应比例关系，这就是 9.3

中所述的"相似现象"。在相似的流动现象中不仅达到几何相似，还达到运动和动力相似，因此可以将模型实验数据定量地推广到原型。

怎样才能保证两个流动现象相似呢？π 定理指出，描述原型流动现象的方程可化为若干个独立的 π 数的方程

$$\pi_1 = f(\pi_2, \pi_3, \cdots, \pi_n) \tag{9-32}$$

π 数是用相应的物理量按一定的物理法则确定的无量纲量，与具体的几何尺寸、流体属性和运动参数大小无关，因此也适用于相似的模型现象（脚标 m）。

$$\pi_{1m} = f(\pi_{2m}, \pi_{3m}, \cdots, \pi_{nm}) \tag{9-33}$$

当模型设计成

$$\pi_{2m} = \pi_2, \pi_{3m} = \pi_3, \cdots, \pi_{nm} = \pi_n \tag{9-34}$$

由式（9-32）和式（9-33）必有

$$\pi_1 = \pi_{1m} \tag{9-35}$$

这就是模型实验的相似原理。式（9-34）称为相似条件，式（9-35）称为相似结果。

在相似条件中找出支配流动现象的主要条件，该条件中的 π 数是由支配流动现象的主要物理法则导出的相似准则数，称为主相似准则数，或简称为主 π 数。相似理论和实践经验表明：在几何相似的条件下，保证模型和原型现象中的主 π 数相等，就能保证模型和原型现象相似，并使除主 π 数外的其他相关 π 数也相等。例如在黏性力占主导的流动中，Re 数是主 π 数。保证模型和原型中的 Re 数相等，就能保证两者流动相似。

【例 9-4】 矩形板绕流：相似原理。

一块长×宽 $= l \times h$ 的光滑矩形板，迎面在黏度为 μ 的流体中以速度 v 做匀速运动，如图所示。用按一定比例缩小的模型做模型实验，并测量其运动阻力 F_{Dm}。试讨论模型与原型相似的条件和结果。

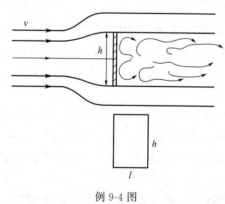

例 9-4 图

解： 设矩形板绕流阻力 F_D 与相关物理量的关系为

$$F_D = f(\rho, \mu, v, l, h)$$

以 ρ、v、h 为基本量，用量纲分析法（参看圆球绕流）可得 π 数方程为

$$C_D = \frac{F_D}{\rho v^2 h^2} = f\left(\frac{\rho v h}{\mu}, \frac{l}{h}\right) \tag{a}$$

式中，$\dfrac{\rho v h}{\mu} = Re_h$ 为主 π 数。式（a）既适用于原型也适用于模型，在模型中

$$\frac{F_{Dm}}{\rho_m v_m^2 h_m^2} = f\left(\frac{\rho_m v_m h_m}{\mu_m}, \frac{l_m}{h_m}\right) \tag{b}$$

根据相似原理，为保证模型和原型的流动相似，必须满足相似条件

$$\frac{\rho_m v_m h_m}{\mu_m} = \frac{\rho v h}{\mu} \tag{c}$$

和

$$\frac{l_m}{h_m} = \frac{l}{h} \tag{d}$$

其中，式(d) 称为几何相似条件，当比例尺确定后，矩形的长和宽按比例缩小。式(c) 称为动力相似条件，当选择实验流体的密度和黏度分别为 ρ_m 和 μ_m 后，由式(c) 确定速度条件 v_m：

$$v_m = \frac{\rho}{\rho_m} \times \frac{\mu_m}{\mu} \times \frac{h}{h_m} v \tag{e}$$

当式(d)、式(e) 均满足后，模型和原型流动达到相似，两者的阻力系数 C_D 必相等，即

$$\frac{F_{Dm}}{\rho_m v_m^2 h_m^2} = \frac{F_D}{\rho v^2 h^2} \tag{f}$$

在模型实验中测得模型的阻力为 F_D，由式(f) 计算原型的阻力为

$$F_D = \frac{\rho}{\rho_m} \times \frac{v^2}{v_m^2} \times \frac{h^2}{h_m^2} F_{Dm} \tag{g}$$

对某一长、宽为 l_1、h_1 的矩形板，通过调整速度改变 Re，测得一组阻力系数 C_D，可画出该矩形板的阻力曲线 $C_D = f_1(Re)$；调整不同的长、宽 l_i、h_i，可得一簇矩形板阻力实验曲线 $C_D = f_i(Re)$，l_i、h_i 为曲线簇的几何参数。这组无量纲的实验曲线对矩形板绕流阻力问题具有普适性。

9.6.3　关于相似原理的讨论

(1) 关于相似条件

模型和原型的物体表面粗糙度相似，也属几何相似范畴。表面粗糙度 δ 被定义为表面所有粗糙凸起的平均高度，如图 9-3 所示。

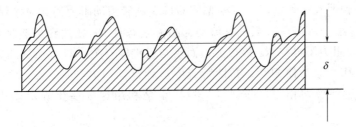

图 9-3　表面所有粗糙凸起的平均高度图

实验表明，表面粗糙度对湍流流动阻力有明显影响，因此研究湍流流动阻力时应保证表面粗糙度相似。尼古拉兹（1932）曾用筛选分类的砂粒均匀粘贴于圆管内表面形成人工粗糙度，它能成功地模拟圆管湍流光滑区和完全粗糙区的流动，但却不能模拟粗糙过渡区的流动。原因是原型（实际商用管道）的粗糙度并非均匀分布而是随机分布的，因此模型管中的人工粗糙度并不能反映自然粗糙度在粗糙过渡区中的物理本质，并没有达到真正的几何相似。可见在保证模型实验的相似条件方面要谨慎小心。

(2) 关于主 π 数

在一个流动现象中常常有多个物理法则同时起作用，用量纲分析等方法可导出两个以上的主 π 数。若能保证模型与原型流动中的所有主 π 数均相等，则称模型与原型流动达到完全相似。但在理论上可行的事在实践上往往难以实现，现举一例说明。

水面船舶运动时既有水的兴波阻力也有黏性阻力，前者的主 π 数是 Fr 数，后者的主 π 数是 Re 数。设几何相似条件已满足：$l_m / l = k$（几何比数），由 Fr 数相等

$$\frac{v_m}{v} = \frac{l_m}{l} = k \tag{9-36}$$

由 Re 数相等

$$\frac{v_m}{v} = \frac{v_m}{v} \times \frac{l_m}{l} = k^2 \tag{9-37}$$

为了使两式同时满足，水的运动黏度必须调整为

$$\frac{v_m}{v} = k^2 \tag{9-38}$$

若能找到一种流体的运动黏度满足式(9-38)，并用这种流体作为模型实验中的流体介质，就能保证两个主 π 数同时相等，达到完全相似。

在上例中，设原型流体为水，$v=0.01\mathrm{cm}^2/\mathrm{s}$。设几何比数为 $k=0.1$，即模型尺寸为原型尺寸的十分之一。按(9-38) $v_m=0.1^2 v=0.00001\mathrm{cm}^2/\mathrm{s}$。实际上无法找到运动黏度如此低的液体来满足此条件。

通常的做法是仍用水作模型实验中的流体介质，以 Fr 数为主 π 数做模型实验，测得船舶的兴波阻力，然后根据经验对该阻力做黏性修正。这种相似称为近似相似或不完全相似准则，在实际的模型实验中常用这种方法处理两个以上的主 π 数问题。这里重要的是要辨别起主要作用的主 π 数，而对次要的主 π 数的影响用解析法或经验方法做合理修正。要正确做到这一点，除了对流动现象有深刻认识外，还需要掌握一定的实践经验。在实际的模型实验中处理近似相似问题有许多方法，由于篇幅所限，不做赘述。

(3) 自模性

用量纲分析法求得不可压缩黏性流体在内壁粗糙的圆管中做定常流动时阻力（压降）与 Re 数的关系式，说明在一般情况下用模型实验确定圆管流动阻力函数时应保证主 π 数与 Re 数相等。理论和实验研究表明，当圆管流动为湍流状态且 Re 数达到足够大时，流动进入完全粗糙区时，流动阻力不再与 Re 数相关，而仅与粗糙度有关。只要两管的粗糙度相似（相对粗糙度相等），阻力系数便相等。黏性管流中这种流动阻力与 Re 数无关的现象，称为自模性，意为自动达到模型相似。穆迪（1944）正是利用这种性质确定商用管道的等效粗糙度。

 习题

9.1　不可压缩黏性流体在水平圆管中做定常流动时，已知流量 Q 与直径 d、比压降 G（单位长度上的压强降 $\Delta p/l$）及流体黏度 μ 有关。试用量纲分析法确定 Q 与这些物理量的关系式。

9.2　一股直径为 D、速度为 v 的液体束从喷雾器小孔中喷射出后在空气中破碎成许多小液滴。设液滴的直径 d 除了与 D、v 有关，还与流体密度 ρ、黏度 μ 和表面张力系数 σ 有关，试选择 ρ、v、D 为基本量，推导液滴直径 d 与其他物理量的关系式。

9.3　不可压缩黏性流体沿尖缘光滑平板做无压差定常大 Re 数流动时，在壁面上形成从尖缘开始发展的边界层。在以尖缘为原点，沿平板流动方向为 x 轴的坐标系中边界层厚度 δ 与来流速度 v、流体密度 ρ、黏度 μ 及平板上位置坐标 x 有关，试用量纲分析法求 δ 与

其他物理量的关系式（取 ρ、v、x 为基本量）。

9.4　当黏性流体以一定速度对二维圆柱做定常绕流时，在圆柱顶部和底部交替释放出涡旋，在圆柱后部形成卡门涡街。设涡旋释放频率 f 与圆柱直径 d、流速 v、流体密度 ρ 和黏度 μ 有关。选择 ρ、v、d 为基本量，用量纲分析法推导 f 与其他物理量的关系式。

9.5　水流过宽为 w 的宽顶堰，堰上水头高为 H，单位长度的堰长上通过的流量为 q。设 $q = f(H, w, g, \rho, \mu)$，式中，$g$ 为重力加速度，ρ、μ 为水的密度与黏度，试选用 ρ、g、w 为基本量导出 π 数方程式。

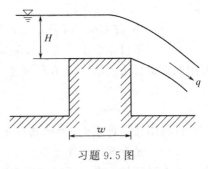

习题 9.5 图

9.6　直径为 d、密度为 ρ_1 的固体颗粒在密度为 ρ、黏度为 μ 的液体中沉降，试用量纲分析法推导沉降速度 v 与这些物理量之间的关系式（选择 ρ、g、d 为基本量）。

9.7　在典型的不可压缩黏性流体的流动中，流体作用力 F（加船舶螺旋桨推力，考虑重力影响的不定常管流中的阻力等）与流体密度 ρ、速度 v、特征长度 l、流体黏度 μ、重力加速度 g、压强差 Δp、角速度（或脉动圆频率）ω 7 个物理量有关，试用量纲分析法推导相应的 π 数方程式（取 ρ、v、l 为基本量）。

9.8　设钝体在可压缩黏性流体中定常运动时，所受到的阻力 F_D 与速度 v、钝体特征尺寸 l、流体的密度 ρ、黏度 μ 及弹性模量（考虑可压缩性）E 有关。取 ρ、v、l 为基本量：(1) 试用量纲分析法推导 F_D 与其他物理量的关系式；(2) 若流体为不可压缩时，相应的 π 数关系式将如何改变？

9.9　泵类机械的特性参数包括质量能头 gH（单位质量流体的能量差，又称能量落差或压强增高 $\Delta p \rho$ 等）、轴功率 W_S 和效率 η 等，它们均是转速 n、流量 Q、流体密度 ρ 和黏度 μ、特征直径 D、特征长度 l、表面粗糙度 ε 等物理量的函数。试用量纲分析法推导质量能头系数 C_H（无量纲质量能头）、功率系数 C_W（无量纲轴功率）和效率 η 的 π 数方程式。

9.10　设不可压缩黏性流体沿平板流动时湍流边界层内时均速度与离壁面的垂直距离 y，壁面上的切应力 τ_w 及流体密度 ρ 和运动黏度 υ 有关，试用量纲分析法将这些变量的关系式表达为如下形式：$u^* = f(y, u^*, \upsilon)$，式中，$u^* = \tau_w \rho$。

9.11　在气体动力学中热传递成为重要的物理过程。单位体积流体携带的热量在 x 方向的迁移变化率可表为 $Q_c = \rho c_p u \dfrac{\partial T}{\partial x}$，传导热量为 $Q_k = k \dfrac{\partial^2 T}{\partial x^2}$，$k$ 为传导系数。试用物理法则法确定反映 Q_c 和 Q_k 量级之比的相似准则数佩克勒数 Pe（Peclet）。

9.12　试用物理法则法推导描述牛顿黏性流体流动中压差力与黏性力量级之比的拉格朗日数 La（Lagrange）。

9.13　有两块垂直放置的固定平行平板，相距 $2h$。板间充满静止的不可压缩黏性流体，密度为 ρ，黏度为 μ，热膨胀系数为 β。当两板温度分别为 T_0 和 T_1（$T_1 > T_0$）时，板间流体在温差作用下发生热对流运动，可用考虑浮力的 N-S 方程描述

$$0 = \rho g \beta (T - T_m) + \mu \frac{d^2 \mu}{dy^2}$$

式中，$T_m = (T_0 + T_1)/2$。取

$$u^* = \frac{\rho h u}{\mu}, \quad T^* = \frac{T - T_m}{T_1 - T_m}, \quad y^* = \frac{y}{h}$$

将方程无量纲化后可得

$$\frac{\mathrm{d}^2 u^*}{\mathrm{d} y^{*2}} = -Gr T^*$$

式中，Gr 称 Grashof 数，是反映热气体自由对流的相似准则数，试推导其表达式。

9.14　不可压缩牛顿流体在狭窄通道（如圆柱轴承缝隙）中，在压强梯度作用下流动，可用低雷诺数流动的 N-S 方程描述

$$\frac{\mathrm{d}p}{\mathrm{d}x} = \mu \frac{\mathrm{d}^2 u}{\mathrm{d}y^2}$$

试利用特征长度 l、特征速度 v 和特征压强 p_0 对方程无量纲化，确定相似准则数。

9.15　光滑圆球以速度 $v = 1.6 \mathrm{m/s}$ 在水中运动。为求圆球受到的阻力 F，在风洞中用直径放大到两倍的光滑圆球做模型实验。试求：（1）为保证两者流动相似，风洞中的空气速度 v_m 应多大？（2）若在风洞中测到的阻力为 $F_m = 0.95 \mathrm{N}$，原型球的阻力多大（空气密度 $\rho_m = 1.28 \mathrm{kg/m^3}$，运动黏度 $v_m = 13 v_{\mathrm{H_2O}}$）？

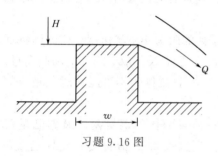

习题 9.16 图

9.16　在实验室里用缩小到 1/20 的模型模拟溢流堰的流动（见图）。若原型上水头高 $H = 3\mathrm{m}$，试求：（1）模型上的水头 H_m；（2）若原型流量 $Q = 340 \mathrm{m^3/s}$，模型中流量 Q_m 应为多大？（3）测得模型堰顶真空度 $h_{vm} = 0.2 \mathrm{mH_2O}(v)$，求原型堰顶真空度 h_v。

9.17　汽车的高度 $h = 2\mathrm{m}$，速度 $v = 108 \mathrm{km/h}$，环境温度为 20℃。为求汽车阻力，在风洞里做模型实验。设风洞中温度为 0℃，气流速度 $v_m = 60 \mathrm{m/s}$，试求：（1）模型汽车的高度 h_m 应为多大？（2）若在风洞中测到阻力 $F_m = 1500 \mathrm{N}$，原型汽车阻力 F 多大？

9.18　风扇直径为 $d_1 = 0.2\mathrm{m}$ 的轴流式风机，转速为 $n_1 = 2000 \mathrm{r/min}$，流量为 $Q_1 = 20 \mathrm{m^3/s}$。对一动力相似的风机，若风扇直径为 $d_2 = 0.4\mathrm{m}$，转速为 $n_2 = 1500 \mathrm{r/min}$，流量 Q_2 应为多大？

9.19　为了研究原型阀门的性能，在实验室里用模型阀门做实验。设原型管道（阀门出入口）直径为 $d = 1.8\mathrm{m}$，流量为 $Q = 20 \mathrm{m^3/s}$，模型管道直径为 $d_m = 0.3\mathrm{m}$，试求：（1）模型管道中流量 Q_m。（2）若测得模型阀门的压差为 $\Delta p_m = 20 \mathrm{kPa}$，原型中压差应为多大（设两者水的特性参数相同）？

9.20　在一定的范围内圆柱绕流的后部会发生卡门涡街现象，从圆柱上下交替释放的涡旋的频率 f 与流速 v、圆柱直径 d、流体密度 ρ 和黏度 μ 有关。若在 ρ 和 μ 保持相同的两个流场中圆柱直径比 $d_1/d_2 = 3$，试求：（1）为保证动力相似的流速比 v_1/v_2；（2）释放涡旋的频率比 f_1/f_2。

9.21　按基本量纲为 [L、T、M] 推导出动力黏性系数 μ，体积弹性系数 κ，表面张力系数 σ，切应力 τ，线变形率 ε，角变形率 θ，旋转角速度 ω，势函数 φ，流函数 ψ 的量纲。

9.22　将下列各组物理量整理成为无量纲数：（1）τ，v，ρ；（2）Δp，v，ρ，γ；（3）F，l，v，ρ；（4）σ，l，v，ρ。

9.23 试分析自由落体在重力影响下降落距离 S 的公式为 $S=kgt^2$,假设 S 和物体质量 m、重力加速度 g 和时间 t 有关。

9.24 作用于沿圆周运动物体上的力 F 与物体的质量 m、速度 v 和圆的半径 R 有关。试用雷利法证明 F 与 mv^2/R 成正比。

9.25 假定影响孔口泄流流量 Q 的因素有孔口尺寸 a,孔口内外压强差 Δp,液体的密度 ρ,动力黏度 μ,又假定容器甚大,其他边界条件的影响可以忽略不计,试用 π 定理确定孔口流量公式的正确形式。

9.26 圆球在黏性流体中运动所受的阻力 F 与流体的密度 ρ,动力黏度 μ,圆球与流体的相对运动速度 v,球的直径 D 等因素有关,试用量纲分析方法建立圆球受到流体阻力 F 的公式形式。

9.27 用 π 定理推导鱼雷在水中所受阻力 F_D 的表示式,它和鱼雷的速度 v、鱼雷的尺寸 l、水的黏度 μ 及水的密度 ρ 有关。鱼雷的尺寸 l 可用其直径或长度代表。

9.28 水流围绕一桥墩流动时,将产生绕流阻力,该阻力和桥墩的宽度 b(或柱墩直径 d)、水流速度 v、水的密度 ρ 和黏度 μ 及重力加速度 g 有关。试用 π 定理推导绕流阻力表示式。

9.29 试用 π 定理分析管流中的阻力表达式。假设管流中阻力 F 和管道长度 l、管径 d、管壁粗糙度 Δ、管流断面平均流速 v、液体密度 ρ 和黏度 μ 等有关。

9.30 试用 π 定理分析管道均匀流动的关系式。假设流速 v 和水力坡度 J、水力半径 R、边界绝对粗糙度 Δ、水的密度 ρ、黏度 μ 有关。

9.31 试用 π 定理分析堰流关系式。假设堰上单宽流量 q 和重力加速度 g、堰高 P、堰上水头 H、黏度 μ、密度 ρ 及表面张力系数 σ 等有关。

9.32 在深水中进行炮弹模型实验,模型的大小为实物的 1/1.5,若炮弹在空气中的速度为 500km/h,问欲测定其黏性阻力时,模型在水中实验的速度应当为多少?(设温度 t 均为 20℃)

9.33 有一圆管直径为 20cm,输送 $v=0.4\text{cm}^2/\text{s}$ 的油,其流量为 121L/s,若在实验中用 5cm 的圆管做模型实验,假如:(1)采用 20℃的水或(2)$v=0.17\text{cm}^2/\text{s}$ 的空气做实验,则模型流量各为多少?假定主要的作用力为黏性力。

第10章
一些流动现象的分析

在这一章中，精选了 21 个与流体相关的现象，使用流体力学的知识进行分析。通过这些分析，一方面可以巩固对流体力学的认识，另一方面也可以加强理论联系实际的能力。通过本章的讨论，希望能对这些问题有更深入的认识。

10.1 物体在外太空的形状——流体的特性

人们都习惯了在地球上的生活，觉得很多事是理所当然的，然而从力学的观点看来，地球上的环境并不具有一般性。地球上有万有引力产生的重力，有空气在重力作用下产生的大气压力，有地球旋转产生的离心力和科氏力等。相比而言，处于外太空的物体才是较为自由的状态。

一般认为，固体有固定的形状，液体和气体没有固定的形状，这其实都是在地球上的特征。在地球上的物体同时受到重力和大气压力的作用，因此物体内部也会存在着这两种力造成的内应力。如果一个固体突然被放在外太空，这个内应力将得以释放。当然固体一般仍会保持原有形状，因为它基本不可压，不会因为外界压力的消失而产生明显的体积变化。并且，由于重力和大气压力消失产生的内应力变化不大，一般也不至于让固体自行分解。

液体，例如水，在地球上是没有固定形状的，盛放在容器中就是容器的形状，这时其内部只有正应力，而没有剪应力。如果没有容器的限制，水摊在地上就是一大片，这是由于重力产生剪切作用，使水连续剪切变形的结果。在外太空没有重力，水的表面张力就起了主导作用，所以在太空舱里演示的水都呈球形。从力学上讲，大气压力对液体来说并不重要，没有了大气压力，液体的体积也基本不会变化。所以如果把水放在外太空的真空环境中，它也仍然应该保持完美的球形。

不过，如果真做这个实验的话，就不这么简单了。例如，把常温的水突然置于外太空，因为外界为真空，水的压力低，沸点也低，于是水会马上沸腾汽化，一部分变为气体，剩余部分则因为温度的降低而结冰。无重力环境中水的沸腾表现是在内部形成气泡，接下去气泡之间融合而产生较大的气泡。最终稳定下来会是什么样子呢？无外乎两种情况：一个可能是水蒸气全部逃逸出水球，消散在四周，剩下一个破损的冰壳；另一个可能是部分水蒸气没有逃掉，被锁定在冰壳之中（也包含先前溶于水的气体）。

所以，在外太空少量的水是无法保持液态的，如果是大量的水，通过万有引力作用，就可能聚在一起在内部保持一定的压力和温度，形成球形的液态星球。这个星球如果是旋转的，就是扁球形。

如果把一个大气压的空气突然置于外太空，它内部的压力会使其迅速向四周扩散，直到压力降为与环境一样。对于理想气体而言，分子之间没有势能，这个过程中气体并不对外做功，所以气体本身的内能不变。实际的空气并不是精确的理想气体，这种自由膨胀时内能会降低一点，但气体最后温度降低到与宇宙背景温度一致靠的主要还是对外的辐射。

10.2 覆杯实验的原理——与液体的不易压缩性有关

覆杯实验常被用来演示大气压力的存在。通常的做法是：将一个杯子装满水，用一硬纸板盖在杯口上，用手按着纸板把杯子倒过来，小心地放开扶纸板的手，纸板并不会下落，杯子内部的水也不会洒出来。对这一现象通常的解释是存在大气压力，杯中水的重量对纸板产生的力小于大气压力托住纸板的力。鉴于大气压力可以支撑 $10m$ 高的水柱，托住一般杯子中的水是完全没有问题的。

这个解释看似合理，实际上却是有问题的。因为放在空气中的水的压力本身就包含了大气压力，杯内的水对纸板的作用力按理应该是大气压力加上水的重量才对。那么到底是什么样的力托住了纸板和杯中水的呢？

为了简化问题，下面的分析中假定杯子为圆柱形且不变形，纸板保持平面不变形且忽略其重量，杯中装满水无气泡。

覆杯实验的整个过程如图 10-1 所示，杯子装满水后，杯口水面处的空气和水的压力都等于大气压力 p_0，而杯底水的压力为 $p_0+\rho gh$。盖上纸板后，不变形且无重量的纸板不对水施加任何作用力，水的压力保持不变。倒置杯子后，手保持压紧纸板，且纸板不变形的话，杯中水的压力并不会发生变化，只是此时杯底处压力变为 p_0，杯口处压力变为 $p_0+\rho gh$。此时慢慢松开手，很显然纸板应该下落，因为其上表面的压力大于下表面的压力，但实际情况却是纸板不下落。对无重量的纸板进行受力分析，可知上下表面的压力应该相等，即杯中水的压力应该变为杯口处大气压力 p_0，杯底处为 $p_0-\rho gh$。也就是说，松开手后，杯中水的压力整体降低了，这是如何发生的呢？

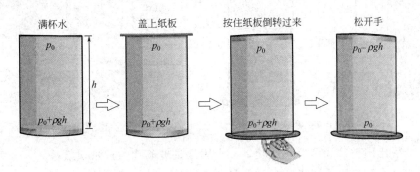

图 10-1 覆杯实验中杯内水的压力变化

当把杯子倒过来并松开手后，纸板受水的重力作用肯定是要向下落的，只是它下落很小距离后就停止了，这时在纸板和杯口之间形成了一个很小的间隙。仔细观察可以发现，水充满这个间隙，但是并不流出来，如图 10-2 所示。这时水仍然充满整个杯子不留间隙，因此

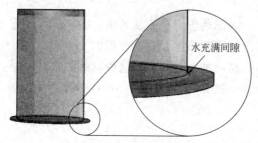

图 10-2　杯口与纸板的小间隙内充满水

可以认为水的体积有一定的胀大。水作为一种液体，其压缩率非常小，微弱的体积膨胀就会造成其内部压力的明显降低，于是杯口处的压力就降低到与大气压相同了。

按照这个解释，图 10-2 所示的间隙处的水和空气的压力都等于大气压力。为保持水不流出，这个间隙必须非常小，使水的表面张力能发挥作用。否则，液面有可能失稳而使空气进入杯子中，进而导致整个实验的失败。对于一般大小的水杯，根据水的膨胀率可以算出，只需 $0.1\mu m$ 的间隙就可以达到所需的压力下降。在这么小的间隙内，表面张力是足够强的。

上述分析中忽略了很多影响因素，与实际并不完全相符，一个比较明显的事实就是：既然可以清楚地看到纸板与杯口的间隙，那么它显然不止 $0.1\mu m$ 那么小。下面就把上面忽略的 些因素考虑进来看一下。

一个影响因素是，如果水的压缩性必须考虑，则杯子的变形也应该考虑。在倒转杯子纸板不下落的时候，杯内水的压力低于外界大气的压力，于是杯子受到一个向内的压力，使杯子的容积有微弱减小，减小的这部分容积将水向外排挤，造成纸板和杯口的间隙比理想情况大。

还有一个重要的因素，就是通常来说水中是溶有气体的，压力的减小会使少量气体析出，形成微小的气泡，占据一定的体积。气体的膨胀率要比水大得多，同等的压力减小引起的气泡的体积膨胀要大得多，从而使水杯向外排挤更多，这也是导致纸板和杯口的间隙比理想情况大得多的一个因素。事实上这个实验在杯内存在大量气泡甚至只有大半杯水的情况下都有可能成功，只是操作更加困难一些而已，关键是纸板与杯口的间隙不能太大。杯内气体越多，则同等压力下降就会导致越大的间隙，实验就越容易失败。

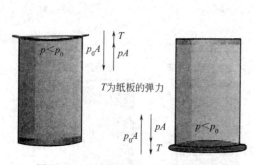

图 10-3　让纸板内凹一些更容易成功

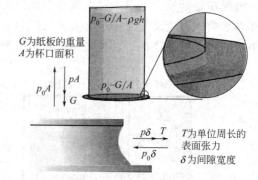

图 10-4　盖板的重量是靠间隙处的表面张力平衡的

盖板用纸板比用玻璃片更容易成功，一个因素是玻璃片的重量比纸板大，另外一个因素是纸板较玻璃片而言更容易变形，通过变形可以在保证其与杯口的间隙不变的情况下增大内部容积，如图 10-3 所示。另外，在演示这个实验时，为了增大成功率，在盖纸板的时候可施加一个压紧力，使纸板下凹（水溢出一点）。由于纸板的回弹力，此时杯口处水的压力就已经稍低于大气压力了，因此实验更容易成功。纸板内凹还有一个额外的好处，就是倒转杯子后，纸板不易左右滑动，这也有助于杯口间隙处水与空气界面的稳定性。

考虑到纸板的重量，倒置杯子时杯口处水的压力应该是略低于大气压力的，若纸板重量为 G，则杯口处水的压力应该为 $p = p_0 - G/A$，如图 10-4 所示。水与大气之间的平衡需要表面张力来协调，间隙处的液面会向内凹，使水的压力与表面张力之和等于大气压力。可见，虽然直接托住纸板重量的是内外的压力差，但是这个压力差需要通过间隙处的表面张力来平衡。因此，虽然杯内的水可以很重，但盖板却不能太重。如果用玻璃片等较重的东西做盖板，那么这个实验的成功率就会下降。

10.3 气塞现象——气体的易压缩性

输送液体的管道中如果存在气泡，流动可能会被堵塞，这种现象称为气塞。气塞现象的危害很大，比如汽车的刹车油管中如果混入了空气，或者长时期使用导致过热而有蒸气析出，就很有可能会造成刹车失灵。我们的主血管中如果混入了气泡，就有可能会造成供血不畅，甚至危及生命。

有一种说法是，刹车油管中的气塞现象是由于管路中间有空气的存在，压力无法传递造成的，这种说法并不确切，因为无论是液体还是气体，都是可以传递压力的。如图 10-5 所示的汽车刹车系统中，如果没有气泡，踩下刹车踏板，通过刹车油将压力传递到制动钳上，可以对车轮实施制动。当油路中有气泡时，踩下刹车踏板，按理来说压力一样可以传递到制动钳上，那刹车失灵是如何造成的呢？

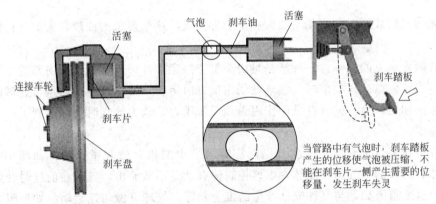

图 10-5 简单刹车系统示意图及气塞现象的原理

实际上，与其说刹车油管传递的是压力，不如说传递的是位移。刹车踏板将刹车油推进一段距离，这个距离体现在制动钳上，使其夹紧制动盘来刹车。当管路中有气泡时，刹车踏板可以将气泡前的刹车油推进同样的距离，气泡会被压缩，其下游的刹车油的推进距离就小得多了。因此，同样的刹车踏板行程并不能提供同样的制动钳行程，就会出现刹车失灵了。这种时候踩刹车，通常的感觉是绵软无力，原因是气体被压缩所产生的压力增加有限。所以说刹车油管内存在气泡时导致压力不能传递也是有一定道理的，但根本原因是气泡的压缩性导致压力建立不起来。

因此，气泡是否会产生阻塞是跟动力端的加压形式有关的，如果动力端的位移是个有限值（比如刹车踏板和心室收缩），那么气泡确实会导致流动受阻。但如果动力端是个恒压的条件，则一般的气泡并不阻碍流动。例如，自来水供水系统中虽然含有大量空气，却很少导致堵塞，供暖管道中的流动也大抵如此。另外，如果流动中用到了虹吸作用，气泡也可能导致阻塞，例如像图 10-6 所示的情况，这是由于气体不能提供跟液体同等大小的重力的原因。

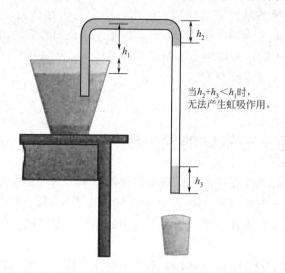

当 $h_2+h_3<h_1$ 时，无法产生虹吸作用。

图 10-6　虹吸作用中的气塞现象

10.4　气球放气时的推力——动量定理与力

气球充满气后放开，它会朝与喷气相反的方向飞，这个现象的原理和火箭飞行的原理是完全相同的。

一般有两种常见的解释：一种解释是用动量守恒定律，一开始气球和内部的空气都处于静止状态，当气体以高速喷出时，气球就朝相反方向运动，排出气体的动量与气球的动量大小相等、方向相反；另一种解释是用作用力和反作用力，认为放气时气球受到了反冲力的作用而获得速度。

这两种解释都是正确的，其实分别对应着力学中的积分法和微分法。如图 10-7 所示，取整个气球和内部的空气为控制体，则该控制体有动量不断流出，气球在前进时受到空气阻力的作用，这个阻力如果与气球喷气产生的推力相等，气球就做匀速运动。如果阻力小于推

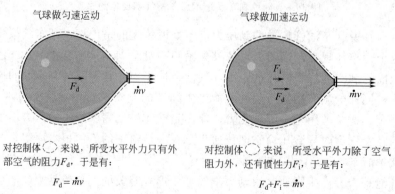

气球做匀速运动

对控制体 ⬭ 来说，所受水平外力只有外部空气的阻力 F_d，于是有：

$$F_d=\dot{m}v$$

气球做加速运动

对控制体 ⬭ 来说，所受水平外力除了空气阻力外，还有惯性力 F_i，于是有：

$$F_d+F_i=\dot{m}v$$

图 10-7　取气球及内部空气为控制体来分析气球的推进力

力,则气球做加速运动,控制体上会附加一个惯性力。

上面的方法是通常流体力学的研究方法,可以看出,在这种分析中,并不显式地存在推进力,原因是采用了动量积分方法。如果只研究气球本身的受力,而不包含其内部空气,并采用微分方法,就可以看见推进力了。

气球内的气体压力是高于外界压力的,一般可以认为气球内部的空气基本静止,压力处处相等,侧面的压力相互抵消,而气球口处的压力为大气压,并且接近出口处的空气也因为有流速而压力下降,于是有一部分朝前的压差力没有抵消掉,这部分力就是推动气球前进的力,图10-8给出了这种分析方法的示意图。其中内部空气给予气球推进力,推进力主要是由内部空气的压差力形成,剪切力只在出口附近有一点点,基本可以忽略。外部空气给予气球阻力,阻力也是主要由外部空气的压差力组成,但剪切力也有所贡献。

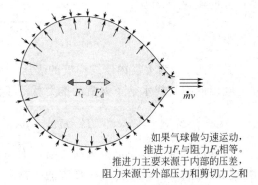

如果气球做匀速运动,
推进力F_t与阻力F_d相等。
推进力主要来源于内部的压差,
阻力来源于外部压力和剪切力之和

图 10-8　以气球为研究对象的受力分析

综合看来,这个问题可以这样理解:

① 气球内部的气体压力大,推动气体从喷口喷出。

② 由于喷口处的压力为大气压,使气球内部空气的压差力存在向前的分量,这就是气球的推进力。

③ 气球在空气中可以做匀速运动,这时推进力与空气阻力平衡。

10.5　水火箭的推力——推力与介质无关

水火箭是一种利用空气的可压缩性和水的动量提供反推力的玩具,经常见于学生的课外科技制作和比赛中。具体方法是在空饮料瓶内灌入一定量的水,利用打气筒充入压缩空气,达到一定压力后,冲开瓶塞,水从瓶口向下高速喷出,火箭(饮料瓶)在反作用下快速上升,其推进原理和放气的气球是一样的。

一般比赛是看谁制作的水火箭飞行高度更高,经验已经证明,灌水量大概为瓶容量的1/3左右时的飞行高度最高,这里结合图10-9来分析一下这其中的原因。

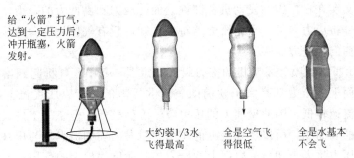

给"火箭"打气,
达到一定压力后,
冲开瓶塞,火箭
发射。

大约装1/3水　全是空气飞　全是水基本
飞得最高　　得很低　　　不会飞

图 10-9　水火箭示意图

如果瓶内全部充满水显然是不行的,因为水压缩率太低,加压放开后,几乎不会有水从饮料瓶中喷出，火箭也就不会飞。如果瓶内全部充满空气行不行呢？应该是可行的，这就是气球放气后飞行的原理，但经验证明全是空气效果很差。

有一种解释是水的密度大，在喷口速度相同的情况下，密度大的水产生的反作用力要大得多，这个解释看似合理，但却是完全错误的。

现分喷口处是水和空气两种情况计算一下火箭的推力。设大气压力为 p_0，火箭内压缩空气压力为 p_1，忽略水的重力作用，并认为瓶子直径远大于瓶口直径。根据伯努利方程，喷口处的流速应该为

$$v_1 = \sqrt{\frac{2(p_1 - p_0)}{\rho}} = \sqrt{\frac{2p_{1g}}{\rho}}$$

其中的 p_{1g} 为火箭内压缩空气的表压。

喷出的空气或水给予火箭的推力就等于其动量流量：

$$T = \dot{m}v_1 = \rho A v_1^2 = \rho A \frac{2p_{1g}}{\rho} = 2p_{1g}A$$

可见这个推力只决定于火箭的喷口面积和内部的表压，跟工作介质无关。所以说，无论用空气还是用水，推力都是一样大的。密度大的水虽然貌似可以提供更大的动量，但在相同压力条件下，其喷出速度也小。鉴于瓶内没有水时重量更轻，只用压缩空气时在一开始反而可以获得更大的加速度。

那么，为什么用水做推进剂火箭能飞得更高呢？这是因为：虽然用空气和用水在一开始获得的最大推力相同，但是火箭飞的高度是由介质所做的功决定的，也就是不但要有大的推力，还要有足够的作用时间。假设瓶内表压为 0.3atm，则空气在喷口的速度可达 200m/s 以上，很快会喷完。而水的喷射速度只有不到 8m/s，射流持续的时间比空气要长得多，所以用水做推进剂火箭可以飞得更高。

10.6 涡轮喷气发动机的推力——作用在什么部件上？

涡轮喷气发动机安装于飞机上工作时，空气从前部吸入，经过压气机增压，燃烧室喷油燃烧，涡轮膨胀，并从尾喷管排出。用动量定理分析，空气经过发动机被加速，发动机必然获得向前的推力。

现在仿照对气球推力的分析方法来分析一下发动机的推力。实际上，以发动机为研究对象，推力一定是实实在在作用在发动机各部件表面的压力和黏性力的合力。鉴于压力远大于黏性力，只需要分析压力即可。根据压力的特性可知，只有气体喷射向后接触的是固体表面才有可能受到向前的推进力。

图 10-10 表示了涡轮喷气发动机的推力组成示意图，其中压气机起到增压的作用，因此其叶片朝后的表面上的压力都是大于朝前的表面的压力的，所以压气机上的作用力是向前的。燃烧室中的流速较低，因此壁面上的压力各处近似相等，但燃烧室内表面朝后的表面积明显要大于朝前的表面积，所以燃烧室上的作用力也是向前的。涡轮与压气机不同，其叶片朝前的表面上的压力是大于朝后的表面上的压力的，所以涡轮上的作用力是向后的。尾喷管如果是收缩的，其上的作用力也只能是向后的，不过尾喷管段中央有尾锥，其上作用力是向前的，所以尾喷管段的作用力可以是向前的。

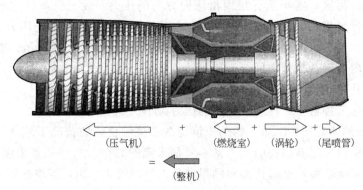

图 10-10　涡轮喷气发动机的推力组成示意图

综合来说，在涡轮喷气发动机中，压气机、燃烧室是提供向前推力的主要部件，尾喷管可以提供一部分向前的推力，涡轮则完全产生向后的力。当然不能据此认为涡轮是帮倒忙的，因为涡轮不但给压气机提供了动力，还给压气机提供了合适的排气条件，这两点都是保证压气机上有较大向前作用力的基本条件。

大型客机都是采用大涵道比的涡轮风扇发动机，其推力主要作用在风扇上，同时压气机、燃烧室、涡轮和尾喷管上的作用力的合力仍然是向前的，也提供一部分推力。对于低速客机上使用的涡轮螺旋桨发动机而言，推力几乎完全作用于螺旋桨，发动机内部其他各部件上的合力基本上互相抵消了。

10.7　总压的意义和测量——总压不是流体的性质

总压的定义是流体速度等熵绝热地滞止到零时所具有的压力，或者说总压是气流的静压和动压之和。其中的静压是气流实实在在的压力，而动压是一个假想的压力，是假设气流在减速过程中增加出来的。

假设用一个压力传感器来测量压力，如果它以相同的速度跟着流体运动，那么它感受到的流体就是静止的，这时就没有总压的概念了，或者说这时的总压就等于静压。显然跟着流体一起运动是测量流体静压最合理的方法，虽然这一般并不容易实施。

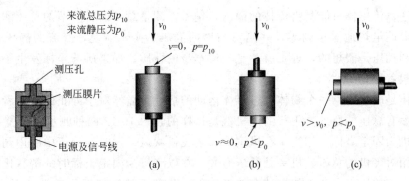

图 10-11　处于气流中的传感器测得的压力

如果这个压力传感器与流体之间有相对运动，流体流过它的时候就会受到扰动，在其表面形成边界层或分离区。鉴于边界层内沿法向方向的压力不变，分离区内的压力也基本不变，则流过传感器感受孔附近的主流的速度基本就决定了传感器测得的压力。如果感受孔是正对来流方向的，则孔附近的气流速度都接近于零，如图 10-11(a) 所示；如果感受孔是背对来流的，则孔附近就会是分离区，流速也接近于零，如图 10-11(b) 所示；如果感受孔是平行来流的，则孔附近的流速就比较高，可能和来流相当，如图 10-11(c) 所示。下面我们来分别分析一下这三种情况下传感器测得的压力大小。

图 10-11(a) 的情况比较简单，因为来流是在未接触物体的情况下减速的，非常接近于等熵绝热滞止，所以传感器测得的压力基本就是来流的总压。当然如果来流是超音速的话，会在传感器前部形成激波，这时传感器测得的是波后的流体总压，需要换算才能得到来流真正的总压。

对于图 10-11(b) 的情况，虽然流体速度也基本为零，但传感器测得的压力却会远低于来流总压，甚至也低于来流的静压。这是因为背风面是流速较低的分离区，黏性作用不可忽略，其中的压力变化不能用伯努利方程解释。分析分离区的压力，应该从伯努利方程适用的主流入手。一般来说，分离区的压力大概相同，都接近分离点的压力，而分离点的压力则一般都低于来流的静压。原因是分离点一定位于扩压区，对于钝体来说分离点一般就在最高速度点之后不远的地方，这里的主流速度高于来流速度，压力也就低于来流静压。

对于图 10-11(c) 的情况，传感器测得的压力会低于来流的静压。因为传感器对流动造成了扰动，使流经传感器膜片附近的主流明显加速了，压力也就低于来流静压了。

如果要在静止坐标下测量来流静压，一般有两个方法：一个是不对来流造成扰动，例如将传感器埋于壁面，使测压孔与壁面齐平。在一个等截面的流动通道内，不考虑边界层排挤厚度增长造成的流动加速的话，测得的压力就是来流的静压了，如图 10-12(a) 所示。另一个方法是虽然对来流造成了扰动，但保证传感器膜片处的流速

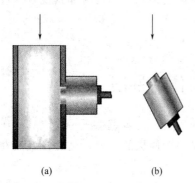

(a)   (b)

图 10-12 两种测量来流静压的方法

恢复到与来流速度一样，例如让测压孔平面介于图 10-11(a) 和 (c) 之间的某个角度，如图 10-12(b) 所示。

综上所述，传感器只能测得流体的静压，是不能测量总压的。所谓的总压测量，其实是使来流速度等熵绝热地滞止到零，并测量当地的静压。换句话说，气流的静压是客观存在的，而总压和动压是假想的，根本就不是气流本身的性质。如果所选坐标发生了变化，总压和动压也将跟着变化。

如果流体是静止的，一个物体穿过流体运动的话，很显然对于静止的观察者来说，流体只有静压而没有总压的概念。飞行的飞机就是这样的，通常习惯以飞机为固定坐标，相当于在风洞中固定飞机吹风，这时的分析中所用到的总压确切地说应该叫相对飞机的总压。机头处的压力大，在以飞机为固定坐标时的解释比较熟悉，就是来流滞止产生的压力升高。如果站在地面上看，是迎面的气流被飞机推动而比大气压高，这个升高的压力是飞机对空气做功的结果。而机身上压力等于大气压的地方则相当于未对空气造成扰动，在压力小于大气压的地方，相当于空气受自身的压差的作用从静止加速，消耗

自身的压力势能，产生了压降。

对于不可压缩流动，当气流减速时，压力的上升完全是外界对气流所做的推进功的体现，对于可压缩流动，这个减速过程中不但有推进功，还有压缩功的存在，所以按可压缩流动计算的动压比按不可压缩流动计算的动压要大一些。

如果引起流体加速的不是压差力，而是黏性剪切力的话，情况就不一样了。因为作用于流体的力如果是单纯的剪切力，那么流体就是被拖动，而不是被推动，流体不会受到挤压，流体内部的压力也就不会发生变化。因此，黏性剪切力可以增加流体的动能，但不会增加流体的压力势能。如果是不可压缩流动，摩擦引起的温升也不影响压力，则黏性力做功就完全不会影响压力。

图 10-13 为一个平板边界层流场的压力和速度分析。左侧表示的是常规的平板不动的情况，右侧表示的是平板动而主流不动的情况，相当于无厚度的平板穿过了静止的流体。对于左侧的情况，边界层理论已经有详细的分析，基本描述是：整个流场的压力都相等，边界层内的速度比主流低，总压则与速度（代表动压）有相同的分布形式，边界层内流体总压的降低是由于流体内部的黏性力作用使机械能损失为内能引起的。对于右侧的情况，可以这样描述：平板对流体只有黏性力，因此整个流场的压力都相等，平板附近的流体被黏性力带动，具有了速度，总压仍然与速度有相同的分布形式，边界层内流体总压的增加是由于平板通过黏性力做功使流体的机械能增加而引起的。

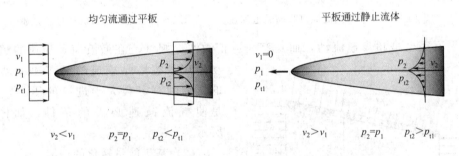

图 10-13 两种坐标定义下的平板边界层内部流体参数

10.8 压力随流速变化的理解——基于力或能量

流体的压力随流速变化，无论是亚声速还是超声速流动，只要是定常绝热等熵的流动，当速度增大时，压力都会降低。这个现象可以从基本物理定律得到完美的解释，也可以在微观层次上从分子运动论的角度来理解。

（1）基于控制体动量变化的理解

我们先用动量方程来解释这个现象，因为这是最容易说明白的方法了。图 10-14 表示了一个收缩通道，我们知道亚声速气流通过这样通道的时候流速会增加，压力会下降。取一个如图 10-14 所示的控制体，因为这个控制体的出口动量流量大于进口，所以一定受到与流动方向一致的力，而这个力只能来源于压差。

图 10-14 中的控制体有三个控制面：进口面、出口面、环面。因为是无黏流动，这些面只能受到正压力，环面和出口面上的压力沿流向的投影都是逆流向的，是阻碍流动的，只有

进口面上的压力是推动流体运动的。因此可知既然流体被加速了，进口的压力必然应该高于出口的压力。

对于超声速流动，扩张的通道对应着加速流动，采用控制体来分析压力的变化，流动模型和控制体的选取如图 10-15 所示。与亚声速时不同的是，这时环壁给予流体的力也是推动力，只有出口的压力是阻碍流动的。从定性的角度看，即使进口压力小于出口压力，只要环壁能给予流体推动力，似乎就可以让流体加速。不过这样的定常流动是不存在的，因为流体的加速还是要靠内部的压力变化来传递，内部流体微团在加速的话，左侧的压力一定大于右侧的压力。因此，从微分角度的分析可以知道进口压力必须要大于出口压力。

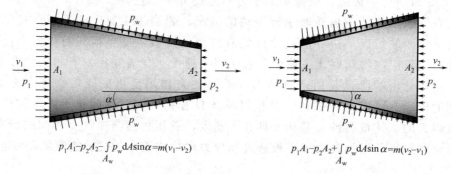

p_w
v_1
A_1
p_1
A_2
v_2
p_2
α
p_w
$p_1A_1-p_2A_2-\int_{A_w} p_w \mathrm{d}A\sin\alpha=m(v_1-v_2)$

图 10-14 亚声速气流通过收缩通道加速

p_w
v_1
A_1
p_1
A_2
v_2
p_2
α
p_w
$p_1A_1-p_2A_2+\int_{A_w} p_w \mathrm{d}A\sin\alpha=m(v_2-v_1)$

图 10-15 超声速气流通过扩张通道

如果不完全是超声速流动，而是有一道正激波，则气流在激波前是加速的超声速流动，在激波后是减速的亚声速流动。出口的压力则一定会大于进口的压力，因为这是使气流减速必需的条件，如图 10-16 所示。

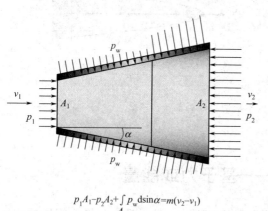

p_w
v_1
A_1
p_1
A_2
v_2
p_2
α
p_w
$p_1A_1-p_2A_2+\int_{A_w} p_w \mathrm{d}s\sin\alpha=m(v_2-v_1)$

图 10-16 超声速气流通过扩张通道（有激波）

(2) 基于能量转化的理解

从能量转换的角度来理解压力随流速的变化有时更易懂一些。对于定常无黏的不可压缩流动，其机械能是守恒的。动能的增加必然是势能的降低转化而来的，这个势能就是压力势能。如果把势能理解为流体微团之间做的功，那么这个功就是推动功，是流体流动过程中压力所做的功。流体越是挤在一起，单位距离内可能做的推进功就越大，越是有相互远离的势，单位距离内可能做的推进功就越小。如果是可压缩流动，流体的机械能中的势能还包括弹性势能，动能的增加是从两方面转化来的：压力势能和弹性势能。按照功的理解，就是推进功和膨胀功。因此，加速时流体微团不但相互挤压程度减轻，之间的弹性力也减弱了。

(3) 基于流体微团受力的理解

图 10-17 为不可压缩流体经过收缩管道。在流场中取一个界面，界面右侧流体的速度大于左侧流体的速度，所以右侧的流体微团与左侧的流体微团有相互远离的趋势，相互之间的

挤压程度会减弱。在流动过程中，越到下游流体被流向拉伸得越大，同时径向收缩也越大。因此，下游处的流体微团在径向上也有相互远离的趋势。于是流体的压力沿流动方向是逐渐降低的。

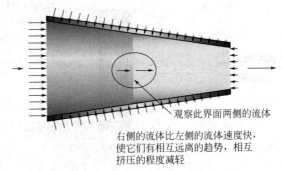

观察此界面两侧的流体

右侧的流体比左侧的流体速度快，使它们有相互远离的趋势，相互挤压的程度减轻

图 10-17　流体加速时，微团相互远离

如果是可压缩流动，在流体加速时，其密度会降低，且温度也会降低，这两者都会导致压力的降低。对于超声速流动，虽然流体微团在下游会胀大，似乎应该和周围流体互相挤压，但从微观上看来，密度的降低使参与这种挤压的分子数大大减小了，因此总的效果仍然是压力降低了。

10.9　冲力与滞止压力——动量方程与伯努利方程的关系

一个小球垂直撞上一个质量无穷大的刚体平面，小球会原路反弹回来。对于弹性碰撞，则其反弹回来的速度与撞上去之前是一样的，这是能量守恒的体现。从力的角度分析，这个小球一定是受到了与运动方向相反的力，这个力就是冲力。冲力必须作用一定的时间才能改变物体的动量，可以用下式表示：

$$m \Delta v = \int_0^{\Delta t} F \, \mathrm{d}t$$

这个公式中的 $\mathrm{d}t$ 就是小球与壁面保持接触的时间，可以想象这个时间一般是很短的，反过来说冲力一般都很大，这也是撞击容易导致物体损坏的原因所在。从小球的弹性角度分析，这个冲力就是物体的弹性力，对应着小球的变形。用简单的静力学估计，两物体碰撞时，从接触到最大变形期间，冲力是上升的，从最大变形到弹开期间，冲力是下降的。图 10-18 表示了在上述几个阶段时小球的变形和冲力的大小。

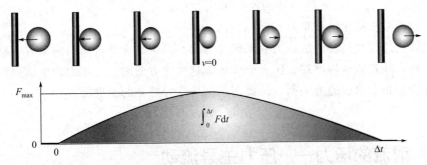

图 10-18　弹性小球与刚性壁面碰撞过程中的速度变化和所受的力

现在来讨论流体的冲力。流体打在壁面上时显然不是弹性碰撞，而是更接近于塑变形。如图 10-19 所示，一个水柱垂直打在壁面上，水将四外散开，流向的动量完全转化为冲力，即

$$F = \dot{m} v = \rho A v^2$$

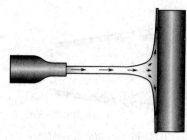

图 10-19 射流冲击壁面的流动形式

式中，A 为射流的横截面积。流体速度从 v 滞止到 0 所产生的力就是流体的动压：

$$p_d = \frac{1}{2}\rho v^2$$

这就是射流中心处比大气压高出的压力。如果按照压力与面积的乘积计算射流对墙面的冲力，将这个压力乘以射流横截面积，则有

$$F = p_d A = \frac{1}{2}\rho A v^2$$

这个结果只有之前用动量方程得出的结果的一半，显然是错误的。

这是因为水流作用在墙壁上的面积已经不是射流面积，而是要大得多。要想用压力乘以面积的方法得到冲力，就需要知道作用面积，以及在这个面积内的压力分布，然后用下面的公式计算：

$$F = \int_{A_0} p\,\mathrm{d}A$$

式中，A_0 为水与壁面接触的总面积。

可见，用伯努利方程来解决这样的问题并不合适，因为这个作用面积和压力分布都是未知的。这和固体小球碰撞墙壁的问题是一个道理，用动量方程求解容易，但分析具体的受力就复杂得多了。

接着来分析另一个冲力的问题，就是放气的气球或者水火箭的推力问题。前面分析过，这个问题可以用动量定理解释，也可以用压差力来解释。用动量定理可以知道气球获得的推力为

$$T = \dot m v = \rho A v^2 = \rho A \frac{2(p_t - p_a)}{\rho} = 2(p_t - p_a)A$$

用压差模型分析，如果认为气球内部除喷口外其他地方的压力均为总压，则可求出推力为

$$T = (p_t - p_a)A$$

可见，这样分析得出的结果只有实际值的一半。

这个错误的原因是气球内的压力并不能认为都是总压，在接近出口的地方，显然空气的速度不能忽略。随着流速的增加，压力会降低，这些地方壁面上的压力产生的向后的力不足以与相应投影面积上向前的力平衡，因此还产生一部分额外的推进力。

10.10 射流的压力——压力主导流动

在求解流体力学问题时经常要用到这样一个条件，即射流压力与环境压力相同。这个流动条件并不是强加给射流的，而是射流本身的特征所决定的。在亚声速的情况下这个条件基本上是精确的，超声速流动时射流的压力则可以与环境压力不同，这里只讨论亚声速且不可压缩流动的情况。

对于定常的理想流动而言，射流离开喷口后，如果压力与环境压力相同，这些流体就会

保持匀速直线运动，而周围的流体仍然能保持静止，如图 10-20 所示。如果射流压力与环境压力不同会发生什么呢？

如果一开始射流压力低于环境压力，则射流迎面高压力的流体会使其减速，射流两侧高压力的流体也会挤压射流使其变细，图 10-21 表示了这种挤压作用。因此，射流中的流体微团的变形似乎应该为：长度缩短，直径变细。对于不可压缩流动，这显然是不会发生的。实际情况是：喷口处流体的下

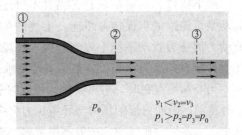

图 10-20　理想射流的速度和压力的变化

游被挤压，侧面被挤压，只有上游的压力低，所以这些流体会挤压上游，使来流减速，这样就可以保证流体微团的体积不变。这种减速运动向上游传播，使整个来流的速度都降低了，直到喷口处射流速度的降低使压力提升到与环境压力相等为止。

极端情况下，管内的流速都降低为零了，压力仍然没有提升到与环境压力相等的程度，则外部的流体就会倒灌进喷口，不能形成射流了。

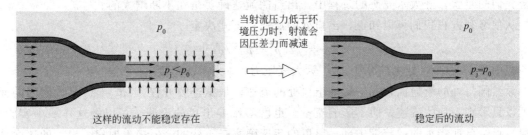

图 10-21　射流压力低于环境压力时的流动

如果一开始射流的压力是高于环境压力的，则射流一出来就会全方位向外扩张，体现为射流沿流向加速并沿横向直径变粗，貌似流体微团的体积会膨胀。显然对于不可压缩流动，这是不会发生的。实际情况应该是：喷口处流体有膨胀的趋势，于是射流内部的压力降低，这样上游的流体就会加速流到喷口来补充射流"空"出来的位置，也就是形成如图 10-22 所示的运动形式，这样就可以保证流体微团的体积不变。整个管内流动的加速会降低喷口处流体的压力，当压力下降到与环境压力一致时，就会稳定下来了。

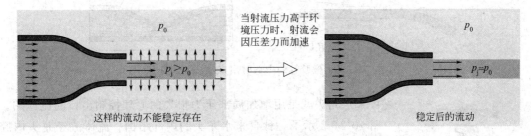

图 10-22　射流压力高于环境压力时的流动

只要喷口处的压力比环境压力高，则上述的加速行为就会一直进行下去。如果喷口已经达到了声速后，压力还是比环境高的话，此处的压力就降不下来了，因为收缩喷口最大的速度也就是声速了。这时，射流的压力比环境压力高，在喷口处形成间断面，环境的压力无法影响喷口内部的流动。射流将在下游产生膨胀波来降压，这就不属于亚声速射流的问题了。

综上所述，只要流动是无黏且不可压缩的，射流出口的压力就一定等于环境压力。如果流动是可压缩的但保持亚声速，上述的分析会稍微复杂一些，但结论是一样的。对于超声速流动，因压力扰动不能上传到管内，环境压力是不影响来流的，射流压力并不一定等于环境压力，所有的压力平衡都在喷管外靠膨胀波、压缩波和激波解决。

当有黏性存在时，射流会带动环境的一部分流体流动起来，射流本身也将不再保持完全的平行流动，因而射流的压力与环境压力会有微小的差异。如果射流是进入到无限大的空间，则这个压力差异会比较小，一般不用考虑。如果是进入到一个有限空间内，则该空间内的流体被带动加速降压，射流的存在就会使该空间的压力比原本的压力低，这就是射流引射的原理。

10.11 水龙头对流速的控制——管内总压决定射流速度

水龙头和各种阀门的作用都是控制流量的，水龙头的阀门并不位于出口处，关小水龙头时，出口的面积并不变化。所以关小水龙头时流量减小应该是出口速度减小造成的。这比较符合我们的经验，开大水龙头的过程中，出口的流速确实是在不断增大的。

从伯努利方程我们可以知道，出口处的流速由下式决定：

$$v = \sqrt{2(p_t - p_a)/\rho}$$

式中，p_t 为出口处水的总压；p_a 为大气压力；ρ 为水的密度。

显然阀门处的流通面积并不影响出口处的流速，根据连续方程 $A_1 v_1 = A_2 v_2$，阀门的面积可以只影响当地的流速，而不影响流量，也就不影响出口的流速。可以做这样一个实验，捏扁一点给草地浇水的橡胶管中部，出口的流速确实是不变的，但接着捏扁，出口的速度就会降低了。这是因为，当捏扁很多时，局部流动出现了分离，产生了较大的局部损失，于是下游的总压降低了。图 10-23 表示了捏扁一点和捏扁很多时流动的不同。

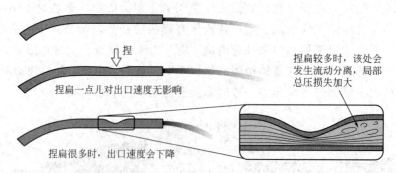

捏

捏扁一点儿对出口速度无影响

捏扁较多时，该处会发生流动分离，局部总压损失加大

捏扁很多时，出口速度会下降

图 10-23　捏扁橡胶管的中部时出口水流速的变化

图 10-24　自来水龙头内部的流动

自来水龙头就是用增加局部压力损失的原理控制出口的流速的。

图 10-24 表示了一种自来水龙头的内部结构。流体流经龙头内腔时要经过收缩、扩张和转弯等流动过程，在这些过程中，由于局部的逆压梯度或者突然转折等因素而出现分离，产生较大的总压损失，使出口的总压降低。由于射流静压等于环境压力，出口的总压就决定了出口处的流速。很显然，设计阀门的原则应该是全开时损失尽量小，关的时候则应该尽量增大损失。最好让流量与关度呈某种规

律（比如线性关系就是很好的规律），这可以通过优化内部流路设计来实现。例如，球阀的调节性就比一般的水龙头要好，而针阀的调节性更好，可以较为精确地控制流量。

10.12 捏扁胶管出口增加流速——总压决定射流速度

我们都有这样的生活经验，用橡胶软管给草地浇水的时候，如果捏扁出口，水的流速就会增加，如图 10-25 所示。有人用流量连续的原理来解释这个现象，认为在流量不变的前提下，减小出口的面积，流速就会增加，这个解释看似合理，其实是完全错误的。

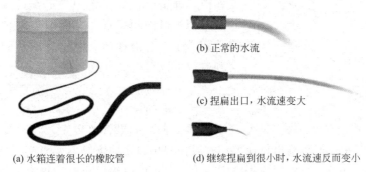

(b) 正常的水流

(c) 捏扁出口，水流速变大

(a) 水箱连着很长的橡胶管

(d) 继续捏扁到很小时，水流速反而变小

图 10-25 捏扁橡胶管出口时水流速的变化

诚然，如果流量保持不变，捏扁出口确实会使流速增加，但流量毫无理由会保持不变。实际上我们可以做这样一个实验：将出口面积变为原来的一半，出口的速度会增加一些，但达不到原来的两倍。又或者说，当出口的面积减小到接近零的时候，难道流速会接近无穷大吗？所以说，捏扁出口时，流量并不会保持不变，实际上是会减小。那么出口的流速增加是什么原因呢？

对于不可压流动，射流出口处的流速完全由当地总压和外界静压决定，根据伯努利方程，出口处速度为

$$v=\sqrt{2(p_t-p_a)/\rho}$$

既然环境压力和水的密度都没有改变，出口处流速增大只能说明管内水的总压上升了。水管的上游可能是自来水，也可能是车载水箱，总之一般是一个类似于水箱的装置。由伯努利方程可知，在水箱内水面高度不变的情况下，橡胶管出口处的总压应该是一个固定值。

$$p_t=p_0+\rho gh$$

因此，可以说，橡胶管出口处的水流速度应该是个恒定值，跟面积无关。

这样，从理论上得出了一个与实际明显不符的结果，可见理论用错了。这里使用伯努利方程来解释管流问题显然是不合适的，因为橡胶管很长，沿程损失比较大，是不能忽略黏性的。

这个现象的原理是这样的：出口处的流速由当地的总压决定，而当地的总压等于源头处的总压减去沿程的压降。当捏扁出口时，该处面积减小使整个系统的流量减小了，于是管道沿程各处的流速都降低了，沿程压降也就少了。这样，出口处的剩余总压就比捏扁前增大了，使出口水的流速增加。这个流速的增加当然会带来流量的增加，但总的来说流量比捏扁前还是小了。

上述分析是按照这个思路进行的：出口面积减小→流量减小→沿程损失减小→出口流速增加→流量恢复一部分。事实上，这个过程中上述各种变化是同时发生的。沿程压降决定出口速度，出口速度反过来也决定沿程压降，这两者是一个匹配关系。

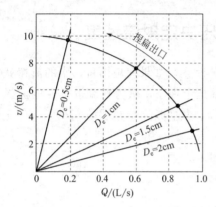

图 10-26　长管道与出口面积的共同工作

现在我们假定水管长 10cm，内径 2cm，来流表压 0.5atm，根据湍流沿程损失系数关系式，就可以估算出这个匹配曲线了，结果如图 10-26 所示。图中横坐标是体积流量，纵坐标是出口流速。曲线表示了整个管道的工作特性，各条直线则对应不同直径出口的工作特性。每条直线与曲线有一个交点，这就是对应的工作点，捏扁出口的过程中，工作点沿曲线向左上方移动。当出口面积接近于零时取得最大速度，这个速度就相当于没有沿程损失时水流能达到的速度。用伯努利方程可以得出这个最大速度为

$$v_{max} = \sqrt{\frac{2\Delta p}{\rho}} = \sqrt{\frac{2 \times 0.5 \times 101325}{1000}} \approx 10(m/s)$$

这种现象有一个必要条件，就是管子必须很长，如果管道很短，几乎没有沿程损失的话，则出口面积变化并不影响出口速度。这时捏扁出口，速度是不变的。

如果真的把出口面积捏扁到很小，则在出口附近的收缩段会产生很大的局部损失，出口的流速反而会减小，如图 10-25（d）所示那样，并不会如图 10-26 所示那样趋向于最大速度。

10.13 吸气与吹气——压力主导流动

生活经验告诉我们，即使流量相同，吸气和吹气的效果也明显不同。你可以轻松地吹灭几十厘米远的蜡烛，但如果你是在吸气，蜡烛的火苗一丝都不会动。站在电风扇前面可以感受到很大的风，但站在其后面却几乎一丝风也感受不到。

这种差异的关键是：吹气的时候，气流是集中出去的，横截面积小，速度大；而吸气的时候，气流是从四面八方来的，横截面积大，速度小。下面来仔细分析一下它们的差异。

吹气就是射流，如果不考虑黏性，射流的压力与环境压力相等，保持匀速直线运动。即使有黏性的影响，射流也可以保持非常远的距离，一般在距喷口直径上百倍处也可以探测到流动。吸气则不同，当吸气开始时，在进口附近形成一个低压区，四周的流体都会在压差力的作用下向此处加速流动。对于亚声速流动来说，这种汇聚的流动使流体的压力降低，符合实际流动情况，因此这个低压区可以一直保持。对于超声速流动，汇聚使压力升高，既汇聚又加速显然是不可能的，所以再努力吸气，外部气流到达开口处顶多是声速，不可能加速到超声速。

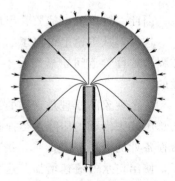

图 10-27　吸气时的流动形式

　　图 10-27 表示了吸气时，开口附近的流动形式。因为流体是从四面八方流过来的，如果取一个控制体，出口是吸气口的话，则进口是个刨除管道部分的球面。很显然，图中控制体的进口面积远远大于出口的面积。根据流量连续，距吸气口不远的地方的流速就已经非常低了，这就是吸气影响距离比吹气近得多的原因。

　　有一些靠喷水推进的海洋生物，比如鹦鹉螺，它只有一个开口，通过间歇地吸入和喷出水，自身就可获得推力前行。如果用控制体动量方程来分析，就会发现它吸水的时候水是从四面八方进来的，沿前进方向的动量进出非常小，只会产生一个很小的负推力。而在喷水的时候水是沿一个方向出去的，会产生一个较大的正推力，因此综合起来它会获得一个足够大的正推力。

10.14　建筑与风——复杂的三维非定常流动

　　楼房旁边总可以找到这样的地方，不管东南风还是西北风，这里的风总是更大一些，南方人把这种风叫做弄堂风，因为这种风经常发生在弄堂里面。

　　有一种对这种现象的解释使用的是流量连续的概念，风从宽阔的通道进入狭窄的通道，流速会增加。这种解释有一定的道理，但弄堂风的成因比较复杂，并不一定是这个原因形成的。况且流体的加速只由所受的力决定，应该从力的角度去分析更为合理。

　　关于这方面的研究是属于土木工程专业的内容，图 10-28 是通过风洞实验给出的风吹过各种形状的建筑时的流动形式。可以看到，这些流动具有高度的三维性，有些并不能用简单的一维理论解释。但无论变化如何，基本原理是相同的，由于这种流动的黏性力影响较小，空气的加减速的转弯基本上都是由压差力形成的。按照定常流动理解，楼房迎风面和背风面的风应该较小，而侧面处的风应该较大。

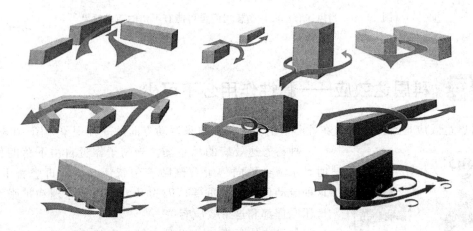

图 10-28　各种建筑物附近的风（根据 Gandemer J. 11078 绘制）

　　如果根据理想流体的圆柱绕流来估计，楼房侧面最大的风速可以达到平地风速的 2 倍。因此，平地刮 4 级风的话，这里就可能有 7 级风。当然，楼房一般既不是流线形的也不是圆形的，流过楼房的风到处都存在着分离。分离流动具有非定常的特点，当平地刮 4 级风，楼房附近瞬间的风速可能会超过 7 级。

　　建筑讲究通风，对于通透的板楼，当打开前后的窗户，一般能得到通风效果，图 10-29 显示了在几种风向的情况下，通过板楼房间窗户的通风情况。可见多数情况下，这种通透住宅的室内都能得到较好的通风效果。只有当风完全平行窗户的时候通风效果差一些。

风正对窗户吹时，　　　　风斜对窗户吹时，　　　　只有当风平行窗户时，
屋内风很大　　　　　　　屋内风也不小　　　　　　屋内才没有风

图 10-29　前后通透的板楼的通风效果

　　图 10-30 表示了一种塔楼的两个窗户之间的通风作用。可以看出，即使窗户都朝向一侧，如果布置得当，并且风向也合适的话，也是有可能得到较好的通风效果的。不过如果塔楼的两个窗户位于一个平面上时，通风效果就不会太好了，这时也只能靠风的非定常性来通风了。

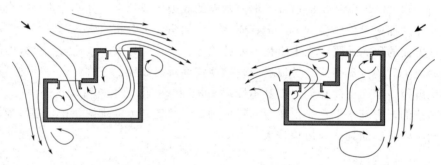

图 10-30　当风向合适时，塔楼房间也可能有不错的通风效果

10.15　科恩达效应——黏性作用必不可少

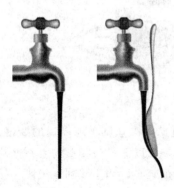

图 10-31　科恩达效应

　　科恩达效应是流体会附着在外凸壁上从而偏离原来运动方向的一种现象。图 10-31 表示了一种科恩达效应的示意图。当勺子靠近自由下落的自来水时，水流会偏向勺子一侧贴着勺背流动，不再竖直下落了。这种流动现象非常重要，因为升力的产生原理和扩张管道的增压原理都和这个效应有关。

　　如果流体是理想的无黏流动，则即使壁面向远离流动的方向弯折了，流体仍然可以沿着原来的方向流动，在流体与壁面之间会形成一个"死水区"，这时所有地方的压力都是一样的，流体并不一定要向壁面弯折，形成如图 10-32（b）所示的流动。

　　可见，无黏流动中流体没有理由沿壁面曲线流动，黏性

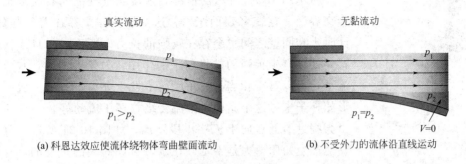

(a) 科恩达效应使流体绕物体弯曲壁面流动　　　(b) 不受外力的流体沿直线运动

图 10-32　理想流体的流动并不存在科恩达效应

应该是科恩达效应产生的必要条件。现在假设一开始流动是无黏的，某一时刻突然变为有黏，则很快死水区上层的流体会被主流的黏性力带动而流动起来。由于这一剪切层的流体会被带走，造成了当地的压力下降，下层的死水区的流体和上层主流的流体都会受到压差力作用过来补充，都会被带入到剪切层中，如图 10-33 所示，这就导致主流的流体被向壁面拉近了一点。当主流被拉向壁面时，就产生了扩张流动，下游的压力会升高，从而更加压迫主流使其横向偏转。如果壁面外折程度不大，则最终主流会完全依附于壁面流动。如果壁面外折程度较大，则壁面的边界层在下游会产生分离，分离后主流就不再能依附于壁面了。

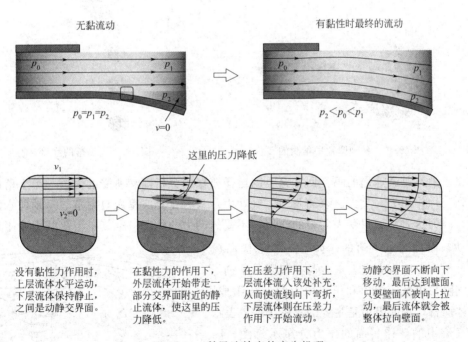

图 10-33　科恩达效应的产生机理

对于科恩达效应引起的射流偏向位于一侧的壁面的现象，也可以这样解释：如果一个射流四周没有障碍物，则它会不断地卷吸入环境的流体，当其一侧有障碍物的时候，射流没办法把壁面吸过来，于是自己就被吸过去了。

图 10-34 表面张力起
重要作用

对于图 10-31 所示的情况，水流和空气之间有交界面，在这个交界面上存在着表面张力，这一层流体中存在着很强的拉力，同时水和固壁之间也会存在较强的拉力。所以，一旦水接触了勺背，就会产生很强的拉拢勺子的作用，勺子不动时，水流沿勺背流动，可以弯折相当大的角度而不发生分离。如果换成一个圆柱形的杯子来做这个实验，水流会绕着杯子流动好长一段距离，甚至会绕过最低点向上流一小段距离，如图 10-34 所示。仅仅依靠黏性产生的压差力是不足以让水转过如此大的角度的，这时水的表面张力起到了决定性的作用。

10.16 雨滴的形状——由表面张力和大气压力决定

各种动画片和漫画书中雨滴的形状多如图 10-35 所示那样，是一个上尖下圆的水滴形状。这是不符合实际情况的，实际上只有在水刚要从物体上滴下来的时候才会是这样的形状。图 10-36 是从树叶尖端滴落的水滴形状，可见水滴还未离开树叶时，其上部被拉出一个尖，离开物体后，水滴受表面张力的作用，很快就趋于圆形了。

图 10-35 各种图片中雨滴的形状

图 10-36 滴落的水滴

那么，雨滴是圆球形的吗？回答这个问题需要仔细分析雨滴所受的力。一个下落的雨滴主要受到三种作用力：重力、表面张力、气动力。只有在真空里做自由落体运动的水滴才会呈圆形，因为这时水滴只受表面力的作用，不受气动力的作用。空气中下落的雨滴不是自由落体运动，而是匀速下落的，如果不考虑横向风的影响，雨滴在竖直方向上重力与空气阻力平衡。

空气阻力由摩擦阻力和压差阻力两部分组成，对于球体而言，压差阻力是主要的。图 10-37 表示了处于气流中的球体表面的压力分布示意图，图中指向球内部的箭头指的是此处的压力大于大气压力，指向球外部的箭头指的是此处的压力小于大气压力。可见球体的前部受压力，两侧和后部受"吸力"，这种表面力的作用决定了雨滴偏离球形的程度。

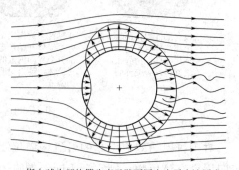

指向球内部的箭头表示壁面压力大于来流压力，
指向球外部的箭头表示壁面压力小于来流压力

图 10-37 气流中的圆球表面压力分布

雨滴越小，则表面张力作用越强，越接近于球形；雨滴越大，则压力的影响就越能体现出来，越远离球形。图 10-38 表示了不同大小的雨滴的形状，可见越大的雨滴越无法保持球形。大的雨滴下落时呈下部扁平的"馒头形"，当雨滴太大时，会出现表面失稳而破碎（向楼下倒一杯水就可以看出这种大团水的失稳作用了）。气体对雨滴表面产生的黏性剪切力也可能会有作用，这些力会在水滴表面形成波纹，影响水滴的稳定性。

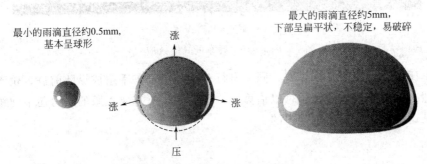

最小的雨滴直径约0.5mm，基本呈球形

涨
涨　　涨
压

最大的雨滴直径约5mm，下部呈扁平状，不稳定，易破碎

图 10-38　不同大小雨滴的形状及成因

在一定条件下，剪切力还可能使水滴内的水不断地循环流动。如图 10-39 所示，剪切力拖动表面的水从前缘开始沿表面向后流，水会从后部进入水滴内部，在内部流向前缘，再从前缘流出来。

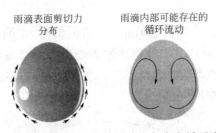

雨滴表面剪切力分布

雨滴内部可能存在的循环流动

图 10-39　剪切力可能使雨滴内部存在循环流动

10.17 赛车中的真空效应——主要与来流速度相关

赛车运动中我们经常能发现这样的现象，原本紧跟着前车的赛车突然横向拉出来，瞬间加速超越了前车，这时候前车往往只能无奈地任其超越，似乎毫无招架之力。这是赛车中进行超越的常见手段，后车是利用了前车产生的真空效应。

图 10-40 表示了以两车为参考系的流动情况。流体经过前车之后，在其后形成了尾迹区，后车正好位于这个尾迹区内。物体的阻力与来流速度的平方成正比，对于后车而言，其迎面的气流速度明显比前车小，因此所受的阻力也要小很多。另外一个影响因素是，前车后部的尾迹区的压力也是低于大气压力的，因此也会减少后车的压差阻力，不过比起来流速度减小造成的阻力下降来说，压力下降的影响是相对次要的。

因此，实际情况可能是，前车的车手已经把油门踩到最大了，而后车的车手尚留有一定余地就可跟住前车，当机会来到时，后车突然横向拉出，把油门踩到底，就可以在此速度的基础上加速而超越前车。

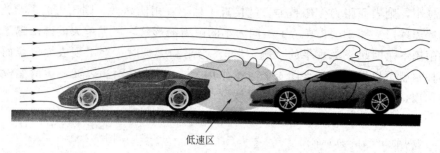

低速区

图 10-40　赛车的真空效应

　　自行车比赛时，如果是团体赛，同一自行车队的几个车手组成纵队前进，轮流领骑，也是这个道理。根据流体力学知识可以估算出，跟骑队员所需要克服的阻力还不到领骑队员的60%，可见这种真空效应还是很强的。

10.18　质量越大射程越远——尺度效应

　　现代步枪子弹的出膛速度为 $800\sim1000m/s$ 左右，如果抬起枪管朝斜上方射击，子弹最远飞行的距离可达到 5km。榴弹炮的炮弹的出膛速度大概也是这个量级，但射程却可达到20km。这是什么原因呢？

　　如果按照斜抛物体计算，一个初速 1km/s、方向斜上 45°的物体的射程为 51km。可见，子弹飞行的距离远远没有达到自由斜抛物体的理论值，炮弹飞行距离接近一点，但也差很多，图 10-41 表示了这三者的弹道关系。显然，实际射程与理论值不同的原因是空气阻力，而子弹和炮弹射程差别大的原因呢？

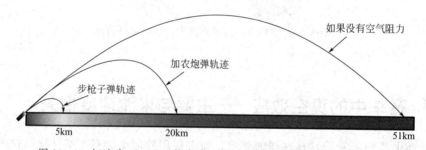

如果没有空气阻力

加农炮弹轨迹

步枪子弹轨迹

5km　　　　　　　20km　　　　　　　　　　　　　51km

图 10-41　初速为 1km/s、仰角为 45°的自由斜抛，炮弹及子弹的轨迹

　　可以这样分析：物体在空中运动的过程中，受空气阻力的作用而减速，使其射程低于理论值。假设子弹和炮弹的形状相同，只有大小差异，这将导致雷诺数的不同。雷诺数的不同对阻力的影响主要有两点：一是影响表面流态进而影响摩擦阻力，二是影响边界层分离位置进而影响压差阻力。

　　子弹和炮弹的飞行速度很大，可以计算得到这时的雷诺数是足够大的，两者的边界层基本上都是湍流，并且分离点位置也应该差不多。超声速飞行引起的激波阻力则只与物体形状和来流速度相关，也是一样的。所以，对于子弹和炮弹来说，其阻力系数基本上是一样的。

　　设两者的空气阻力系数均为 C_D，迎风面积为 A，速度为 v，为了简化，设它们都是均质的，密度均为 ρ，则在速度为 0 时，其阻力为

$$D = C_D A \times \frac{1}{2}\rho v^2$$

对于形状一定的物体来说，其体积 B 与迎风面积有固定的关系，现在把子弹简化成如图 10-42 所示的圆锥＋圆柱体，则体积与迎风面积的关系为

$$B = A\frac{L}{2} + \frac{1}{3}A \times \frac{L}{2} = \frac{2}{3}AL$$

于是，子弹或炮弹的质量为

$$m = \rho B = \frac{2}{3}\rho AL$$

空气阻力带来的加速度为

$$a = \frac{D}{m} = \frac{C_D A \times \frac{1}{2}\rho v^2}{\frac{2}{3}\rho AL} = \frac{3}{4}C_D\frac{v^2}{L}$$

现在可以讨论子弹和炮弹尺度不同带来的影响了。式中的 L 就代表了物体的尺寸，可见如果炮弹长度是子弹的 n 倍，则空气阻力引起的炮弹的反向加速度只有子弹的 $1/n$。一般炮弹的尺寸比子弹大几十倍，它们的空气阻力效果差别是很大的。

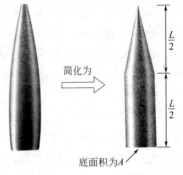

图 10-42 简化的子弹形状

其实在这个问题里，炮弹射程能比子弹远那么多还有一个重要因素，就是因为炮弹不但射程远，射高也相应大了不少。越高的地方空气越稀薄，空气阻力也就越小，这也是炮弹射程远的一个重要因素，不过这一切都源自空气阻力对它的影响小这一条件，否则它也飞不了那么高。

可见，越是小的物体受空气阻力的影响就越大。两个大小不同的铁球在空气中下落，一定是大的那个先落地，因为空气阻力对小物体的作用更强一些。蚂蚁的身体密度并不比人小多少，但是从再高的地方落下来它也不会摔死，这也是小尺寸物体受空气阻力影响大的原因。当然，如果尺寸小到蚂蚁这么大，运动雷诺数就比较小了，较小的雷诺数对应的阻力系数也较大。

其实尺度效应不只体现在流体力学中，在固体力学中也是一样的。科普书上说蚂蚁的力气大，大象的力气小，这是有一定道理的。实际上小的东西力气都大，人也是一样的，看看世界举重记录：男子 56kg 级抓举记录 138kg，男子 105kg 级抓举记录 200kg。小级别的举起的是体重的 2.5 倍，大级别的举起的只有体重的 1.90 倍。是不是小的东西力气大？

之所以小的东西力气大，是因为力气是由肌肉的横断面积决定的，大概是与尺度的平方成正比，而体重则是与尺度的立方成正比。这和前述空气阻力的分析一样，越小的东西越占便宜，越大的东西越吃亏。另外，生物学上尺度效应也很重要，比如小的生物需要吃更多的东西、更多的活动来保持体温，这个现象部分属于传热学的问题，越小的生物尺度效应越大，散热越快。

10.19 河流倾向于走弯路——压力主导的通道涡

流过平原的河流通常都是蜿蜒曲折的，这本身并不奇怪，因为平原没有明确的落差方

向，河水在每处都是按当地的下坡流动，必然是曲折的。然而，实际的河道即使一开始是直的，也会像图 10-43 那样逐渐变弯改道，这是为什么呢？

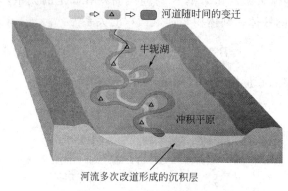

图 10-43　河道的变迁规律

从图 10-43 可以看到，河道的变形规律是：弯的地方曲率不断增大，直到有些地方形成牛轭湖，河道改直，之后还是会继续弯曲。在河道弯曲的地方，外侧的河岸会不断地被侵袭而崩塌，内侧的河道则不断地被泥沙填塞，使河道外移。这些变化都是由河水流经弯曲处产生的旋涡流动造成的，这种旋涡流动通常被称为通道涡。

图 10-44 显示了河水经过弯曲河道处的流动，当流线弯曲时，外侧的压力一定是大于内侧的。对于河面而言，内外侧的河水都是大气压，是不能提供这个向心力的，因此河流从直河道进入转弯的河道时，在河面上必然有一部分河水向外侧流动，使外侧的河面高于内侧。这样在河水内部相同海拔深度的地方，外侧的河水深度更大而产生更大的压力，提供了向心力使河水转弯。但是在河底附近存在着边界层，水流速较小，本来不需要那么大的向心力就可以转过相同的弯度，于是河底的水在这个向心力的作用下就会转过更小曲率半径的弯。因此，当河水进入弯道时，河面的水向外侧流动，而河底的水向内侧流动。

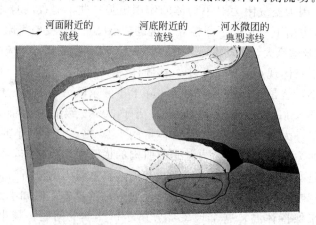

图 10-44　转弯处河水的流动规律和通道涡的形成

这种流动在横断面上看会形成一个漩涡运动，这种涡称为通道涡。这种运动使得河面上的水以高速冲刷外侧的堤岸，导致泥土侵蚀剥落。河底的水则将泥沙向内侧输运逐渐堆积在内侧。天长日久，就使得河道向外侧移动，弯曲的河道越来越弯，这就是平原上的河道都是蜿蜒曲折的并且还不断变化的原因。

10.20　旋转茶水中的茶叶向中心汇聚——通道涡

试着做这样一个实验，泡半杯绿茶，让少量茶叶散落在杯底，搅动茶水使旋转起来，可以看到杯底的茶叶会向杯子中央汇聚，最后停在杯底中部。这个现象曾经引起了很大的迷惑，因为沉在水底的茶叶比水重，按理来说在相同的旋转速度下应该有更大的离心力，从而向外圈运动到杯底的边缘附近才对。

实际上这个问题和之前的河流侵蚀河岸的通道涡现象一样，属于受黏性影响的涡旋运动问题。最早对这个问题给出解释的是爱因斯坦，他同时也解释了之前的转弯处河流侵蚀河岸的问题。

当杯内的水旋转时，杯底处存在边界层，这里的水旋转速度慢，不能产生与上部同等的离心力。但杯底外侧与内侧的压差提供的向心力却是由水面的高度决定的，这个向心力对于深度一半的地方旋转的水流正好是合适的，但对于杯底边界层内的水就过大了。于是底部的水会由于压差力的作用从外侧向内侧流动，这个流动形式是一个螺旋线。

于是，杯壁附近的水在压差力的作用下自上而下流动，中心的水则是自下而上地流动，形成如图 10-45 所示的三维漩涡流动形式，由于茶叶比水重，当旋转速度逐渐慢下来时中心的上升水流不足以托起它们，于是被留在杯底中心。

水除了做旋转运动外，还做从中心上升、四周下降的运动

——→　水的迹线
– –→　切向速度
----→　径向速度

图 10-45　旋转的茶水内部的三维流动

10.21　河底的铁牛逆流而上——压力主导的马蹄涡

有这么一个传统故事：有一年黄河发水把一个镇河铁牛冲走了，过了些时间，当地人下河打捞无果，顺流向下寻找也踪迹不见，最后却在上游找到了。有关这个现象的解释是：铁牛很重，水流冲不动它，但会掏空铁牛前部的泥沙，于是铁牛就往前面的坑里倾倒，长此以往，铁牛就滚到上游去了，这个解释是完全正确的。实际上将任何接近圆形或方形的重物放在具有厚厚泥沙的河底，都会发生这样的现象。图 10-46 表示了水底的石头向上游滚动的过程。在这里，要讨论的问题是：水流是如何掏空重物前部的泥沙的？

如图 10-47 所示，各层水平行流动，静压靠重力平衡，在河底附近存在边界层。在遇到物体的时候，主流区的水会滞止，物体前部速度为零处的压力为来流的静压与动压之和。底

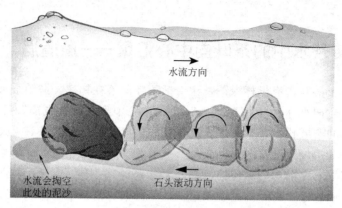

图 10-46　水底的石头向上滚动

部边界层内的流体也一样会滞止，但这部分水的动压本来就小，所以压力提高有限。因此，越靠近河底的水滞止后的压力提升越小，在物体前缘处流速都为零，但压力并不平衡，就会产生沿着物体表面从上到下的流动。这种流动并不是只在物体表面存在，实际上只要来流开始减速，上层的流体就会获得更大的压力，就会开始挤压下层的流体，于是物体前部就形成了图 10-47 所示的向下偏转的流动。

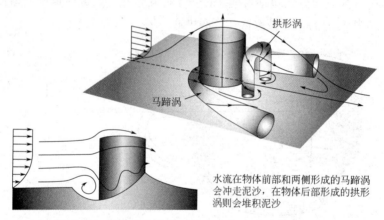

水流在物体前部和两侧形成的马蹄涡会冲走泥沙，在物体后部形成的拱形涡则会堆积泥沙

图 10-47　河底的物体附近的流动及对泥沙的搬运作用

上述的流动会在物体前缘附近形成一个漩涡，这个涡在远离物体的两侧会被水流带动向下游偏转，形成一个半围绕着物体的形状，如图 10-47 所示。因为这个形状很像马蹄铁，因此英文里面称为马蹄铁涡（horseshoe vortex），惯常称它马蹄涡。在一般的流场中，只要有物体从一个表面上突出，就会有形成马蹄涡的趋势。

现在来看看铁牛引起的马蹄涡，它在铁牛前部和侧面形成这样的流动：挨近河底处的水流方向都是远离铁牛的，也就是说水在不断地刨铁牛附近的沙子，并将沙子运送到远离铁牛的地方。在铁牛正前方这种作用最明显，在两侧也有一定作用，这就是水流会将铁牛前部的沙子最先掏空的原因。

这种现象在空气中也会发生，风吹过大树和高楼的时候，在地面附近总是会形成马蹄涡。家住经常下大雪的地方的人可能会有这样的生活经验，下雪时如果一直在刮风，那么建筑物的迎风面附近一般会露出一片地面，而背风面则会堆积较高的积雪，其主要原因就是马蹄涡。

附　　录

附录 1　水的黏性系数

温度/℃	$\mu/[\text{mg}/(\text{m}\cdot\text{s})]$	$\nu/(\text{mm}^2/\text{s})$	温度/℃	$\mu/[\text{mg}/(\text{m}\cdot\text{s})]$	$\nu/(\text{mm}^2/\text{s})$
0	1.792	1.792	40	0.656	0.661
5	1.519	1.519	45	0.599	0.605
10	1.308	1.308	50	0.549	0.556
15	1.140	1.141	60	0.469	0.477
20	1.005	1.007	70	0.406	0.415
25	0.894	0.897	80	0.357	0.367
30	0.801	0.804	90	0.317	0.328
35	0.723	0.727	100	0.284	0.296

附录 2　空气的黏性系数

温度/℃	$\mu/[\text{mg}/(\text{m}\cdot\text{s})]$	$\nu/(\text{mm}^2/\text{s})$	温度/℃	$\mu/[\text{mg}/(\text{m}\cdot\text{s})]$	$\nu/(\text{mm}^2/\text{s})$
0	17.09	13.20	260	28.06	42.40
20	18.08	15.00	280	28.77	45.10
40	19.04	16.90	300	29.46	48.10
60	19.97	18.80	320	30.41	50.70
80	20.88	20.90	340	30.80	53.50
100	21.75	23.00	360	31.49	56.50
120	22.60	25.20	380	32.12	59.50
140	23.44	27.40	400	32.77	62.50
160	24.25	29.80	420	33.40	65.60
180	25.05	32.20	440	34.02	68.60
200	25.82	34.60	460	35.63	72.00
220	26.58	37.10	480	35.23	75.20
240	27.33	39.70	500	35.83	78.50

参 考 文 献

[1] 郑连存. 传输过程奇异非线性边值问题——动量、热量与质量传递方程的相似分析方法 [M]. 北京：科学出版社, 2003.

[2] 刘岳元. 水动力学基础 [M]. 上海：上海交通大学出版社, 1990.

[3] 李大美. 水力学 [M]. 武汉：武汉大学出版社, 2004.

[4] 禹华谦. 工程流体力学 [M]. 北京：高等教育出版社, 2004.

[5] 贺友多. 传输理论和计算 [M]. 北京：冶金工业出版社, 1999.

[6] 禹华谦. 工程流体力学 水力学 [M]. 成都：西南交通大学出版社, 1999：256.

[7] 吴持恭. 水力学（下）[M]. 北京：高等教育出版社, 1979.

[8] 陈长植. 工程流体力学 [M]. 武汉：华中科技大学出版社, 2006.

[9] 刘惠枝, 舒宏纪. 边界层理论 [M]. 北京：人民交通出版社, 1991.

[10] 马雷. 边界层理论在低比转速离心泵叶片设计中的应用 [D]. 兰州：兰州理工大学, 2005.

[11] Adachi T, Sakurai A, Kobayashi S. Effect of boundary layer on Mach reflection over a wedge surface [J]. Shock Waves, 2002, (4)：271-278.

[12] 吕丽丽. 高超声速气动热工程算法研究 [D]. 西安：西北工业大学, 2005.

[13] 武春彬. 离心泵叶片湍流边界层理论研究及应用 [D]. 阜新：辽宁工程技术大学, 2003.

[14] OLA Lgdberg, H M Jens, Fransson, et al. Streamwise evolution of longitudinal vortices in a turbulent boundary layer [J]. Journal of Fluid Mechanics, 2009, 623：27-58.

[15] 朱玉才. 离心式固液两相流泵的边界层理论及其在叶轮设计中的应用 [D]. 阜新：辽宁工程技术大学, 2002.

[16] 李忠华, 张永利, 孙可明. 流体力学 [M]. 沈阳：东北大学出版社, 2004.

[17] Parand K, Shahini M, Dehghan Mehdi. Solution of a laminar boundary layer flow via a numerical method [J]. Communications in Nonlinear Science and Numerical Simulation, 2010, 15 (2)：360-367.

[18] Nadeem S, Hussain Anwar, Khan Majid. HAM solutions for boundary layer flow in the region of the stagnation point towards a stretching sheet [J]. Communications in Nonlinear Science and Numerical Simulation, 2010, 15 (3)：475-481.

[19] 金峰. 层流绕流边界层理论的研究 [D]. 南京：东南大学, 1993.

[20] 王侃. 边界层流场计算分析与分离条件研究 [D]. 大连：大连理工大学, 2005.

[21] 姚启鹏, 余江成, 吴剑. 从边界层理论看水轮机磨损某些形态和规律 [C]//中国动力工程学会. 第14次中国水电设备学术讨论会. 宜昌, 2002.

[22] 夏泰淳. 工程流体力学 [M]. 上海：上海交通大学出版社, 2006.

[23] 马胜利, 席本强, 梁冰. 基于边界层理论的叶轮的仿真 [J]. 排灌机械, 2005, 23 (3)：11-13.

[24] 王洪伟. 我所理解的流体力学 [M]. 北京：国防工业出版社, 2016.

[25] 清华大学工程力学系. 流体力学基础 [M]. 北京：机械工业出版社, 上册1980, 下册1982.

[26] 孔珑. 可压缩流体动力学 [M]. 北京：水利电力出版社, 1991.

[27] 孔珑. 工程流体力学 [M]. 北京：中国电力出版社, 2016.